节能减排技术丛书

工程机械能量回收关键技术及应用

林添良　沈伟　张斌　任好玲　编著

U0280362

机 械 工 业 出 版 社

本书从工程应用角度对工程机械能量回收技术进行了系统和详细的介绍，全面总结了作者及国内外工程机械能量回收的最新研究进展、关键技术、不同类型工程机械能量回收的特点及解决方案，并给出了典型的应用案例，是工程机械能量回收关键技术的集大成者。全书共分 8 章，简介了工程机械能量回收对象的类型和能量回收工况分析，说明了能量回收系统类型，详细介绍了液压式能量回收系统的基本工作原理、技术难点和分类及研究进展；重点围绕案例详细阐述了电气式能量回收系统和基于四象限泵能量回收与再释放关键技术；并对液压系统的溢流损失和节流损失的能量回收系统进行了详细讨论；最后对能量回收技术的关键技术与发展趋势进行了总结与展望。

本书可为有志于在工程机械双碳节能领域从事相关研究和应用的技术人员提供研究思路、方案和应用案例，也可作为机械类专业本科生、研究生的教材或主要参考书，还可作为专业技术人员和管理人员的专业培训用书。

图书在版编目（CIP）数据

工程机械能量回收关键技术及应用／林添良等编著.
北京：机械工业出版社，2024. 10. --（节能减排技术丛书）. -- ISBN 978 - 7 - 111 - 76632 - 2

Ⅰ. TH2

中国国家版本馆 CIP 数据核字第 2024Z7P885 号

机械工业出版社（北京市百万庄大街 22 号　邮政编码 100037）
策划编辑：王春雨　　　　　　　责任编辑：王春雨　田　畅
责任校对：梁　静　牟丽英　　　封面设计：陈　沛
责任印制：单爱军
保定市中画美凯印刷有限公司印刷
2025 年 1 月第 1 版第 1 次印刷
169mm×239mm · 26 印张 · 534 千字
标准书号：ISBN 978-7-111-76632-2
定价：99.00 元

电话服务　　　　　　　　　网络服务
客服电话：010-88361066　　机　工　官　网：www.cmpbook.com
　　　　　010-88379833　　机　工　官　博：weibo. com/cmp1952
　　　　　010-68326294　　金　书　网：www.golden-book.com
封底无防伪标均为盗版　机工教育服务网：www.cmpedu.com

前　言

　　能源消耗及其造成的环境污染已成为全球关注的核心焦点。目前我国能源排放问题面临着国内和国外的双重压力，尤其是在"十四五"规划中，我国明确提出要推进能源革命，在 2030 年前实现碳达峰，2060 年前实现碳中和。工程机械作为国家经济发展的重要组成基石，因高能耗的特点，对其在节能减排方面进行改进具有十分重要的战略意义。本书的各位作者在工程机械能量回收领域进行了十余年的相关研究，将元件、整机、关键技术等方面的成果进行梳理编著了本书，以期为致力于提高工程机械能源利用效率的科研人员和技术人员提供参考与借鉴。

　　本书按照工程机械的能量回收的对象和类型展开，力求全面、系统地分析工程机械能量回收的类型和途径，介绍能量回收的基本方法、关键技术、典型应用案例及未来发展趋势。第 1 章介绍了能量回收对象的类型，重点介绍了典型机械臂势能、回转制动动能、行走制动动能等负值负载，以及溢流阀口与节流阀口能量损失及液压油的热能等非负值负载；然后针对上述能量回收对象详细分析了它们的工况特性及可回收能量；第 2 章主要介绍了电量储能单元和液压蓄能器的类型和特性，以及电动/发电机和四象限泵能量转换单元的工作原理，重点介绍了这种能量回收系统的特点和典型应用方案，深入讨论了汽车能量回收技术在工程机械的移植性，探讨了作业型挖掘机和行走型装载机的能量回收技术异同点；第 3 章主要介绍了流量耦合型和转矩耦合型两种液压式能量回收系统的基本工作原理、能量回收技术的技术难点，以及蓄能器参数可调和安全性等问题，从液压式能量回收再利用技术的分类出发，分析了液压式能量回收再利用技术的研究进展；第 4 章分析了电气式能量回收系统的基本结构方案、系统建模及控制特性，讨论了电气式能量回收系统的能量回收效率和操控性能等关键技术，并对挖掘机机械臂势能和回转制动动能、装载机行走制动动能及卷扬势能电气式能量回收系统进行了详细的案例分析；第 5 章阐述了基于四象限泵能量回收与再释放关键技术的典型应用，包括旋挖钻机卷扬势能、汽车起重机整车行走制动动能、起重机转台回转制动动能及基于电动/发电 - 四象限泵的能量回收与再释放技术方案、控制策略与仿真及试验研究；第 6 章详细介绍了溢流损失的液压式和电气式能量回收与再生原理，详细讨论了能量回收单元对工作性能的影响规律，对溢流损失的液压式和电气式回收控制策略展开了研究，并对节流调速系统的溢流损失能量回收系统的调速特性和节能特性进行了案例分析；第 7 章针对节流损失的能量回收系统展开，分析了节流损失的液压式与电气式能量回收系统的系统方案、工作特性及仿真研究，并以新型节流损失回收压差调速作为典型案例，分析了不同调速方法的差别及基于操控与高效回收平衡的变压差泵阀复合调速控制的调速性、节能性及试验研究；第 8 章详细分析了 11 种能量回收关键技术，探讨了 7 种能量回收发展趋势。

　　本书内容是各位作者及所在团队在能量回收领域十余年的研究经验和成果积累，书中所提方案和成果均为研究团队的研发成果，经过了试验验证及样机测试。期待本书的读者能够从书中找到合适的能量回收方案、系统构型和控制方法，也期待与读者一起探讨工程机械双碳节能方案。

　　本书由华侨大学林添良撰写第 1、2、4、6 和 8 章，上海理工大学沈伟撰写第 3 章，浙江大学张斌撰写第 5 章，华侨大学任好玲撰写第 7 章，全书由林添良统稿。本书在撰写过程中，获得了国内外相关专家学者的支持和肯定，感谢所有从事工程机械能量回收研究和节能技术研究的专家学者，尤其是本书列举的相关研究者为本书的写作提供的基本素材。感谢本书各位作者所在团队的老师和研究生为本书提供的数据、图片等素材，并对初稿提出的一些建设性意见，及在绘制插图和对文字校订工作中付出的辛勤劳动。由于本书的字数较多，参考文献众多，对一些相近的研究只给出了部分的参考文献，而没有一一进行罗列，恳请相关作者谅解。

　　感谢浙江大学流体动力基础件与机电系统全国重点实验室的杨华勇院士、王庆丰教授、徐兵教授和谢海波教授等长期对华侨大学移动机械绿色智能驱动与传动技术研究团队成员的栽培和支持；感谢北京航空航天大学的焦宗夏院士、王少萍教授、严亮教授等长期对华侨大学移动机械绿色智能驱动与传动技术研究团队成员的栽培和支持；感谢太原理工大学权龙教授课题组、哈尔滨工业大学姜继海教授课题组、燕山大学孔祥东教授课题组、日本日立建机株式会社（Hitachi Construction Machinery Co.，Ltd.）、苏州力源液压有限公司、徐工集团工程机械有限公司、宁波海天驱动有限公司、中联重科股份有限公司、广西柳工集团有限公司、福建华南重工机械制造有限公司、厦门厦工机械股份有限公司等对华侨大学移动机械绿色智能驱动与传动技术研究团队成员的支持与关心！

　　本书在成稿过程中难免存在疏漏与不足，恳请读者批评指正！

作　者

目　　录

第 1 章 能量回收系统简介

1.1 能量回收系统的研究背景及意义

　　能源消耗及其造成的环境污染成为全球关注的核心焦点,目前我国能源排放问题面临着国内和国外的双重压力,尤其是在"十四五"规划中,我国明确提出要推进能源革命,在 2030 年前实现碳达峰,2060 年前实现碳中和。这就意味着我国承诺从碳达峰到碳中和的时间要远远短于发达国家所用时间。同时,《中共中央关于制定国民经济和社会发展第十四个五年规划和二〇三五年远景目标的建议》明确提出了要全面提高资源利用效率。工程机械作为国家经济发展的重要组成基石,因其所具有的高能耗特点,让其在节能减排方面的改进具有十分重要的战略意义。因此,针对工程机械能源利用效率的提高成了研究的重要焦点。

　　如图 1-1 所示,工程机械整机的能效较低,以挖掘机为例,大约只有 10% ~ 30%。其中动力系统效率低、液压系统能耗高和难以回收大量负值负载是造成其整机能效不理想最为重要因素之一。现有的节能技术也基本聚焦在动力节能技术、液压节能技术和能量回收技术等三个方面。

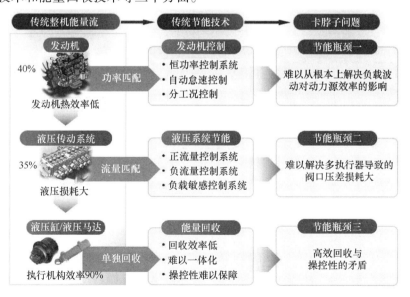

图 1-1　工程机械能耗分析与关键卡脖子问题

在动力节能方面，传统的工程机械功率匹配控制中，发动机的节气门位置由驾驶员根据负载的类型按重载、中载和轻载等设定，功率匹配主要通过调整液压泵的排量来最大程度的吸收发动机的输出功率及防止发动机熄火。因此只有在最大负载功率下，柴油机与液压泵的功率才能匹配得较好，使柴油机工作点位于经济工作区。但由于挖掘机工况复杂，负载的剧烈波动，实际工作中最大和最小负载功率是交替变化的，虽然液压泵在大部分场合都吸收了发动机在其工作模式所对应的最大输出功率，但液压系统所需功率远远小于发动机的输出功率，所以加到柴油机输出轴上的转矩会剧烈波动，使柴油机在小负载时工作点严重偏离经济工作区，因此这种传统的功率匹配是不完全的。另外，为满足最大负载工况的要求，在挖掘机的设计中必须按照工作过程中的峰值功率来选择柴油机，因此柴油机功率普遍偏大，燃油经济性差。如果按平均功率选择柴油机，容易造成发动机过载，使柴油机经常过热。为解决这些问题，国外各著名工程机械生产厂家普遍将研究开发方向转向了混合动力系统。混合动力技术和纯电驱动系统是国际上公认的最佳节能方案之一。

在液压节能技术方面，现有阀控缸的能耗较高是导致电动工程机械电动机泵匹配控制后，效率仍然低下的主要原因之一，国内外目前针对液驱缸节能技术也开展了深入的研究。工程机械普遍采用原动机-泵-多路阀-多液压缸-多液压马达的电液集中式供油系统，其节能方式主要通过泵-多路阀的电液匹配，降低系统的溢流损失、节流损失。目前主要实现方式包括负流量、正流量、负载敏感、负载口独立调节等。基于泵-多路阀的电液匹配节能技术在降低阀口损耗方面取得了一定的效果，但仍然存在以下不足之处：①正、负流量系统受负载影响较大，多个执行器流量相互干扰，系统压力耦合所造成的阀口节流损失、旁路节流损失、进出口联动节流损失及由于负值负载所导致的出口节流损失大量存在；②负载敏感系统多采用闭中心控制系统，避免了旁路节流损失，但对于多执行器装备，由于压力耦合所造成的压力节流损失仍然较大。该系统也无法彻底解决阀口节流损失和阀芯联动节流损失。此外，由于负值负载所导致的出口节流损失也大量存在；③进出口独立调节系统方案降低了单泵单执行器的阀芯联动节流损失并提高了系统的操控性，但对于单泵多执行器系统，仍不能减少由于多执行器负载压力耦合所造成的阀口节流损失。

工程机械在工作过程中，机械臂的上下摆动及回转机构的回转运动比较频繁，又由于各运动部件惯性都比较大，在有些场合，机械臂自身的重量超过了负载的重量，在机械臂下放或制动时会释放出大量的能量。负值负载的存在使系统易产生超速情况，对传动系统的控制性能产生不利影响。从能量流的角度出发，解决带有负值负载的问题有两种方法，一种方法是把负值负载所提供的机械能转化为其他形式的能量无偿地消耗掉，不仅浪费了能量，还会导致系统发热和元件寿命的降低。比如液压挖掘机为了防止动臂下放过快，在动臂上装有单向节流阀，因此在动臂下放过程中，势能会转化为热能而损失掉；另一种方法是把这些能量回收起来以备再利用。用能量回收方法解决负值负载问题不但能节约能源，还可以减少系统的发热和元件磨损，提高设备的使用寿命，并对液压挖掘机的节能产生显著的效果。

传统工程机械系统中，由于不存在储能单元，所采用的各种能量回收方法难以将这部分能量高效回收、存储并再利用。混合动力系统和纯电驱动系统的应用为解决这一问题提供了新的途径。混合动力技术和纯电驱动系统是国际上公认的最佳节能方案之一。目前，世界各大主要工程机械制造商及相关研究机构都在致力于混合动力、纯电驱动等新能源工程机械的研究，有的已经处于样机研制阶段，有的已经开始小批量推向市场。当工程机械采用混合动力或纯电驱动时，由于动力系统本身配备蓄能装置，能量的回收与存储都会易于实现。

1.2 能量回收对象的类型

工程机械的种类很多，比如挖掘机、装载机、起重机、旋挖钻机等。从总体上分成行走型和作业型两大类，分别以装载机和挖掘机为研究对象；对于能耗和排放均处于较高水平的工程机械，能量回收技术可以进一步提高整机的节能效果，也能降低液压系统的发热。

如图 1-2 所示，一般液压系统的负载为负值负载和非负值负载。液压缸或液压马达等液压执行器的输出力或输出转矩的方向和负载的方向为反方向，负载是由液压缸或液压马达来驱动的；相反，与液压缸或液压马达的输出力或输出转矩的方向相同的负载，称之为负值负载。在负值负载中，负载实际上并不需要液压缸或液压马达来驱动，相反，该负载可以驱动液压缸直线运动或液压马达旋转。

目前，工程机械中可以回收的能量主要有负值负载和非负值负载两种。

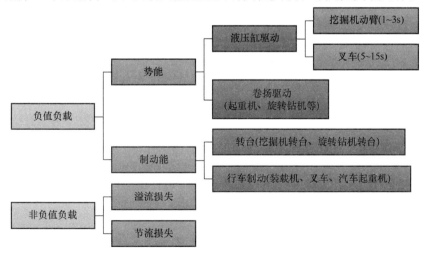

图 1-2 工程机械可回收能量类型

1.2.1　负值负载

1. 高频机械臂势能（挖掘机动臂、装载机动臂等）

液压挖掘机机械臂惯性较大，液压挖掘机的动臂在作业中频繁地将重物举升到一定的高度后卸载，在机械臂下放时，会释放出大量的势能。液压挖掘机在一个约为20s的工作周期里，机械臂就会下放一次，如此反复地进行相同的动作，工程机械蕴藏的机械臂势能是较为可观的。该类型的负值负载的特点是回收时间短，惯性大等。其能量回收的最大挑战是如何在较短的时间内（1～3s）高效回收能量且保证高频负载的需求特性。

2. 低频机械臂势能（起重机机械臂、叉车机械臂等）

以叉车为例，其重物也需要频繁举升和下放。在下放时同样蕴藏了大量的势能。但与挖掘机不同，其下放时间较长，整体上重物下放处于一个平稳下放过程。其能量回收最大的难点是如何高效回收的同时保证重物可靠地平稳下放，且如何防止重物下次上升的抖动问题。此外，平稳下放过程和精细操作过程的模式切换控制、储能器储能空间有限等也是需要重点考虑的问题。

3. 回转制动动能（挖掘机回转、旋转钻机回转等）

液压挖掘机转台的转速虽然不高，20t挖掘机的最大回转转速约为12r/min，但转动惯量较大，摆动比较频繁。在转台制动时，供油和回油油路均被切断，回油管路压力因液压马达惯性而升高，回转机构制动时主要通过溢流阀建立制动转矩使回转系统逐渐减速，由于挖掘机回转机构惯性较大、回转运动频繁，在制动过程中蕴含致大量的制动能量。该类型的能量一般通过液压马达转换成其一腔的高压液压油，并消耗在溢流阀上。

4. 行走制动动能（装载机、汽车起重机等）

典型代表为装载机和汽车起重机。轮式工程机械制动虽与汽车制动关联较大，但绝大多数时间在进行低速作业，装载机的最大速度大约为30～40km/h，但正常作业速度一般低于10km/h。装载机在行走制动时也将释放大量的制动动能，制动频率远大于公路车辆工况。传统的制动动能一般消耗在机械制动系统中，不仅浪费了大量的制动动能，还会降低制动系统的可靠性。

1.2.2　非负值负载

传统的能量回收技术主要是针对负值负载展开，且已经取得了较好的效果，但编者在研究传统负值负载能量回收技术的过程中发现了一些有趣的想法，即工程机械由于大多采用液压驱动，有些非负值负载也具备采用能量回收单元进行回收的可行性。

1. 溢流阀口损耗

比例（常规）溢流阀的出口一般接油箱。溢流阀口损耗压差为进出口压力差，由于油箱压力近似为零，其阀口压差损耗即为溢流阀的进口压力，而进油口压力为用户的目标调整压力，由用户设定，不能改变；溢流压力等级越大，阀口压差损耗越大；随着液压系统等级高压化，溢流损失问题将日益严重。但溢流损失似乎已经被认为是不可能解决的问题。

2. 节流阀口损耗

负载敏感系统中主控阀口前后压差一般采用定差减压阀来达到保持恒定压差的目的，在操控性方面很好地满足了工程机械的要求，但该调速系统在保证速度稳定性的前提下，以功率损失为代价。当液压泵出口压力和负载压力差别较大时，大量的能量损失在定差减压阀的阀口上。而对于多执行器的工程机械来说，大量的能量损失在负载压力较小回路的定差减压阀上。

3. 液压油的热能

前面所述的溢流损失和节流损失都会导致液压油发热。实际上，由于液压元件自身的摩擦等问题，也会导致液压油发热。尤其是液压系统的高速化和高压化后，其摩擦导致的液压油发热问题更为严重。液压油的热能回收和利用也是工程机械的一个重要方向。尤其现在的电动工程机械，整机上液压油、动力电池、电动机、驱动器、电空调等温度范围不同，如何利用不同的热源具有的热能是整机节能技术一个关键技术。

1.3 能量回收工况分析

1.3.1 高频机械臂势能可回收工况分析

以工作装置为反铲的 7t 级履带式液压挖掘机为研究对象，液压挖掘机的执行机构包括行走体、旋转体、动臂、斗杆和铲斗等，分别由行走液压马达、旋转液压马达、动臂液压缸、斗杆液压缸和铲斗液压缸驱动。由于工作中液压挖掘机的行走体多数情况都在原位不动，仅因工作场所变换而短暂移动，因此研究中首先去除了液压挖掘机的行走体和行走液压马达中的能量回收。

为了研究液压挖掘机动臂、斗杆、铲斗、上车回转体等执行机构能量回收再利用的可行性，应研究液压挖掘机各执行机构可回收能量的比重。在某型号 7t 级液压挖掘机原型机的基础上，建立负载测试系统，其主要构成如图 1-3 所示，在该液压挖掘机中安装了相应的位移传感器、角速度传感器、压力传感器等测量了液压挖掘机实际挖掘工作过程中的动臂液压缸两腔压力、斗杆液压缸两腔压力、铲斗液压缸两腔压力、回转驱动液压马达两腔压力及上述各执行器的位移及运动速度（角速度）。

1. 各执行机构的可回收能量分析

（1）可回收能量的计算

液压挖掘机是一种多用途的工程机械，可进行挖掘、平地、破碎等多种工作，

图 1-3　液压挖掘机负载测试平台照片

为分析液压挖掘机的工况特点，选取了液压挖掘机最常用的挖掘工况作为研究对象。挖掘工况是指液压挖掘机进行挖掘 - 提升 - 旋转 90° - 放铲 - 旋转回位 - 下放的工作过程。各执行机构可回收能量计算如下：

1）动臂液压缸可回收能量。

当动臂上升时，来自变量泵出口的压力油经过主控制阀后进入动臂液压缸的无杆腔，而动臂液压缸的有杆腔的液压油通过主控制阀后直接回到油箱。由于动臂上升时，其有杆腔具有一定的压力，因此在动臂上升时，也具有一定的可回收能量。而动臂下放时，大量的机械臂势能转化成液压能储存在动臂液压缸无杆腔。假设动臂上升时，其速度为正，动臂下放时，其速度为负。动臂液压缸的可回收能量的计算式为

$$E_{\text{hbm}} = E_{\text{hbm1}} + E_{\text{hbm2}} \tag{1-1}$$

$$E_{\text{hbm1}} = \frac{1}{C_1} \int p_{\text{bm2}} q_{\text{bm}} \mathrm{d}t \tag{1-2}$$

$$E_{\text{hbm2}} = \frac{1}{C_1} \int p_{\text{bm1}} q_{\text{bm}} \mathrm{d}t \tag{1-3}$$

$$q_{\text{bm}} = \begin{cases} C_2 v_{\text{bm}} A_{\text{bm2}} & v_{\text{bm}} \geqslant 0 \\ -C_2 v_{\text{bm}} A_{\text{bm1}} & v_{\text{bm}} < 0 \end{cases} \tag{1-4}$$

式中，E_{hbm1} 是动臂液压缸缩回时即动臂下放时的可回收能量（J）；p_{bm1} 是动臂液压缸无杆腔压力（MPa）；p_{bm2} 是动臂液压缸有杆腔压力（MPa）；q_{bm} 是动臂液压缸可回收流量（L/min）；A_{bm1} 和 A_{bm2} 分别是动臂液压缸无杆腔和有杆腔面积（m²）；v_{bm} 是动臂速度（m/s）；C_1，C_2 是常数，分别为 16.7 和 60000。

2）斗杆液压缸可回收能量。

同理，斗杆液压缸的可回收能量与动臂液压缸的计算相类似，其计算式为

$$E_{\text{ham}} = E_{\text{ham1}} + E_{\text{ham2}} \tag{1-5}$$

$$E_{ham1} = \frac{1}{C_1}\int p_{am2}q_{am}dt \tag{1-6}$$

$$E_{ham2} = \frac{1}{C_1}\int p_{am1}q_{am}dt \tag{1-7}$$

$$q_{am} = \begin{cases} C_2 v_{am}A_{am2} & v_{am} \geqslant 0 \\ -C_2 v_{ma}A_{am1} & v_{am} < 0 \end{cases} \tag{1-8}$$

式中，E_{ham1}是斗杆液压缸伸出时可回收能量（J）；E_{ham2}是斗杆液压缸缩回时可回收能量（J）；p_{am1}和p_{am2}分别是斗杆液压缸无杆腔和有杆腔压力（MPa）；q_{am}是斗杆液压缸可回收流量（L/min）；A_{am1}和A_{am2}分别是斗杆液压缸无杆腔和有杆腔面积（m^2）；v_{am}是斗杆速度（m/s）。

3）铲斗液压缸可回收能量。

同理，铲斗液压缸的可回收能量与动臂液压缸的计算相类似，其计算式为

$$E_{hbt} = E_{hbt1} + E_{hbt2} \tag{1-9}$$

$$E_{hbt1} = \frac{1}{C_1}\int p_{bt2}q_{bt}dt \tag{1-10}$$

$$E_{hbt2} = \frac{1}{C_1}\int p_{bt1}q_{bt}dt \tag{1-11}$$

$$q_{bt} = \begin{cases} C_2 v_{bt}A_{bt2} & v_{bt} \geqslant 0 \\ -C_2 v_{bt}A_{bt1} & v_{bt} < 0 \end{cases} \tag{1-12}$$

式中，E_{hbt1}是铲斗液压缸伸出时可回收能量（J）；E_{hbt2}是铲斗液压缸缩回时可回收能量（J）；p_{bt1}和p_{bt2}分别是铲斗液压缸无杆腔和有杆腔压力（MPa）；q_{bt}是铲斗液压缸可回收流量（L/min）；A_{bt1}和A_{bt2}分别是铲斗液压缸无杆腔和有杆腔面积（m^2）；v_{bt}是铲斗速度（m/s）。

4）上车回转体可回收能量。

上车回转体的可回收能量由两部分组成。一部分为上车回转体在加速或匀速旋转时，其液压马达的进油侧的压力较大，回油侧的压力较小，但仍具有一定的压力，因此也具有一定的可回收能量。另外一部分能量为回转体减速制动时，其进油侧的压力较小，但回油侧的压力较大，其可回收能量较大。同时，在一个工作周期内，上车回转体包括满载加速、匀速和减速及空载加速、匀速和减速两个过程。假设逆时针旋转时其角速度为正，顺时针旋转时其角速度为负，其上车回转体可回收能量的计算式为

$$E_{hsw} = E_{hsw11} + E_{hsw12} + E_{hsw21} + E_{hsw22} \tag{1-13}$$

$$E_{hsw11} = \frac{1}{C_3}\int p_{sw1}n_{sw}q_{sw}dt \tag{1-14}$$

$$E_{hsw12} = \frac{1}{C_3}\int p_{sw1}n_{sw}q_{sw}dt \tag{1-15}$$

$$E_{hsw21} = -\frac{1}{C_3}\int p_{sw2}n_{sw}q_{sw}\mathrm{d}t \tag{1-16}$$

$$E_{hsw22} = -\frac{1}{C_3}\int p_{sw2}n_{sw}q_{sw}\mathrm{d}t \tag{1-17}$$

式中，E_{hsw11}是满载时回转加速或匀速时的可回收能量，假设逆时针旋转（J）；E_{hsw12}是满载时回转制动的可回收能量，假设逆时针旋转（J）；E_{hsw21}是空载时回转加速或匀速时的可回收能量，假设顺时针旋转（J）；E_{hsw22}是空载时回转制动的可回收能量，假设逆时针旋转（J）；p_{sw1}和p_{sw2}分别是回转液压马达两腔压力，用于驱动逆时针回转和顺时针回转（MPa）；q_{sw}是液压马达排量（mL/r）；n_{sw}是回转速度（r/min）；C_3是常数，为60。

（2）各执行机构回收能量的意义

根据式（1-1）～式（1-17）计算得到液压挖掘机各执行机构的可回收能量，测量计算结果如图1-4所示。在一个标准挖掘工作周期中，对各执行器可回收能量的测量和计算结果进行分析，可以得到如下结论：

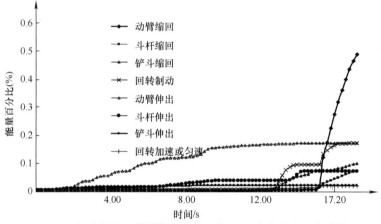

图1-4   标准挖掘工作周期各执行机构可回收能量归一化曲线

1）在所有可回收能量当中，动臂的可回收能量约占总可回收能量的66%，其中机械臂下放（即动臂缩回）约占总可回收总能量的50%；在所研究的挖掘机液压系统中，在动臂上升（即动臂伸出）时，动臂液压缸的有杆腔也具有一定的液压能，约占总可回收总能量的16%。

2）由于整机上车机构的回转转动惯量比较大，因此在上车机构回转制动时，会释放大量的动能，回转液压马达的可回收能量占总回收能量的18%，其中17%来自于回转制动过程，而回转加速或匀速过程中，液压马达回油腔的压力已经很小，几乎没有可回收能量（大约只有1%）。因此，上车回转制动时释放的大量制动动能可作为液压挖掘机能量回收的研究对象。

3）斗杆和铲斗的可回收能量较少，对系统的节能效果影响不很明显，考虑到回收系统的附加成本，可以不回收这部分能量。

这里需要提到一种特殊工况：当先导操作手柄表征斗杆伸出时，在铲斗触地之前，在斗杆及铲斗（含斗内物料）的自重作用及斗杆无杆腔的液压油共同作用下，由于传统的主控阀只具有微调特性，当主控阀阀芯越过调速区域后，如果斗杆有杆腔回油畅通，往往会造成斗杆超速下放，从而引起大腔压力迅速降低。此时必须在斗杆液压缸的无杆腔建立一定的背压，阻碍斗杆的超速下放。传统的液压挖掘机会直接切断斗杆液压缸的有杆腔与油箱之间的回路，在防止斗杆超速下放的同时，使小腔压力急剧升高。此时，斗杆和铲斗势能在下放过程中经动能转化成的斗杆液压缸有杆腔的压力能。因此，对于液压挖掘机来说，斗杆的有杆腔在这种工况下也具有一定的可回收能量，但由于在传统液压挖掘机中，已经采用了斗杆再生回路，使斗杆的有杆腔高压油向无杆腔补油的同时继续保持斗杆缸向外伸出运动，使斗杆、铲斗继续下降，从而将势能经动能转化为液压能回收利用。

2. 动臂驱动液压缸可回收工况的特性分析

（1）标准下放动臂液压缸可回收能量和可回收功率

试验测试时，动臂液压缸缩回的距离大约为 430mm，下放时间大约为 4s。如图 1-5 和图 1-6 所示，动臂在标准工况下放时，在铲斗空斗时，可回收能量大约为 27000J；而在铲斗满斗时，可回收能量大约为 42500J。在标准操作模式时，铲斗空斗时，可回收平均功率大约 6.75kW，峰值功率大约为 13kW；铲斗满斗时，可回收平均功率为 11kW，而峰值功率大约为 26kW。

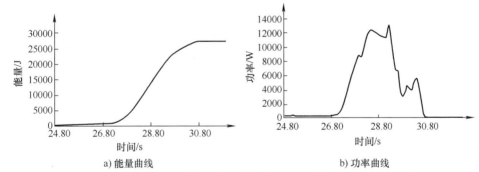

a) 能量曲线   b) 功率曲线

图 1-5 标准挖掘工作周期动臂可回收能量和可回收功率（铲斗空斗）

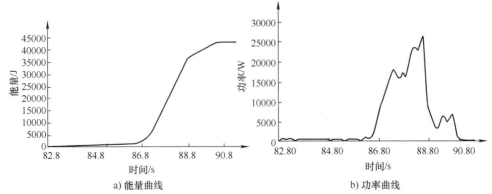

a) 能量曲线   b) 功率曲线

图 1-6 标准挖掘工作周期动臂可回收能量和可回收功率（铲斗满斗）

（2）动臂势能回收负载的特性分析

液压挖掘机在工作中通常重复地进行同样的动作，其工作具有周期性特点。根据图 1-7 所示可以看出，液压挖掘机动臂下放时可回收工况具有以下特性：

1）可回收工况具有一定的周期性且周期短：挖掘机整个标准工作周期大约为 20s，能量回收时间只有 2 ~ 3s 的时间。

2）机械臂惯量大、回收功率波动大，可回收功率在 0 ~ 28kW 间剧烈波动，具有强变特性。

3）挖掘机为一个速度控制系统，当挖掘机下放时，其速度先以一个逐渐变大的加速度加速下放，后以一个逐渐减少的加速度加速下放，最后以一个非恒定的减速度减速下放，在整个工作周期内无平稳下放的过程。

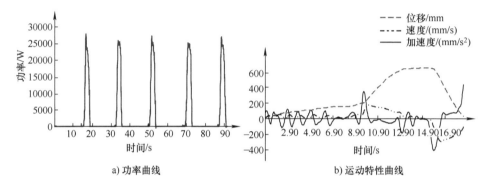

a) 功率曲线   b) 运动特性曲线

图 1-7　动臂势能回收功率，动臂位移、速度和加速度曲线（标准挖掘工况）

1.3.2　高频行走制动动能工况分析

以装载机为例，装载机是一种循环作业的铲土运输设备，兼具行驶和铲装两大功能，根据作业和行驶需求及载荷情况，装载机工况可以分为长距离循环作业工况、短距离循环作业工况、长距离行驶工况及重载工况。长距离行驶工况和重载工况一般在装载机进行转场和推土时出现，而由于经济运距、作业循环时间等的限制，长距离循环作业不利于提高铲装运输效率，因此短距离循环作业是装载机最常处于的工作工况。

1. 装载机作业方式分析

短距离循环作业根据作业方式布置的不同，可以分为"L"形回转式作业法、"I"形穿梭式作业法、"T"形回转式作业法和"V"形半回转式作业法，如图 1-8 所示。

1）"L"形作业法，运输汽车垂直于工作面，装载机铲装物料后回转 90°，然后驶向运输汽车进行卸载，完成卸载动作后再次回转 90°驶向料堆，进行下次铲装作业。这种方法作业适合运输距离小、作业场地比较宽阔的情况，装载机可同时与两台运输汽车进行配合作业。

2）"I"形作业法，运输汽车与工作面平行并根据装载机作业情况，适时地前进和倒退，而装载机则垂直于工作面穿梭地进行前进和后退，在这种作业方式下装载机不需要回转调头，节省了工作时间，主要适用于不易转向的履带式和整体车架式装载机。但由于运输车要频繁地前进和后退，还要与装载机进行配合卸料，两车的驾驶员必须有熟练的驾驶技术，否则容易相互干扰，反而增加了装载机的作业循环时间。

3）"T"形作业法，运输汽车平行于工作面，但距离料堆和工作面较远，装载机在铲装物料后倒退并调转90°，然后再反方向调转90°驶向运输车进行卸料。

4）"V"形作业法，运输汽车与工作面之间呈50°～55°的角度。对于履带式或刚性车架后轮转向的轮式装载机，完成铲装物料后，在倒车驶离工作面的过程中调转50°～55°，使装载机垂直于自卸汽车，然后驶向运输汽车进行卸料，卸料完成后，装载机倒车离开运输汽车，再调头驶向料堆，进行下一个作业循环。而对于铰接式车架的轮胎式装载机，装载机装满铲斗后，可直线倒车后退3～5m，然后使前车架转动50°～55°，再驶向自卸汽车进行卸载。

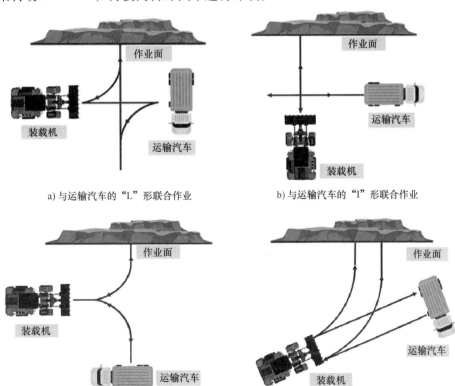

a) 与运输汽车的"L"形联合作业

b) 与运输汽车的"I"形联合作业

c) 与运输汽车的"T"形联合作业

d) 与运输汽车的"V"形联合作业

图1-8 装载机四种常见的作业方式

在四种作业方式中，"V"形作业法和"T"形作业法是较常使用的两种作业方式，而"V"形作业法工作效率最高，使用最频繁。为此以"V"形作业法为例对装载机进行研究分析，其作业循环短行程见表1-1。

表1-1 装载机"V"形作业法工况细分表（适用于"T""V"）

工况	内容	工况	内容
1	空载向前加速行驶	9	满载向前加速行驶
2	空载向前匀速行驶	10	满载向前匀速行驶
3	空载向前减速行驶	11	满载向前减速行驶
4	铲装	12	卸载
5	满载向后加速后退	13	空载向后加速后退
6	满载向后匀速后退	14	空载向后匀速后退
7	满载向后减速后退	15	空载向后减速后退
8	动臂举升过程	16	完成动臂下放过程

2. "V"形、"T"形循环工况试验

（1）"V"形、"T"形循环工况试验方案

为了分析装载机在特定的作业方式和场地下的工况，了解其在工作循环中的行驶、铲装等不同工况的车速、动力系统速度调节、输出特性、功率需求等周期性数据，以一台某型号50电动装载机作为工况数据采集对象，在户外温度30℃左右的建筑工地上，以"V"形、"T"形作业方式，对充满系数为0.9~1的黄沙物料堆进行铲装作业，为了消除驾驶员驾驶习惯对装载机作业工况数据的影响，试验由两名驾驶经验丰富的驾驶员，按照相同的路线采用一次铲装法进行装载作业，尽量保证每一次循环的一致性。每人各进行10次共20次循环作业，图1-9所示为实车作业试验工况数据采集示意图。

（2）工况数据分析

1）车速。装载机在作业中的车速是典型工况最基本、最直接的体现，是建立和描述循环工况最重要的特征数据，不仅反映了装载机作业过程中的动力需求及整机动能的变化规律，还起到了区分装载机工作阶段的重要作用。

a)"T"形作业方式实车作业试验

图1-9 实车作业试验工况数据采集示意图

b）"V"形作业方式实车作业试验

图 1-9　实车作业试验工况数据采集示意图（续）

在 20 组循环车速数据中，选取循环周期较为统一、规律较为明显的 4 组数据，对这 4 组循环作业的工况进行具体分析，对每个循环进行划分，如图 1-10 和图 1-11 所示。

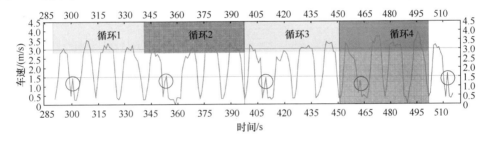

图 1-10　"T"形作业四个循环车速、挡位图

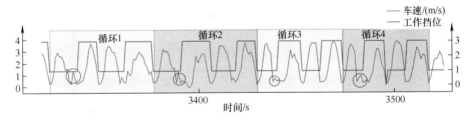

图 1-11　"V"形作业四个循环车速、挡位图

根据车速变化，电动装载机的一个工作循环可分为空载前进、低速铲装、重载后退、前进卸载、空载后退五个部分。在本试验中，空载前进铲装时，不是依靠铲掘工况时的阻力来进行减速并铲装物料的，而是通过踩加速踏板进行小段加速来保证铲斗的深度，所以基本在每一个铲装周期内都会在空载前进阶段出现一个速度小尖峰，以用来区分不同的工作循环。除了这个速度尖峰，有的循环在重载前进卸载时也会出现速度尖峰，这是由于驾驶员为了将铲斗内的沙石卸干净及将沙石卸载到沙土堆顶部而采取加速的方式使其卸载到正确的位置。

2）电动机转速、转矩、功率。如图 1-12 ~ 图 1-15 所示，由"T"形、"V"形作业下的电动机转速、转矩、功率图可知，转速范围为 0 ~ 2850r/min，转矩范围为 0 ~ 1630N·m。在通过小段加速来进行铲装作业时，电动机的转矩会出现一个陡峭的尖峰，不仅是工作循环中转矩值的最大处，还是电动机输出功率值的最大处。与电动汽车相比，装载机工况复杂，对动力系统要求作业时转矩范围大、转场时转速范围广，并且在非结构路面上作业与行驶时振动剧烈、稳定性差。

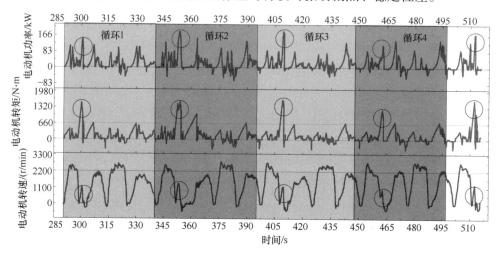

图 1-12 "T"形作业电动机转速、转矩、功率图

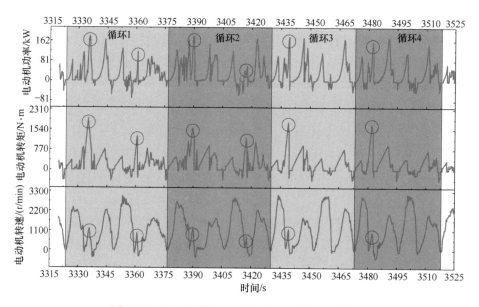

图 1-13 "V"形作业电动机转速、转矩、功率图

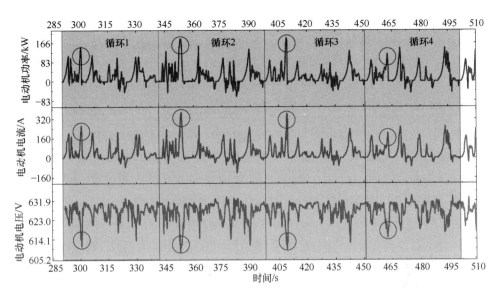

图 1-14　"T"形作业电动机电压、电流、功率图

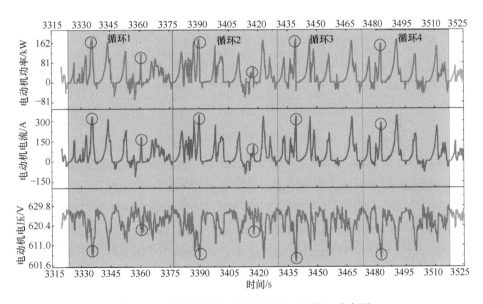

图 1-15　"V"形作业电动机电压、电流、功率图

1.3.3　低频机械臂势能回收工况分析

以叉车为例，叉车作业路线通常如图 1-16 所示，于四个地点，取货点 A、堆货点 B、叉车初始位置点 C、中转点 D 之间，按照线路 1 到 5 挪转，实现货物搬运。

图 1-17 所示为常规叉车作业流程图，主要由空载取货、举升取货、下放运货、举升堆货、下放堆货五个流程组成，流程中涉及负载举升/下放、空载举升/下放、货叉前倾/后倾、行走和转向八个主要工步。

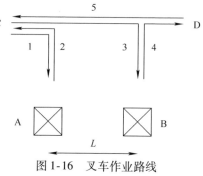

图 1-16 叉车作业路线

根据国家行业测试标准 JB/T 3300—2010《平衡重式叉车　整机试验方法》所述，叉车单次作业情形如下：

首先，叉车空载从初始位置点 C 沿路线 1 行进至取货点 A，驱动举升液压系统工作，取得目标货物。

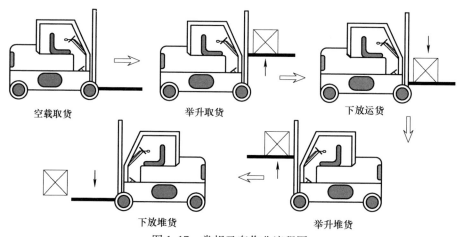

图 1-17　常规叉车作业流程图

其次，沿路线 2 返回初始位置点 C，带载下放，调整姿态为运货做好准备。

再次，沿路线 3 行进至堆货点 B，升降至目标位置后卸货。

最后，沿路线 4 退至中转点 D，再沿路线 5 返回初始位置点 C 并调整姿态准备再次作业。

由于不同的驾驶人熟悉程度不同，在实际操作中可能与测试标准有所不同，主要体现在升降距离，前后倾次数，以及转向精度等。

总的来说，叉车单次作业中主要包括两次举升与两次下放、四次转向、两次前后倾及五次行走与制动。测试标准中规定：1h 内应有 60 次作业，运货距离 L 为 30m，举升高度为 2m。以 1t 负载、8h 工作制为例，一天下来举升系统耗能将近 5.23kW·h，每次下放时间在 5~20s。

1.3.4　卷扬势能工况

1. 工作周期分析

卷扬势能的典型应用为旋转钻机。旋挖钻机在钻孔作业过程中循环性强，通常一个工作循环包括下钻、钻进、提钻、回转、卸料、反向回转复位六个过程。同时旋挖钻机在工作循环过程中时，仅因作业场所变换才需要移动，因此大多数情况都停留在原位不动。

1）下钻。当旋挖钻机移动到指定的工作位置后，行走和变幅机构锁定，主卷扬开始作业，旋挖钻机的钻头与钻杆开始下钻直至孔底。

2）钻进。当整车控制器检测到钻头与钻杆下放到孔底后，动力头带动钻具进行旋挖钻进。

3）提钻。当钻进到指定深度后，卷扬液压马达旋转，将钻杆、钻头提升至出桩孔后。

4）回转。提钻完成后，当达到可卸土的安全高度时，旋挖钻机上车机构开始回转。

5）卸料。当旋挖钻机上车机构回转至指定卸土位置时，动力头下放打开钻具筒的同时动力头液压马达高速正反转辅助卸土完成。

6）反向回转复位。旋挖钻机上车机构回转至钻孔位置，重新开始下一轮的作业循环。

旋挖钻机钻孔工况流程示意图如图 1-18 所示。

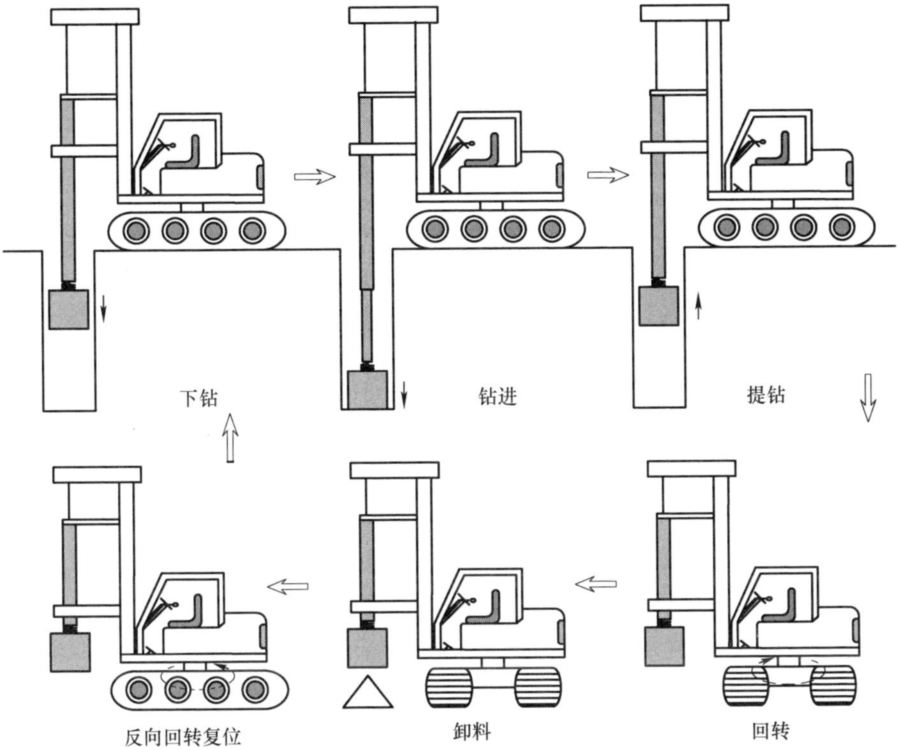

下钻　　　　钻进　　　　提钻

反向回转复位　　　卸料　　　　回转

图 1-18　旋挖钻机钻孔工况流程示意图

在上述作业工况中，下钻和提钻过程都伴随着卷扬频繁的升降作业，且随着钻进深度的不断挖掘，下放过程高度也将不断加深，而旋挖钻机钻杆钻具本身便具有较重质量，由此可见，在旋挖钻机卷扬作业过程中，伴随着巨大的可回收势能。

2. 能耗分析

旋挖钻机主要工作装置由动力头装置和主卷扬系统组成，主卷扬系统主要用于完成钻杆提放及钻进过程中主卷扬的浮动。在旋挖钻机工作过程中，共包括包四个工作过程：主卷扬下放过程、钻进过程、主卷扬提升过程及回转抛土过程。采用仿真和试验相结合的方法，分析了旋挖钻机的各作业过程时长及油耗对比。如图 1-19 所示，卷扬下放时间占总工作过程时长 20%，该过程系统大量的势能、动能以热能形式耗散，且动力源仍需进行补油，在整机耗油量大的基础上仍存在平均10% 的耗油量，因此，通过对下放过程的势能进行回收，可较好地提高整机的能耗。

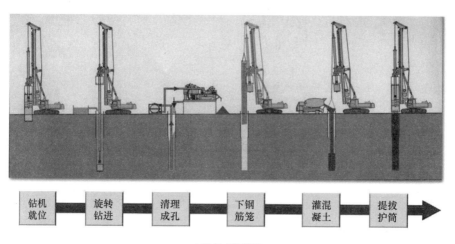

a) 整机工作流程

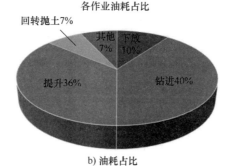

b) 油耗占比

图 1-19   某型号旋挖钻机整机工作流程和油耗分析

对徐工 XR160E、XR180D、XR220D、XR240E 等四种典型旋挖钻机的下放势能进行了分析计算。如表 1-2 所示，在中小吨位旋挖钻机主卷扬动作频繁，下放时间占比大，应将这部分能量回收起来再利用，具有可观的发展前景。

表 1-2　各吨位机型下放能量统计及对比

机型	钻杆 + 钻头重量/t	下放速度/(m/min)	下放时间占比（%）	下放功率/kW	下放平均功率/kW	占发动机功率比值（%）
XR160E	7.5 + 1	80	20	103.3	15.9	10.6
XR180D	8.2 + 1.5	70	18	103.1	14.3	7.3
XR220D	9.1 + 2	70	16	118.0	14.5	6.0
XR240E	10.7 + 2.3	70	15	139.0	20.8	7.7

3. 工况分析

为了对卷扬势能回收工况进行分析，以徐工旋挖钻机为原型机，建立了其测试平台，测试了卷扬的升降工况。升降工况设定为 1800r/min 的情况下，不同重量及下放深度的升降时间比见表 1-3。

表 1-3　不同重量及下放深度的升降时间比　　　　　　（单位:%）

工况	5.5t 钻头 14m 下放深度	5.5t 钻头 8.5m 下放深度	7.5t 钻头 14m 下放深度
下放	42.5	39.05	39.55
提升	57.5	60.95	60.45
总计	100	100	100

考虑测试样机中利用流量再生提高下放速度的影响，因此在传统的作业型工程机械上验证推导各工况占比存在普适性见表 1-4。同时证实采用能量回收方案能够提高下放速度，提高工作效率。

表 1-4　各工况占比情况对比

工况	平均负荷率（%）	平均转速/(r/min)	平均油耗率/(L/h)	耗油量/L	时间/s	时间比（%）	油耗比例（%）
下放	27.7	1758.4	20	0.29	90	20.0	11.6
钻进	56.2	1757.0	36	1.04	125	27.8	41.6
提升	55.8	1738.6	26	0.85	110	24.4	34.0
回转抛土	27.1	1766.8	14	0.19	58	12.9	7.6
其他	20.9	1764.2	9	0.13	67	14.9	5.2
总计	41.4	1755.1	23.5	2.5	450	100	100

4. 钻杆势能下放可回收能量计算

根据上述工作周期和能量分析，可知旋挖钻机钻杆势能回收过程的显著特点为可回收时长且具有一定的周期性。因此对于钻杆势能下放可回收能量的计算变得十分必要。

忽略钻杆间的阻力与动力头对钻头的摩擦力，钻杆下放过程中所蕴含的势能用式 (1-18) 表示为

$$E_g = M_g g \Delta h \qquad (1-18)$$

式中，E_g 是钻杆下放过程中所蕴含的势能（J）；M_g 是钻杆与钻具质量之和（kg）；g 是重力加速度（m/s^2）；Δh 是钻杆下放高度差（m）。

以某五节摩阻式钻杆的旋挖钻机为例，当主卷扬钢丝绳下放时，伸缩式起始时五节杆整体下放，而当最外围的第一节杆完全伸出时，其重量将被动力头托住进而停止下放，同时其余四节杆继续进行下放作业，当第二节杆完全伸出时，其重量将被第一节杆托住进而停止下放。其余几节杆下放同样如此，直至各节杆全部完全伸出。根据钻杆下放工作过程，可以看出当钻杆不断下放的过程中，钻杆与钻具质量之和也在随之不断变化，可以分为钻具与五节杆共同运动、钻头与四节杆共同运动、钻具与三节杆共同运动、钻具与二节杆共同运动、钻具与一节杆共同运动的五种状态。对应钻具和钻杆的有效重力为

$$G_i = \sum_{i=1}^{5} M_i g \qquad (1-19)$$

式中，G_i 是不同运动状态对应的钻具和钻杆有效重力（N）；M_i 是第 i 节钻杆的钻具质量（kg）。

因此结合钻杆下放的势能回收公式，得到钻杆下放距离与钻杆下放过程中蕴含的势能关系式为

$$E_g = \begin{cases} G_1 x & 0 < x \leqslant L_1 \\ G_1 L_1 + G_2(x - L_1) & L_1 < x \leqslant \sum_{i=1}^{2} L_i \\ \sum_{i=1}^{2} G_i L_i + G_3 \left(x - \sum_{i=1}^{2} L_i \right) & \sum_{i=1}^{2} L_i < x \leqslant \sum_{i=1}^{3} L_i \\ \sum_{i=1}^{3} G_i L_i + G_4 \left(x - \sum_{i=1}^{3} L_i \right) & \sum_{i=1}^{3} L_i < x \leqslant \sum_{i=1}^{4} L_i \\ \sum_{i=1}^{4} G_i L_i + G_5 \left(x - \sum_{i=1}^{4} L_i \right) & \sum_{i=1}^{4} L_i < x \leqslant \sum_{i=1}^{5} L_i \end{cases} \qquad (1-20)$$

式中，x 是钻杆实际下放距离（m）；L_i 是第 i 节杆完全伸出长度（m）。

根据上述势能回收公式和钻杆下放工作过程，可以看出随着钻杆伸出节数不断变化，钻杆下放过程中所蕴含的势能也在不断变化。

第 2 章　能量回收系统类型

许多工程机械的共同特点是用一定重量的工作装置将物料举升到指定高度后卸载，但采用多路阀控制工作装置频繁地举升和下放会浪费许多能量；还有一些机构，如挖掘机的上车机构频繁地加速起动和减速制动也会浪费大量的能量。回收与利用工作机构举升后积累的势能和转台制动的动能，对提高工程机械的能量效率非常有益。能量回收系统的分类，按是否有平衡单元可以分成有平衡单元的能量回收系统和无平衡单元的能量回收系统；根据目前可应用于工程机械场合的能量储存元件的类型，可以分为无储能元件式、机械式、液压式、电气式及复合式能量回收系统。因此储能元件类型和特性对能量回收系统极为重要。

2.1　储能元件的类型和特性分析

在有储能元件的能量回收系统中，储能元件是能量回收技术的核心，储能元件的选择主要由回收能量的形式决定。由于能量回收技术主要基于动力系统开展，因此在选择储能元件时还需考虑动力储能要求。一般储能单元主要包括电量储能单元和液压蓄能器。

2.1.1　电量储能单元

电量储能单元是油电混合/纯电动移动工程机械/车辆的动力源，是能量的储存装置，也是目前制约移动式新能源工程机械/车辆发展的最关键因素。要与传统燃油移动工程机械/车辆相竞争，关键是要突破储能单元的难题。因此，开发出能量密度高、功率密度大、循环使用寿命长、均匀性一致、高低温环境适应性强、安全性好、成本低及绿色环保的储能单元对未来移动机械/车辆的发展至关重要。

按发电原理不同，电量储能单元可以分为化学电池、超级电容和生物电池三大类。到目前为止已经实用化的动力蓄电单元有属于化学反应范畴的传统铅酸蓄电池、镍镉电池、镍氢电池、燃料电池和锂离子电池等，属于物理反应范畴的主要是超级电容器。此外，诸如酶电池、微生物电池、生物太阳电池等生物电池的研发已进入重要发展阶段。电池的性能指标有容量、电压、能量、内阻、功率、自放电率、输出效率和使用寿命等，根据电池种类不同，其性能指标也有所不同。

近年来随着纯电动汽车的发展，动力电池本身的技术也有显著提升。许多新型动力电池相继出现在人们的视野，如水溶液可充的锂离子电池——水锂电池、锂硫电池、可充电流体电池、金属空气电池等。新型动力电池只是为将来的电动汽车发展提供了美好的前景，但由于技术条件不成熟或成本等原因，目前还不能大面积地推向市场，也不能广泛地运用到电动汽车行业。

下面介绍几种常用的典型动力电池和超级电容。

1. 铅酸电池

铅酸电池是应用历史最长、成本最低、最成熟的蓄电池。1859 年法国人普兰特（Plante）发明了铅酸电池。现在路上行驶的近 95% 的两轮电动车都在使用它提供动力，工程机械上发动机的起动电池也绝大多数是铅酸电池，它已实现大量生产，但其能量密度较低（一般只有 30 ~ 60W·h/kg 和 60 ~ 75W·h/L），所占的质量和体积太大，且自放电率高、循环寿命低，不适合现代的新能源系统使用。随着铅酸蓄电池技术的发展，尤其是第三代阀控式密封铅酸蓄电池的成功研制，能量密度提高到 60W·h/kg，功率密度达到 500W/kg，循环寿命大于 900 次，极大提高了现代新能源系统的使用适应性。

铅酸蓄电池未来仍须突破以下三个方向：①提高循环寿命的次数，进而延长使用寿命；②注意废电池的二次污染，严格控制铅酸蓄电池的生产和使用后的回收处理，采取一些有效的新回收技术实现工程化和产业化；③提高能量密度、功率密度及其他电池性能，才能在前景广阔的新能源系统中充分发挥作用。

2. 镍氢电池

镍氢电池是 20 世纪 80 年代由斯坦福·沃弗辛斯基（Stanford Ovshinsky）发明的，是世界各国竞相发展的一种高科技产品，具有高能量密度、长寿命和无污染等优点。与铅酸蓄电池相比，镍氢电池的能量密度提高了 3 倍左右，功率密度提高了 10 倍左右。但是镍氢电池的荷电状态（stage of charge，SOC）的实际使用范围很小，以至于镍氢电池储存的大部分能量并没有被实际使用。近年来，虽然镍氢电池在技术上取得了较大的突破，但仍存在不少因素制约其实际应用，如高温性能、储存性能、循环寿命、电池组管理系统、热管理系统和价格等方面的因素。

3. 液态锂离子电池

1990 年日本索尼公司首先推出了新型高能蓄电池——锂离子电池。锂离子电池的类型很多，其区别主要体现在正负极材料上。通常根据特色的正极材料或负极材料对锂离子电池进行命名。目前常用的正极材料有钴酸锂（$LiCoO_2$，LCO）、锰酸锂（$LiMn_2O_4$，LMO）、磷酸铁锂（$LiFePO_4$，LFP）、镍钴锰三元锂（$LiNi_xCo_yMn_{1-x-y}O_2$，NCM）和镍钴铝三元锂（$LiNi_xCo_yAl_{1-x-y}O_2$，NCA）。大多数锂离子电池采用石墨负极材料，也有锂离子电池采用钛酸锂材料（$Li_4Ti_5O_{12}$，LTO）。不同材料的锂离子电池在能量密度、循环寿命、温度特性和热安全性上有较大差距，各种锂离子电池的性能比较参见表 2-1。

表 2-1　不同类型锂离子电池的性能比较

电池类型	工作电压/V	能量密度/(W·h/kg)	循环寿命/次	低温特性	高温特性	热失控温度/℃
锰酸锂	3.7	130～160	600～1000	较好	一般	265
磷酸铁锂	3.2	100～130	4000	较差	好	310
镍钴锰	3.7	150～180	1500	较好	较好	210
镍钴铝	3.7	170～200	1500	较好	较好	160
钛酸锂	2.3	80～100	10000	好	好	210

与其他蓄电池相比，锂离子电池具有能量密度高、电压高、充放电寿命长、无污染、无记忆效应、快速充电、自放电率低、工作温度范围宽和安全可靠等优点，是截至目前较为理想的动力电源。与镍氢电池相比，锂离子电池的优势在于实现了电池的小型化和轻量化，因为目前使用的锂离子电池每个单元的电压均为 3.6V，是单元电压 1.2V 的镍氢电池的 3 倍。此外锂离子电池正极和负极的活性物质容易以较薄的厚度涂布在极板上，由此可以降低内阻。锂离子电池的功率密度为 3550～4000W/kg，是镍氢电池的三倍以上，因此能大幅度减小电池的质量和体积。

锂离子电池要大量应用仍存在多种性能的限制，包括锂离子电池的安全性、循环寿命、成本、工作温度和材料供应、电池管理系统中的一些不成熟技术（如均衡充电技术）等。

4. 固态锂电池

现有锂离子电池体系通常使用有机液态电解质，存在燃烧、泄漏等安全问题。同时，液态电解质易与高能量密度负极材料如硅、金属锂等发生持续副反应。目前锂离子电池通常采用石墨作为负极，电池能量密度难以突破 300W·h/kg。随着全球电动汽车市场的发展和储能领域的快速扩张，对高能量密度和高安全性电池的需求也日益迫切。近年来，世界各国纷纷制定了大量的产业政策来促进固态锂电池的发展。

固态锂电池的原理与液态锂离子电池相同，只不过其电解质为固态。不同于液态有机电解质固有的易燃、易爆属性，固态电解质具有不可燃、不泄漏、易封装及工作温度范围宽等优点。因此，与传统液态锂离子电池体系相比，固态锂电池具有较高的安全性能。此外，固态电解质具有较宽的电化学稳定窗口，可与高电压、高能量密度电极材料配合使用。发展固态锂电池技术有望同时实现电池安全性能和能量密度的突破，对进一步巩固和提升我国在电池领域的国际竞争力具有重要意义。

当前，固态锂电池技术的发展还面临循环寿命短和倍率性能差等问题。固态锂电池为包含多个物质层次的复杂系统，其性能由各组成材料/界面的结构和性质决定。近年来，固态电解质材料的研发取得了重大进展，部分无机固态电解质的离子电导率已逐渐接近甚至超过液态电解质。然而由于固态电解质的本征固态属性，固态电解质/电极界面的循环稳定性普遍较差，这极大地阻碍了界面处锂离子的传输。如何解决电化学循环中固态锂电池的界面问题是当前相关研究的重要课题。对于硅基固态锂电池，需要解决硅负极充放电过程中体积变化引起的电池结构/界面破坏问题。对于锂金属负极固态电池，需要解决电化学循环过程中负极界面孔洞的形成、锂枝晶的生长等问题。为了从根本上解决上述问题，必须从系统角度深入理解多场耦合环境下电池界面的动态演化过程，揭示复杂现象背后的原理机制，并在此基础上寻求高功率密度、高安全、高倍率、长循环的固态电池体系解决方案。

5. 燃料电池

燃料电池是一种化学电池，它会直接把物质发生化学反应时释放的能量变换为电能，工作时需要连续地向其供给活性物质——燃料和氧化剂。燃料电池一般包括质子交换膜燃料电池、磷酸燃料电池、碱性燃料电池、固体氧化物燃料电池、熔融碳酸盐燃料电池等。燃料电池具有起动迅速、功率密度高、排放低等优势，包括中国、日本和欧盟在内的诸多国家和地区都将燃料电池作为未来重点发展方向。

目前，质子交换膜燃料电池是最有可能商用化的车用燃料电池。预期在2030年燃料电池的功率密度将提升至 $6\sim9kW/L$，然而目前我国开发的车用燃料电池电堆额定功率密度在 $4kW/L$ 左右，距离该目标仍有差距。此外，燃料电池需要贵金属铂作为催化剂，且在持续使用的过程中储存和运输氢的条件非常严格，目前还没有低成本制氢技术，燃料电池的制作成本十分昂贵。因此，开发高功率密度、低成本的质子交换膜燃料电池技术是未来的研究热点。

6. 石墨烯电池

近年来，利用锂离子在石墨烯表面和电极之间可以快速大量穿梭运动的特性，新开发出了一种可以将充电时间从数小时缩短到不到一分钟的新型储能设备——石墨烯表面锂离子交换电池。这种新型储能设备集中了锂离子电池和超级电容的优点，同时兼具高功率密度和高能量密度的特性：功率密度达到 $100kW/kg$，比商业锂离子电池高100倍，比超级电容高10倍，功率密度高，能量转移率就高，就能大大缩短充电时间；其能量储存密度可达 $160W\cdot h/kg$，与商业锂离子电池相当，比传统超级电容高30倍，能量密度越大，储存的能量就越多，从而保证了电动机械的续航时间。由此看出，石墨烯电池具有良好的储能性质及良好的应用前景，但石墨烯的研究尚待深入，需要进一步系统研发，解决其中的一些科学问题和工艺问题，才能成为市场潜力巨大的电极材料。

7. 钠硫电池

钠硫电池是美国福特（Ford）公司于1967年首先发明公布的。钠硫电池通常是由正极、负极、电解质、隔膜和外壳等几部分组成。一般常规二次电池如铅酸电池、镉镍电池等都是由固体电极和液体电解质构成，而钠硫电池则与之相反，它是由熔融液态电极和固体电解质组成的，构成其负极的活性物质是熔融金属钠，正极的活性物质是硫和多硫化钠熔盐，由于硫是绝缘体，所以硫一般是填充在导电的多孔炭或石墨毡里，固体电解质兼隔膜的 Al_2O_3 陶瓷材料是一种专门传导钠离子的材料，外壳一般用不锈钢等金属材料。

钠硫电池具有许多特色之处：其中一个特色是能量密度（即电池单位质量或单位体积所具有的有效电能量）高。其理论能量密度为 $760W \cdot h/kg$，实际已大于 $1000W \cdot h/kg$，是铅酸电池的 3~4 倍。如日本东京电力公司（TEPCO）和 NGK 公司合作开发钠硫电池作为储能电池，其应用目标瞄准电站负荷调平（即起削峰平谷作用，将夜晚多余的电存储在电池里，到白天用电高峰时再从电池中释放出来）、UPS 应急电源及瞬间补偿电源等，并于 2002 年开始进入商品化实施阶段，已建成世界上最大规模（8MW）的储能钠硫电池装置，2005 年 10 月，年产钠硫电池量已超过 100MW，同时开始向海外输出。另一个特色是可大电流、高功率放电。其放电电流密度一般可达 $200~300mA/cm^2$，并可瞬时放出其 3 倍的固有能量；再一个特色是充放电效率高。由于采用固体电解质，所以无采用液体电解质二次电池的那种自放电及副反应，充放电电流效率接近 100%。

当然，事物总是一分为二的，钠硫电池也有不足之处，其工作温度在 300~350℃，所以，钠硫电池工作时需要一定的加热保温。采用高性能的真空绝热保温技术，可有效地解决这一问题。

钠硫电池作为新型化学电源家族中的新成员出现后，已在世界上许多国家受到极大的重视和发展。由于钠硫电池具有高能电池的一系列诱人特点，所以一开始不少国家纷纷致力于发展钠硫电池并将其作为电动汽车用动力电池，也曾取得不少令人鼓舞的成果，但随着时间的推移，钠硫电池在移动场合下（如电动汽车）的使用条件比较苛刻，受空间和安全性等方面限制。所以从 20 世纪 80 年代末、90 年代初开始，国外重点发展钠硫电池作为固定场合（如电站储能）下的应用，且优越性越来越显著。

钠硫电池已经成功用于削峰填谷、应急电源、风力发电等可再生能源的稳定输出及提高电力质量等方面。目前在国外已经有上百座钠硫电池储能电站在运行，是各种先进二次电池中最为成熟和最具潜力的一种。

8. 超级电容

1957 年，美国人 Becker 发表了关于超级电容的专利。超级电容是一种具有超强储电能力、可提供强大二次脉冲功率的物理二次电源，它是介于蓄电池和传统静电电容之间的一种新型储能装置。超级电容具有极高的功率密度，是一般蓄电池的数十倍以上；循环寿命长，没有记忆效应；充电速度快，可以大电流进行充电，充电 10min 可达到其额定容量的 95% 以上。此外，还具有工作温度范围宽、充放电控制线路简单及绿色环保等优点。

虽然超级电容具有上述诸多优点，但其自身也存在以下缺点：①在放电过程中，超级电容的自身电压会逐渐降低，放电电流也会逐渐降低，导致超级电容很难完全放电；②能量密度相对其他化学能源低很多；③超级电容单体电压低，需要多个电容串联才能提升整体电压等级；④高自放电率，它的自放电速率比化学电源要高。

超级电容极具爆发力却又持久力不足的特性决定了其仅合适在工况负载剧烈波动的车辆中作为辅助能源存在，而不能作为唯一能源使用。

2.1.2 液压蓄能器

液压式能量回收系统的储能单元一般为液压蓄能器。根据能量平衡原理，液压蓄能器在回收能量时通过各种方式使密闭容器中的液压油成为具有一定压力能的压力油，在液压系统需要时又将能量释放出来，以达到补充和稳定液压系统流量和压力的目的，是液压系统中常用的液压辅件之一。

液压油是近似不可压缩液体，其弹性模量基本在2000MPa，因此利用液压油是无法蓄积压力能的，必须依靠其他介质来转换、储存压力能。例如，利用气体（氮气）的可压缩性研制的囊式充气液压蓄能器就是一种蓄积液压油的装置。囊式蓄能器由油液部分和带有气密封件的气体部分组成，位于皮囊周围的液压油与液压回路接通。当压力升高时液压油进入液压蓄能器，气体被压缩，系统管路压力不再上升；当管路压力下降时压缩空气膨胀，将液压油压入液压回路，从而减缓管路压力的下降。

液压蓄能器主要有充气式、重锤式和弹簧式三类。常用的是充气式，它利用气体的压缩和膨胀储存、释放压力能，在液压蓄能器中气体和液压油被隔开，而根据隔离的方式不同，又分为隔离式和非隔离式，见表2-2。考虑到动态响应、额定容量、最大压力以及工作温度范围等性能参数，目前应用于能量回收领域的主要为活塞式和囊式两种。

表2-2 液压蓄能器的类型和性能比较

类型			性能					
			响应	噪声	容量限制	最大压力 /MPa	漏气	温度范围 /℃
充气式	隔离式	可挠性 囊式	良好	无	有（480L左右）	35	无	−10～+120
		隔膜式	良好	无	有（0.95～11.4L）	7	无	−10～+120
		直通囊式	好	无	有	21	无	−10～+70
		金属波纹管式	不太好	无	有	21	无	−10～+70
		非可挠性 活塞式	不太好	有	可做成较大容量	21	小量	−50～+120
		差动活塞式	不太好	有	可做成较大容量	45	无	−50～+120
	非隔离式（气瓶式）		良好	无	可做成大容量	5	有	无特别限制
重锤式			不好	有	可做成较大容量	45	—	−50～+120
弹簧式			良好	有	有	12	—	−50～+120

1. 囊式液压蓄能器

如图 2-1 所示，囊式液压蓄能器通过改变皮囊内的预充氮气的体积，从而使液压蓄能器储油腔内的液压油成为具有一定液压能的压力油。这种液压蓄能器虽然气囊及壳体制造较困难，但具有效率高、密封性好、结构紧凑、灵敏度高、重量轻、动作惯性小、易维护等优点，是目前液压系统中应用最为广泛的一种液压蓄能器，适用于储能和吸收压力冲击，工作压力可达 32MPa。目前，限制囊式液压蓄能器在工程机械应用的主要难点是耐高温且可保证寿命的皮囊。

图 2-1　囊式液压蓄能器的结构示意图

如图 2-2 所示，某囊式液压蓄能器的额定体积为 50L，液压蓄能器的直径为 230mm，长度为 1930mm，质量为 120kg。该囊式液压蓄能器的最高工作压力设定在 33MPa，充气压力为 13MPa，理论上囊式液压蓄能器充满油后液压油的体积为 24L，可储存的能量为 495kJ。

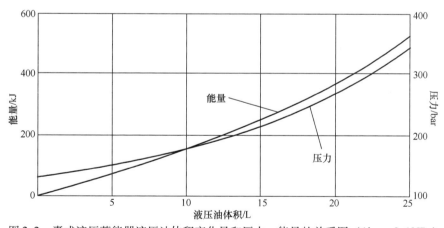

图 2-2　囊式液压蓄能器液压油体积变化量和压力、能量的关系图（1bar＝0.1MPa）

2. 隔膜式液压蓄能器

隔膜式液压蓄能器的工作原理与前面两种类似，只是储气腔与储油腔通过隔膜来隔离。这种液压蓄能器容量大、惯性小、反应灵敏、占地小、没有摩擦损失；但气体易混入油液内，影响液压系统运行的平稳性，因此必须经常灌注新气，附属设备多，一次投资大。此类液压蓄能器适用于需要大流量的中、低压回路的蓄能。

3. 活塞式液压蓄能器

如图 2-3 所示的活塞式液压蓄能器原理与囊式液压蓄能器类似，缸筒内的活塞将气体与液压油隔开，气体经充气阀进入上腔，活塞的凹部面向气体侧，以增加气室的容积。其具有油气隔离、工作可靠、寿命长、尺寸小、供油流量大、使用温度范围宽等优点，适用于大流量的液压蓄能器液压系统。但由于活塞惯性和密封件的摩擦力影响，其反应不灵敏，缸体加工和活塞密封性能要求较高、活塞运动惯性大、磨损泄漏大、效率低，故其主要适用于压力低于21MPa 的系统储能，不太适合吸收压力脉动和冲击。

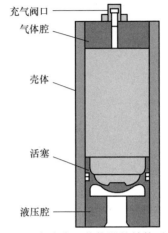

充气阀口
气体腔
壳体
活塞
液压腔

图 2-3　活塞式液压蓄能器的结构示意图

4. 重锤式液压蓄能器

重锤式液压蓄能器依靠重物的势能与液压能的相互转化来实现蓄能作用。这种液压蓄能器结构简单、压力稳定，但体积较大、笨重，运动惯性大，反应不灵敏，密封处易漏油且存在摩擦损耗，目前仅用在大型固定设备中，如在轧钢设备中用作轧辊平衡等。

5. 弹簧式液压蓄能器

弹簧式液压蓄能器通过改变弹簧的压缩量使储油腔的液压油变成具有一定液压能的压力油。这种液压蓄能器结构简单、容量小、反应较灵敏；但不宜用于高压和循环频率较高的场合，仅供小容量及低压（小于12MPa）系统作蓄能及缓冲使用。

2.1.3　储能单元特性分析

如表 2-3 所示，不同储能单元的性能有较明显的差距，以目前较常用的铅酸电池、镍氢电池、锂离子电池、超级电容和液压蓄能器为例，在能量密度、循环寿命和快速充电能力等方面进行比较。

1）在能量密度方面，铅酸电池的能量密度在 50W·h/kg 左右，镍氢电池在60～90W·h/kg，而常见的动力锂离子电池的能量密度可达 100～180W·h/kg；超级电容的能量密度较低，大约为 10W·h/kg；液压蓄能器的能量密度最低，只有2W·h/kg；对于纯电驱动系统来说，能量密度最为重要，关系到每次充满电后的工作时间。

2）从功率密度角度来看，液压蓄能器优于其他能量存储方式（铅酸电池200W·h/kg，镍氢电池 250～1200W·h/kg，锂离子电池 3550～4000W·h/kg，超级电容 500～5000W·h/kg）。只有高功率密度系统才能在短时间跟上制动时的能量转换和储存要求。

3）在循环寿命方面，铅酸电池的循环寿命为 300～800 次，镍氢电池为 150～

500 次；而锂离子电池单体的循环寿命一般大于 800 次，较好的电池可达到 2000 次，而采用钛酸锂负极材料的锂离子电池寿命可达 10000 次以上；液压蓄能器大约为 10 万次，超级电容最长，可以达到 100 万次。

4）就电量储能单元而言，锂离子电池在能量密度、循环寿命、充电速度、价格等方面具有综合的优势。价格方面超级电容最高，其次为锂离子电池，但随着锂离子电池技术进步和产业规模提升，其成本有望进一步降低。

5）液压蓄能器功率密度高，能够快速存储、释放能量，适用于作业工况多变的场合，如频繁起动、制动的行走设备；但由于其能量密度低、安装空间大，在实际应用中受到了一定限制，尤其对于如工程机械等安装空间狭小的场合，需要在系统设计时充分考虑空间布置。

表 2-3　不同储能单元的性能参数对比

项目	铅酸电池	飞轮	超级电容	液压蓄能器	镍氢电池	锂离子电池
功率密度 /（W/kg）	90～500	5000	500～5000	2000～19000	250～1200	3550～4000
单位重量能量密度/（W·h/kg）	30～65	5～150	10～30	2	30～110	100～250
单位体积能量密度/（W·h/L）	60～75	20～80	35	5～17	140～180	250～500
循环次数/次	300～800	20000	1000000	100000	150～500	2000～10000
效率（%）	～80	～96	～95	～90	～90	～95

2.2　能量转换单元工作原理

2.2.1　电动/发电机

为了满足工作性能的要求，工程机械动力系统和能量回收系统中所使用的电动机特性与重型车辆相类似，具体可归纳为以下几点：

1）转矩密度高、功率密度高。与车辆不同，几乎所有的工程机械对电动机的单位体积的转矩密度和功率密度都要求较高，但对单位重量的转矩密度和功率密度的要求可适当降低，主要是由于工程机械自身需要一个较大的配重，新能源装置增加的重量可以通过配重来抵消。

2）起动转矩高，高速运行时功率高。该特性对于油电混合动力装载机和纯电驱动工程机械特别重要。但对于油电混合动力挖掘机，更为看重的是在发动机的正常转速范围内（1600～2000r/min）都可以维持一个较大的转矩，以保证其削峰填谷的能力。

3）转速范围宽，恒功率调速区最高速度是基速的 2～3 倍。对于电气式能量回收系统和纯电驱动系统来说，可以满足最大的流量要求或转速要求。

4）效率高。

目前在新能源装备中所使用的电机种类主要有感应电动机、永磁同步电动机、直流无刷电动机和开关磁阻电动机等。以上几种电动机的主要特性比较见表2-4。

表 2-4　新能源电机特性比较

电机特性	电机类型			
	感应电动机	永磁同步电动机	直流无刷电动机	开关磁阻电动机
效率（%）	85～92	90～95	75～80	85～93
功率密度	中	高	低	高
结构	较复杂	简单	复杂	简单
转矩纹波小、噪声低	好	好	差	一般
控制简单	复杂	好	好	好
调速范围宽	好	好	差	好
成本/（美元/kW）	8～10	10～15	10	8～10

由表2-4可以看出，直流无刷电动机存在转矩纹波大、噪声高、结构复杂和成本高等缺点，且不能通过弱磁控制实现高转速运行要求；开关磁阻电动机具有结构和控制相对简单，调速范围较宽的优点，但其转矩纹波和噪声较高；感应电动机具有成本较低，控制技术较为成熟等优点，但其效率、功率密度较低；永磁同步电动机具有结构简单、功率密度高、转矩纹波小，调速范围宽的特点，且是目前各种类型电动机中效率最高的。目前，在新能源工程机械/车辆中使用比较普遍的电动机种类为异步电动机和永磁同步电动机。永磁同步电动机因具有诸多优势，其市场占有量正不断提高。

1. 异步电动机

异步电动机的旋转磁场转速为

$$n_1 = \frac{60f}{p} \tag{2-1}$$

式中，n_1是定子磁场转速；f是电动机供电三相电频率；p是电动机极对数。

当异步电动机接入三相交流电时，定子绕组会产生一个旋转磁场。定子磁场切割转子绕组，在转子绕组中产生感应电动势和感应电流，转子绕组产生电磁力使转子与定子磁场同方向旋转。由于异步电动机依靠定子磁场与转子的转速差产生转子感应电动势，因此转子转速总是略小于定子磁场，定子与转子的转差率：

$$s = \frac{(n_1 - n)}{n_1} \tag{2-2}$$

式中，s是转差率；n是转子转速。

由式（2-1）及式（2-2）可以得到转子转速的表达式：

$$n = n_1(1-s) = \frac{60f}{p}(1-s)$$ (2-3)

从式（2-3）可以看出改变异步电动机转速的方式有三种：

1）改变电动机供电三相电频率，即为变频调速。

2）改变定子极对数。

3）改变转差率。

其中，改变极对数的调速方式属于有极调速，而改变转差率的调速方法多要通过耗能来实现。近年来随着电力电子技术的发展，变频调速的应用越来越广泛，变频调速已成为交流调速的主要方式。

脉宽调速技术（PWM）在变频调速已经得到广泛的应用。PWM 控制技术通过合理的算法对功率器件（比如 IGPT）进行开通与关断，最终实现对电压脉冲宽度和脉冲周期的控制，从而达到变压变频的目的。PWM 是基于面积等效原理的一种控制算法：冲量相等而形状不同的窄脉冲加在具有惯性的环节上时，其效果基本相同；冲量即窄脉冲的面积，所说的"效果基本相同"是指惯性环节的输出波形基本相同。由图 2-4 和图 2-5 可以看出，当形状不同而冲量相同的脉冲作用在惯性环节上时，在上升阶段会略有不同，但在下降阶段几乎完全相同，越小的脉冲之间产生的差异也越小（见图 2-5 中的 a、c）。根据这个原理，可以知道只需要使 PWM 输出脉冲的面积与正弦波的面积相等即可得到与正弦波相同的效果。同时通过控制开关器件的开关频率便可实现输出电压的频率调整，从而实现对电动机速度的控制。

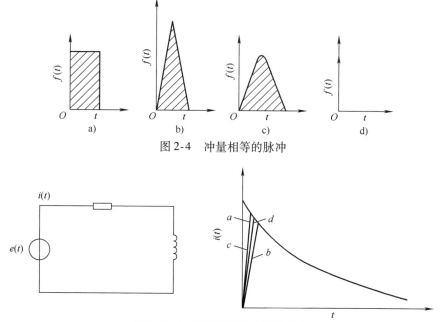

图 2-4　冲量相等的脉冲

图 2-5　冲量相同的脉冲惯性响应

异步电动机可以有不同的运行状态：

1）当转子转速小于同步转速时（即 $n < n_1$），转差率 $0 < S = \dfrac{n_1 - n}{n_1} < 1$，异步电机以电动机的方式运行，处于电动运行状态，此时异步电动机将电能转换为机械能。

2）当异步电动机由原动机（电气式能量回收单元中的液压马达、油电混合动力系统中的发动机）驱动时，转子转速超过同步转速时（即 $n > n_1$，$S < 0$），此时旋转磁场也切割转子导体，只是其相对关系与电动机的工作状态相反。此时的电磁力矩是制动性质的，原动机必须克服这个制动力矩才能使转子旋转。在这个过程中，异步电动机将处于发电运行状态，将原动机供给的机械能转化为电能。

三相异步电动机独立运行时必须再并联上电容提供无功功率，否则剩磁将很难建立，电容接线图如图 2-6 所示。当异步电动机作为发电机时，要满足起动和发电两种状态。因此电动系统要满足以下几个要求：①蓄电池或起动电源需要提供建立定子初始磁场的初始电压；②起动电流不能过大，否则会对电动机及变换器造成冲击；③适当选择励磁电容的容量，励磁电容的容量影响起动功率。当原动机进入正常运转时，应通过变换器关断蓄电池对电动机的供电。

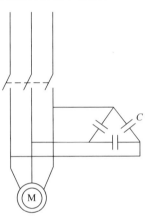

图 2-6　电容接线图

三相异步电动机控制系统如图 2-7 所示，六个绝缘栅双极型晶体管（IGBT）的控制信号主要由目标转速根据一定的算法给出。电机的发电和电动模式的切换主要取决于电机的转速和同步转速的关系。比如当检测到电机的转速为 1600r/min，如果希望电机处于发电模式，就必须给电机控制器一个小于 1600r/min 的目标转速对应的信号，但同步转速和实际转速的差值必须考虑需要发电模式的发电转矩的大小。理论上，同步转速越低，发电机的发电转矩也越大，发电功率也越大。用户需要注意的是并不是所有的变频器都可以再生发电。

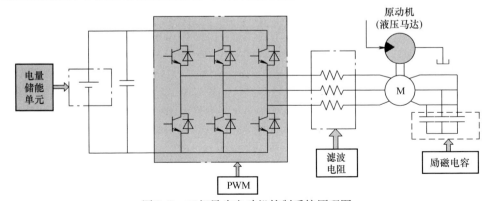

图 2-7　三相异步电动机控制系统原理图

异步电动机发电时的整个建压过程主要有三个阶段：

1) 在蓄电池的作用下，进入发电状态。由于直接借助剩磁进行发电，所产生的电能十分微小，因此需要借助蓄电池来进行自励建压。自励开始时，通过合适的算法控制 IGBT 等器件给定子一个相对较小的电压，定子回路形成初始电流，建立磁通。

2) 直流母线电压增长阶段。蓄电池给定子建立的初始电动势为 E_1，初始磁场为 Φ_0，原动机拖动转子旋转，产生的旋转磁场切割定子线圈产生感应电流 I_1。当电流 I_1 流经定子绕组时会产生对应磁通 Φ_1，Φ_1 正比于电流 I_1，而 I_1 相位滞后于电压 90°。新产生的磁通 Φ_1 与 Φ_0 相位相同，且相互叠加，使总磁场变强，当磁场达到恒定值时，电动机通过 6 个续流二极管给直流母线上的蓄电池充电。电压、电流及磁通的向量关系如图 2-8 所示。

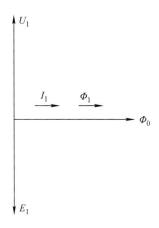

图 2-8　向量图

3) 稳定发电阶段。当电压达到给定值时，可通过采用恒磁控制和弱磁控制等适当的控制算法调节电压调节器保持输出电压的稳定。当直流母线的电压高于蓄电池电压时，续流二极管阻断。此时可通过制动回路消耗产生的电能。

2. 永磁同步电动/发电机

永磁同步电动机作为一种典型电动机机种，因具有结构简单、功率密度高、噪声小及效率高等优点，已经广泛应用于各个工业领域。永磁同步电动机的工作机制与传统电励磁同步电动机类似，所不同的是永磁同步电动机中建立机电能量转换所必需的磁场是通过永磁体产生的。因此，与传统电励磁同步电动机相比，永磁同步电动机不需要励磁绕组和励磁电源，转子部分取消了集电环和电刷装置，成为无刷电动机，结构更为简单，运行更为可靠，效率更高。

永磁同步电动机根据机电能转换方向的不同可分为永磁同步电动机和永磁同步发电机，他们在结构上是可逆的，即理论上永磁同步电动机既可作为电动机使用又可作为发电机使用。但是，由于永磁同步电动机和永磁同步发电机的工作模式不同，因此，针对其参数结构的设计侧重点将略有不同，控制的方式也需要根据实际情况进行调整。

(1) 永磁同步电动机的工作原理

在永磁同步电动机的绕组中通入交变电流，电动机的绕组将产生一个旋转的电磁场，该电磁场的转向和速度取决于绕组中各相电流的相位角和交变电流的交变频率。根据法拉第电磁感应定律，旋转的电磁场将带动永磁体所产生的磁场旋转并使二者重合，因此，通过在永磁同步电动机的绕组中通入交变电流将在安装永磁体的转子上产生一个使二者磁场重合的、方向与电磁场旋转方向相同的转矩，带动永磁同步电动机转子旋转，进而拖动负载。永磁同步电动机的转子旋转方向和转速取决于绕组中各相电流的相位角和交变电流的交变频率，永磁同步电动机的转矩取决于负载。

（2）永磁同步发电机的工作原理

永磁同步发电机的发电需由原动机拖动实现。在工作过程中，原动机拖动永磁同步发电机的转子旋转，而永磁同步发电机转子上安装有永磁体。由于永磁体所产生的磁场在原动机的拖动下旋转，将与永磁同步发电机的绕组发生相对剪切运动。根据法拉第电磁感应定律，绕组中的导线与永磁体的磁场发生相对剪切运动使导线上产生感应电动势，当永磁同步发电机的绕组闭合且与外部相关电机控制器相连时将形成闭合回路，进而电流发电并向外部设备提供电能，同时由于电流的产生，永磁同步发电机的转子上将产生一个阻碍转子旋转的转矩。原动机的转速决定了永磁同步发电机的交变电流频率，所产生的转矩决定永磁同步发电机的相电流。

目前，永磁同步电动机不论是作为电动机还是作为发电机都在工业中得到了广泛的认可和应用，并逐步替代异步电机，具有相当广阔的市场前景。而永磁同步电动机同时运行于电动和发电两种工作模式的工业场合还相对较少，其中，一个比较典型的应用背景便是新能源工程机械/车辆。

新能源工程机械/车辆中的油电混合动力系统采用的是传统发动机结合电动机，通过电动机稳定发动机的工作点，或通过电动机协同发动机驱动负载并对制动过程中的动能进行再生回收，以提高机械运行过程中的燃油经济性，并降低尾气排放。在采用油电混合动力作为驱动系统的新能源系统中所使用的电动机需同时工作于发电和电动两种模式，油电混合动力系统中电动机作为辅助动力源协同发动机驱动负载。为稳定发动机的工作点，辅助电动机需对负载进行"削峰填谷"。当负载转矩较大时，辅助电动机在电动模式工作并协同发动机驱动负载；当负载较小时，辅助电动机在发电模式工作并作为发动机的另一负载将发动机多余的能量进行回收。

在混合动力系统中，电动机多为转矩型控制，即采用转矩控制协同发动机驱动负载，电动机的基本控制方法为矢量控制。图 2-9 所示为三相永磁同步电动机矢量

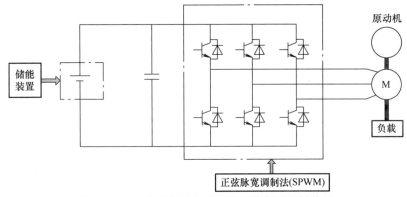

图 2-9　三相永磁同步电动机矢量控制系统结构图

控制系统结构图，该系统主要包括储能装置［电池或（和）超级电容］、滤波电容、六路 IGBT 控制管、永磁同步电动机本体及发动机和负载。系统转速由发动机决定，当永磁同步电动机做电动机使用时，通过给电动机正值转矩，储能装置中的电能通过六路 IGBT 管流入永磁同步电动机中，所产生的转矩取决于相电流，而相电流通过六路 IGBT 进行控制；当永磁同步电动机做发电机使用时，通过给电动机负值转矩，由发动机同时拖动负载和永磁同步电动机使电动机对外发电，所产生的电流通过六路 IGBT 流入储能装置。

由于在永磁同步电动机运行过程中，随着供电电压和转速的不同，电动机的可控制转矩将随之发生变化。以表贴式永磁同步电动机为例进行分析，电动机的数学模型在 $d-q$ 坐标系中可表示为

$$\begin{cases} v_d = R_s i_d + L \mathrm{d}i_d/\mathrm{d}t - pL\omega i_q \\ v_q = R_s i_q + L \mathrm{d}i_q/\mathrm{d}t + pL\omega i_d + p\omega\phi \end{cases} \tag{2-4}$$

式中，v_d 是定子直轴电压分量；v_q 是定子交轴电压分量；ω 是电动机机械转速；i_d 是定子直轴电流分量；i_q 是定子交轴电流分量；L 是电动机电感；ϕ 是电动机磁链；R_s 是定子绕组电阻值；p 是电动机转子极对数。

转矩可表示为

$$T_g = 3p\phi i_q/2 \tag{2-5}$$

式中，T_g 是电动机电磁转矩。

为了能够有效控制电动机，电动机的电压、电流需满足以下关系式：

$$\begin{cases} i_d^2 + i_q^2 \leqslant I_{pmax}^2 \\ v_d^2 + v_q^2 \leqslant V_{pmax}^2 \end{cases} \tag{2-6}$$

式中，I_{pmax}（>0）是最大允许相电流幅值；V_{pmax}（>0）是最大允许相电压幅值。

其中相电压和直流供电电压（V_{dc}）满足：

$$V_{pmax} = V_{dc}/\sqrt{3} \tag{2-7}$$

将电动机的稳态数学模型代入式（2-6）中，可获得有效运行过程中电动机电流、转速和负载供电电压的一个不等式，即

$$\left(i_d + \frac{(p\omega)^2 L\phi}{R_s^2 + (p\omega)^2 L^2} \right)^2 + \left(i_q + \frac{p\omega R_s \phi}{R_s^2 + (p\omega)^2 L^2} \right)^2 \leqslant \frac{V_{pmax}^2}{R_s^2 + (p\omega)^2 L^2} \tag{2-8}$$

通过不等式（2-8）可发现，电动机在控制过程中，其可控制的区间受到最大电流和供电电压的约束，并将随着供电电压和转速进行变化。图 2-10 所示为电动机工作过程中，电动机所受到电压约束和电流约束。电动机的可控区域为电流约束和电压约束的交集。通过分析式（2-8），可得到随着电动机电压的减小或（和）电动机转速的增加，电压约束圆心将向左侧移动，且半径将逐渐减小。

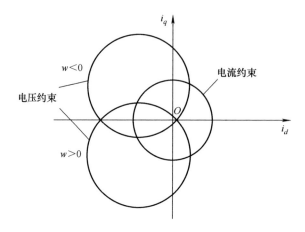

图 2-10　电压约束和电流约束

2.2.2　四象限泵

1. 四象限液压泵简介

液压泵/马达，因为工作区间可以覆盖转矩－速度图的所有四个象限，并能够提供两个方向的驱动和再生制动能力，所以也称之为四象限液压泵（后面简写为四象限泵）。

四象限泵来源于二次调节技术，是 20 世纪 80 年代开始发展起来的一种新型节能静液传动技术，特别适用于诸如起重机、压路机、旋挖钻机等具有周期性旋转运动工作特点的重型工程机械。目前，德国力士乐、美国派克等处于世界领先地位，各种专利技术、知识产权和产品基本上被国外所有。我国在这方面差距很大，尤其是在高压重载领域，是制约我国自主研发制造的"卡脖子"技术之一。

四象限泵具有泵和液压马达两种工作模式、四种工况，分别为正向驱动、正向再生制动、反向驱动和反向再生制动。正向驱动是液压马达模式，四象限泵在前进方向上驱动负载。正向再生制动工况属于泵模式，四象限泵在正向使负载减速，产生的液压能可反馈到液压蓄能器中。反向驱动与正向驱动类似，但四象限泵在反向驱动负载。在反向再生制动工况下，以反向方式减缓负载，并产生液压能可反馈到液压蓄能器。

四象限泵的斜盘倾角和方向的改变可实现其排量和转向调整，四象限泵可以体现在以转速和转矩为坐标平面的坐标轴上，如图 2-11 所示。

（1）第 I 象限

当四象限泵工作在第 I 象限时，四象限泵处于液压马达模式，处于正向驱动的工况，四象限泵正向驱动负载。假设四象限泵在第 I 象限工作时的流量 q（由恒压系统流向四象限泵）为正，定义四象限泵在液压马达模式下的排量 V 为正，四象限泵输出转矩 M 和角速度 ω 也为正。根据液压功率 P 与流量 q 和压力 p 的关系 $P =$

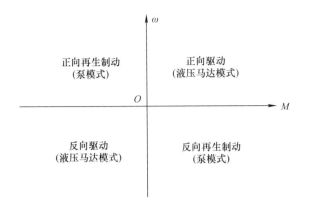

图 2-11 四象限泵工作特性示意图

pq，可得，$P > 0$，流量与角速度的公式关系为 $q = V\omega$。

（2）第 II 象限

当四象限泵工作在第 II 象限时，四象限泵处于泵模式，处于正向再生制动的工况，四象限泵使负载减速前进，产生多余的液压反馈到液压蓄能器中。在第 II 象限下，流量 q 由四象限泵流向恒压系统，故 $q < 0$，定义四象限泵在泵模式下的排量 V 和输入转矩 M 为负，角速度 ω 为正。根据公式 $P = pq$，可得，$P < 0$。

（3）第 III 象限

当四象限泵工作在第 III 象限时，四象限泵处于液压马达模式，处于反向驱动的工况，四象限泵反向驱动负载，此时四象限泵的斜盘倾角越过零点到达另一侧，由于流量 q 还是由恒压系统流向四象限泵，故 $q > 0$。由定义可知，液压马达模式下的排量 V 为负，四象限泵输出转矩 M 和角速度 ω 也为负。根据公式 $P = pq$，可得，$P > 0$。

（4）第 IV 象限

当四象限泵工作在第 IV 象限时，四象限泵处于泵模式，处于反向再生制动的工况，四象限泵反向减缓负载，此时流量 q 由四象限泵流向恒压系统，故 $q < 0$。由定义可知，泵模式下的排量 V 为正，四象限泵输入转矩 M 和角速度 ω 为负。根据公式 $P = pq$，可得，$P < 0$。

2. 四象限泵关键技术

（1）高压重载四象限泵减振降噪与寿命提升关键技术

高压重载四象限泵属于液压轴向柱塞元件，由于工况频繁变化导致柱塞腔高低压切换时压力突变，不仅使流量脉动峰值增加，且易发生气蚀。考虑四象限泵摩擦副摩擦磨损特性、流量脉动、气穴气蚀等问题，如何减振降噪及提高可靠性，是需要突破的关键技术。

（2）四象限工作模式下宽排量区间的效率

编者研发的产品兼顾泵、液压马达两种工作模式，在综合考虑各工况下各个摩擦副能量损失的前提下，如何最大限度地减小因为摩擦副配对材料的摩擦力及流量泄漏导致的功率损失尤为重要。

为保证四象限泵在四象限宽排量区间下的效率，需要从容积效率和机械效率两个方面采取措施。为提高容积效率，需尽量减小泵排油流道中的无效容积，采用空心焊接结构的柱塞可减小柱塞闭死容积；为满足快速响应要求的轻量化设计，还需要优化主油口流道及配流结构以减小泵工作过程中空化引起的容积效率损失。为提高机械效率，需对关键重载摩擦副的润滑结构和配对材料进行优化，使工作过程中摩擦副处于合适的润滑或混合摩擦状态，使摩擦损耗较小，同时也需使油液泄漏量保持在最佳范围从而保证较高的容积效率。此外，还要对泵内散热进行优化，使关键摩擦副和轴承处于最佳工作状态。

（3）重载负载的长寿命设计

要使四象限液压泵的寿命满足设计要求，要识别泵工作过程中的载荷谱，通过动力学建模及仿真，对泵承受变载荷的主要结构零件，如主轴、缸体、壳体、端盖和紧固方式等进行疲劳力学分析，以优化零件结构、材料、表面处理和表面精度，使基本结构件满足疲劳寿命要求。还要深入研究泵主要零件的精度设计，以减小高速旋转零件因受力变形、热膨胀、微观振动等可能导致的早期失效，对关键摩擦副的润滑结构和配对材料进行深入研究，保证关键摩擦副在工作过程处于合适的润滑或混合摩擦状态，以满足摩擦副的使用寿命。

（4）四象限液压泵工作象限切换时的抗倾覆能力

在四象限液压泵工作过程中，由于象限切换会导致滑靴副及配流副部位压力突变，滑靴可能因为瞬间失压与斜盘脱离导致倾覆或者瞬间高压导致剧烈冲击，同理，配流盘与缸体之间也存在相同问题，对四象限液压泵的可靠性及效率有很大的影响。因此，需要通过虚拟样机技术、理论分析及仿真计算手段，对滑靴副及配流盘在泵、液压马达工况瞬间切换时的动态响应特性展开研究，最终建立具有较强抗倾覆能力的滑靴模型或中心回程机构，以及配流盘模型或者配流副新型结构设计模型。

（5）强非线性耦合、多维度随机干扰、有限感测条件下的变量液压缸位置伺服控制

四象限变量液压泵排量调节机构的伺服控制，本质为阀控缸系统，可以等效成液压缸驱动的微阻尼、小弹簧、大时变等效负载惯量的二阶系统在高频随机大摄动力作用下的位置伺服问题。由于工程机械的产品属性和应用环境不允许安装高精度传感单元，对于液压传动系统固有的多物理场的非线性耦合特点，以及四象限液压泵灵活的工作模式和高压重载工况对液压泵全寿命周期的关键结构参数蠕变影响都给阀控缸的位置控制带来了巨大挑战。如何通过四象限液压泵上不太灵敏、品种和数量有限、但可靠性较高的低成本霍尔角度传感器、压力传感器，克服传感器固有的零漂、时漂、温漂及工程机械随机冲击的影响，设计合适的控制器并研究控制算

法是四象限液压泵排量调节机构伺服驱动控制系统的关键。

3. 典型四象限液压泵介绍

以力源公司的 L4VG 为举例，L4VG 是斜盘式轴向柱塞泵，其排量可无级调节，输出的流量可以随着斜盘倾角的变化进行平稳的改变，L4VG 系列变量泵的公称压力 400bar（1bar＝0.1MPa），尖峰压力 450bar，排量 $V_{gmax}=125\text{mL/r}$。

4. 四象限泵变量系统

（1）柱塞泵变量控制的一般方式

1）与压力有关的液压控制。

与压力有关的液压控制回路如图 2-12 所示。

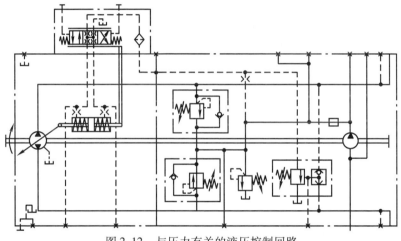

图 2-12 与压力有关的液压控制回路

L4VG 根据先导控制阀的驱动方式，分为先导式液压控制、液压手动伺服控制、凸轮液压伺服控制、电液比例控制、DA 速度敏感控制等多种控制形式。

2）先导式液压控制。先导式液压控制原理图如图 2-13 所示。通过伺服比例控制阀来控制变量液压缸的位移进而控制斜盘摆动角度，从而调整泵的排量。

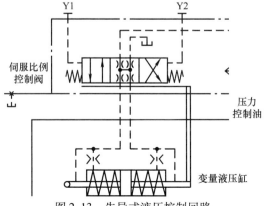

图 2-13 先导式液压控制回路

与先导压力有关的控制取决于 Y1、Y2 两先导压力的差值（p_{st}），变量液压缸的位移通过先导液压式的控制装置获得控制压力，即排量可以无级调节，其中先导式液压控制回路的工作过程如下：

当 Y2 油路通油，先导压力推动伺服比例控制阀阀芯向左运动，打开伺服比例阀阀口，调节排量的弹簧缸右腔与压力控制油相连，此时在控制压力的作用下变量液压缸的弹簧向左伸出，推动斜盘转动，变量泵改变输出流量。

当斜盘被推动转动后，拨叉反馈杆推动拨叉右拉杆进一步向右张开，此时拨叉上的弹簧力大于先导压力所产生的推力。

在弹簧力的作用下拨叉左拉杆向中闭合，同时推动推动伺服比例阀阀芯向中位移动此时先导压力差 Δp 产生的推力与拨叉上的弹簧力平衡。

由于控制阀阀芯为 O 形中位机能，O 形中位机能的特点：四个油口全部封闭，执行器可在任意位置停止，系统不能卸荷。变量液压缸左右两腔油液封闭，形成一定刚度的液压弹簧，排量调节弹簧可以稳定在某一位置，变量泵稳定工作在某一排量下，直到先导压力消失。

当先导压力发生变化，右边的压力消失时，在弹簧力的作用下拨叉左拉杆推动伺服比例控制阀阀芯向右运动，直到弹簧恢复至初始长度，使排量调节缸的左腔与压力控制油相通，右腔与油箱连接，在变量液压缸对中弹簧和控制压力及液压力的推动下，变量液压缸的活塞回到初始的位置，此时拨叉上的弹簧力大于先导压力产生的推力，拨叉右拉杆在弹簧力的作用下复位，同时推动伺服比例控制阀复位。

3）比例电磁铁控制。

比例电磁铁控制原理图如图 2-14 所示。

a、b 两端电磁铁接通，电流的强弱决定了变量阀芯的开启方向及开口大小，通过改变输入电流大小可以控制变量液缸的活塞运动从而控制斜盘的倾角大小，最终实现泵排量的控制。此系统为力反馈闭环控制回路，具有结构紧凑，响应快速等优点，且便于实现远程控制。变量阀芯和变量液压缸组成的变量系统决定了泵变量控制的动态响应、稳定和准确特性。

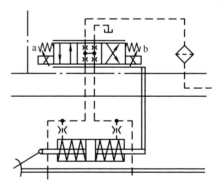

图 2-14　比例电磁铁控制液压回路

4）液压手动伺服控制。

液压手动伺服控制原理图如图 2-15 所示。其伺服阀由手动控制，通过手动使其换向，从而使某一变量液压缸腔与控制压力油相通，推动变量泵的斜盘倾角，达到调整变量泵排量的目的。该种控制方法，与手动控制的行程相关，有时会存在零位死区。

5）与转速有关的液压控制。

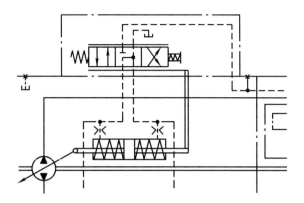

图 2-15　液压手动伺服控制液压回路

与转速有关的液压控制原理图如图 2-16 所示。

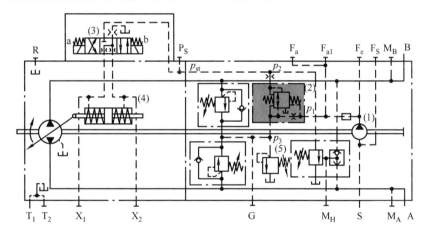

a) 液压控制原理图

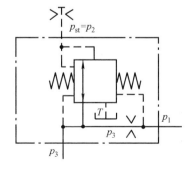

b) 控制阀的液压原理图

图 2-16　与转速有关的液压控制回路

与转速有关的液压控制是一种与发动机转速或自动行驶有关的控制系统。内置控制阀芯产生一个与泵（发动机）驱动转速呈正比例的先导压力。先导压力通过一个由电磁铁操作的三位四通换向阀传至泵的变量液压缸上。泵的排量在液流的各个方向均可无级调节，并同时受泵的驱动转速和排油压力的影响。液流方向由通电电磁铁 a 或 b 控制。泵的驱动转速提高，阀芯产生的先导压力也会增大，从而使泵的流量增大。

6）两点式控制。

斜盘倾角在排量为零位和两个最大两点变换，只能实现两个方向最大排量的转换。

（2）变量机构组成

L4VG 的变量机构如图 2-17 所示，其结构主要由控制阀、变量液压缸及一个反馈机构组成，变量液压缸与斜盘相连，主要起到执行变量及维持变量角度稳定的作用，控制阀主要起到换向的作用，通过给控制阀输入信号可以实现双向的变排量，反馈机构将变量液压缸的位移信号通过力的形式反馈给控制阀，从而实现位置的反馈，这种变排量的反馈方式也被称作位移－力反馈形式。

由图 2-18 所示，L4VG 的变量机构可以简化为一种以位移－力反馈形式的阀控液压缸，其传递函数可以根据阀控液压缸的传递函数进行推导。L4VG 变量机构中的反馈机构如图 2-19 所示，其中反馈弹簧的作用主要是对控制阀阀芯产生一个复位力，当变量液压缸运动到指定位置时，控制阀阀芯可以回到原位。

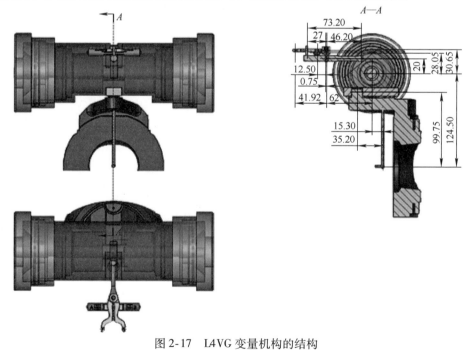

图 2-17　L4VG 变量机构的结构

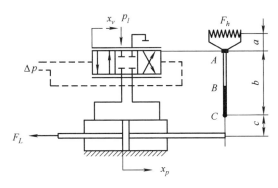

图 2-18　变量机构简图

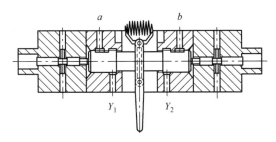

图 2-19　反馈机构

（3）L4VG 变量机构工作原理

L4VG 的变量过程如图 2-20 所示，通过对控制阀输入控制信号来调整阀芯的移动，如控制阀左端有信号输入，阀芯开始向左打开，并且控制阀芯拉动拨叉向左运动，油液通过控制阀进入到变量液压缸右腔中，使变量液压缸向左移动，其过程如图 2-20a 所示。在油液进入到变量液压缸内时，使变量液压缸发生位移，L4VG 的排量发生改变。在变量过程中，变量液压缸通过拨叉向控制阀反馈一个使阀芯回到零位的力，使拨叉进一步张开，其过程如图 2-20b 所示。变量液压缸在向左运动后通过力反馈杆，对控制阀阀芯施加一个使阀芯位置回到零位的力，待控制阀阀芯回到零位后，控制阀所受到电流信号输入力大小与反馈弹簧产生的力相等，控制阀阀芯处于平衡状态。L4VG 的整个变量过程结束后，补油液压泵产生的油液会直接流入油箱中，变量泵工作在预设定的工作状态，其状态如图 2-20c 所示。当输入信号消失后，控制阀阀芯再次处于不平衡状态，并且阀口反方向打开，变量液压缸向右开始运动，此过程如图 2-20d 所示。在变量过程中，在弹簧力的作用下，控制阀阀芯重新回到原位置，其状态如图 2-20e 所示，最终变量机构完成复位，回到如图 2-20f的初始状态。

（4）L4VG 变量机构建模

变量机构结构原理如图 2-21 所示，主要由变量阀、变量液压缸、斜盘、传感

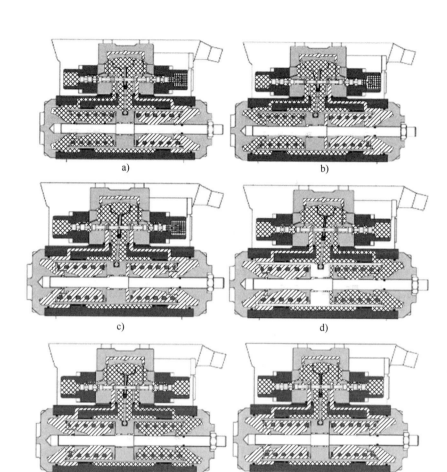

图 2-20 变量机构工作原理

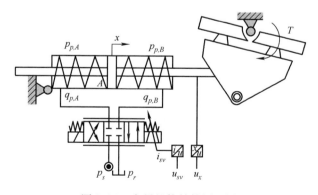

图 2-21 变量机构结构原理图

器等元件组成。变量阀控制流进和流出变量液压缸的油量，进而控制变量液压缸的位置。

忽略回油压力 p_r，当控制阀阀芯处于不同位置时，流经控制阀的流量分别为

$$
\begin{cases}
q_{p,A} = \begin{cases} y_v C_v \sqrt{(p_s - p_{p,A})} & y_v \geqslant 0 \\ y_v C_v \sqrt{p_{p,A}} & y_v < 0 \end{cases} \\[4mm]
q_{p,B} = \begin{cases} y_v C_v \sqrt{p_{p,B}} & y_v \geqslant 0 \\ y_v C_v \sqrt{(p_s - p_{p,B})} & y_v < 0 \end{cases}
\end{cases}
\tag{2-9}
$$

式中，y_v 是阀芯位移；C_v 是孔口流量系数；p_s 是油源压力；$p_{p,A}$ 和 $p_{p,B}$ 分别是变量液压缸左右两腔压力。

假定 $q_{p,A} = q_{p,B} = q_p$，可以将控制阀四个孔口的流量方程简化：

$$
q_p = C_v y_v \sqrt{\frac{1}{2}(p_s - \mathrm{sgn}(y_v)\Delta p)}
\tag{2-10}
$$

该控制阀的动态特性可以利用一个二阶传递函数近似表示：

$$
\frac{Y(s)}{U(s)} = \frac{\omega_v^2}{s^2 + 2\xi_v \omega_v s + \omega_v^2}
\tag{2-11}
$$

式中，ω_v 是二阶系统的自然频率；ξ_v 是二阶系统的阻尼比；s 是传递函数的表达方式。

变量液压缸两腔的压力动态特性如式（2-12）所示：

$$
\begin{aligned}
\dot{p}_{p,A} &= \frac{\beta_e}{V_{p,A}} \left[-A_p \dot{x} + q_{p,A} - C_{p,m}(p_{p,A} - p_{p,B}) + q_1(t) \right] \\
\dot{p}_{p,B} &= \frac{\beta_e}{V_{p,B}} \left[A_p \dot{x} - q_{p,A} + C_{p,m}(p_{p,A} - p_{p,B}) + q_2(t) \right]
\end{aligned}
\tag{2-12}
$$

式中，β_e 是油液弹性模量；$C_{p,m}$ 是变量液压缸的内泄漏系数；$V_{p,A}$ 和 $V_{p,B}$ 分别是变量液压缸左右两腔容积；A_p 是变量液压缸有效面积；$q_1(t)$ 和 $q_2(t)$ 是未建模动态。

假定 $V_{p,A} = V_{p,B} = V_p$，并定义 $\Delta \dot{p} = \dot{p}_{p,A} - \dot{p}_{p,B}$，$q(t) = q_1(t) - q_2(t)$，上述方程相减得到：

$$
\Delta \dot{p} = \frac{\beta_e}{V_p}(2Q_p - 2A_p \dot{x} - 2C_{p,m}\Delta p + q(t))
\tag{2-13}
$$

变量机构的变量液压缸将作用力传递至斜盘上，其液压力的大小起到推动斜盘来完成 L4VG 变排量的目的，如图 2-21 所示。反过来，斜盘力矩对变量机构来说是一个干扰力矩，对变量机构的响应速度和控制性能有直接影响。L4VG 的斜盘力矩主要是由液压力通过柱塞滑靴组件作用于斜盘的力矩 M_x。图 2-22 所示为柱塞滑靴组件运动分析简图。

首先需要分析滑靴推压斜盘的力 F_h。定义由第 n 个柱塞腔产生的滑靴推压力为 F_{hn}，其计算公式如下：

$$F_{hn} = \frac{\pi d^2}{4} p_n \tag{2-14}$$

式中，d 是柱塞直径；p_n 是各柱塞腔底部的压力。

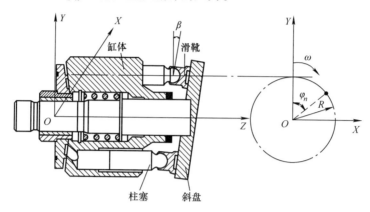

图 2-22　柱塞滑靴组件运动分析简图

采用的柱塞个数 $Z = 2m - 1 = 9$。因此，令 $\varphi_n = \omega t + (n-1)\alpha$ 为第 n 个柱塞滑靴组件对应的缸体转角，$\alpha = 40°$ 为柱塞角间距。那么，作用在斜盘表面的高压排油区柱塞底部压力的合力为：

当 $0 \leqslant \varphi_n \leqslant \dfrac{\alpha}{2}$ 时，有 m 个柱塞与压排油窗口相通，有 $m-1$ 个柱塞与吸油窗口相通：

$$F_h = \frac{\pi d^2}{4} \sum_{n=1}^{m} p_n \tag{2-15}$$

当 $\dfrac{\alpha}{2} \leqslant \varphi_n \leqslant \alpha$ 时，有 $m-1$ 个柱塞与压排油窗口相通，有 m 个柱塞与吸油窗口相通：

$$F_h = \frac{\pi d^2}{4} \sum_{n=1}^{m-1} p_n \tag{2-16}$$

液压力通过柱塞滑靴组件绕 x 轴作用于斜盘的力矩 M_x 的大小为

$$M_x = \frac{\pi d^2 R}{4\cos^2\beta} \sum_{n=1}^{z} p_n \cos\varphi_n \tag{2-17}$$

式中，β 是斜盘倾角；p_n 是各柱塞腔底部的压力。

柱塞腔底部的压力 p_n 可以近似如下：

$$p_n = \begin{cases} p_h & 0 \leqslant \varphi_n \leqslant \pi \\ p_l & \pi \leqslant \varphi_n \leqslant 2\pi \end{cases} \tag{2-18}$$

式中，p_h 是排油口压力；p_l 是吸油口真空度。

因此，L4VG 的配油分为以下两种情况：

当 $0 \leqslant \varphi_n \leqslant \dfrac{\alpha}{2}$ 时，有 m 个柱塞与压排油窗口相通，有 $m-1$ 个柱塞与吸油窗口相通：

$$M_x = \frac{\pi d^2 R}{4\cos^2\beta} \sum_{n=1}^{m} p_{\mathrm{h}}\cos\varphi_n \tag{2-19}$$

当 $\dfrac{\alpha}{2} \leqslant \varphi_n \leqslant \alpha$ 时，有 $m-1$ 个柱塞与压排油窗口相通，有 m 个柱塞与吸油窗口相通：

$$M_x = \frac{\pi d^2 R}{4\cos^2\beta} \sum_{n=1}^{m-1} p_{\mathrm{h}}\cos\varphi_n \tag{2-20}$$

变量液压缸与斜盘之间的运动关系和动力学关系如下：

$$\begin{cases} x_p = r_p\tan\beta \\ \dot{x}_p = r_p\dot{\beta}\sec^2\beta \end{cases} \tag{2-21}$$

$$I_p\ddot{\beta} = \left[A_p(p_{p,A} - p_{p,B}) - 2k_x r_p\tan\beta - 2f_{v,p}r_p\dot{\beta}\sec^2\beta \right]r_p + M_x + f(t) \tag{2-22}$$

式中，x_p 是变量液压缸的位移；β 是斜盘倾角；k_x 是弹簧刚度；r_p 是斜盘与变量液压缸几何中心距离；I_p 是斜盘转动惯量；$f_{v,p}$ 是变量液压缸摩擦系数；$f(t)$ 是其他扰动，包括未建模的非线性摩擦、外部扰动等。

因为四象限泵的斜盘倾角的最大变化范围位于 $[-20°, 20°]$ 区间内。因此可以令 $\sin\beta = \beta$，$\tan\beta = \beta$，$\sec\beta = 1$，令 $D(t) = M_x + f(t)$，则方程可简化为

$$I_p\ddot{\beta} = (A_p\Delta p - 2k_x r_p\beta - 2f_{v,p}r_p\dot{\beta})r_p + D(t) \tag{2-23}$$

对于控制阀而言，阀芯位置量 y_v 可用控制电压 u 近似代替。为了建立数学模型，选择 $\boldsymbol{x} = [x_1, x_2, x_3]^{\mathrm{T}} = \left[\beta, \dot{\beta}, \left(\dfrac{A_p r_p}{I_p}\right)\Delta p \right]^{\mathrm{T}}$ 作为状态变量，于是 L4VG 排量控制系统的状态方程：

$$\begin{cases} \dot{\boldsymbol{x}} = \begin{bmatrix} \dot{x}_1 \\ \dot{x}_2 \\ \dot{x}_3 \end{bmatrix} = \begin{bmatrix} x_2 \\ x_3 - \theta_1 f_1(x_1) - \theta_2 f_2(x_2) + d(t) \\ \theta_3 f_3(u, x_3)u - \theta_4 f_4(x_2) - \theta_5 f_5(x_3) + q(t) \end{bmatrix} \\ \boldsymbol{y} = \begin{bmatrix} 1 & 0 & 0 \end{bmatrix}\boldsymbol{x} \\ \boldsymbol{\theta} = [\theta_1, \theta_2, \theta_3, \theta_4, \theta_5]^{\mathrm{T}} \end{cases} \tag{2-24}$$

式中，$\theta_1 = \dfrac{k_x}{I_p}$，$f_1(x_1) = 2r_p^2 x_1$，$\theta_2 = \dfrac{f_{v,p}}{I_p}$，$f_2(x_2) = 2r_p^2 x_2$，$d(t) = \dfrac{M_x + f(t)}{I_p}$，$\theta_3 = \dfrac{\beta_e C_v}{I_p V_p}$，

$f_3(u, x_3) = 2A_p r_p\sqrt{\dfrac{1}{2}\left(p_s - \mathrm{sgn}(u)\dfrac{I_p}{A_p r_p}x_3\right)}$，$\theta_4 = \dfrac{\beta_e}{V_p I_p}$，$f_4(x_2) = 2r_p A_p^2 x_2$，$\theta_5 = \dfrac{\beta_e C_{p,m}}{V_p}$，

$f_5(x_3) = 2x_3$。

2.3 能量回收系统的分类

根据有无能量储存元件，能量回收系统分为无储能元件的能量回收系统和有储能元件的能量回收系统，其中有储能元件的能量回收系统主要分为机械式、电气式和液压式三大类。有储能元件的能量回收系统将可回收的能量储存在储能元件中，然后在下一周期释放出来提供辅助动力，该类能量回收系统受实际负载工况影响较小，节能效果显著，但有储能元件的能量回收系统增加了能量转换环节。因此，能量回收和再生的整体效率很大程度上取决于储能元件和能量的回收方式。

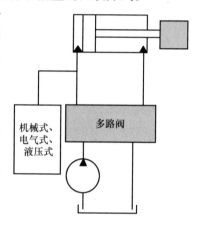

根据**有无平衡单元**，能量回收系统又可以分成无平衡单元的能量回收系统和有平衡单元的能量回收系统。无平衡单元的系统中所有的液压缸或者液压马达都是驱动执行器，执行机构可回收能量通过液压缸或液压马达的油腔与能量回收单元相连接，如图 2-23 所示。如图 2-24 所示，平衡单元应用直线驱动负载的驱动系统是在原来的驱动系统前提下，在直线运动执行器基础上增加一个或多个平衡液压缸，**其节能原理为**：①通过控制平衡液压缸的两腔的压力来平衡机械臂的重力，**等效于驱动液压缸驱动一个较轻的重物**，进而降低驱动液压缸的功率损失以实现节能；②平

图 2-23 无平衡单元势能回收原理图

衡单元和原驱动单元通过力在动臂上耦合，速度控制仍可以通过原驱动单元保证，回收能量的再利用可以直接通过平衡单元释放出来，**实现了驱动和再生的一体化**，避免了能量转换环节多的问题；③当执行器所驱动的负载波动剧烈时，也可以通过控制平衡液压缸的输出力来平衡负载波动，**将削峰填谷原理直接应用于执行器和负载之间**，使驱动液压缸只需要输出负载的平均功率。同理，旋转运动的执行器的平衡节能原理类似，如图 2-25 所示。根据平衡单元的储能元件类型，平衡单元也分成机械式、电气式和液压式三种。

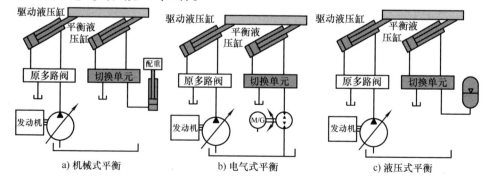

图 2-24 直线运动执行器平衡节能原理图

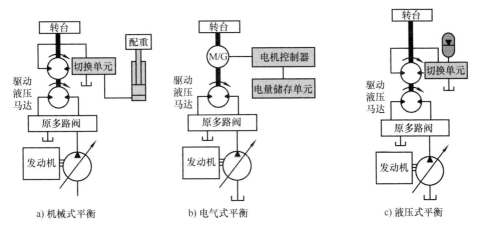

a) 机械式平衡　　　　　b) 电气式平衡　　　　　c) 液压式平衡

图 2-25　旋转运动执行器平衡节能原理图

2.3.1　无储能元件的能量回收系统

在无储能元件的能量回收系统中，回收的能量由于不能储存，因此只有两种途径作为可回收能量的处理方式：一种是消耗在节流阀口上，另一种是直接释放到液压系统中工作压力更低的容腔，比如用于驱动其他执行机构。但该方案必须满足两个执行器必须同时工作且负值负载产生的压力大于另一执行器工作压力。

较为典型的是斗杆流量再生回路，工作原理如图 2-26 所示。若铲斗不触地，在斗杆及铲斗（含斗内物料）自重及无杆腔液压油共同作用下，由于有杆腔回油畅通，往往会造成斗杆超速下降，引起无杆腔压力迅速降低，两通阀复位切断有杆腔回油。这在防止斗杆超速下降的同时，使有杆腔压力升高。此时，斗杆和铲斗在下降过程中，其势能经动能转化为有杆腔的高压油，克服了斗杆换向主阀芯内单向阀的作用力，将其开启，向无杆腔补油的同时继续保持斗杆液压缸向外伸出运动，使斗杆、铲斗继续下降，从而将势能经动能转化为液压能回收利用。斗杆的换向主阀内由单向

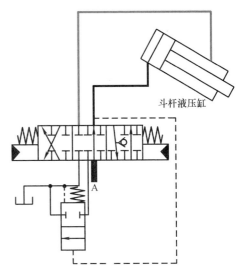

图 2-26　液压挖掘机斗杆流量再生回路原理图

阀构成的有杆腔向无杆腔补油的回路，也被称为"再生回路"。当铲斗接触到负载时，负载增加，液压缸无杆腔压力上升，两位两通阀上移，单向阀关闭，实现正常

供油，液压缸得到了较大的推力。

斗杆再生回路实际上就是差动连接回路。但因其无法储存能量而在实际应用中受到诸多限制。因此，无储能元件的能量回收方式目前主要应用于单泵多执行器的工程机械上，利用不同执行器所需要压力不同的特点，将回收能量直接通过阀组释放到所匹配的执行器。如图 2-27 所示，动臂势能可以用于驱动斗杆的空载伸出和缩回，其切换通过一个压差控制的液控换向阀实现。如图 2-28 所示，负值负载也可以通过液压马达直接转换成机械能辅助发动机驱动液压泵，由于同轴相连，故其他执行器必须工作，而且发动机所需的转矩要小于液压马达的再生转矩，否则不仅会使发动机工作在低转矩低效区域，甚至发生倒拖现象。该方案无须能量转换，但该系统受实际工况和工作模式影响大，不能储存能量，故节能效果有限。

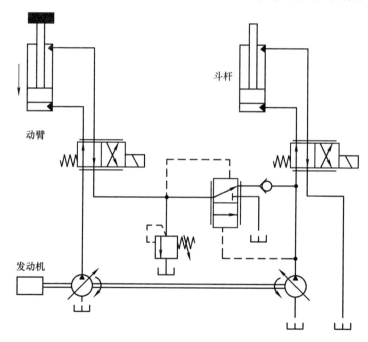

图 2-27　动臂与斗杆再生回路原理

美国普渡大学的姚斌教授提出了一种节能型液压缸驱动系统，如图 2-29 所示。该系统采用五只独立可调的二通比例插装阀代替传统的三位四通滑阀，其中四只二通阀构成进出口独立调节系统，第五只二通阀用于控制液压缸两腔的连通，实现液压执行器下放、制动过程中负载腔压力油的再生利用。通过进出口独立调节和流量再生回路的相互配合与优化控制，可以显著减少液压泵的输出能量，提高驱动系统的效率。

流量再生回路结构简单而且易于实现，只需增加节流阀连接液压缸两腔并控制其阀口开度即可。然而尽管该回路可以回收机械臂下放过程的部分能量，但节能效

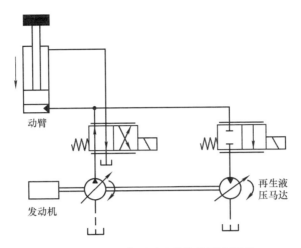

图 2-28　基于液压马达的能量再生原理

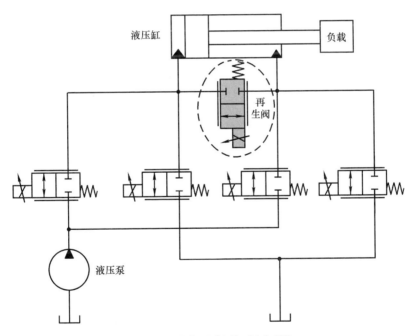

图 2-29　节能型液压缸驱动系统

果并不显著，原因如下：当液压缸有杆腔向无杆腔补油时，由于无杆腔压力低于有杆压力，导致流量再生过程中仍有较多能量耗散在再生节流阀上；当无杆腔向有杆腔补油时，因无杆腔相对有杆腔体积较大，会使多出的压力油直接经回油节流后返回油箱，能量损失更多。除节能外，流量再生回路在实际应用中的另一重要目的是通过流量再利用来保证多执行器联动时仍具有较高的运行速度。

2.3.2 机械式能量回收

机械能的回收方式主要有配重式、弹簧式和飞轮式三种。弹簧式能量回收系统的储能能力较差，而且弹簧工作时间长后容易发生疲劳断裂，所以弹簧很少作为能量回收的储能单元，通常作为减振或者复位的元件。

1. 配重式能量回收

配重式能量回收的主要储能元件是配重。配重式能量回收方法把可回收能量转化成配重的势能，当系统需要时，配重可以通过下放来释放势能。配重式能量回收系统结构较为简单，可以储存较多能量，但当储能总量需求较高时，设备会比较庞大，不适合在移动式工程机械上应用。此外，在加、减速阶段其能量转化性能较差，甚至会对系统的正常运行产生负面影响。

2. 飞轮式能量回收

飞轮式能量回收方法主要利用高速旋转的飞轮来存储能量，通常适用于具有高速旋转的装置，单独飞轮回收成本低，运行可靠。这种储能方式多数都是在系统中加入飞轮这种储能装置，因飞轮储存的能量和转速的二次方成正比，以前的储能飞轮材料多是铸铁和铸钢，飞轮的体积庞大笨重且最高转速受限，存储的能量有限。随着技术的进步和新材料的出现，出现了各种由碳纤维、玻璃纤维等制作而成的飞轮，这种飞轮能够达到很高的转速，因此储存的能量有了很大的提高。图 2-30 所示为飞轮式能量回收示意图，当机械臂下放时，液控单向阀逆向打开，动臂液压缸无杆腔的压力油通过液控单向阀后，驱动液压泵/马达 1 （此时工作在马达模式）实现飞轮加速上升的储能过程。

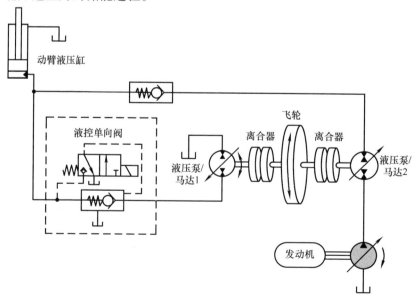

图 2-30　飞轮式能量回收示意图

由于飞轮的储能能力和时效性较差，常规转速下能量密度较低，重量和体积大，抗震性能差，噪声大，对工作环境要求苛刻，结构复杂，制造要求精度高，且飞轮的能量储存效率与飞轮中间怠速时间大小成正比。因此在单独采用飞轮储能装置的能量回收系统中，提高飞轮储能的能量密度和能量保存效率是主要研究问题，适用于执行机构连续上升和下放的场合。目前主要用于改善柴油机、汽轮机的工作状态，以及电网调频和电能质量保障。

2.3.3　液压式能量回收

由于液压蓄能器具有很高的功率密度，可以在短时间内提供所需要的转矩，在满足能量储存和释放快速性要求的同时可较长时间储能，各个部件技术成熟，工作可靠，整个系统实现技术难度小，便于实际商业化应用，特别适用于负载频繁变化的场合。但由于液压蓄能器的能量密度较低，液压蓄能器的安装体积较大。目前，采用液压蓄能器的能量回收方法已经在液压混合动力大客车上得到了应用。一种液压混合动力汽车的制动能量回收原理如图 2-31 所示，汽车在刹车制动、减速及下坡过程中，主离合器 2 断开，液压泵/马达离合器 7 闭合，汽车的动能通过驱动桥 5、动力传动装置 4 后由变量液压泵/马达 8（此时工作在泵模式）转换成液压能，并将液压能存储在液压蓄能器 10 中；当汽车再次起动、加速或爬坡时，系统又通过变量液压泵/马达 8（此时工作在马达模式）将液压蓄能器 10 中的液压能转化为车辆动能，以辅助发动机满足驱动汽车所要求的峰值功率。

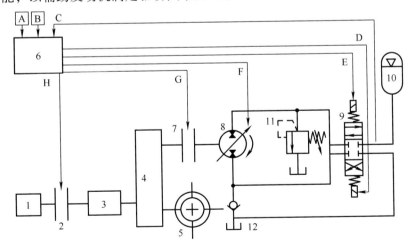

图 2-31　车辆制动能量回收原理示意图

A—加速信号　B—制动信号　C—液压蓄能器压力信号　D、E—液压阀控制信号

F—变量液压泵/马达控制信号　G—液压泵/马达离合器控制信号　H—主离合器控制信号

1—发动机　2—主离合器　3—变速箱　4—动力传动装置　5—驱动桥　6—电控单元

7—液压泵/马达离合器　8—变量液压泵/马达　9—液压阀　10—液压蓄能器　11—安全阀　12—油箱

与汽车不同，轮式工程机械，如装载机除了要驱动车辆行驶外，还要满足工作液压系统、制动系统和转向系统等多方面的动力需求。装载机作业工况存在着频繁的制动和下坡，可回收能量大。如图 2-32 所示，采用液压蓄能器回收浪费掉的制动动能成为装载机节能降耗的一项有效措施。但制动时需要协调再生制动与摩擦制动的关系，以保证整车制动性能安定性，避免再生制动过程中因天气原因、路面状况、制动深度变化引起的制动跑偏、驱动轮抱死等危险。由于液压再生制动系统具有强非线性、大参数范围摄动及严重外界干扰等问题，会严重影响到行车安全。

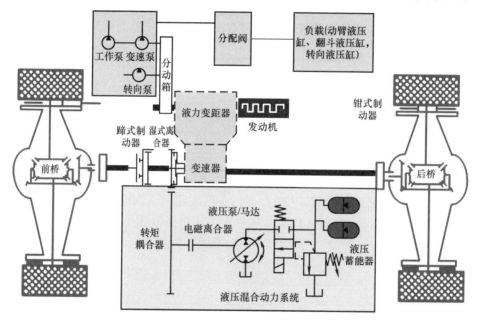

图 2-32　装载机制动能量回收示意图

在行走型装载机制动时，机械式摩擦制动器和液压泵/马达同时对车轮施加再生制动力，复合制动系统应满足以下功能：

1）制动安全性：在相同的制动强度需求输入下，保证制动时方向的稳定性，以确保整机的安全性。

2）回收制动能量：在安全制动的前提下，最大限度地回收装载机的制动能量和下坡惯性能。

3）制动踏板感觉：在不同制动模式及模式切换过程中，保证驾驶员有相同的制动踏板感觉，可同时完成两种制动形式的平稳切换。

2.3.4　电气式能量回收

电气式能量回收方法采用登录电池或超级电容作为能量储存单元。如图 2-33 所示，对于做直线运动的执行器，其可回收能量一般通过液压马达–发电机转换成电能后储存在动力电池或超级电容中，当系统需要时再释放出来转化为机械能对外做功。而对于做旋转运动的执行器，可以采用电动机直接代替液压马达驱动旋转运动惯性负载，直接通过电动机的二、四象限工作，以保证两个方向的旋转运动均可以在发电模式工作。当然旋转运动负载也可以和做直线运动的负载一样，将液压马达－发电机作为能量转换单元。详细介绍参考第 4 章。

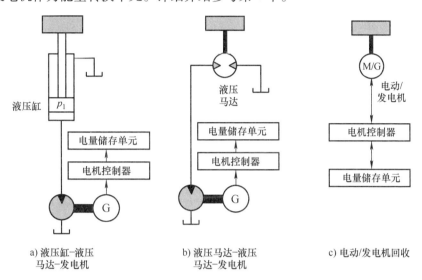

a) 液压缸-液压　　　　　b) 液压马达-液压　　　　c) 电动/发电机回收
马达-发电机　　　　　　马达-发电机

图 2-33　电气式能量回收系统示意图

动力电池的主要特点是具有较高的能量密度，使系统整体移动灵活，但功率密度不大，充电时间长，动力电池难以实现短时间大功率，且充放电次数（深度充放电 90%）仅为数百次，因此限制了其使用寿命，适合于能量回收负载变化较为缓和的场合，比如小轿车、电动叉车、起重机等。和动力电池相比，超级电容的功率密度高，超级电容器储能可以在短时迅速放出能量；由于电容的充放电过程为物理过程，其循环充放电次数可以达到数百万次；同时超级电容的内阻低，效率高。超级电容器的充电方式比其他的储能系统简单，控制也相对容易。但超级电容的能量密度较低，电容成本较高，一定程度上限制了该回收方式的应用。因此，超级电容能量回收一般适用于充放电频繁且充放电电流较大的场合，比如重型货车、大型公交车、液压挖掘机等。

2.3.5　复合式能量回收

1. 基于飞轮和液压蓄能器的能量回收

20 世纪 90 年代，日本著名学者 Hirochi NAKAZAWA、Yasuo KITA 等提出了一种基于飞轮和液压蓄能器组成的定压力源系统，并取得了一定的进展。系统工作原理如图 2-34 所示：当汽车在刹车制动、减速或者下坡行驶时，驱动轮上的变量液压泵/马达 9 在泵模式工作，回收汽车行驶时的能量，使系统的油压上升，通过与飞轮相连的变量液压泵/马达 5 作为液压马达工作使飞轮的动能增加而储存起来，以供汽车起动或加速时使用。此时，发动机及与它相连的变量液压泵/马达 2 处于停转状态。当汽车行驶的能量较大或汽车下长坡制动，驱动轮上的变量液压泵/马达 9 作为泵工作时，给系统提供的能量超过了飞轮所设置的最大动能，为了保证系统压力的恒定及飞轮的最大动能不超过所规定的上限值，可通过安全阀将剩余的能量释放掉。

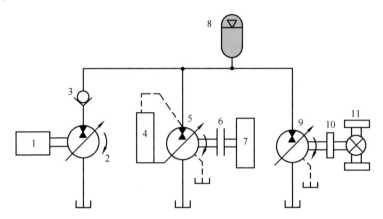

图 2-34   基于飞轮和液压蓄能器的车辆制动能量回收示意图
1—发动机   2—与发动机相连的变量液压泵/马达   3—单向阀   4—压力补偿器
5—与飞轮相连的变量液压泵/马达   6—联轴器   7—飞轮   8—液压蓄能器
9—驱动轮上的变量液压泵/马达   10—减速器及差速器   11—车轮

当汽车加速行驶时，驱动轮上的变量液压泵/马达 9 作为液压马达工作，消耗压力油而使系统压力降低，此时将由液压蓄能器 8 和高速旋转的飞轮 7 为系统提供动力。通过与飞轮相连的变量液压泵/马达 5 作为泵给系统补充压力油，使系统的油压维持在某一压力水平。当飞轮的转速下降到所容许的下限值时，飞轮将不再给系统提供动力，此时应起动发动机至最大动力，给液压系统提供动力，与发动机相连的变量液压泵/马达 2 作为泵给系统提供压力油，使系统的油压上升。此时，一方面通过与飞轮相连的变量液压泵/马达 5 作为液压马达工作为飞轮提供动力，直至飞轮的转速达到所规定的最高转速，将能量储存起来；另一方面保证了系统压力的基本恒定。然后使发动机停止运行，再继续由飞轮给液压系统提供所必需的动力。

2. 液压－电气复合式能量回收技术

（1）案例一：EHESS

在 KYB 2012 的环境报告书中，重点介绍了其 2011 年度的主要技术成果－电液能量回收系统 EHESS（Electro – Hydraulic Energy Saving System）。其结构原理如

图 2-35 所示，该系统主要通过动臂下放势能与回转体制动能的回收再利用来实现节能。在动臂下放与回转减速过程中，液压缸/马达排出的压力油经动臂/回转回收阀驱动回收液压马达工作，回收液压马达输出的机械能一部分用来直接驱动液压泵向系统提供再生能量，另一部分带动电动/发电机发电，将回收的能量储存在动力电池中。与其他能量回收系统不同的是，该系统在实现能量回收的同时，尽可能减少了不必要的能量转换环节，提高了能量利用率。实际挖掘试验表明，搭载 EHESS 的挖掘机能降低油耗 10% ~ 30%。

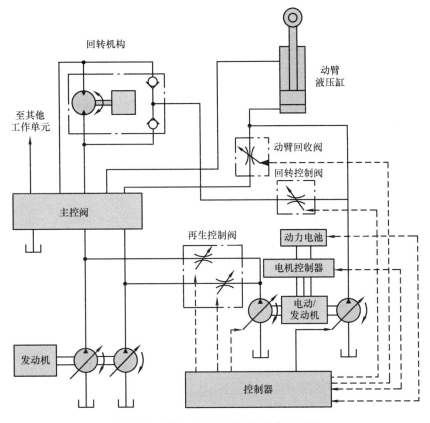

图 2-35　KYB 电液能量回收系统原理图

（2）案例二：AMGERS

液压 - 电气式能量回收系统的另外一个典型案例为编者提出的一种基于液压蓄能器的液压马达 - 发电机势能回收系统（AMGERS）。新的能量回收系统如图 2-36 所示，在基本方案的基础上，在比例方向阀和液压马达之间增加了一个液压蓄能器及其他液压控制元件。基本工作原理为：当液压挖掘机动臂下放时，电磁换向阀 1 工作在右工位，液压蓄能器可以快速吸收动臂释放的势能；当电磁换向阀 2 工作在右工位时，液压马达 - 发电机组成的能量回收系统不参与能量回收，当电磁换向阀 2

工作在左工位时，液压马达－发电机组成的能量回收系统参与能量回收，而回收的能量既可以是动臂液压缸无杆腔的液压能，也可以是液压蓄能器释放的液压能。

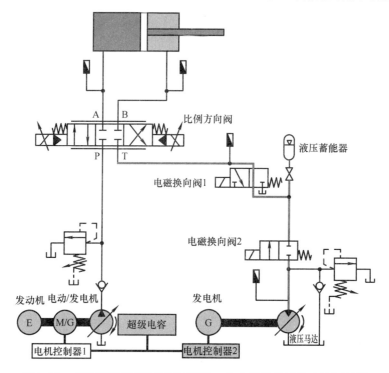

图 2-36   基于液压蓄能器的液压马达－发电机势能回收系统原理图

该系统的第一个重要特点是利用液压蓄能器实现了动臂下放过程和液压马达发电机能量回收过程的相互独立。当动臂下放时，动臂释放的势能既可通过单独液压蓄能器方式回收，又可以通过液压蓄能器和液压马达－发电机进行复合回收，而动臂下放的速度主要通过调节比例方向阀的开度来控制；在动臂停止下放后，液压蓄能器在动臂下放过程中回收的势能仍然可以释放出来继续驱动液压马达－发电机回收能量，延长了能量回收的时间。

该系统的第二个重要特点是降低了系统关键元件液压马达、发电机的功率等级，提高了经济性。首先，系统通过液压蓄能器能够人为主观控制能量回收时间，理论上液压马达－发电机的能量回收时间可以延长到整个工作周期，因此，对于液压马达－发电机来说，在相同的动臂势能回收功率曲线时，其可回收功率的平均功率大大降低，同时峰值功率也通过液压蓄能器的缓冲大大降低，降低了发电机的装机功率（如果控制策略设定液压马达发电机的能量回收为 10s，那么发电机的功率等级为基本能量回收系统用发电机功率等级的 20%；其次，对于液压马达来说，动臂下放过程中由动臂液压缸无杆腔排出的液压油可以在整个工作周期内排出，因此可以选择一个较小排量的液压马达，同时，在动臂停止下放的能量回收中，液压马达的流量不再控制动臂的下放速度。液压马达－发电机可以根据液压蓄能器压力动态优化发电机转速来提高效率，因此系统对液压马达－发电机的效率优化可采用定量液压马达实现，而不需采用控制复杂、成本高的变量液压马达。最后，由于发电机峰值功率的降低大大减少了电机控制器的输出电流，故降低了电量储存装置对最大充电电流的要求。

　　该系统的第三个重要特点是可提高能量回收系统的效率。首先，在标准工况时，系统利用液压蓄能器来平缓压力和流量波动，使发电机的工作点处于一个较小区间，通过合理设计发电机，可使发电机一直处于高效区域，从而可提高系统的回收效率；其次，当液压挖掘机处于非标准工况操作时或动臂每次下放的距离很短时，由前面分析可知，当采用液压挖掘机基本能量回收系统时，发电机的频繁起动和停止会造成额定损耗。在基于液压蓄能器的液压马达－发电机势能回收系统中，由于液压马达－发电机的工作只和液压蓄能器压力有关。因此，动臂的每次短距离下放释放的势能都可以通过液压蓄能器间歇性回收，只有当液压蓄能器储存一定能量后，液压马达－发电机能量回收单元才开始回收能量，因此，该系统在非标准工况下不会产生由于发电机的频繁起动和停止而产生的额定损耗。再次，由于液压挖掘机为多执行机构系统，采用液压蓄能器作为能量存储单元后，其回收的能量可以直接释放出来以驱动其他执行器，因此能量回收和利用的流程损失较小。最后，虽然在动臂下放过程中，在比例方向阀的阀口上会产生一定的节流损失，但由于比例方向阀的 T 口不再直接和油箱相连，而是通过液压蓄能器建立了一定的背压，如果合理优化液压蓄能器的工作压力并选择合理通径的比例方向阀，则比例方向阀的阀口压差损耗可以控制在较小值。

　　（3）案例三：电液复合的叉车势能回收系统方案

　　芬兰拉彭兰塔－拉赫蒂工业大学的 Minav 教授等提出了一种电液复合的叉车势能回收系统方案，如图 2-37 所示。在进行能量回收时，液压缸无杆腔的液压油驱动泵/液压马达（此时作为液压马达使用）工作，液压马达的转矩输出分两路，一路驱动发电机发电，电能经逆变器给蓄电池组充电，一路驱动液压泵/马达（此时作为液压泵使用）工作，泵输出高压液压油给液压蓄能器充液，实现叉车门架下放势能的回收。但该系统经过较多的能量转换环节，效率较低。

3. 飞轮－电气复合式能量回收技术

　　与传统飞轮式能量回收系统相比，飞轮－电气复合式能量回收系统通过电动/发电机系统（见图 2-38）来实现飞轮储能及外界交换能量。当飞轮储存能量时，电动/发电机在电动机模式工作，驱动飞轮加速；当飞轮释放能量时，电动/发电机在发电机模式工作，飞轮减速。**飞轮储能一般应用在系统调峰和增加系统稳定性方面。**20 世纪 90 年代以来，两个方面取得的突破，给飞轮储能技术带来了新的希望：①超导磁悬浮技术研究进展迅速，配合真空技术，把电动/发电机的摩擦损耗和风损耗降到了最低限度；②高强度的碳素纤维合成材料的出现，大大增加了动能

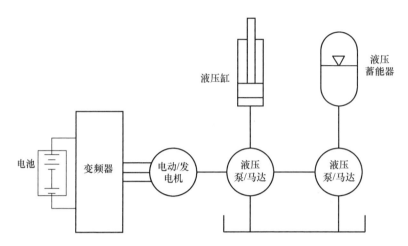

图 2-37　电液复合的叉车势能回收系统原理图

储量。但目前一般飞轮储能系统包括飞轮本体、电动/发电机、磁性轴承、电力转换器和低温系统等，可见系统的组成和控制相当复杂，造价也很高。

　　永磁飞轮发电机，填补了动力领域的一项空白。该技术是利用稀土永磁材料钕铁硼做能源基础，辅之以直流电源，使之不断地旋转，将机械功从轴端输出。这种动力机可广泛地应用于工业、农业、航空、航海、军事、交通、科研等诸多领域，无噪声、无任何污染，是真正的绿色动力。现代永磁飞轮发电机进入了高速发展期，飞轮储能

图 2-38　与飞轮相连的电动/发电机

技术得到了深入研究与应用，形成了飞轮储能单项技术和集成应用技术研究开发的热潮，也取得了令人瞩目的成就。因此，飞轮储能技术的应用进入了高级阶段，从而出现了集成各种技术的飞轮储能装置——现代飞轮储能技术，又称飞轮电池或机电电池。飞轮储存动能在机械系统中得到了广泛的应用。

　　飞轮发电机是把具有一定质量的飞轮放在永磁体上，飞轮兼作发电机转子。当给发电机充电时，飞轮增速储存能量，电能变为机械能；飞轮降速时释放能量，机械能变为电能。永磁飞轮发电机，利用全新的热能转化方法，充分利用了圆周运动和流体运动，克服了以前发动机存在的问题，大大精简了发动机结构，中间环节造

成的能量损失大大减少，能量直接转化，能量利用率更高。该发动机能耗只有柴油机的一半，热效率高达90%以上，等于将石油资源的储量翻了一倍，将煤炭资源的储量提高了50%。飞轮发动机可以使用多种燃料，包括各种流体燃料和固体燃料，发动机为涡流持续燃烧，涡流燃烧可使燃料充分燃烧，有害气体的排放大大减少，更加环保，排放标准可超过现有类型的发动机。

　　飞轮磁悬浮储能是一种先进的物理储能方式。功率大、容量大、效率高；动态特性好，响应速度快，可瞬间充、放电；安全可靠、绿色环保；寿命长，使用寿命可达25年等优点，可使飞轮储能广泛服务丁智能电网、通信、风、光、新能源汽车等行业，有效解决了风电、太阳能电站并网难问题；延长了新能源电站的有效发电时间；可使新能源电站具备一定的调峰能力，提高电网的稳定性和可调度性，并且在特定应用场合下可替代铅酸电池。磁悬浮飞轮储能技术是以高速旋转的飞轮铁芯作为机械能量储存的介质，飞轮等器件被密闭在一个真空容器内，大大减少了风阻，同时为了减少运转时的损耗，提高飞轮的转速和飞轮储能装置的效率，在飞轮储能装置内部使用磁悬浮技术对飞轮加以控制，并利用电动机/发电机和能量转换控制系统来控制电能的输入和输出。图 2-39 所示为磁悬浮飞轮储能装置的结构示意图。

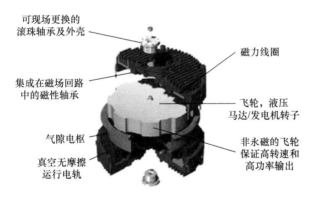

图 2-39　磁悬浮飞轮储能装置的结构示意图

　　由于飞轮储能与化学蓄电池相比具有储能密度大、能量转换效率高、充电速度快、使用寿命长、环境友好等特点，因此可以将飞轮储能系统应用在电动汽车中，飞轮储能系统既可作为独立的能量源驱动汽车，也可以作为辅助能源驱动汽车，同时加入了飞轮储能系统的汽车其再生制动效率也较高。使用美国飞轮系统公司（AFS）研制出的复合材料制作的飞轮，成功将一辆克莱斯勒轿车改装成纯电动汽车 AFS20，该车由 20 节质量为 13.64kg 的飞轮电池驱动。改装后的电动汽车性能良好，仅需 6.5s 就可以从零加速到 96km/h，充电一次可行使里程为 600km。将日本研制出的最高转速可达 36000r/min 的飞轮电池应用于电动车中以对制动时的能量进行回收，经试验证实其机械能－电能转化率可达85%，大幅提高了能源的利用率。另外,飞轮发电机还可用于风力发电系统、航空航天领域和轨道交通中,并大幅提高了这些系统的能量利用率。

4. 液压马达(机械)– 电气复合式能量回收技术

编者在多年研究能量回收技术的过程中提出了一种机械 – 电气复合式能量回收系统。如图 2-40 所示,系统中发动机 – 变量泵同轴相连后与行星齿轮机构的行星架相连,变量液压马达与行星齿轮机构的太阳轮相连,变频电动/发电机与行星齿轮机构的齿圈相连。当液压执行机构上升时,由发动机和变频电动/发电机组成混合动力系统联合驱动变量泵;当液压执行机构下放时,变量液压马达回收执行机构工作过程中的惯性能、势能及制动能,既可以通过行星齿轮机构直接驱动变量泵,

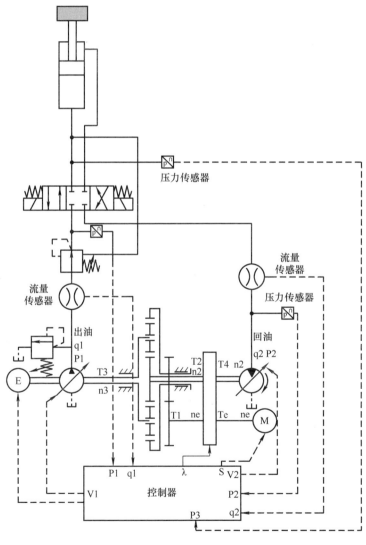

图 2-40 一种基于耦合单元的机械 – 电气复合式能量回收系统

也可以驱动变频电机回馈发电并转化成电能储存在超级电容中。比例方向阀不仅控制执行器的换向，还在上行时起到阀控的作用。本系统克服了变量液压马达 – 发电机 – 电容 – 电动机 – 变量泵能量回收系统中能量多次转换导致回收效率较低的缺陷，综合利用了工程机械混合动力系统优化发动机工作点和马达 – 发电机回收能量的优势，采用了行星齿轮机构后，混合动力系统和能量回收系统可以共用一个变频电动/发电机，减少了系统的装机空间，降低了成本，同时可直接回收能量，提高了能量回收系统的回收效率。

2.4 汽车能量回收技术在工程机械中的移植性

2.4.1 机械臂势能回收系统

液压挖掘机机械臂势能回收系统与车辆能量回收系统有显著差别，两者主要有以下区别：

（1）能量回收工况不同

车辆能量回收系统回收的能量主要来源于汽车刹车制动时释放的大量动能和汽车下坡时释放的大量势能。能量回收时间可通过驾驶员根据前后车的车距、十字路口红绿灯时间、刹车距离等人为主观可控，比如在加速汽车的刹车距离不限制的情况下，汽车刹车时间可以不受限制；常规的刹车时间一般在 5s 以上，因此能量回收工况并没有明显的规律性和周期性；负载波动强度也可人为主观调整，如碰到前方红灯需要刹车时，驾驶员可根据刹车距离，适当调整制动强度，进而改善能量回收工况。

液压挖掘机的机械臂下放时间，在标准挖掘工况时大约只有 2 ~ 3s。若不对机械臂下放过程和能量回收过程进行分离，机械臂势能回收系统的回收时间则与机械臂下放的时间相同，不可人为控制，否则必然会影响作业效率，因而液压挖掘机的可回收工况具有明显的周期性，且波动剧烈。

（2）能量回收模式不同

由于汽车为单执行机构系统，驱动轮是唯一的驱动对象，因此车辆驱动系统和回收系统为同一套系统，动力系统和能量回收系统共用一个能量转换单元（电动/发电机或液压泵/马达），为单能源单输入的能量回收系统，在能量再生模式时能量流程为驱动模式的能量逆向流动。

液压挖掘机为一个多执行机构系统，液压挖掘机机械臂势能回收系统和驱动系统多为通过动力电池或超级电容、液压蓄能器耦合的两套不同的系统，一般动力系统的能量转换单元和能量回收系统的能量转换单元不能共用，需要额外配置一台能量转换单元。能量耦合通过动力电池、超级电容、液压蓄能器实现，是一个多能源多输入的能量回收系统。

（3）专用关键元件要求不同

以机械臂势能电气式回收系统为例，相对于汽车，挖掘机的回收工况更加复杂、负载变化更加剧烈、运行环境更加恶劣，应用于液压挖掘机领域的电动机有更高的动态响应、脉冲过载能力要求及抗振要求。液压挖掘机的工况波动非常剧烈，故要求电量储存单元可以快速吸收大范围波动的负载，因此应用于液压挖掘机的电量储存装置的一个苛刻要求就是大电流充放电，同时由于液压挖掘机的负载具有一定的周期性，大约每个作业周期为20s，理论上，在每个作业周期内，都要进行一次能量回收，即对动电池或超级电容充电一次，因此，对电量储存装置的使用寿命要求尤为苛刻。

（4）集成控制系统不同

车辆能量回收系统主要考虑刹车制动，根据驾驶员的制动意图，由制动控制器计算得到汽车需要的总制动力矩，再从安全性、制动强度及能量回收效率等方面根据一定的制动力分配策略得到电动机应该提供的电动机再生制动力，而后电动机控制器计算需要的电动机制动电流，并通过一定的控制方法使电动机跟踪需要的制动电流，从而较准确地提供再生制动力，在电动机的电枢中产生的交流电流经整流后再经DC/DC控制器反充到电量储存装置中。而液压挖掘机势能回收系统的控制主要集中在如何在这么短的时间内高效回收动臂非平稳下放过程中释放的势能。另外，液压挖掘机采用能量回收系统后，对动臂下放速度的控制方式发生了变化，即阻尼比发生了变化，必然会影响操作性能，因此如何协调高效回收和良好操作性能也是控制系统的一个重要方向。

因此，汽车领域的能量回收系统相关技术不能直接移植到挖掘机的机械臂势能回收系统领域，必须针对液压挖掘机能量回收工况的特点，开展能量回收的相关技术专项研究。

2.4.2　液压挖掘机上车机构回转制动能量回收系统

如图 2-41 所示，液压挖掘机中的机械制动主要是防止液压挖掘机放在斜坡上时不会由于重力的作用而产生滑转及液压挖掘机在挖掘时上车的左右摆动影响挖掘驱动力，因此当回转或者斗杆收回先导操作手柄松开时，油口 PX 的先导压力油逐渐减少，制动器释放压力通过节流孔进入回转液压马达壳体；弹簧力施加给机械制动器的固定板和摩擦板，这些板通过制动活塞分别与液压缸体的外径和壳体的内径啮合，利用摩擦力使液压缸体制动；同理，当发动机停止时，没有先导压力油进入油口 SH，制动器自动制动。而当回转或斗杆收回先导操作手柄操作时，先导泵内的先导压力油进入油口 PX，油口 PG 的先导压力推开单向阀进入制动活塞腔，制动活塞上升分开固定板和摩擦板，从而使制动器释放。

由于上车转台的惯性力，如果当回转先导操作手柄从转台回转回到中位时，此时上车机构还处于通过缓冲溢流阀建立起制动力矩使上车机构逐渐制动停止，如果

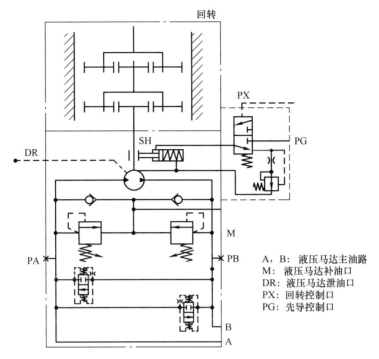

图 2-41　传统液压马达上车回收驱动系统示意图

立刻对转台实施制动，会产生很大的冲击载荷，可能会损坏零件。为了防止损坏零件，系统设置了一个阻尼孔（由于阻尼孔两端采用定差减压阀，使阻尼孔的流量恒定）用于延长制动的时间，确保上车回转体施加制动之前已经停止。

当需要对液压挖掘机实施上车回转制动能量回收时，一般情况下，与传统液压挖掘机相比，该系统采用电动机替代传统液压马达驱动上车机构，利用电动机的二象限工作把刹车制动时释放出的大量动能转化成电能储存在动力电池或超级电容中。同理当电动机处于非工作模式时，仍然要对上车机构进行机械制动。其能量回收技术过程和电动汽车的制动能量回收技术类似，研究的重点都主要集中在最大限度地回收可回收能量及电动机再生制动力矩的形式（由于电动机的良好的调速性能，当采用电动机制动时，其操作性能优于传统的采用溢流阀的二级压力制动过程），两者的区别主要如下：

（1）机械制动和能量再生制动的复合方式

在液压挖掘机中，当回转或者斗杆收回先导操作手柄松开时，此时对回转驱动电动/发电机进行转速检测，只有当转速小于某个阈值时，才会实施机械制动，因此其机械制动和再生制动在时间上是不同步的，机械制动的实施为开关控制，较为简单。而在汽车领域中，整个制动过程是再生制动和机械制动的复合控制，在时间上是同步的，只是会先根据驾驶员的操作意图和汽车的状态判断得到制动强度，再根据制动强度把总的制动力在机械制动和再生制动两者之间进行有效分配。

（2）电动机的转矩输出模式

液压挖掘机的工况较为复杂，很多场合需要在近零转速输出大转矩。比如液压挖掘机在挖掘深沟时，为了保证铲斗在向下挖掘时不会被侧壁反向推出导致不能保证深沟和地面的垂直性。此时，挖掘机转台的实际转速基本为零，但又要输出一个较大的转矩。而电动/发电机的最大难点之一便是低速大转矩问题。

2.4.3 装载机行走制动和汽车行走制动的异同点

装载机循环作业的方式主要有"V""L""T""I"等 4 种形式。如图 2-42 所示，装载机是集铲、装、运、卸作业于一体的自行式机械，常与自卸运输车配合进行装卸作业，整个作业循环包括：①**空载前进作业段**：以低速、直线驶向料堆，接近料堆时放下动臂、转斗，插入料堆；②**铲装作业段**：铲斗以全力插入料堆并把铲斗上翻至运输位置；③**满载后退、卸料作业段**：铲斗装满物料后倒退，然后转向驶

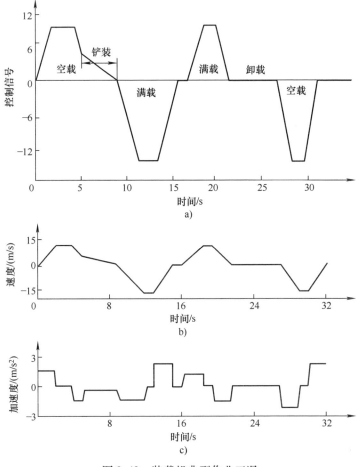

图 2-42 装载机典型作业工况

向运输车辆，同时提升动臂至卸载高度卸料；④**空载倒车作业段**：卸料完毕并退回，同时动臂下放至运输位置。当装载机作业时行驶速度低，速度转换多，刹车频率高。当装载机行驶速度高时主要用于料场转换，刹车频率低。但实际上，装载机的绝大多数时间在进行低速作业。在作业工况下，行驶速度受到场地、路面、驾驶员习惯等因素的影响，具有不确定性，很难做出准确的统计。装载机的最大速度为30~40km/h，但正常作业速度一般低于10km/h，倒挡速度比前进挡速度稍高一些。可见，装载机工况和车辆类似，但又具有与车辆的不同之处：公路车辆的制动强度大，制动频率小；装载机作业工况时的制动强度小，但制动频率远大于公路车辆工况。因此装载机虽然单次制动动能回收率不如公路车辆，但由于制动频率高，整个运行工况的可回收能量并不低于公路车辆。

2.5　作业型挖掘机和行走型装载机的能量回收技术异同点

2.5.1　能量回收的来源和回收能量与驱动能量的比重不同

装载机的每次作业时间为40s左右，每次作业过程约需4次刹车，每次制动距离大约为3~5m。在不出现任何故障、自卸车配合及时的情况下每小时循环作业约90次，刹车约360次。由于整机的重量较大，因此每次制动时存在大量的制动动能。以斗容5t型轮式装载机为例，在一个大约为40s的工作周期中，总制动动能约为400kJ，而发动机消耗能量大约为900kJ，可回收能量占发动机消耗能量的45%，而在可回收的能量中，装载机动臂处的可回收势能较小，只有40kJ。因此回收制动动能是采用液压混合动力技术降低装载机发动机损耗的最重要途径；类似地推土机和装载机也会由于负载变化剧烈而不得不提高装机功率。

对于液压挖掘机，液压挖掘机的动臂势能较大，需要频繁地举升和下放，存在大量的势能；上车机构也要进行频繁的回转作业，在一个标准作业周期内大约需要完成两次加速和两次制动，且完全依靠缓冲溢流阀溢流产生驱动转矩和制动转矩。但与行走制动不同，液压挖掘机不仅在转台制动时具有可回收能量，且由于转台为大惯性负载，其起动加速会有一个滞后过程，因此起动加速时，溢流回转液压马达不能全部吸收液压泵流量，液压马达进油侧的溢流阀打开。由于此时的溢流压力较大，因此在转台的加速过程中，大量的能量损失在溢流阀。以某20t级液压挖掘机为例，液压挖掘机各执行机构可回收能量见表2-5：动臂势能和上车机构回转制动动能分别占总回收能的51%和25%，是液压挖掘机能量回收的主要研究对象，但总的可回收能量占发动机消耗的能量的比重约为16%。即使能量回收和再利用效率为100%，动臂势能和回转制动动能对整机的效率分别可以提高10.41%和5.21%。斗杆和铲斗的可回收能量较少，对系统的节能效果影响不明显，考虑到回收系统的附加成本，可以不回收这部分能量。

表 2-5 某 20t 级液压挖掘机各执行机构可回收能量和比例（不含转台加速）

对象	可回收能量/J	占总回收能量的比例（%）	对整机的节能效果（%）
动臂	132809	51	10.41
斗杆	28456	11	2.23
铲斗	34704	13	2.72
回转制动	66472	25	5.21
发动机	1275663	—	—

2.5.2 能量回收的途径不同

如图 2-43 所示，装载机在平地上进行作业，整机在刹车前的制动动能回收途径和动力系统工作在辅助发动机驱动模式时的驱动途径为同一条途径，只是能量流的方向相反。所有的制动动能都经过以下两条途径：车轮 - 机械摩擦制动或者车轮 - 驱动桥 - 动力耦合器 - 液压泵/马达（工作在泵模式）- 液压蓄能器。

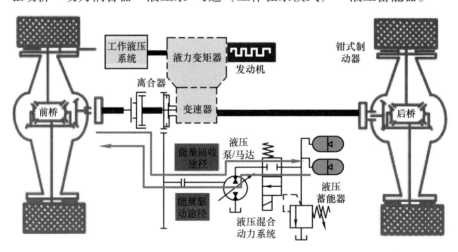

图 2-43 装载机能量回收途径和驱动途径示意图

如图 2-44 所示，液压挖掘机的可回收能量主要为动臂势能和转台制动动能，一般通过液压控制阀后会直接传递到液压蓄能器，而不必经过混合动力辅助单元使液压泵/马达工作在泵模式再传递到液压蓄能器。其能量回收系统和液压混合动力系统的耦合主要通过液压蓄能器。回收能量可以通过液压混合动力单元释放出来。

2.5.3 能量回收的效率不同

装载机在平地上进行作业，整机在刹车前的制动动能的能量损失包括滚动阻力损失的能量、空气阻力损失的能量、机械制动摩擦损耗、机械传动（含动力耦合器、电控离合器）沿程机械损耗，液压泵/马达损耗、液压蓄能器损耗等；其中机

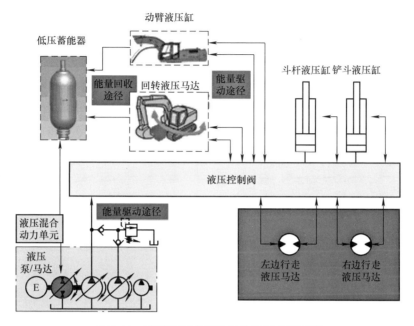

图 2-44 液压挖掘机能量回收和驱动原理图

械制动摩擦损耗由装载机的机械参数决定，并与刹车距离和制动时间的长短有一定的关系。由滚动阻力消耗的能量占有很大的比例（42%），主要由滚动阻力系数和刹车距离决定，缩短刹车距离，增加机械内部润滑程度，可以减少此部分的能量损失。因此，大量的制动动能传递到液压泵/马达回收单元时大约已经消耗了 50%，即使按液压泵/马达的效率为 93% 和液压蓄能器的效率约为 97% 计算，能量回收的总体效率也不高于 42%。传递到能量回收系统的主要包括液压缸或者液压马达、液压件（1~3 个）、液压蓄能器的效率等，通过液压蓄能器直接回收，效率可高达 80%。

2.5.4 能量回收的控制策略不同

再生制动是液压混合动力装载机提高燃油经济性的重要途径，制动时需要协调再生制动与摩擦制动的关系，保证整车制动性能的安定性，避免再生制动过程中因天气原因、路面状况、制动深度变化引起的制动跑偏、驱动轮抱死等危险。通过协调再生制动力与机械制动力的分配，在保持装载机制动稳定性和安全性的基础上，最大限度地提高了制动能量的回收程度，是装载机再生制动控制策略的重要内容；而在装载机领域中，整个制动过程是由再生制动和机械制动复合控制得到的，在时间上是同步的，只是会先根据驾驶员的操作意图和汽车的状态判断得到制动强度，再根据制动强度把总的制动力在机械制动和再生制动两者之间有效地分配。

对于液压挖掘机的转台制动动能回收系统，其机械制动和再生制动在时间上是不同步的，其机械制动的实施为开关控制，液压挖掘机回转机构采用一台双控液压马达驱动，主控腔的两个配流窗口采用进出油口独立控制，辅控腔的两个配流窗口采用电磁比例方向阀控制，结合液压蓄能器进行回转机构驱动和动势能的回收，以实现回转机构驱动和动势能回收一体化。机械臂采用可平衡差动缸面积比的三配流窗口非对称柱塞泵自动平衡差动缸不对称流量的电液控制回路。

对于液压挖掘机的动臂势能回收系统，为了保证作业时间，一般动臂下放的时间较短，回收控制策略主要集中在如何在这么短的时间内高效回收动臂非平稳下放过程中释放的势能。另外，液压挖掘机采用液压蓄能器能量回收系统后，动臂无杆腔和液压蓄能器相连，随着动臂的下放，其无杆腔的压力越高，动臂下放的速度越慢，即在相同的操作手柄信号下，动臂下放的速度在回收过程中会越来越慢，进而影响驾驶员的操作习惯。因此，如何在协调高效回收又保证不影响驾驶员操作习惯的同时保证动臂的速度控制特性是动臂势能回收的重要研究内容。

第3章 液压式能量回收系统

液压式能量回收系统一般采用液压蓄能器作为系统的储能装置，直接存储或者间接通过液压马达将多余的能量转化为液压能存储到液压蓄能器。当负值负载工况时，液压缸或液压马达承载腔的高压油通过直接或者通过能量转化单元流入液压蓄能器实现能量回收。由于工程机械可自身为液压驱动的特点，因此液压式能量回收系统可以和原有的液压驱动系统无缝对接。

在能量回收再利用方面，一般需要单独设置能量再生回路。能量释放途径主要分为：①通过控制阀释放到其他执行器；②直接释放到液压泵的入口，减小其进出口压差来降低系统能耗；③释放到液压泵的出口为负载供油；④通过液压泵/马达进行释放；⑤通过平衡液压缸进行释放。液压式能量回收系统由于液压蓄能器压力无法主动控制，在能量回收和再生过程仍存在诸多问题：①能量回收过程需配置控制阀匹配液压蓄能器和负载压力，回收效率较低，且液压蓄能器压力不断升高影响系统操控性；②能量再生需要在释放回路配置控制阀，使能量利用率进一步降低；③能量再生至液压泵进口处的液压系统需配置进口可承受高压的液压泵；④采用液压泵/马达进行能量再生可消除阀控节流损失，但液压泵/马达成本较高且系统控制较为复杂；⑤在平衡液压缸系统能量释放过程中，平衡液压缸对负值负载的平衡随液压蓄能器压力变化而变化，且系统仍有部分负值负载能量在原驱动液压缸回油路被耗散。此外，液压式能量回收与再生也存在路径不一致的问题，能量的释放需要单独设置回路，以降低能量回收和再利用的效率。

3.1 液压式能量回收系统基本工作原理

机械臂的液压式能量回收系统的基本工作原理如图 3-1 所示，可回收能量一般通过液压缸或者液压马达转换成具有一定压力的液压油储存在液压缸或液压马达的一腔，该腔通过电磁换向阀、液控单向阀、比例方向阀、比例流量阀、液压泵/马达、平衡液压缸等液压元件与液压蓄能器相连。随着机械臂的下放，液压蓄能器的压力会从最低工作压力逐渐升高，将可回收的能量转换成液压能储存在液压蓄能器中，从而实现能量回收过程。可根据系统的液压回路原理将液压式能量回收系统分为流量耦合、转矩耦合和力耦合三种。

3.1.1 流量耦合型

（1）无流量控制阀

如图 3-2 所示，由于回收过程中液压蓄能器的压力会被动上升，执行器驱动液

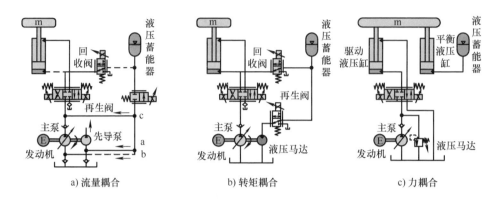

a) 流量耦合　　　　　　b) 转矩耦合　　　　　　c) 力耦合

图 3-1　液压式能量回收系统工作原理图

压缸或液压马达通过电磁换向阀、液控单向阀等非流量可控元件直接和液压蓄能器相连，虽然液压控制元件产生的压差损耗较小，但液压蓄能器的压力即为驱动液压缸或液压马达的一腔压力，随液压蓄能器的压力升高，执行器的速度也将会逐渐降低。因此该方案中执行器的速度难以控制，操控性差，只能应用于负载运动曲线已知的场合。而对于液压挖掘机，机械臂的目标速度取决于驾驶员的操作手柄，具有不可预知性，因此，在液压挖掘机上采用该方案基本不可行。该方案中液压蓄能器的流量并不能主动控制，但可以通过公式近似估算流量的大小，估算方法参考如下：

　　液压蓄能器流量计算公式如下：

波义耳定理：

$$p_0 V_0^{1.4} = p_x (V_0 \pm \Delta V)^{1.4} \tag{3-1}$$

液压蓄能器容积变化量：

$$\Delta V = V_0 \mp V_0 \left(\frac{p_0}{p_x} \right)^{\frac{1}{1.4}} \tag{3-2}$$

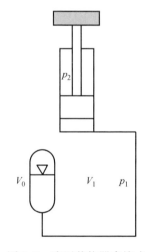

图 3-2　液压蓄能器直接式能量回收示意图

液压蓄能器流量：

$$q_a = \frac{d\Delta V}{dt} = \pm \frac{V_0 p_0^{\frac{1}{n}}}{n} (p_x)^{\frac{-1-n}{n}} \frac{dp_x}{dt} \tag{3-3}$$

式中，p_x 是液压蓄能器的实际压力（MPa）；p_0 是液压蓄能器的充气压力（MPa）；V_0 是液压蓄能器的初始压缩容腔容积（m^3）；ΔV 是液压蓄能器的容积压缩量（m^3）。

通过式（3-3）可以近似推出液压蓄能器的流量，但该公式中波义耳系统 n 难以精确估计，同时需要对液压蓄能器的压力进行求导，并对压力传感器、控制器及信号处理单元提出了一定的要求。而且现在传统液压蓄能器不能对液压蓄能器的压力进行主动控制，因此液压蓄能器的流量计算公式也只能近似估算，而不是主动控制流量。

（2）流量可控阀

由于液压蓄能器的流量难以精确控制和估计，如果系统需要精确控制液压蓄能器的储存和释放流量，一般需要在液压蓄能器的入口设置一个流量控制阀（见图 3-3），比如比例节流阀或者比例调速阀等。该方案的最大优点就是可以获得和传统节流调速相匹配的速度控制特性，但存在以下两个不足：

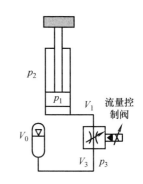

图 3-3　液压蓄能器 - 比例流量阀能量回收示意图

1）以损耗能量为代价。

液压蓄能器和液压缸回收腔之间必然存在压差（$p_1 - p_3$），由于比例流量阀只有存在一定的最小压差才能保证工作，但液压蓄能器的压力又会随负载下放而逐渐升高，因此为了保证负载可以下放到最低位，液压蓄能器的最高工作压力必须低于回收腔的压力。因此在负载下放的初始阶段，液压蓄能器的压力较低，此时阀口压差损耗较大。因此下放过程中在阀口的压差损耗是该方案的不足。

2）比例流量阀的控制。

采用液压蓄能器后，比例流量阀的 T 口不再与油箱相连，而是直接和液压蓄能器进油口相连，这会导致比例流量阀两端的压差与原来传统控制模式不同；以比例节流阀作为释放阀为例，比例节流阀的阀口压差始终处于动态调整，当目标流量相同时，阀口压差越大，阀芯位移越小；反之，阀口压差越小，阀芯位移越大。

由于流量计测量流量的动态响应较慢及实际挖掘机的安装空间等因素，实际挖掘机一般不安装流量传感器。因此，编者提出了一种可根据液压蓄能器压力自动调整阀口流量的结构方案，并申请了相应的专利。具体结构方案如图 3-4 所示。

如图 3-4 所示，释放阀的进口压力即为液压蓄能器的入口压力，当释放阀的进口压力（A 口）较小时，先导阀芯 3 在反馈弹簧 1 的预压缩力的作用下，处于最上端，即先导控制阀口为负开口，先导油液没有流动，因而主阀芯 14 上腔的压力与进口压力相等。由于复位弹簧 2 和主阀芯 14 存在上下面积差，主阀口（A - B）处于关闭状态。无论进油口压力（液压蓄能器压力）有多高，均没有液压油从 A 口流向 B 口。这个功能实现了只有当液压蓄能器压力大于某个阈值时，才能实现流量释放功能。

当阀的进口压力 p_a 足够大时，由于先导阀芯 3 的上端直径 d_2 大于下端直径 d_1，

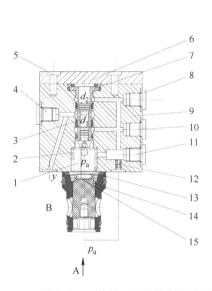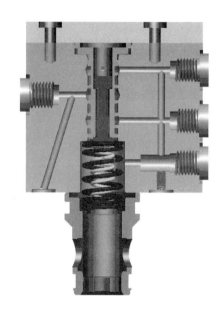

图 3-4　一种基于压差控制的液压蓄能器流量释放比例节流阀结构方案
1—反馈弹簧　2—复位弹簧　3—先导阀芯　4—第一螺堵　5—螺栓　6—盖板　7—先导阀套
8—第二螺堵　9—先导阀体　10—第三螺堵　11—第四螺堵
12—阻尼器　13—主阀套　14—主阀芯　15—垫片

先导阀芯 3 受到一个向下的轴向液压不平衡力：$F_C = p_a \dfrac{\pi}{4}(d_2^2 - d_1^2)$；当轴向液压不平衡力大于反馈弹簧 1 的预压缩力时，推动先导阀芯 3 下移，先导阀口打开，先导液流经过阻尼器 12、先导阀口至先导阀体 9 的 y 口。因此，主阀芯 14 上腔的控制压力低于进口压力 p_a，在主阀芯 14 上下两腔压差的作用下，主阀芯 14 有一向上的位移 x，阀口开启。与此同时，主阀芯 14 的位移经反馈弹簧 1 转化为反馈力，作用在先导阀芯 3 上，与轴向液压不平衡力 F_c 相平衡，使先导阀芯 3 稳定在某一平衡点上，使主阀芯 14 的位移近似与进口压力 p_a 呈比例。这不仅构成了阀内主阀芯 14 的位移 - 力反馈的闭环控制，同时由于位移 - 力反馈闭环的存在，主阀芯 14 上的液动力和摩擦力干扰受到抑制，对阀性能的影响能显著降低。

3.1.2　转矩耦合型

当液压蓄能器的流量需要控制时，也可通过可回收能量 - 液压马达/四象限泵 - 液压蓄能器的流程进行回收和再利用，该方案可以通过液压马达/四象限泵的排量和转速进行估算，具体参考第 5 章。

3.1.3　力耦合型

在流量耦合与转矩耦合方案中回收的势能都需要经过液压马达和液压蓄能器两

种能量转换元件，限制了系统能量回收利用率，可通过在系统中增设势能回收利用腔，将该腔直接与液压蓄能器相连，与原有液压缸以力耦合的方式驱动重载举升系统，工作原理如图 3-5 所示。

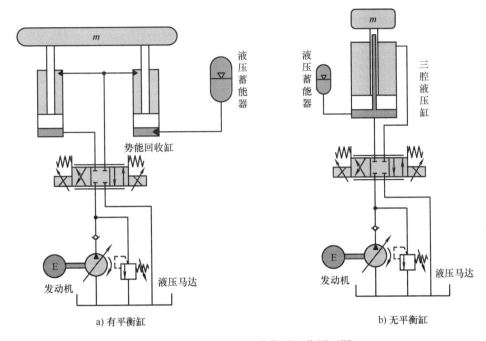

a) 有平衡缸　　　　　　　　　　　　　　b) 无平衡缸

图 3-5　力耦合型液压式能量回收原理图

3.2　液压式能量回收技术难点

3.2.1　回收能量再释放技术

如图 3-6 所示，当液压蓄能器能量回收系统配置在液压挖掘机时，就动臂单执行机构来说，其上升时，动臂液压缸无杆腔压力大约在 15MPa 以上，而在动臂下放时，为了保证动臂下放的快速性，其无杆腔压力即液压蓄能器的压力不可能太高，在 4～13MPa 之间，液压蓄能器的液压油无法直接释放出来驱动动臂上升。因此，液压蓄能器回收能量后，如何释放再利用是一个较为关键的问题，通常可以充分利用工程机械多执行器且不同执行器所需压力不同的特点来释放，或者需要增加额外元件，如液压马达、四象限泵、平衡液压缸或液压变压器等。

同理，以液压挖掘机的回转制动能量回收系统为例，如图 3-7 所示，根据液压蓄能器释放能量的利用点（A、B、C、D、E），可回收能量的再利用主要分为以下5 种：

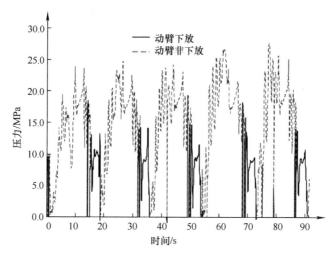

图 3-6   动臂下放时和非下放时无杆腔的压力曲线

1）A 方案。以液压蓄能器为动力油源的能量回收和再利用，液压蓄能器回收的液压油通过直接释放到液压泵的吸油口，降低了发动机的输出转矩，从而降低了发动机的能量损失，该方案在保证节能的同时不影响转台的操作性能，但所选择的液压泵必须允许进油侧可以承受高压液压油。

2）B 方案。液压蓄能器的高压油释放到比例方向阀的进油口，与液压泵的液压油共同驱动液压马达起动；该方案存在由于液压蓄能器释放到液压泵出油口存在的压差导致的能量损失及压力冲击，但执行器的速度控制基本不受液压蓄能器能量释放的影响。

3）C 方案。液压蓄能器的高压油直接释放到液压马达的一腔驱动负载，该方案的能量转换环节最少，再利用率高，但由于液压蓄能器的流量释放不可控，会影响执行器的速度控制性能。该方案特别适用于执行器的保压场合或者执行器需要输出力但基本无位移的场合，比如液压挖掘机工作在侧壁掘削的工况，为了保证铲斗挖掘的垂直性，要求转台产生一个反抗扭矩，但并没有实际旋转角度。

4）D 方案。当液压挖掘机配置液压混合动力系统时，液压蓄能器回收的液压油通过直接释放出来驱动四象限泵（工作在液压马达模式）辅助发动机驱动变量泵，以降低发动机的能量损失。

5）E 方案。液压挖掘机是一种具有多执行机构的工程机械，各个执行机构往往是同时运作的，因此将液压挖掘机中的多个执行机构中的能量通过油路有效地进行分配，将液压蓄能器高压的富余能量由油路导向其他正在工作的低压执行机构，从而合理利用液压挖掘机中的能量，以达到节能的目的。

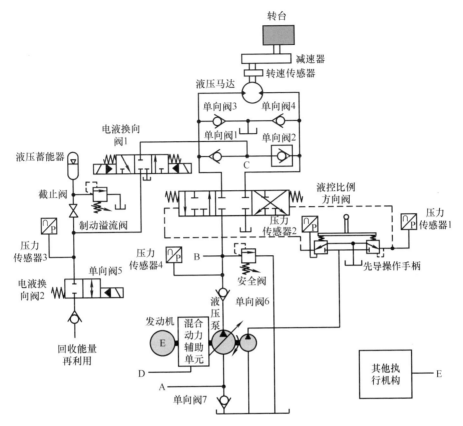

图 3-7　液压挖掘机回转驱动系统能量再生方案示意图

3.2.2　液压蓄能器压力被动控制

采用液压蓄能器回收和再生存在的不足有：①只有当外部压力高于液压蓄能器内部压力时才能储能，而只有当液压蓄能器内部压力高于其外部压力时才能释放再生。②在回收过程中，液压蓄能器的压力会逐渐升高，导致执行器速度控制阀两端的压差发生变化，从而影响执行器的运行特性；要实现这一目标，必须在回路原理和控制方法上有所突破。如提出一种新型的压力可主动控制的液压蓄能器。

液压蓄能器的压力具有被动控制的特点，导致液压蓄能器只能工作在一个较小的压力范围。为了使液压蓄能器的充气压力可变，美国的 Minnesota 大学提出一种新的双腔开放式的液压蓄能器控制回路原理图（见图 3-8）。压缩空气的压力可以从大气压力一直上升到 35MPa 且可调。既可以利用压缩空气储能，又可以通过压缩空气排油，提高了能量储存密度，也可传递较大的功率。

华侨大学提出了一种液压蓄能器压力主动控制的机械臂势能回收方案。如图 3-9 所示，气瓶的初始压力 p_{13} 为液压系统的最大工作压力。

压力油回收过程：在液压蓄能器气囊腔设置第二高速开关气阀 4 和增压缸 5，构成了液压蓄能器 1 能量回收过程的气囊压力调节单元。机械臂液压缸 11 下放之前，给液压蓄能器 1 气腔预充一个与能量回收系统相匹配的充气压力 p；在机械臂液压缸 11 下放过程中，机械臂举升的势能转化为液压缸无杆腔的压力能，进入液压蓄能器 1 的油腔。传统系统中随着机械臂的下放，进入液压蓄

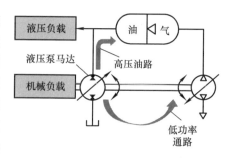

图 3-8　双腔开放式的
液压蓄能器控制回路原理图

能器 1 的压力能增加，同时气囊压力也随之升高，机械臂的下放速度受到了影响，当增加了气囊压力调节单元后，通过增压缸 5 的增压作用，使气囊中的气体回充至气瓶 3，通过控制第二高速开关阀 4 的通断，控制液压蓄能器 1 的气囊压力 p_{i2} 始终等于预充压力值 p，杜绝了回收压力油过程中液压蓄能器 1 的气囊压力 p_{i2} 逐渐升高，导致液压蓄能器 1 无法继续回收系统多余高压油的情况发生；在此过程中第一

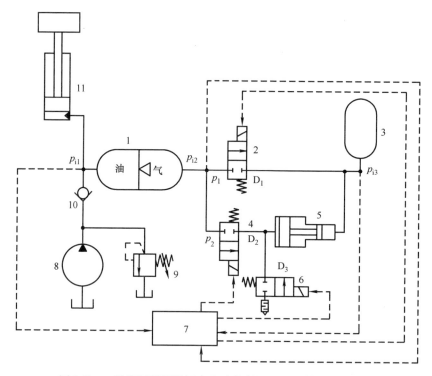

图 3-9　一种液压蓄能器压力主动控制的机械臂势能回收方案

1—液压蓄能器　2—第一高速开关气阀　3—气瓶　4—第二高速开关气阀　5—增压缸
6—二位二通气动换向阀　7—控制器　8—定量泵　9—溢流阀　10—单向阀　11—机械臂液压缸

高速开关气阀 2 始终处于关闭状态，同时，若在回收过程中增压缸 5 小腔活塞已到达最右端位置，则此时第二高速开关气阀 4 关闭，气压调节单元不起作用。

压力油释放过程：在液压蓄能器 1 气囊腔设置第一高速开关气阀 2 和气瓶 3，构成了液压蓄能器 1 压力油释放过程的气囊压力调节单元。当机械臂上升时，液压蓄能器 1 处于压力油释放过程，此时，①当 $p_{i1} < p_{i2}$ 时，第一高速开关气阀 2 关闭，液压蓄能器 1 回收的压力油能通过自身气囊压力实现释放；②当 $p_{i1} > p_{i2}$ 时，控制第一高速开关气阀 2 通断，使气瓶 3 中的高压气体进入液压蓄能器 1 气囊，将压力油压向回路，控制液压蓄能器 1 气腔压力 p_{i2} 始终大于液压系统压力 p_{i1} 一定值，从而实现将液压蓄能器 1 回收的压力油顺利释放及释放过程的可控性。同时，若增压缸 5 的小腔活塞未处于最右端位置，则二位二通气动换向阀 6 左位工作；若增压缸 5 的小腔活塞处于最右端位置，则气动换向阀 6 右位工作，增压缸的大腔与大气相通，从而实现增压缸的复位，以备下一周期的压力油回收时使用，在此过程中第二高速开关气阀 4 始终处于关闭状态。

3.2.3　防止不同压力等级液压油切换时的压力冲击和节流损失技术

液压蓄能器作为一个近似压力源，压力不能突变。当液压蓄能器压力满足某种调节通过液压控制阀和某容腔相通时，由于液压蓄能器压力和该容腔的压力不等，因此在液压蓄能器和该容腔相通的瞬间，压力差必然会导致较大的压力冲击和压差损耗。因此，需要对控制液压蓄能器和该容腔相通的液压控制阀进行特殊控制或设计，才能降低不同压力的液压油在切换过程中的压力冲击和节流损失。例如可以采用基于切换电磁换向阀两端压力差的切换方法以降低电磁换向阀切换时发生的压力冲击和能量损失；或者采用基于比例节流阀阀口压差控制的控制方法。

3.2.4　液压蓄能器的能量密度较低

采用液压蓄能器进行能量回收相对较为成熟。液压蓄能器功率密度高，根据液压蓄能器的类型可以达到 2000～19000W/kg，能够快速存储、释放能量，特别适用于作业工况多变且需要爆发力的场合，如频繁快速起动、制动的设备。如图 3-10 所示，动臂每次下放的时间大约只有 1s，包括了加速下放和减速下放过程，并无平稳下放过程，但液压蓄能器仍然可以在每次下放时，回收部分动臂势能。

但由于其能量密度低（5～17W·h/L）、安装空间大，在实际应用中受到了一定的限制，尤其是安装空间狭小的场合，需要在系统设计时充分考虑如何提高液压蓄能器的能量密度和空间布置。影响液压蓄能器储能大小的主要参数有初态容积、最小与最大工作压力、多变指数和有效容积等。

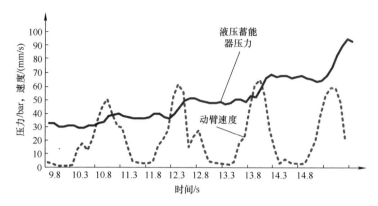

图 3-10　频繁下放工况的液压蓄能器回收试验曲线

首先分析液压蓄能器的储能公式。气囊气体满足波义耳定理，故可以求得气体的压力 p_1，得到液压蓄能器的储能公式：

$$p_1 V_1^n = p_2 V_2^n \tag{3-4}$$

$$E = -\int_{V_1}^{V_2} p\mathrm{d}V = \frac{p_1 V_1}{1-n}\left[1-\left(\frac{p_1}{p_2}\right)^{\frac{1-n}{n}}\right] \tag{3-5}$$

式中，E 是液压蓄能器储存的能量（J）；V_1 是液压蓄能器最低工作压力时对应的气囊体积（L）；V_2 是液压蓄能器最高工作压力时对应的气囊体积（L）。

根据式（3-5）可以得到以下结论：增大液压蓄能器的容积 V_1 能增大液压蓄能器存储的能量，但是，增大液压蓄能器的容积会受到空间的限制；对一个选定的囊式液压蓄能器而言，在相同的多变指数 n 下，为了使液压蓄能器的储能效果最优，可按照下式选择液压蓄能器的最低和最高压力，即对式（3-5）求导，可得在液压蓄能器能量密度最高时的最大工作压力和最低工作压力满足式（3-7）。

$$\frac{\mathrm{d}E}{\mathrm{d}V_1} = 0 \tag{3-6}$$

$$p_1 = p_2 n^{\frac{n}{1-n}} \tag{3-7}$$

3.2.5　液压式回收的效率

首先是储能元件的效率。囊式液压蓄能器主要由壳体、皮囊、充气阀、阀体等部分组成。若将皮囊中的气体视为理想气体，充油和放油过程为绝热过程，气腔就是一个热力系统。气腔经压缩、等容保压及膨胀三个过程。在压缩过程中，气体受压缩后储存能量，压力和温度升高。在等容保压过程中，由于气体温度高于外界温度，使气体向外界传递能量，造成能量损失。在膨胀过程中，气体膨胀对外做功输出能量。目前对液压蓄能器的研究主要集中在建模及参数选择上，而对其作为储能元件的效率特性研究较少。目前，大多数专家学者认为液压蓄能器的吸收和释放的总体效率为 80%～90%。但事实上，市场上一些液压蓄能器的总体效率远小于80%。另外由于液压蓄能器长时间储能造成的泄漏导致的能量损失也较为明显。随着液压蓄能器在能量回收系统中的大量应用，对液压蓄能器中能量回收和再利用的整体效率要求将会更为苛刻。因此液压蓄能器自身的效率将会是元件本身必须攻克的难点。

其次，液压式回收难以长时间储能。由于存在泄漏，故液压蓄能器的压力难以长时间保压。因此，液压储能器回收的能量应尽量在较短的时间内释放出米才能保证整体的效率。

3.2.6　液压蓄能器的参数可调

传统液压蓄能器在实际使用中结构参数不可随机实时调整，一旦选定并按照指定参数充入气体，并安装到系统中后，便不可改变，从而制约其使用效果。因此，在对常规液压蓄能器基础理论、工作原理、结构形式等进行研究的基础上，研制一种能在线改变功用和性能参数的可变液压蓄能器，对改变现有液压蓄能器使用缺陷、改善液压系统性能、降低能耗、提高系统寿命具有重要意义。

3.2.7　液压蓄能器的安全性问题

液压蓄能器作为液压系统中的一个高压容腔，压力通常大于 10MPa，最高达63MPa。我国发布的标准 GB/T 20663—2017《蓄能压力容器》，对囊式液压蓄能器的设计、材料、制造、检验等均作了规定，但仍然存在以下不足：

1）在工程机械中，负载波动较为剧烈，故液压蓄能器在工作中承受了较大的交变载荷，压力波动幅度较大。因此壳体、支承环、阀体等部件在交变应力的作用下容易发生疲劳破坏。但目前的国家标准的测试方法依然采用静应力来进行计算，对于囊式液压蓄能器部件中的支承环、阀体等，由于未进行疲劳分析和结构优化，在疲劳冲击载荷作用下成了设备的薄弱环节，存在较大的安全隐患。

2）在国家标准中对液压蓄能器疲劳性能要求通过型式试验来验证，目前规定的疲劳性能试验要求为在最大 1.3 倍设计压力下循环 15000 次。但当液压蓄能器应用于工程机械的能量回收或者液压混合动力系统中，这个循环次数远远不够，一般情况下，液压蓄能器的循环次数至少大于 10 万次，最高可达100 万次；而且试验中的压力循环过程与囊式液压蓄能器在实际工作所承受的载荷谱有很大的不同。

因此，针对新能源工程机械的工况制定液压蓄能器的新测试标准，是当前面临的一个关键性问题，也是迫切需要解决的问题。

3.3 液压式能量回收再利用技术的分类及研究进展

3.3.1 基于液压控制阀的能量再利用

1. 工作原理与特性分析

工程机械一般是一种具有多执行机构的机械装备。以液压挖掘机为例,执行机构包括了动臂、斗杆、铲斗、回转液压马达和行走液压马达等。各个执行机构往往是同时复合运作的,因此要将液压挖掘机中多个执行机构中的能量通过液压油路有效地进行分配,将液压蓄能器高压的富余能量由油路导向其他正在工作的执行机构,从而合理地利用液压挖掘机中的能量,以达到节能的目的。该方案工作需要满足以下两种条件:

1)目标释放容腔压力低于液压蓄能器压力。在该方案中,执行器的控制目标是速度。正在工作的执行器所需要的压力低于液压蓄能器。比如液压挖掘机回转制动时的压力基本在 30MPa 左右,而其他执行机构所需要压力一般低于 30MPa。

如图 3-11 所示,上车机构的回转制动时通过液压蓄能器回收液压油,而液压蓄能器回收能量的释放途径有两种:一种是利用回转制动压力大于动臂上升时无杆腔压力的特点,将液压油释放出来并与变量泵的出口液压油共同驱动动臂上升;另一种是利用上车机构回转制动液压力大于回转起动压力的特性,直接通过液控单向阀释放出来液压油驱动上车机构的起动和加速。

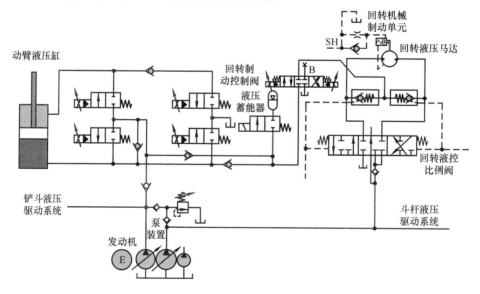

图 3-11 基于液压蓄能器的能量回收和再利用原理图

2）目标释放容腔压力接近液压蓄能器压力。在该方案中，执行器的目标控制是驱动力或驱动转矩。比如当铲斗挖掘时，铲斗、斗杆和动臂基本都没有位移，仅需提供一个较大的挖掘力。

2. 液压控制阀

由于液压蓄能器的释放流量难以控制，一般可以通过比例节流阀、高速开关阀等释放到液压系统中的某个容腔，比如液压泵的出油口、执行器驱动液缸或液压马达的两腔等。采用流量可控阀后，液压蓄能器的释放流量可以近似可控，这样液压蓄能器和液压泵可以共同驱动执行器，并且速度可控。由于液压蓄能器的流量只有在压力比释放点的压力更高时才能释放，因此必然会在流量释放阀产生压力差。因此采用比例节流阀释放液压蓄能器流量的最大不足之处就是其阀口会损耗大量的液压蓄能器能量并产生压力冲击，同时随着释放过程，节流阀口压差会动态变化，难以精确控制流量。为此，采用高速开关阀释放流量是液压蓄能器能量释放的一种理想方式之一。如图 3-12 所示，液压蓄能器的能量可以通过高速开关阀 SV2 释放到液压马达的两腔，通过调节高速开关阀的通断占空比，可以调节进入液压马达驱动腔的流量，不仅实现了流量的控制，同时几乎没有压差损耗。但目前高速开关阀的自身特性限制了其应用。

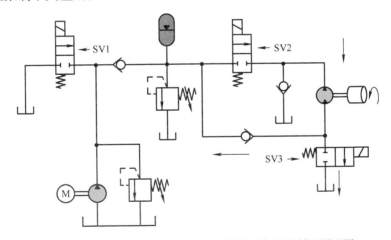

图 3-12 基于高速开关阀的液压式能量回收和再利用原理图

3. 典型应用实例

（1）结构方案特性

针对传统液压挖掘机回转驱动系统存在能量损失的情况，本书编者提出了一种如图 3-13 所示的基于液压蓄能器的自主能量回收及再利用的回转驱动系统。以左回转为例，其基本工作过程如下：

1）回转起动阶段：当先导手柄表征转台左旋转时，液压泵输出的压力油流入到液压马达左腔，由于此时转台处于静止状态，因此液压马达 8 左腔的压力升高，

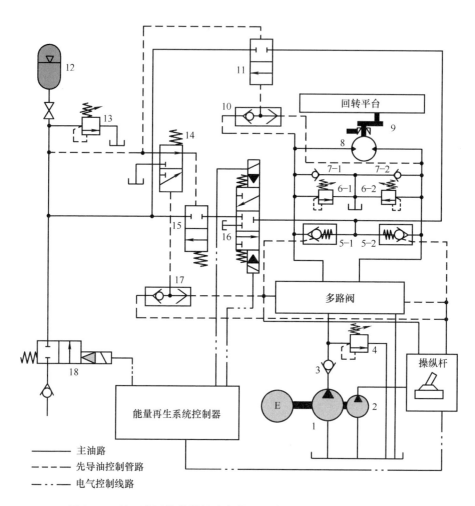

图 3-13　基于液压蓄能器的自主能量回收及再利用的回转驱动系统

1—主泵　2—先导泵　3—单向阀　4、13—溢流阀　5 – 1、5 – 2—液控单向阀

6 – 1、6 – 2—安全阀　7 – 1、7 – 2—补油单向阀　8—液压马达　9—减速器

10、17—梭阀　11—二位二通液控换向阀　12—液压蓄能器

14—二位三通液控换向阀　15—液控换向阀　16—电磁换向阀　18—二位二通电液换向阀

油液从液控单向阀 5 – 1 的进油口经电磁换向阀 16 的下位和液控换向阀 15 的下位流入到液压蓄能器 12 中，促使液压蓄能器 12 的压力升高，从而实现对起动溢流能量的回收；随着液压马达腔压力的升高，液压力会克服液压马达和转台的惯性，促使转台开始回转，起动过程结束。

2）回转加速阶段：随着液压马达左腔压力的升高，转台的转速逐渐升高，做加速回转运动，在此过程中液压泵的液压油一部分促使液压马达旋转，另一部分流入到液压蓄能器 12 中，使液压蓄能器压力继续升高；当液压蓄能器压力与液压马达左腔压力基本相等时，此时液压蓄能器的压力不再升高；在先导压力的作用下，液控单向阀 5 - 1 反向导通，液压蓄能器内储存的压力油经液控换向阀 15 的下位、电磁换向阀 16 的下位和液控单向阀 5 - 1 进入液压马达左腔，并与液压泵一起推动液压马达加速运动，自动实现回收能量的再利用；当液压蓄能器压力降低到不足以推动液压马达运转时，液压蓄能器压力基本保持不变。

3）匀速回转阶段：在此过程中各压力基本保持不变，转台依靠液压泵提供的能量匀速运动。

4）制动阶段：当先导手柄回到中位时，此时在转台的惯性作用下，液压马达继续回转，液压马达处于液压泵工况，液压马达右腔的压力升高，液压马达右腔的压力油通过液控单向阀 5 - 2 经二位二通液控换向阀 11 下位流入到液压蓄能器，从而实现对制动能量的回收。

5）停止阶段：当转台停止时，电磁换向阀 16 上位工作，液压马达的右腔通过液控单向阀 5 - 2 和电磁换向阀 16 与油箱相通，液压马达左腔通过补油单向阀 7 - 1 也与油箱相通，从而保证液压马达两腔压力相等，避免转台反向旋转。

从上述工作过程可以发现，在起动加速过程中，由于液压蓄能器能吸收多余的液压油并储存，从而避免了回转起动时的溢流损失，并在液压马达回转过程中释放出来，无须采用专门的释放单元。液压蓄能器的能量回收和释放过程能够自主地根据转台工作状态及液压蓄能器与负载的压力水平来进行，从而降低了控制的难度。

下面以起动过程的能量回收和再利用状况为例进行讨论，为避免制动过程中产生能量造成影响，当先导手柄回到中位时，应同时使电磁换向阀 16 上位工作，以免制动腔产生高压。

（2）工作原理

假设先导手柄压力信号分别是：左回转压力 p_{jL}、右回转压力 p_{jR}，以及临界控制压力 p_{jc}；液压马达左腔压力 p_{mL}、液压马达右腔压力 p_{mR}；液压马达转速 n；液压马达静止临界转速 n_c（一个大于零的较小整数）；液压蓄能器压力 p_{acc}；液压蓄能器上临界压力 p_{accU}、液压蓄能器下临界压力 p_{accD}；令：先导操作手柄输出的压差为 $\Delta p_j = p_{jL} - p_{jR}$ 及回转液压马达两腔压力差为 $\Delta p_m = p_{mL} - p_{mR}$；$\alpha$ 及 β 是预先设定的大于零的较小实数。具体工作模式如下所示：

1）回转模式 $|\Delta p_j| \geqslant \alpha$。

当 $|\Delta p_m| \geqslant \beta$，$p_{acc} < p_{accU}$ 且 $p_{acc} < \max \{p_{mL}, p_{mR}\}$ 时，此时液压蓄能器的压力小于液压蓄能器的上极限压力和液压马达腔的压力。此时电磁换向阀 16 下位，液控换向阀 15 下位，转台处于回转起动加速能量回收模式。

当 $|\Delta p_m| \geqslant \beta$，$p_{acc} \geqslant p_{accU}$ 或 $p_{acc} \geqslant \max \{p_{mL}, p_{mR}\}$ 时，由于此时液压蓄能器压力高于液压蓄能器的上极限压力或液压马达腔压力，此时液压泵输出的多余流量不能流入液压蓄能器中储存，为避免能量浪费，此时二位二通电液换向阀 18 右位工作，液压泵输出的多余能量供给了其他的执行机构。此时转台处于直接能量利用

加速模式。

当 $0 < |\Delta p_m| < \beta$，$p_{acc} > p_{accD}$ 且 $p_{jc} \le \max\{p_{jL}, p_{jR}\}$ 时，此时转台完成加速过程近似处于匀速运动状态。先导操作手柄的先导油路使液控单向阀 5-1 的控制油路处于高压状态，液控单向阀 5-1 反向导通，此时储存在液压蓄能器中的液压油与液压泵一起为液压马达供油，转台处于自主能量再生回转模式。

当 $0 < |\Delta p_m| < \beta$，$p_{acc} > p_{accD}$ 且 $p_{jc} > \max\{p_{jL}, p_{jR}\}$ 时，由于此时先导操作手柄的先导油压力小于液控单向阀开启的临界压力 p_{jc}，因此液控单向阀的反向通道关闭，液压蓄能器中的液压油不能流入到液压马达腔；二位二通电液换向阀 18 通电，液压蓄能器中储存的液压油可流入其他执行机构，转台处于正常的回转模式。

当 $0 < |\Delta p_m| < \beta$ 且 $p_{acc} \le p_{accD}$ 时，液压蓄能器的压力低于设定的最小压力，液压蓄能器不再对外输出压力油。此时电磁换向阀 16 失电处于中位，二位二通液控换向阀 11 处于上位，液压蓄能器与外界不通，转台处于正常的回转模式。

2）制动/静止 $|\Delta p_j| < \alpha$。

当 $n \ge n_c$ 且 $p_{acc} < p_{accU}$ 时，此时电磁换向阀 16 下位通电，处于下位工作，转台制动能量以液压能的形式储存在液压蓄能器中，实现制动能量的回收。

当 $n \ge n_c$ 且 $p_{acc} \ge p_{accU}$ 时，此时电磁换向阀 16 失电处于中位，二位二通电液换向阀 18 通电处于右位工作，液压马达右腔的压力油经液控单向阀 5-2 和二位二通液控换向阀 11 的下位流入其他执行器，此时转台处于直接能量利用制动状态。

当 $n < n_c$ 时，此时电磁换向阀 16 上位通电，处于上位工作，此时液压马达两腔通油箱，促使两腔压力基本相等，能有效防止液压马达反向转动，转台静止。

（3）样机测试

图 3-14 所示为具有液压蓄能器的回转驱动系统测试试验样机，用以验证该节能驱动系统的节能效果和操控性。

图 3-14　具有液压蓄能器的回转驱动系统测试样机

在回转起动过程中，液压泵输出的功率为

$$P_{\mathrm{p}} = p_{\mathrm{p}}Q = p_{\mathrm{p}}qn_{\mathrm{p}}\eta_{\mathrm{c}} \qquad (3\text{-}8)$$

式中，p_{p} 是液压泵的出口压力，Q 是液压泵的输出流量，q 是液压泵的排量，n_{p} 是液压泵的转速，η_{c} 是液压泵的容积效率。

液压泵输出的能量为

$$W_{\mathrm{p}} = \int P_{\mathrm{p}}\mathrm{d}t = qn_{\mathrm{p}}\eta_{\mathrm{c}}\int p_{\mathrm{p}}\mathrm{d}t \qquad (3\text{-}9)$$

在起动加速过程中，液压蓄能器吸收的能量为

$$E = \int_{V_1}^{V} p\mathrm{d}V = \frac{p_1 V_1}{1-m}\Big[1 - \Big(\frac{p_1}{p_{\mathrm{acc}}}\Big)^{\frac{1-m}{m}}\Big] \qquad (3\text{-}10)$$

式中，p_1 是液压蓄能器的最低工作压力，p_{acc} 是液压蓄能器的工作压力，V_1 是最低工作压力时，液压蓄能器中气体的体积，m 是理想气体的绝热指数。

回转系统基本参数见表 3-1。

表 3-1　回转系统基本参数

参　　数	符　号	数值
液压泵转速/（r/min）	n_{p}	1200
液压泵排量/（mL/r）	q	26
液压蓄能器容积/L	V_0	1.6
液压蓄能器充气压力/MPa	$p_{\mathrm{acc}0}$	2
绝热指数	m	1.4
先导操作手柄最大压力/MPa	p_{jmax}	6.5

为了保证每次试验的可对比性，每次转台的回转角度基本一致，并保证先导操作手柄的控制压力基本相等。图 3-15 所示为传统回转系统和具有液压蓄能器自主能量回收的回转系统的转台回转角度和先导操作手柄压力的对比曲线。从图 3-15

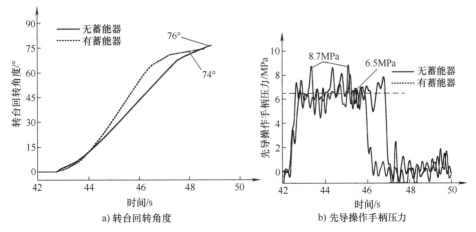

图 3-15　有、无液压蓄能器能量回收的转台回转角度及先导操作手柄压力对比曲线

的对比曲线看出，两者的回转角度分别是74°和76°，基本相同；先导手柄的压力平均值在6.5MPa左右，峰值压力在8.7MPa左右。

图3-16所示为有、无液压蓄能器能量回收时的液压泵出口压力、液压马达腔压力、液压马达转速及液压泵输出能量的对比曲线。从图3-16a、b的液压泵出口压力曲线及液压马达腔的压力对比曲线可以看出，当没有液压蓄能器时，液压泵出口压力在液压马达及转台起动瞬间，具有较高的压力冲击，可达18.4MPa，而后快速跌落到4MPa；而当有液压蓄能器时，由于液压蓄能器吸收了液压泵输出的相对回转液压马达多余的液压油，因此压力仍然保持较低水平，约为10.3MPa；当转速基本平稳后，这两种情况下的泵出口压力基本都保持在8.2MPa；液压马达腔压力曲线与泵出口压力曲线的变化趋势基本相同，仅压力幅值有所减小。另外，在先导操作手柄离开中位到转台运转这一时间内，具有液压蓄能器回转系统的泵的最大输出功率为2.7kW，而无液压蓄能器回转系统的泵的最大输出功率为4.9kW，在此过程中液压蓄能器吸收的能量为248J，系统节能效率高达80%。

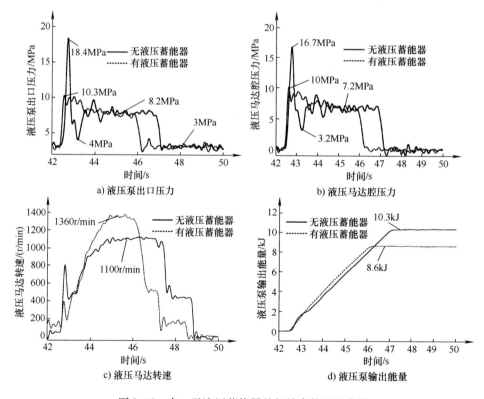

图3-16   有、无液压蓄能器的相关参数对比曲线

从图3-16c的液压马达转速对比曲线可知，无液压蓄能器的情况下，液压马达转速在驱动瞬间升高到400r/min后有近180r/min的落差，与泵出口压力的阶跃和

降落一致，会造成转台较大的振动，而在有液压蓄能器的情况下，转速相对平稳。且相同的时间内，在具有液压蓄能器的情况下，液压马达可以达到较高的转速，这主要是由于在起动过程中吸收并储存在液压蓄能器中的压力油在回转过程中被释放出来并与液压泵提供的液压油共同驱动回转液压马达，增加了液压马达的输入流量，从而使液压马达获得了较高转速，提高了回转运行效率。由于具有液压蓄能器能量回收的驱动系统的转速较高，因此在相同转角的情况下，能较早的到达回转终点，如图 3-16a 所示。

从图 3-16d 的液压泵输出能量可知，在转台完成一次回转过程中，在有液压蓄能器情况下，液压泵输出的能量为 8.6kJ，而在无液压蓄能器的情况下，液压泵输出的能量为 10.3kJ。由于两次回转的角度基本相同，但液压蓄能器会对回转起动能量进行回收并在转台回转过程中释放，因此会使液压泵的输出能量有所下降，单次回转液压泵可节约大约 16.5% 的能量。

因此采用液压蓄能器对起动能量进行回收后，一能降低液压泵的输出功率，二能提高转台的工作效率，三能提高回转系统的运转平稳性。

图 3-17 所示为三个工作周期内液压马达两腔压力及液压蓄能器压力曲线。从液压蓄能器压力曲线看，液压蓄能器压力具有明显的周期性；在转台加速起动过程中，液压蓄能器吸收液压泵相对液压马达所需多余的流量，压力逐渐升高；回转过程中液压蓄能器储存的压力能释放出来驱动液压马达旋转，压力逐渐降低，从而实现能量的再利用。由于试验场地地面向右倾斜，因此，右回转时的阻力矩较小，液压马达的起动压力峰值较低。

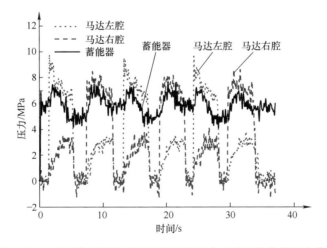

图 3-17　三个工作周期内液压马达两腔压力及液压蓄能器压力曲线

图 3-18 所示为一个工作周期的液压马达腔压力、液压蓄能器压力及液压马达转速曲线。转台一个工作周期的工作模式主要包括左右回转时的起动加速能量回收模式、自主能量再生模式、正常回转模式及无能量回收制动模式。从图 3-18 可以

看出，在挖掘机转台起动瞬间，不论是左回转还是右回转，液压蓄能器的压力都会迅速升高，当液压蓄能器压力与液压马达腔压力基本相等时，液压蓄能器压力便不再升高，约为 7.8MPa，此后开始逐渐降低。

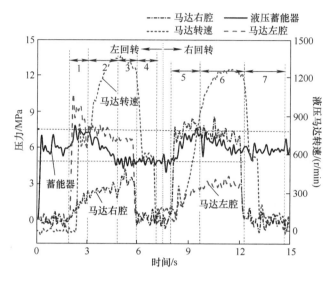

图 3-18　一个工作周期的压力曲线

3.3.2　以液压蓄能器为动力油源的能量再利用

1. 工作原理与特性分析

如图 3-19 所示，液压蓄能器作为一个高压油源，将液压蓄能器储存的液压油直接释放到液压泵的进油口。由于液压泵的进油口压力升高了，液压泵的进出口压力也会随之降低，进而降低动力源（发动机、电动机）的转矩输出。该方案需要注意以下几点：

1）该方案对液压泵的要求和普通液压泵不同：要求液压泵的进油口可以承受高压，而当前开式泵的进口压力一般不能承受高压，比如博士力士乐的 A4VSO 系列的液压泵要求进油口的压力不大于 30bar。

2）当液压蓄能器的液压油释放完后，液压泵需要从油箱吸油，因此要考虑液压泵的吸油能力。因此，双向可以承受高压的闭式泵对进油口的最小压力有一定的要求。

3）防止液压泵进口压力大于出油口压力时的驱动动力源的倒拖问题。随着新能源电动机技术发展，该方案由一个可以工作在电动模式和发电机模式的电动/发电机和进油口可以承受高压的液压泵组成一个可工作在第一和第二象限的动力源。这样在倒拖时，电动机可以在发电模式进行发电，液压泵则相当于液压马达。

因此，限制该方案的主要关键技术是需要对液压泵进行改进设计。至少要满足：①在液压泵的配油系统中，将吸油腔和壳体容腔隔断，以防止进油口的高压油进入壳体腔，壳体腔的骨架密封一般不能承受高压，且壳体的强度可能达不到一定的高压要求；②需要为壳体腔单独开设一条泄油孔。

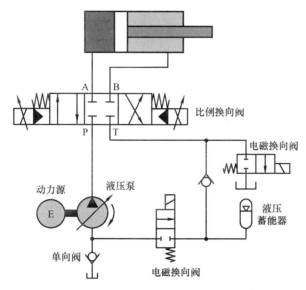

图 3-19　以液压蓄能器为高压油源的液压式能量回收再利用原理图

博士力士乐公司则将液压蓄能器的液压油直接释放到液压泵的入口，以提高主泵的入口压力，减小其进出口压差来降低发动机的能耗。如果发动机不驱动负载，则动臂的势能将转化为液压能存储在液压蓄能器中，动臂下放的速度由比例节流阀控制。在 14t 的轮式挖掘机上进行试验，同样的工作循环下，相较不采用动臂势能再生的机型每小时可减少 1L 的燃油消耗，而 45t 的机型，每小时可减少 3L 的燃油消耗。国内吉林大学、华侨大学等对 22t 液压挖掘机也做了类似的研究。

2. 典型应用实例

（1）结构方案

针对液压挖掘机的上车机构，华侨大学提出了图 3-20 所示的新型回转驱动系统结构方案示意图，该方案具有以下特点：

1）当液压挖掘机上车机构回转制动时，转台在惯性作用下，继续旋转，液压马达工作在液压泵模式，其排出的液压油经过单向阀 1 或单向阀 2、电液换向阀 1 和截止阀后进入液压蓄能器，从而实现能量回收过程。同时上车机构的制动力矩由液压蓄能器压力和液压马达的排量决定，降低了系统的压力冲击。

2）液压蓄能器回收的液压油可以通过控制电液换向阀 2 来控制是否释放出来驱动变量泵，考虑到发动机在低转矩区域的油耗率一般较高，因此根据发动机的万有特性曲线，当通过液压蓄能器释放液压油后，不仅降低了发动机的输出转矩，同时还使发动机仍然处于高效区域，进而可以降低发动机的能量耗散。

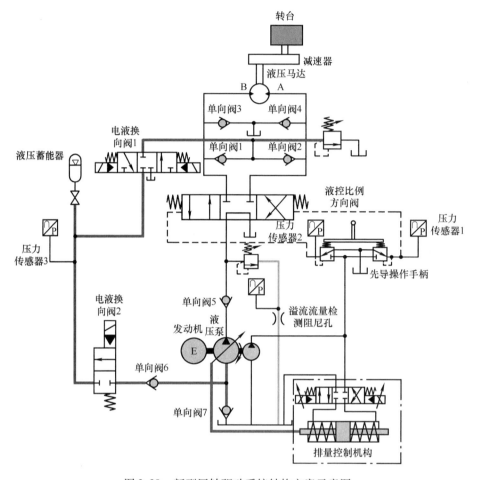

图 3-20　新型回转驱动系统结构方案示意图

　　3）通过电液换向阀 1 卸荷以防止转台反转。当上车机构的回转制动结束时，通过电液换向阀 1 可以实现液压马达高压腔卸荷，而此时进油侧的压力已经较低，故液压马达两腔压力均为一个较低的背压值，可防止转台的反转。

　　4）在新型驱动系统中，液控比例方向阀为 M 形中位机能的三位四通阀，而不是传统的三位六通阀，可实现在先导操作手柄处于空行程时变量泵的卸荷；由于先导操作手柄压差信号表征了上车机构的目标转速，用先导操作手柄信号改变液控比例方向阀阀芯位移的同时改变了变量泵的排量信号；此外考虑大惯性负载响应较慢的特点，根据传统三位六通型液控比例方向阀的负流量控制原理，会在变量泵出口溢流阀的回油侧串联一阻尼孔。当负载所需的流量较少时，多余的流量会通过溢流阀回到油箱，且流量越大，阻尼孔的入口压力越大，变量泵排量越小。

　　（2）控制规则

　　和传统液压挖掘机的回转驱动系统相比，新系统不仅需要考虑转台的大惯性负载引起的反转现象，由于液压蓄能器压力直接释放出来驱动变量泵可能会导致发动机倒拖现象，还需要综合考虑变量泵功率与负载的匹配等问题，因此根据液压挖掘机的速度控制特性、工况特点及液压蓄能器压力在工作周期前后具有一定的平衡性等，深入研究了转台和变量泵的排量控制规则，具体控制如下：

1）转台模式判断。

根据先导控制压力判断得到转台的工作模式。转台的工作模式分为左旋转，静止和右旋转等三种模式。具体判断可通过检测先导操作手柄的先导压力来判断。先导操作手柄输出压力差 Δp_{ctr} 计算如下：

$$\Delta p_{ctr} = p_{1ctr} - p_{2ctr} \qquad (3\text{-}11)$$

当 $\Delta p_{ctr} > \zeta$ 时，转台处于左旋转工作模式；当 $\Delta p_{ctr} < -\zeta$ 时，转台处于右旋转工作模式；其他则为转台静止模式。其中 ζ 为一个大于 0 的较小正值，为了避免受到先导操作手柄处于中位时的噪声干扰。

2）电液换向阀 1 控制规则。

电液换向阀 1 的主要作用为在转台制动时，工作在右工位，进行能量回收，而当制动停止时，瞬间工作在左工位，将液压马达的回油侧卸荷，以防止反转，而当转台加速或匀速时，工作在中位，以防止变量泵出口压力油对液压蓄能器充油。据液压马达转速 n_m，先导控制信号 Δp_{ctr} 等得到电液换向阀的控制信号 C_1 为

$$C_1 = \begin{cases} \text{右电磁铁得电能量回收；} \Delta p_{ctr} < \zeta \text{ 且 } n_m \geqslant n_{mc} \\ \text{左电磁铁得电防止反转；} \Delta p_{ctr} < \zeta \text{ 且 } n_m < n_{mc} \\ \text{均不得电；} \qquad\qquad \text{其他} \end{cases} \qquad (3\text{-}12)$$

式中，n_m 为液压马达的实际转速（r/min），n_{mc} 为液压马达转速的判断阈值（r/min）。

3）电液换向阀 2 控制规则。

电液换向阀 2 的主要功能为当上车机构出于回转加速或匀速时，液压蓄能器释放液压油驱动变量泵。但为了保证液压蓄能器的压力不低于其最低工作压力，同时由于在起动瞬间，如果液压蓄能器压力油直接释放出来驱动变量泵，液压蓄能器的释放功率会大于负载功率，因此会发生发动机倒拖现象。此外，如果液压蓄能器释放功率后，发动机的输出转矩处于油耗率较高区域，此时发动机的油耗仍然较高。因此，为保证发动机不发生倒拖现象、液压蓄能器的压力不低于其最低工作压力及确保发动机的输出转矩降低后仍然处于高效区域，通过检测液压蓄能器压力、变量泵出口压力和先导操作手柄压力差等得到电液换向阀 2 的控制信号 C_2 为

$$C_2 = \begin{cases} \text{电磁铁得电；} |\Delta p_{ctr}| \geqslant \zeta \text{ 且 }(p_p - p_a) \geqslant p_c \\ \text{不得电；} \qquad\qquad \text{其他} \end{cases} \qquad (3\text{-}13)$$

式中，p_p 是变量泵的出口压力（MPa）；p_a 是液压蓄能器的入口压力（MPa）；p_c 是防止发动机倒拖和发动机处于高效区域的压力判断阈值（根据发动机的万有特性曲线获得）（MPa）。

4）正负流量相结合的变量泵排量控制策略。

由先导操作手柄表征转台转速对应的液压马达的流量 q_m 为

$$q_m = k_1(\Delta p_{ctr} - \zeta) \tag{3-14}$$

式中，k_1 是目标流量和先导压差信号比例系数。

由于上车机构为一个大惯性负载，在加速过程，液压马达的实际转速滞后于液压马达的目标转速，因此存在多余的流量会从变量泵出口的溢流阀溢流回油箱。为了减少溢流损失，系统在溢流阀和油箱之间增加了一个的阻尼孔，通过检测阻尼孔的压力大小来反应溢流流量。通过阻尼孔的流量 q_z 为

$$q_z = k_2\sqrt{p_z} \tag{3-15}$$

式中，k_2 是阻尼孔流量和阻尼孔进口压力比例系数；p_z 是阻尼孔进口压力（MPa）。

因此，变量泵的目标流量 q_p 为

$$q_p = q_m - q_z \tag{3-16}$$

最后，变量泵的排量计算公式

$$C_p = \begin{cases} k_3 q_p\ ; q_p > q_{pc} \\ k_3 q_{pc}\ ; q_p \leqslant q_{pc} \end{cases} \tag{3-17}$$

式中，k_3 是变量泵目标流量和控制信号比例系数；q_{pc} 是补偿系统泄漏的液压泵最小流量（L/min）。

（3）仿真研究

为研究对比，基于 AMESim 建立了传统节流控制模型和新型节流控制系统模型，通过参数设置完成了以下控制系统的仿真分析：定量泵；定量泵 + 泵控制（负流量）；定量泵 + 泵控制（正流量和负流量）；能量回收 + 泵控制（正流量和负流量），其中，无能量回收系统的各驱动系统的模型如图 3-21 所示，且由于此时变量泵的出口溢流阀的溢流压力一般高于液压马达两腔制动溢流阀的溢流压力，所以负流量控制检测阻尼孔设置在制动溢流阀的回油侧，以减少溢流损失，有能量回收系统的驱动系统的模型如图 3-22 所示，仿真关键参数见表 3-2。为简化模型，仿真时用电控信号代替先导液压手柄输出信号。

图 3-23 所示为该驱动系统在两种控制方式时发动机输出转矩曲线，可以看出：当没有采用防发动机倒拖控制策略时，由于液压蓄能器的压力油的再利用是在第二个工作周期才开始工作，因此从第二个工作周期开始时，发动机的输出转矩出现了负扭矩，即发动机倒拖现象，而当采用防倒拖控制策略时，发动机的输出转矩均大于零，不再发生倒拖现象。

从图 3-24 和图 3-25 可以看出，当没有采用防反转控制策略时，一旦转台起动后再制动停止，转台转速曲线会出现明显的震荡现象。这是由于当液压马达停止转动时，回油口出现的高油压又会把液压马达从停止推回去，直到进油口和回油口的压力趋于平衡后，此时液压马达会重复进行顺时针和逆时针的回转，进而引起上车

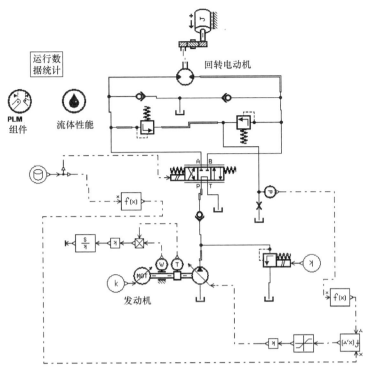

图 3-21　传统节流控制系统仿真模型

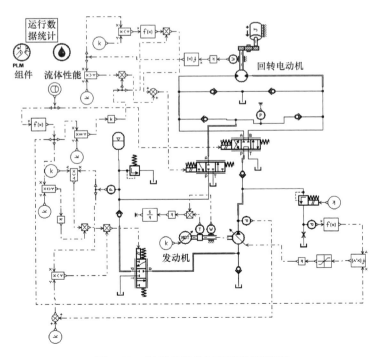

图 3-22　新型节流控制系统仿真模型

机构的震荡。而当采用防反转控制策略时，转台的速度便不再发生震荡。

表 3-2　模型仿真关键参数

关键元件	技术参数	数值
液压蓄能器	气体额定体积/L	36
	充气压力/MPa	25
液压马达	排量/（mL/r）	129
变量泵	排量/（mL/r）	112
减速器	减速比	140
上车机构	等效转动惯量/kJ	150

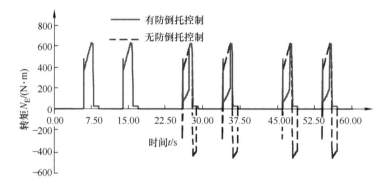

图 3-23　发动机输出转矩曲线

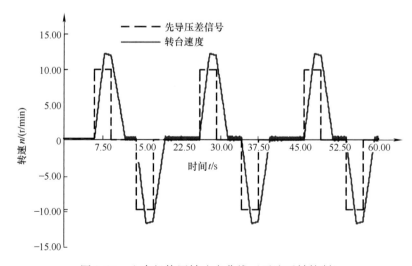

图 3-24　上车机构回转速度曲线（无防反转控制）

为了验证液压蓄能器压力波动平衡性及液压蓄能器参数设计是否合理，按三个

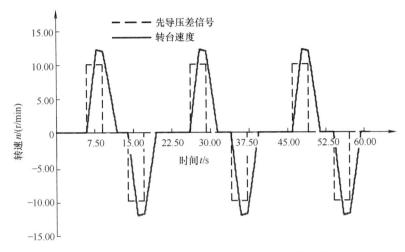

图 3-25　上车机构回转速度曲线（有防反转控制）

工作周期及转台最大转速进行仿真。图 3-26 所示为三个工作周期内液压蓄能器的压力波动曲线，可以看出，在第一个工作周期内，在时间为 6s 时，转台开始起动，由于液压蓄能器初始工作压力为气体充气压力，不能直接释放出来驱动液压泵。在时间为 9s 时，转台开始回转制动，液压蓄能器压力从 20MPa 逐渐上升到 24.10MPa；在时间为 14s 时，转台开始反向起动，由于液压蓄能器的压力仍然低于 25MPa，因此不能释放出来驱动变量泵，而在时间为 17s 时，上车机构开始反转制动，液压蓄能器压力继续上升至 28.79MPa；在第二个工作周期，上车机构从第 26s 开始起动，由于此时液压蓄能器压力大于 25MPa，因此液压蓄能器释放液压油驱动变量泵，此后，液压蓄能器的压力处于平衡波动过程，在每个工作周期内液压蓄能器压力下降两次，上升两次，完成两次起动和制动过程。从图 3-26 中也可以

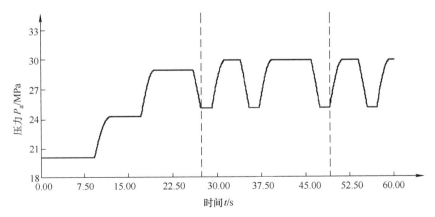

图 3-26　液压蓄能器压力波动曲线

看出，即使转台在最大转速开始制动，液压蓄能器的最大工作压力大约为29.5MPa，尚未超过30MPa，即无多余的制动动能消耗在液压蓄能器入口处的溢流阀，同时又充分利用了液压蓄能器的压力工作范围。因此液压蓄能器的参数较为合理。

从图3-26可知，液压蓄能器压力在第三个工作周期后进入平衡状态，因此以第三个周期的不同控制系统的发动机消耗能量研究驱动系统的节能效果，各驱动系统在第三个工作周期的发动机消耗能量见表3-3，可以得到：

1）单独定量泵驱动系统（无能量回收+无正流量+无负流量）中发动机消耗了507183J能量，采用能量回收系统和变量泵控制系统后，发动机消耗325613J能量，新型驱动系统相对原驱动系统的节能效果为36%。

2）泵控系统节能125776J，泵控制系统的节能效果大约为25%，其中负流量系统节能17%，正流量系统节能8%。

3）能量回收系统使发动机节能55776J，而系统总回收能量根据转动惯量和最大转速计算大约为236630J，因此液压蓄能器回收和再利用的行程效率大约为24%，其损耗主要包括行程压力损耗、液压蓄能器能量损失及变量泵功率损失等。

表3-3　各驱动系统第三个工作周期发动机消耗能量

驱动系统类型	能量 E/J
定量泵（无能量回收+无正流量+无负流量）	507183
变量泵（负流量）	422237
变量泵（正流量+负流量）	381407
变量泵（正流量+负流量）+液压蓄能器回收	325613

3.3.3　基于液压马达或四象限泵的能量回收再利用

1. 基于液压马达的能量回收再利用

基于液压马达的能量回收再利用的液压式回收系统的基本思路是通过液压马达将液压蓄能器储存的能量释放出来，可以辅助驱动动力单元驱动液压泵或者辅助回转液压马达驱动转台等。如图3-27所示，新的回收系统替换了传统系统中的两个溢流阀，制动时经过回收溢流阀的油液将存储在液压蓄能器中。当转台加速时，控制器打开回收液压马达阀，存储的高压油直接驱动与发动机和主泵连接的回收液压马达，回收液压马达和主泵旋转的速度相同，降低了发动机的转矩输出，从而降低了油耗。为了匹配传统系统的动力学特性，回收溢流阀和液压蓄能器溢流阀开起压力应设定为原系统溢流阀压力。

为了减少回收系统的能量损失，经过回收溢流流阀的压力降 AP 应该最小化。回收溢流阀在上限压力时打开，压力降可以通过液压蓄能器压力 P_{ace} 来估计。当液压蓄能器压力接近溢流阀压力，能量损失小，然而，如果当充液时 P_{ace} 超过溢流阀

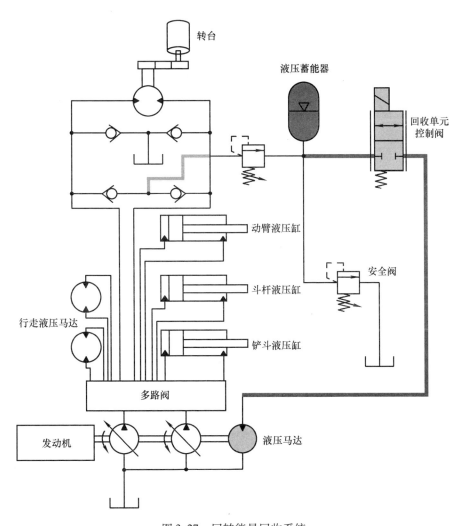

图 3-27　回转能量回收系统

压力，那么，能量就会通过溢流阀而损失，为了提高能量回收效率，回收液压马达排量和回收液压马达阀的控制需要合理设计。当全开时，回收液压马达阀上的损耗变小，为了减小阀口损失，应该最小化阀的动作频率和开关转换时间。同时，应该优化回收液压马达排量来减少回收液压马达阀的动作，防止液压蓄能器压力到达溢流阀压力。

2. 基于四象限泵的能量回收再利用

如图 3-28 所示，在液压混合动力技术方案中，发动机和变量泵之间增加了一个液压泵/马达，液压混合动力系统采用的液压蓄能器功率密度较大，此外，液压蓄能器具有成本低、寿命长的特点使液压混合动力技术和基于蓄能器的能量回收技术逐渐成为人们所关注的焦点之一。液压混合系统的最大弱点就是液压蓄能器的能量密度很低，液压蓄能器与相同大小的动力电池相比存储的能量有限。因此，液压混合动力技术更适用于负载波动剧烈且安装空间较大的主机产品。但该方案同样存在以下难点：

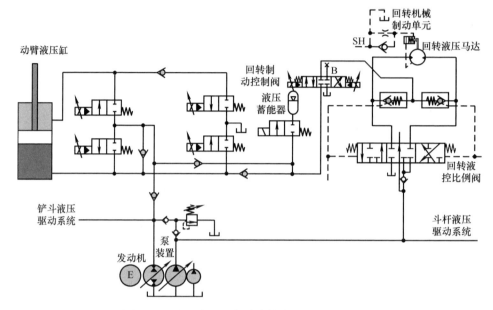

图 3-28　基于液压混合动力技术的能量回收系统

　　首先，动臂势能回收系统、回转制动动能回收系统、液压混合动力驱动系统难以共用一组液压蓄能器单元。液压蓄能器不仅要存储低负载时发动机多余的能量，还要在高负载时辅助发动机提供峰值功率。液压蓄能器的储能既可以来源于动臂势能，也可以来源于制动动能的回收。液压蓄能器压力太高、动臂下放的快速性难以保证，而液压蓄能器压力太低，回转制动的时间则太长。为了发挥液压蓄能器的负载平衡能力，必然要求液压马达的平衡转矩较大，液压马达的排量和液压蓄能器的压力等级需要综合考虑液压马达的动态响应性能及工作效率等。因此，综合考虑负载波动特性、可回收工况，以及液压蓄能器的低能量密度等，20t 液压混合动力液压挖掘机所用的液压蓄能器的工作压力范围和额定体积见表3-4 所示。

表3-4　20t 液压混合动力液压挖掘机所用的液压蓄能器的工作压力范围和额定体积

应用对象	工作压力范围/MPa	额定体积/L
液压混合动力驱动系统	10 ~ 30	70
动臂势能回收系统	5 ~ 15	40
回转制动动能回收系统	20 ~ 30	20

　　为此，在实际使用中，为了延长液压蓄能器的使用寿命，一般要求液压蓄能器

在其最大工作压力和最小工作压力时的气囊的变化越小越好，同时由于动臂势能回收系统的压力和转台能量回收系统所需要的压力等级差别较大，如果综合在一起必然使液压蓄能器的工作压力变化较大，不仅导致液压蓄能器的额定体积较大，同时也会降低液压泵/马达的最大和最小输出转矩范围。为此，如图 3-29 所示，一种两级压力等级的液压蓄能器组合单元显然更适用于液压挖掘机。为了防止产生在液压蓄能器压力等级切换过程中的压力冲击和能量损失，同时为了防止电磁换向阀的频繁切换，编者提出了一种液压泵模式低压优先和液压马达模式高压优先的原则和基于两级压力的判断规则。具体判断规则如下：

1）当液压泵工作在泵模式时，只要低压液压蓄能器的压力小于高压液压蓄能器的最低工作压力，优先选择低压液压蓄能器，否则选择高压液压蓄能器，此时低压液压蓄能器的压力逐渐上升，待低压液压蓄能器的压力上升到高压液压蓄能器的压力时，切换到高压液压蓄能器工作。

2）当液压泵/马达工作在液压马达模式时，只要高压液压蓄能器的压力不低于低压液压蓄能器的最高工作压力范围，优先选择高压液压蓄能器，此时高压液压蓄能器的压力逐渐降低，待压力下降到低压液压蓄能器的压力时，切换到低压液压蓄能器工作。

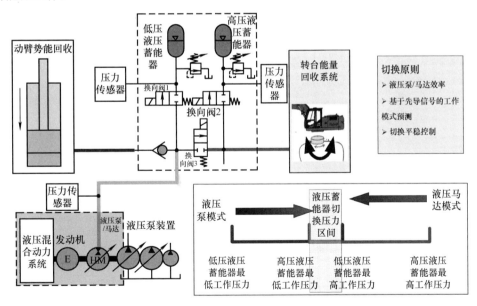

图 3-29　不同压力等级液压蓄能器的切换原理图

其次，液压蓄能器的能量密度较低，难以适用于安装空间体积有限的液压挖掘机。由于在动臂单独下放或者上车机构单独回转制动时，变量泵的输出功率较低，此时发动机的工作转矩已经较低，倘若可回收能量通过液压马达驱动发动机，不仅可能会使发动机的转矩进一步降低（发动机的转矩太低会使发动机的工作点处于高油耗区），甚至可能会使发动机发生倒拖现象。因此，可回收能量一般都通过液压蓄能器回收，液压蓄能器的容腔体积主要是基于可回收油液的体积大小及液压蓄能器的压力等级大小设计，因此动臂势能回收和上车回转制动采用的液压蓄能器为不同规格的液压蓄能器及相应的辅助单元。由于液压蓄能器的能量密度较低，必然会导致蓄能器的额定容腔体积较大，难以适用于安装空间体积有限的液压挖掘机。

最后，基于液压泵/马达的能量回收技术需要采用的核心元件之一是电子控制的柱塞式液压泵/马达，其功能类似于电气系统的电动/发电机，但与电动/发电机不同的是液压蓄能器 – 液压泵/马达必须闭环控制才能精确控制输出转速或转矩。同时考虑液压系统具有非线性、强耦合性、参数时变等特点，为了突破液压泵/马达的排量电子控制技术以获得液压泵/马达良好的控制特性是拟解决的一个关键问题。

基于液压泵/马达和液压蓄能器的能量回收再利用系统的主要研究参考第 5 章。典型代表为美国卡特彼勒研制的 50t 的液压挖掘机，系统原理如图 3-30 所示，当动臂下放时，动臂液压缸的无杆腔的液压油驱动变量液压马达后，经过液压缸后对液压蓄能器充油，完成能量回收过程；当动臂上升时，液压蓄能器储存的液压油可以通过液压泵/马达释放出来，通过变量泵后驱动动臂上升，2 只变量泵需要提供一定的液压油。其液压蓄能器的气体总容腔为 100L，据报告，动臂上升过程的平均油耗和常规挖掘机比起来降低了 37%。而浙江大学杜晓东博士则直接将液压蓄能器的能量通过一个和发动机同轴相连的液压马达释放出来，将回收的液压能量直接转换为驱动主泵的机械能，转换过程简单，减小了转换过程中造成的能量损失。

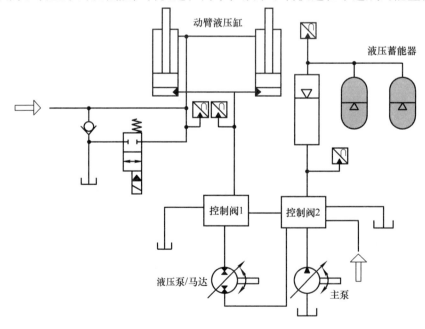

图 3-30 卡特彼勒 50t 液压挖掘机动臂势能回收系统

3.3.4　基于二次调节静液传动技术

二次调节静液传动技术,简称"二次调节技术"。二次调节技术的特点决定了其特别适合应用于旋转运动。在回转制动动能回收方面,最直接的方法是采用二次调节技术,1993 年 3 月,德国 $O+P$ 杂志发表了应用二次调节技术回收回转制动动能的论文,2009 年瑞典林雪平大学的 K Pettersson 对比研究了开式和闭式二次调节方式用于控制轮式挖掘机回转的节能效果,降低能耗。

日本小松公司开发了一种回转节能液压系统 KHER (Komatsu Hydraulic Energy Recycling System),该系统结构如图 3-31 所示,回转液压泵/马达入口通过充油阀与液压蓄能器相连,充油阀由压力阀和液控单向阀组成。回转先导操作阀控制液压泵/马达的排量和换向,操作阀的先导压力油经过梭阀打开液控单向阀,转台加速时使液压蓄能器和液压泵同时向液压马达供油;当转台减速制动时,回转制动能量通过液压蓄能器储存,待下次回转加速时再放出,以降低回转的功率损失。据报道,采用 KHER 后,单位时间油耗降低了 5%,单位时间土方量提高了约 3%。

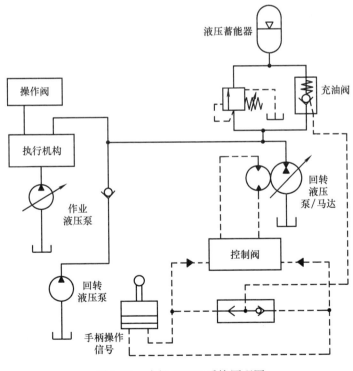

图 3-31　小松 KHER 系统原理图

韩国釜山大学的 Triet Hung Ho 对闭式回路中增设的液压蓄能器储能回转系统做了研究,回路原理如图 3-32 所示:在传统的闭式回转系统中增设了方向阀、高

压液压蓄能器 HA_1 和低压液压蓄能器 HA_2，采用方向阀控制系统是处于驱动还是制动工况，当方向阀处于左位，电动机和液压蓄能器 HA_1 共同提供能量驱动飞轮（转台）加速旋转，达到预期转速后，方向阀回到中位，只有电动机提供动力，低压液压蓄能器 HA_2 向低压回路补充油液。当制动时，电磁铁 V_{12} 通电，方向阀处于右位，低压液压蓄能器为吸油管路补油，高压液压蓄能器存储飞轮的制动动能。反方向运行过程也类似，只是加速起动时，方向阀处于右位，制动时处于左位。试验测试表明，较没有储能的回路，随压力和次级转速的变化，该系统可节能 10%～20%。

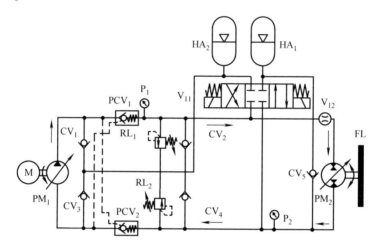

图 3-32　可回收制动动能的闭式回转系统

3.3.5　基于三通/四通液压泵的液压回收技术

经过 20 多年的发展，虽然泵控非对称液压缸技术取得了许多进展，但对于非对称液压缸面积差造成的流量不对称问题，依然没有很好的解决方案，采用液控单向阀补偿的方案虽然在负载力方向不变的系统获得较好的效果，但当用于像挖掘机斗杆等负载力方向频繁变化的系统时，存在液压缸速度和压力突变、系统稳定性差等问题，影响实际的应用。

为此，如图 3-33 所示，太原理工大学权龙教授团队在国内率先开展了变转速泵控差动缸的研究工作，提出了多种可补偿差动液压缸面积差的控制回路原理，提出的创新方法可直接用于液压挖掘机动臂和回转的液压混合动力方案，实现了驱动与回收一体化，高效回收利用了动臂势能和回转动能。

可平衡差动缸面积比的非对称泵和双控液压马达，是驱动与动势能回收一体化技术实现的关键部件，在试验台上对非对称样机泵和双控液压马达的基本特性做了测试，为进一步开发和完善非对称泵控制差动缸、双控液压马达控制回转机构做了有益尝试，初步验证了原理的正确性和方案的可行性，但尚需进一步深入研究高频作业机构驱动与动势能回收的一体化方法。图 3-34 所示为串联型三配流窗口非对称泵的配流盘、缸体、样机及试验台。

图 3-33　泵控差动缸试验

图 3-34　串联型三配流窗口非对称泵的配流盘、缸体、样机及试验台

　　针对机械势能，通过分析动臂下放时的工作特点和动臂液压缸内部压力变化，综合考虑经济性、可行性、势能回收效率等要求，提出了一种全新的驱动和能量回收一体化控制回路，其原理是采用电比例控制的变排量闭式泵按容积直驱原理控制双动臂缸中的两个有杆腔和一个无杆腔，通过转矩耦合回收制动动能，采用流量匹配的进出口独立控制原理控制动臂另外一个缸的无杆腔，并设置液压蓄能器辅助回收动臂势能，这样动臂下放的速度将不受液压蓄能器压力的影响，完全可控。液压蓄能器和液压混合动力源共用，这样再生时，只要保证两缸同步，就能使液压蓄能器中的能量完全释放，所以新的原理具有非常高的再生效率，对机械臂驱动并进行动势能回收，较国际上采用双变排量泵闭式控制双动臂缸的原理，其中的一个泵还可作为整个系统的主泵，极大地简化了系统的组成，原理如图 3-35 所示，图中同时给出德国利勃海尔最新的 R9XX 混合动力机型的回路原理，可见新型方案回路大为简化。

　　在液压挖掘机的上车机构方面，权龙教授团队也提出了新型主被动复合驱动与再生一体化回转驱动系统方案。如图 3-36 所示，用一台双回路液压马达驱动回转机构并进行上车驱动与制动动能回收再生的一体化方案。在同一个液压马达上设置主动和被动回路，主控腔配流窗口 A、B，采用进出油口独立控制方式，增加了系统的可控性；辅控腔采用电磁比例方向阀控制，回收制动动能并辅助主控腔驱动回转机构。系统工作原理：在回转装置起动或加速时需要较大的转矩，液压泵 1 和液压蓄能器 8 可同时驱动液压马达回转，加速完成后，电磁阀 7 处于中位，仅由主控腔提供所需动力，实现回转机构的分级驱动。在减速制动过程中，辅控腔处于泵工况，将回转运动的动能转换为液压能存储到液压蓄能器 8 中，同时主控腔参与控制，维持相应的减速特性。

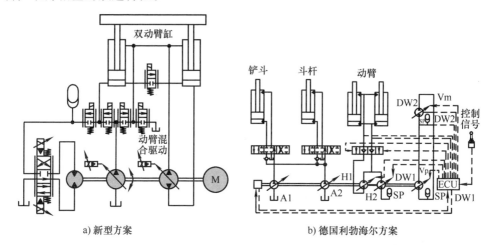

a) 新型方案   b) 德国利勃海尔方案

图 3-35   泵阀复合双动臂缸驱动与回收一体化控制回路

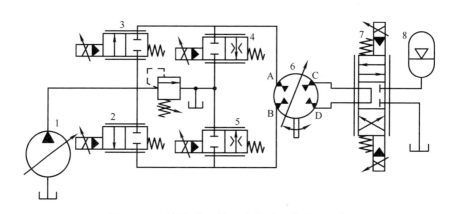

图 3-36   回转机构双控回路能量回收利用系统

1—液压泵   2~5—二位二通电液换向阀   6—双回路马达   7—电磁阀   8—液压蓄能器

如图 3-37 和图 3-38 所示，设定液压泵顺时针旋转，液压泵经油口 A 向差动缸的无杆腔供油，经油口 B 从差动缸的有杆腔吸油，控制差动缸伸出，为了克服负载力 F_L，差动缸无杆腔的压力 p_A 增大，有杆腔的压力 p_B 减小，在两腔之间形成正向力 $F = A_A p_A - A_B p_B$，A_A、A_B 分别为差动缸两腔的面积。此时液压泵处于泵工况，电动机电动运行，工作在第一象限。若负载力 F_L 的方向和速度方向一致，则使差动缸加速运行，为了维持平衡，差动缸有杆腔的压力增大，无杆腔压力减小，在两腔之间形成与速度方向相反的作用力 $F = A_A p_A - A_B p_B$，平衡外负载，液压泵处于电动机工况，电动机发电运行，工作在第四象限。

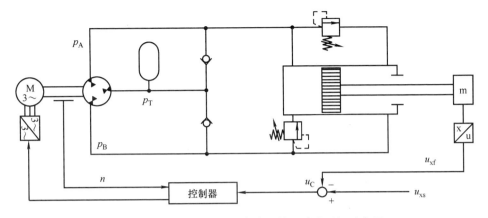

图 3-37　电动机 – 三通泵直接泵控差动液压缸示意图

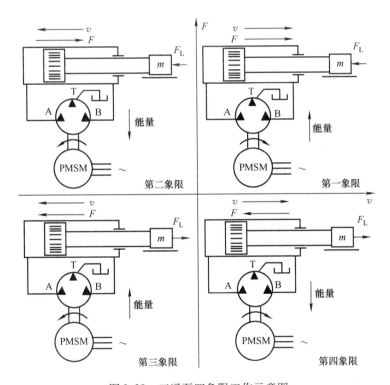

图 3-38　三通泵四象限工作示意图

同理，液压泵逆时针旋转，液压泵经油口 B 向差动缸有杆腔供油，经油口 A 从无杆腔吸油，差动缸收回，为克服负载力，差动缸有杆腔的压力 p_B 大于无杆腔压力 p_A，在两腔之间形成反作用力 F，使差动缸克服负载力做收回运动，此时液压泵处于泵工况，电动机电动运行，工作在第三象限。当负载力 F_L 和差动缸速度一致，则差动缸反向加速，差动缸无杆腔的压力增大，有杆腔压力减小，在两腔之间形成与速度方向相反的作用力，平衡外负载力。此时泵处于电动机工况，电动机发电运行，工作在第二象限。

非对称泵控差动缸系统相对于现有的泵控系统和阀控系统而言，其流量差基本靠非对称泵自动补偿，流量损耗较小，因此，可大大降低整个系统的装机功率，实现节能控制。

3.3.6　基于二通矩阵的液压式能量回收与释放系统

如图 3-39 所示，当期望某执行器运动时，应给予其对应的主控阀控制信号，根据此信号计算出执行器所需要的流量，此时根据流量动态分配方法使变量泵排量信号、开关阀开闭信号来控制变量泵和开关阵列，变量泵输出的液压油在开关阵列的控制下，流向特定的执行器主控阀，开关通过主控阀控制执行器的运动速度。该系统解决了多执行器负载耦合的问题，当多个执行器需要同时动作时，可以用不同的变量泵给不同的执行器供油；当某一执行器需要快速动作而单独一个泵的流量不够时，则可以多个泵进行合流。

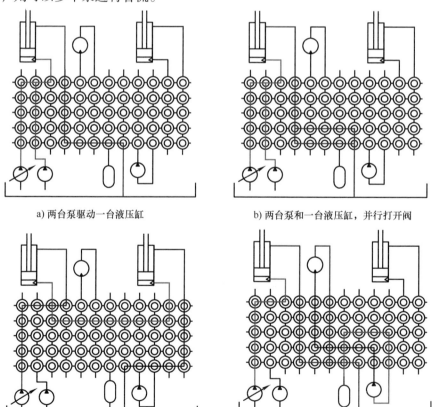

a) 两台泵驱动一台液压缸　　　　　　　b) 两台泵和一台液压缸，并行打开阀

c) 下降的负载驱动第二台液压缸　　　　d) 液压蓄能器和辅助泵驱动液压马达

图 3-39　基于二通矩阵的节能原理示意图

3.3.7　基于平衡单元的回收技术

1. 平衡单元的工作原理

在采用液压蓄能器直接回收系统（见图 3-40 和图 3-41）的能量回收和释放过程中，液压蓄能器的压力始终处于动态变化过程，不管采用流量控制阀还是采用容积调速单元，总会对原有系统的操控性产生一定的影响。

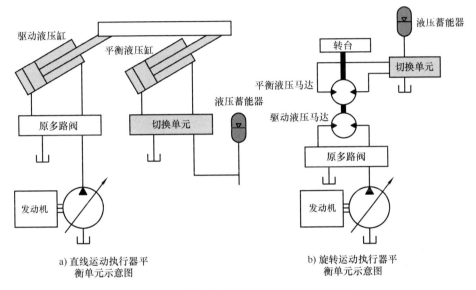

a) 直线运动执行器平　　　　　　　b) 旋转运动执行器平
　衡单元示意图　　　　　　　　　　　衡单元示意图

图 3-40　挖掘机平衡单元节能驱动原理图

对于挖掘机、叉车和起重机等工程机械，举升液压缸只需要单方向输出力，液压缸的有杆腔始终通往油箱。为了克服液压蓄能器压力对执行器操控性的影响，在原驱动液压缸的基础上增加一组平衡液压缸和液压蓄能器作为负载的平衡单元，将液压蓄能器压力的变化通过平衡液压缸转换成力的变化直接和驱动液压缸的输出力在机械臂上进行耦合。平衡液压缸通过液压蓄能器平衡机械臂的重力，驱动液压缸等效于驱动一个轻负载；当起重机的机械臂下放时，液压蓄能器回收机械臂势能；机械臂上升时，其动臂油缸无杆腔的压力由负载和蓄能器的压力决定。为了保证机械臂不会发生扭拉，一般至少需要布置 3 个液压缸，使液压缸对机械臂的驱动力可以对称布置。

针对起重机，芬兰坦佩雷理工大学的 Virvalo 等提出利用液压蓄能器 – 平衡液压缸复合单元回收起重机机械臂的下放势能，系统工作原理如图 3-41 所示，其中平衡液压缸辅助动臂驱动液压缸共同提升负载，从而降低液压泵的出口压力，并在动臂下放时，将平衡液压缸无杆腔的高压油回收至液压蓄能器。据报告，与原液压系统相比，该系统节能 20% 左右。Nyman 也做了大量的类似研究。

针对液压抓钢机，Daniel Spri 在布鲁塞尔举行的 2011 年世界工程机械经济论坛上介绍了利勃海尔的能量回收缸（energy recovery cylinder，ERC）技术，如图 3-42 所示。在传统双液压缸的基础上，设置了一个气压缸来平衡动臂的重力，以降低负荷举升时发动机的输出动力，达到降低能耗的目的，ERC 采用空心活塞缸，在大大增加气体体积的同时降低了系统的复杂程度。目前 ERC 技术已经运用于利勃海尔的液压抓钢机上，相比于传统机型发动机装机功率降低了 14%，油耗降低 25%，该技术以独特的创新思路，获 2010 年 Bauma 创新设计

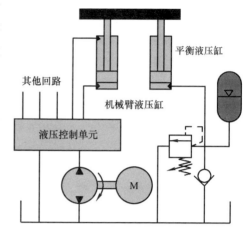

图 3-41　基于液压蓄能器和平衡液压缸的能量回收系统

奖，也是气缸首次在工程机械能量回收的应用。

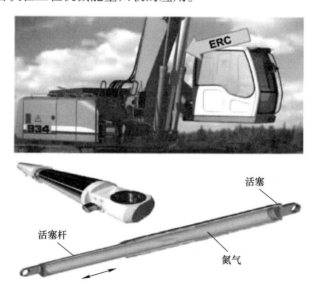

图 3-42　利勃海尔的 ERC 原理示意图

2. 特性分析

在液压挖掘机领域，当将图 3-40 所示的方案应用于液压挖掘机时，同样也需要考虑以下两点：

1）液压挖掘机动臂具有上升、停止、下放和挖掘等多个工作模式，动臂液压缸需要双向输出力，液压缸的两腔都存在高压模式。因此当铲斗下放到地面工作在

挖掘模式时，虽然操作手柄的行程和动臂下放时的行程相同，但此时传统液压挖掘机的动臂液压缸的无杆腔较低，反而是有杆腔为高压，动臂的作用在于防止铲斗挖掘无力。因此，在采用平衡单元的系统中，如果动臂液压缸无杆腔和液压蓄能器相连，会抵消一部分挖掘力，故不能简单将动臂无杆腔和液压蓄能器相连。

2）平衡重力的大小受液压蓄能器压力变化影响。液压挖掘机在实际工作过程中，机械臂的姿态不同，铲斗内的负载也不同，因此动臂液压缸驱动的负载也在动态波动。实际上，平衡单元的平衡能力和动态的负载力很难匹配。比如，液压蓄能器的压力太低，则通过液压蓄能器平衡的动臂重力较少，必然会导致大量的重力仍然通过驱动液压缸提升，因此动臂在下放过程中，驱动液压缸的无杆腔压力会较高，仍有大量的动臂势能转换成动臂驱动液压缸无杆腔的压力能消耗在原多路阀上。因此，如何对平衡单元平衡能力进行主动控制，进而动态平衡不同姿态时动臂的等效动力也是该方案的难点之一。

中南大学陈欠根、李百儒、宋长春等也将相类似的原理直接应用于液压挖掘机，并进行了装机试验研究，当平衡液压缸和液压蓄能器在作业中起作用时，液压挖掘机节油率达到20%，工作周期时间增加了3.4%，具有较好的操作性和节能性。长安大学张超等提出了类似利用辅助液压缸回收起重机机械臂势能，不同的是，该系统液压蓄能器回收的是辅助缸有杆腔的能量，但有杆腔压力较低，能量回收效率有限，且没有对动臂的速度控制和能量管理进行深入研究。

国内力士德工程机械股份有限公司（简称力士德）和山河智能装备股份有限公司（简称山河智能）都提推出了采用平衡思想的液压挖掘机样机，系统结构原理如下：该机型在动臂的下方设有能量回收液压缸，当动臂处于下放工况时，动臂势能转化成液压能储存在液压蓄能器里；当动臂上升时，液压蓄能器内的液压油进入回收液压缸底部，从而向上推动动臂。据报告山河智能在2014年中国国际工程机械、建材机械、矿山机械、工程车辆及设备博览会（简称上海宝马展）推出的采用多液压缸动臂能量回收的混合动力挖掘机 SWE350ES 动臂能量回收效率达90%，比同吨位的普通液压挖掘机降低油耗27%，显著改善了尾气排放，折合平均每小时节省燃油费40元，每台每年可为用户节约燃油费近20万元。

但力士德、山河智能研制的样机如图3-43所示，并没有考虑到动臂工作模式的多样性和平衡单元的主动控制等，同时基于商业的保密，很少有对其内部结构、关键元件的参数优化设计及整体控制策略等的详细报告。

3. 典型应用分析

（1）结构特点和工作原理

针对传统动臂液压系统的不足和动臂下放的可回收势能，编者提出一种由驱动液压缸、平衡液压缸、液压蓄能器、电磁换向阀、比例溢流阀和比例节流阀等组成的动臂势能回收再利用一体化系统的结构方案。如图3-44所示，该方案由平衡单元、驱动单元和控制单元等组成。平衡液压缸无杆腔和液压蓄能器油口通过4个电

a) 力士德 　　　　　　　　　　　b) 山河智能

图 3-43　采用平衡液压缸的样机

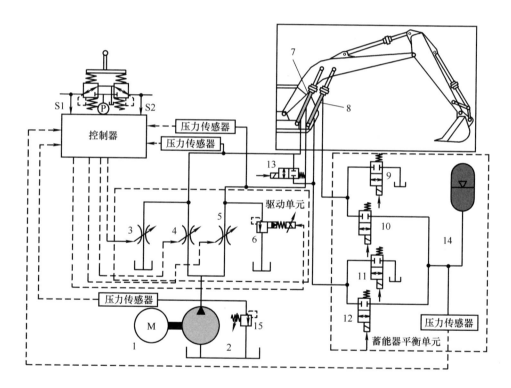

图 3-44　动臂势能回收再利用一体化系统

1—变频电动机　2—液压泵　6—比例溢流阀　3～5—比例节流阀　7—驱动液压缸
8—平衡液压缸　9～13—电磁换向阀　14—液压蓄能器　15—溢流阀

磁换向阀相连构成能量回收回路。在动臂上升时，液压蓄能器高压油输入平衡液压缸无杆腔，辅助驱动液压缸提升负载，降低驱动液压缸的无杆腔压力；在动臂下放时，平衡液压缸无杆腔的液压油进入液压蓄能器，回收部分势能；在铲斗挖掘时，为增加挖掘力，液压蓄能器的液压油将进入平衡液压缸有杆腔，辅助斗杆和铲斗进行挖掘；当动臂再次上升时，液压蓄能器储存的液压油会再次进入平衡液压缸无杆腔，实现能量回收再利用的目标。

在主油路上采用比例节流阀和比例溢流阀组成动臂速度调节单元。控制器主要控制电磁换向阀组的切换状态和输出比例节流阀和比例溢流阀的信号控制指令。具体工作原理为：

1）当动臂下放时，比例节流阀 4 关闭，控制器输出信号使比例节流阀 3 打开与目标下放速度相适应的开度，控制动臂驱动液压缸无杆腔回油流量大小进而控制动臂下放速度；通过基于压力反馈的 PI 流量控制，对比例节流阀 5 进行压力控制，作为动臂有杆腔的背压阀，防止动臂下放过快时其有杆腔的吸空现象；平衡单元的电磁换向阀 9 和 12 得电，电磁换向阀 10 和 11 失电，动臂部分势能通过电磁换向阀 12 以液压能的形式储存在液压蓄能器中，用于下一周期提升负载时再利用，此时驱动液压缸 7 无杆腔压力逐渐降低，减小了回油的节流口损耗。

2）当动臂上升时，通过压力传感器的压力信号使控制器输出比例节流阀 3 和 5 的关闭信号，比例节流阀 4 根据采集到的压力信号和流量计算公式打开与目标速度相对应的开度，比例溢流阀 6 失电卸荷，液压泵 2 的输出液压油通过比例节流阀 4 进入驱动液压缸 7 的无杆腔，驱动液压缸 7 有杆腔的液压油通过比例溢流阀 6 卸荷；同时电磁换向阀 9 和 12 得电，电磁换向阀 10 和 11 失电，液压蓄能器储存的液压油通过电磁换向阀 12 进入平衡液压缸 8 的无杆腔，平衡液压缸 8 的有杆腔通过电磁换向阀 9 与油箱相通，此时为回收能量再利用模式。动臂驱动液压缸无杆腔的压力大小由液压蓄能器压力和负载压力的差值决定，平衡液压缸提供了部分动力，降低了液压泵的输出压力，从而达到了节能的目的。当系统检测到液压蓄能器出口压力小于设定阈值时，则电磁换向阀 12 失电，电磁换向阀 11 得电，此时平衡液压缸两腔接油箱，平衡单元不参与提升负载，为普通上升模式。

3）当动臂处于挖掘工况时，控制器输出信号使电磁换向阀 10 和 11 得电，电磁换向阀 9 和 12 失电，液压蓄能器储存的液压油通过电磁换向阀 10 进入平衡液压缸 8 的有杆腔，增加挖掘力，平衡液压缸 8 的无杆腔通过电磁换向阀 11 卸荷；同时增大了比例溢流阀 6 的开启压力，保证了液压泵处于高压小流量状态。

4）当动臂下放能量回收时，为防止液压蓄能器的压力影响到动臂下放时的操控性，因此，液压蓄能器具有一个最高的压力判断，当控制器系统检测到液压蓄能器出口压力高于设定阈值时，控制器变换输出信号使电磁换向阀 12 失电，同时电磁换向阀 11 得电，阻断液压蓄能器与平衡液压缸 8 无杆腔的连接，停止能量回收。

通过上述工作原理分析可知，该平衡系统具有如下特点：

1）设置控制器和采集系统，通过检测先导压差信号、动臂驱动液压缸两腔压力信号、液压蓄能器出口压力信号、液压泵出口压力，进行逻辑判断及算法控制，输出与目标速度相适应的控制信号，并控制电磁换向阀组的工作状态，实现能量再利用模式、能量回收模式、挖掘模式和传统模式的切换，满足了多种工况的需求。

2）液压蓄能器不仅起到了辅助动力源的作用，降低了系统能耗，同时作为系统的缓冲装置，吸收了系统的压力冲击。

3）在驱动液压缸和平衡液压缸无杆腔之间设置了电磁换向阀，实现了液压油在两个无杆腔之间的交叉流动，使平衡单元与驱动单元进行热交换，减小了平衡单元发热。

4）系统中的能量传递是势能与液压能的直接转换，能量转换环节少，能量利用率高，且结构简单。

（2）样机测试

图3-45所示为平衡系统液压蓄能器压力随动臂位移变化曲线，从图中可看出，15~20.5s时动臂上升，同时液压蓄能器压力由4.0MPa逐渐降低至1.5MPa，说明液压蓄能器在上一周期回收的液压油在下一周期动臂上升时释放出来辅助驱动单元提升负载；20.5~24s时动臂上升到最高点静止，此时液压蓄能器压力不变，保持在一个恒定值；24~30s动臂下放，液压蓄能器压力逐渐变大，说明液压蓄能器回收了平衡液压缸无杆腔的高压油，用于下一周期提升作业时再利用。由表3-5可看出，能量回收单元在一个动臂的工作周期内回收能量990J，相对于前面测试得到的可回收能量1700J而言，能量回收效率为58.2%。实际测得的能量回收效率比仿真得到的能量回收效率低，因为仿真是处于一个理想的环境下，而实际测试时不可避免地存在泄漏等因素。由于动臂的速度是通过调节比例节流阀的输入信号来控制的，因此，不可避免地有部分高压油以热能的形式消耗在节流口，大约有24%的动臂驱动液压缸无杆腔能量损失在节流阀口。

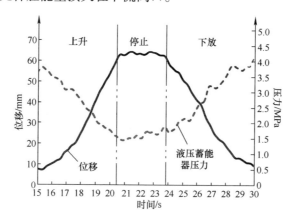

图3-45　位移-液压蓄能器压力曲线

表3-5　系统能量回收效率

参数	能量/J	回收百分比/（%）
动臂无杆腔可回收能量	1700	100
液压蓄能器回收能量	990	58.2

从图 3-46 所示的平衡系统与普通系统驱动液压缸无杆腔压力对比曲线可看出，在动臂上升和下放阶段，平衡系统驱动液压缸无杆腔压力均明显比普通系统的动臂液压缸无杆腔压力低。在动臂上升阶段，平衡系统驱动油缸无杆腔压力从 2MPa 逐渐增大到 6.5MPa，而普通系统动臂液压缸的无杆腔压力保持在一个较大的压力值范围，约 9.5MPa，普通系统动臂液压缸无杆腔压力与平衡系统驱动液压缸无杆腔压力之间的压差变化范围即为液压蓄能器的压力变化范围，说明液压蓄能器提供的辅助动力平衡了部分负载，将回收的能量进行二次利用。在动臂下放阶段，平衡系统驱动液压缸无杆腔压力从 4MPa 逐渐减小到 1MPa 左右，与普通系统动臂液压缸无杆腔压力之间的压差逐渐变大，变化趋势与液压蓄能器压力变化趋势相同，说明有部分势能以液压能的形式储存在液压蓄能器中，实现了能量回收，同时也减小了液压缸无杆腔回油在节流阀口的损耗。

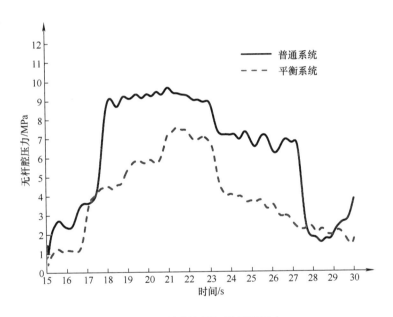

图 3-46 驱动液压缸无杆腔压力

无杆腔压力的减小直接降低了液压泵输出压力，从而减小了动力系统的能量输出。由图 3-47 所示的液压泵出口压力对比曲线可得，在动臂上升阶段，平衡系统液压泵出口压力明显比普通系统液压泵出口压力小，且两者之间的差值约等于液压蓄能器的压力变化范围；由于动臂具有较大的惯性，因此在动臂下放阶段，两种系统的液压泵输出压力都较低，由表 3-6 可知，有平衡单元能量回收系统的结构节能效果为 21%。

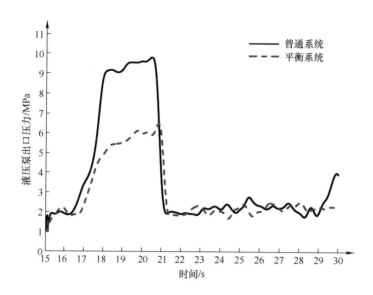

图 3-47　液压泵出口压力对比曲线

表 3-6　不同系统的液压泵输出能量

参数	能量/J	节能效率（%）
普通系统	16050	0
平衡系统	12600	21

　　由于液压挖掘机负载波动剧烈，能量回收效率受负载波动影响，因此为了研究平衡单元在负载剧变工况下的能量回收效率，试验中设计了一种特殊工况，采用手柄信号的突变模拟动臂下放过程的负载大波动。手柄信号如图 3-48 所示，在动臂下放的某个时刻，迅速将手柄扳到一个较大位置后立刻松开手柄，如此循环，直到动臂从最高点降到最低点，动臂位移如图 3-49 所示。在此工况下，系统的能量回收时间很短，且系统受到了剧烈冲击，由于液压蓄能器具有吸收压力冲击的功能，因此，当系统受到剧烈冲击时，液压蓄能器能吸收因冲击而造成的压力脉动，同时进行能量回收。如图 3-50 所示，在特殊工况下，动臂完成一个下放过程，平衡单元的液压蓄能器回收了能量 850J，能量回收效率为 50%，因此，平衡单元在特殊工况下仍具有的较高的能量回收效率。

　　当液压挖掘机的动臂液压系统增加了平衡单元进行势能回收后，动臂的工作模式决策要根据先导手柄压差信号和驱动液压缸两腔压力相结合进行复合判断。如图 3-51 所示，在初始时刻，先导手柄的两腔压差信号处于一个较小的区间范围内，此时动臂在最低位置静止；当先导手柄的两腔压差信号大于设定的判断阈值范围内时，动臂的位移逐渐增大，此时动臂处于上升模式；当先导手柄的两腔压差信号处于下放设定的判断阈值范围内时，动臂的工作模式有两种：分别为动臂下放势能回

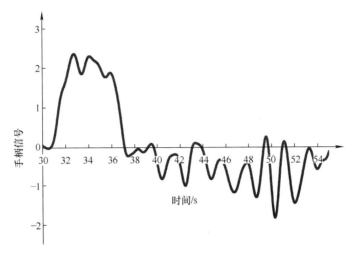

图 3-48　特殊工况下的手柄信号曲线

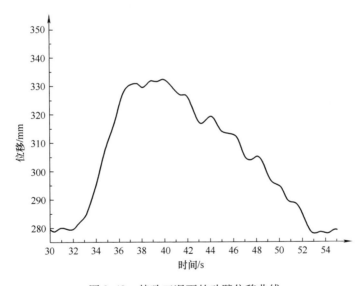

图 3-49　特殊工况下的动臂位移曲线

收模式和动臂下放挖掘模式，需要根据动臂驱动液压缸两腔压力的大小关系进一步判断区分。从图 3-51 中可看出，当动臂处于挖掘模式时，驱动液压缸有杆腔的压力明显高于无杆腔压力。

如图 3-52 所示，在时间为 45s 时，先导操作手柄给平衡系统一个目标下放速度的变化指令。在采用平衡单元的势能回收系统中，采用基于压差的信号控制方式调节动臂下放速度，动臂速度大小跟随操作手柄的先导压差变化而变化，当先导压差逐渐增大时，动臂速度也随之逐渐增大；当先导压差逐渐减小时，动臂速度也随之逐渐减小。因此,该能量回收系统具有较好的速度跟随性能。

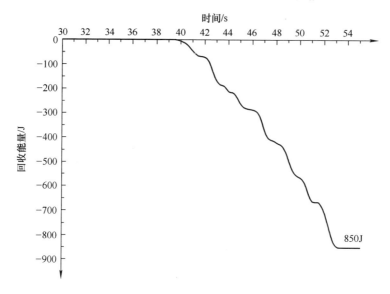

图 3-50 特殊工况下液压蓄能器回收的能量

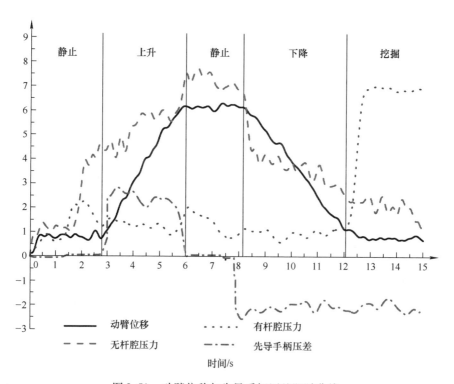

图 3-51 动臂位移与先导手柄压差跟随曲线

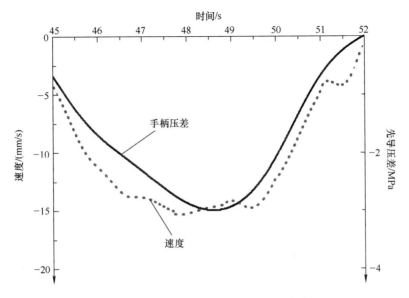

图 3-52   平衡系统的动臂速度跟随曲线

第4章 电气式能量回收系统

电气式能量回收系统的基本原理是将高能量密度或高功率密度的动力电池或者超级电容作为系统的储能装置，将液压系统中多余的能量转化为机械能，机械能通过发电机转化为电能存储到电储能单元。在系统需要时再释放出来转化为其他的能量对外做功。由于动力电池和超级电容等电量储能元件及液压马达－发电机的成本高，在传统工程机械中单纯地增加电气式回收系统不太适合。但当工程机械采用油电混合动力系统或纯电驱动系统后，由于动力系统本身具有电储能元件，无须增加太多成本即可实现电气式能量回收，因此油电混合动力/纯电驱动工程机械采用电气式能量回收方案是可行的。但由于工程机械自身为液压驱动型，采用电气式能量回收系统需综合考虑操控性、能量转换效率和经济性等方面的因素。

4.1 电气式回收系统特性分析

4.1.1 基本结构方案

以液压挖掘机机械臂势能电气式回收为例，其基本结构方案如图 4-1 所示，主要考虑液压挖掘机引入油电混合动力系统或纯电动动力系统后具备了动电池或超级电容等电气式储能元件的特点，在机械臂液压缸回油侧增加一个液压马达－发电机能量回收单元及相应的液压和电气控制单元。

当机械臂处于目标下放模式时，机械臂为一个典型的负值负载，其势能通过液压缸转换成液压能储存在机械臂液压缸的无杆腔，将机械臂液压缸的无杆腔通过电磁换向阀（换向阀的阀口全开）通向液压马达的进油口，通过控制发电机转速或者液压马达的排量来调节液压马达的流量，调节在执行器的回油腔形成的背压，进而控制机械臂液压缸的运行速度。液压马达驱动发电机发电，所发出的三相交流电经发电机控制器 2 整流成直流电形式的电能并储存在电量储存单元中。图 4-1 中的方案只是能量回收的简单示意图，实际上液压挖掘机在原有的液压系统中增加电气回收单元，还需要考虑与原有多路阀如何兼容，以及如何保证机械臂的闭锁功能等。

4.1.2 系统建模及控制特性分析

为了研究方便，首先将图 4-1 简化成图 4-2，在此系统中，通过调节液压马达的转速来控制液压马达的流量，在执行器的回油腔形成背压，从而控制液压执行器的运行速度。在建模分析时，可以对系统进行以下假设：

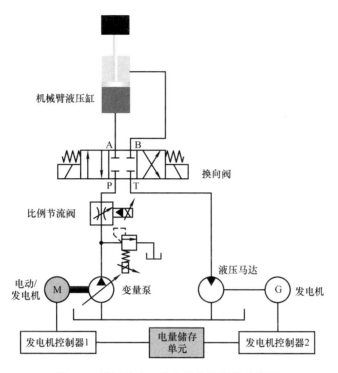

图 4-1　液压马达－发电机能量回收系统图

　　1）由于液压马达主要是对执行机构下放时的势能进行回收，因此仅以液压缸回缩时作为研究对象，不考虑其外伸过程。

　　2）忽略了换向阀对机械臂速度特性的影响。

　　3）液压马达和发电机同轴相连。

　　4）当机械臂下放时，忽略了机械臂液压缸的活塞运动对机械臂液压缸无杆腔和液压马达之间压力容腔体积的影响。

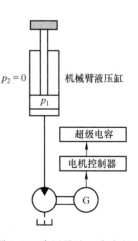

图 4-2　液压马达－发电机
能量回收系统简化图

　　5）机械臂液压缸和液压马达均无弹性负载。

　　6）系统安全阀未溢流，补油单向阀未打开。

　　7）液压马达回油压力为零。

　　8）每个腔室内的压力是均匀相等的，液体密度为常数。

　　9）液压马达排量恒定。

1. 机械臂速度控制数学模型

（1）基本电气式能量回收系统数学模型的建立

1）液压马达流量方程。

$$q_{m} = \omega D_{m} + C_{im} p_{1} + C_{em} p_{1} \tag{4-1}$$

式中，C_{im} 是液压马达的内泄漏系数（$m^3/Pa \cdot s$）；C_{em} 是液压马达的外泄漏系数（$m^3/Pa \cdot s$）；ω 是发电机和液压马达的角速度（rad/s）；D_{m} 是液压马达的排量（m^3/rad）；p_1 是液压缸无杆腔和液压马达之间的容腔压力（Pa）。

2）油液的连续性方程。

$$A_{1} v_{c} - \left[C_{ic}(p_{1} - p_{2}) + C_{ec} p_{1} \right] - q_{m} = \frac{V}{\beta_{e}} \frac{dp_{1}}{dt} \tag{4-2}$$

式中，C_{ic} 是液压缸的内泄漏系数（$m^3/Pa \cdot s$）；C_{ec} 是液压缸的外泄漏系数（$m^3/Pa \cdot s$）；p_2 是液压缸的有杆腔压力（MPa）；V 是液压缸的无杆腔与液压马达之间的容腔容积（m^3）；β_e 是有效体积弹性模量（Pa）；A_1 是液压缸无杆腔的有效面积（m^2）；v_c 是活塞运动速度，取向下为正（m/s）。

由于 $p_1 \gg p_2$，所以 $p_1 - p_2 \approx p_1$。

令系统的总泄漏系数为

$$C_{t} = C_{ic} + C_{im} + C_{ec} + C_{em} \tag{4-3}$$

则式（4-1）和式（4-3）代入式（4-2）后，可简化为

$$A_{1} v_{c} - C_{t} p_{1} - \omega D_{m} = \frac{V}{\beta_{e}} \frac{dp_{1}}{dt} \tag{4-4}$$

3）液压缸的力平衡方程。

忽略弹性负载与外扰力后，液压缸与负载的力平衡方程为

$$p_{2} A_{2} - p_{1} A_{1} = m \dot{v}_{c} + b_{c} v_{c} \tag{4-5}$$

式中，m 是液压缸活塞及负载折算到活塞杆上的总质量（kg）；b_c 是液压缸活塞及负载的黏性阻尼（$N \cdot s/m$）；p_2 是液压缸有杆腔内的压力（Pa）；A_2 是液压缸有杆腔内的有效面积（m^2）。

当机械臂下放时，对于液压缸的有杆腔压力油来说，液压缸活塞及负载折算到活塞杆上的总质量为一个负值负载，其有杆腔的压力很小，为了只研究势能的回收效果，排除有杆腔的压力对能量回收的影响，假设当液压缸靠重力快速下落时其有杆腔的压力很低，即 $p_2 \ll p_1$，式（4-5）可简化为

$$- p_{1} A_{1} = m \dot{v}_{c} + b_{c} v_{c} \tag{4-6}$$

4）液压马达的力矩平衡方程。

忽略弹性负载与外干扰力矩，液压马达与负载的转矩平衡方程为

$$D_{m} p_{1} + T_{g} = J \dot{\omega} + b_{m} \omega \tag{4-7}$$

式中，T_g 是发电机的发电转矩（$N \cdot m$）；（电动为正，发电为负）；J 是液压马达、发电机及联轴器的总转动惯量（$kg \cdot m^2$）；b_m 是液压马达回转的黏性阻尼（$N \cdot s/m$）。

5）发电机的物理方程。

永磁同步发电机一般采用矢量控制，即把交流电动机模拟成直流电动机控制，

这里仅考虑矢量变频控制中的转速环。对于矢量控制变频电动机，由于电机控制器及发电机的电磁产生目标电磁转矩的时间远小于液压马达 - 发电机的机械响应时间，因此电机控制器和发电机可以假设为一个比例环节：

$$T_g = K_g(\omega_t - \omega) \tag{4-8}$$

式中，K_g 是发电机转矩和转速差的比例系数；ω_t 是发电机目标角速度（rad/s）。

对上面的公式进行拉氏变换得：

$$-P_1(s)A_1 = msv_c(s) + b_c v_c(s) \tag{4-9}$$

$$A_1 v_c(s) - D_m \omega(s) = \left(\frac{Vs}{\beta_e} + C_t\right)P_1(s) \tag{4-10}$$

$$D_m p_1(s) + T_g(s) = Js\omega(s) + b_m \omega(s) \tag{4-11}$$

$$T_g(s) = K_g \omega_t(s) - K_g \omega(s) \tag{4-12}$$

由式（4-9）、式（4-10）、式（4-11）和式（4-12）整理得：

$$v_c(s) = \cfrac{\dfrac{K_g D_m}{A_1}\omega_t(s)}{\left(\begin{array}{l}\dfrac{JmV}{A_1^2\beta_e}s^3 + \left(\dfrac{JmC_t}{A_1^2} + \dfrac{mV(b_m + K_g)}{\beta_e A_1^2} + \dfrac{JVb_c}{\beta_e A_1^2}\right)s^2 + \\[3mm] \left(J + \dfrac{mC_t(b_m + K_g) + JC_t b_c + mD_m^2}{A_1^2} + \dfrac{Vb_c(b_m + K_g)}{\beta_e A_1^2}\right)s + \\[3mm] \dfrac{(b_m + K_g)A_1^2 + C_t b_c(b_m + K_g) + b_c D_m^2}{A_1^2}\end{array}\right)} \tag{4-13}$$

由于液压挖掘机的惯性载荷相对于液压缸和液压马达来说比较大，为了便于分析系统的模型，这里忽略系统中液压缸和液压马达的黏性阻尼，即 $b_c = b_m = 0$，则式（4-13）可以进一步简化成：

$$v_c(s) = \cfrac{\dfrac{D_m}{A_1}\omega_t(s)}{\dfrac{JmV}{K_g A_1^2\beta_e}s^3 + \left(\dfrac{mV}{A_1^2\beta_e} + \dfrac{JmC_t}{A_1^2 K_g}\right)s^2 + \left(\dfrac{mC_t}{A_1^2} + \dfrac{J}{K_g} + \dfrac{mD_m^2}{K_g A_1^2}\right)s + 1} \tag{4-14}$$

分母中的第一项和第二项：

$$\frac{JmV}{K_g A_1^2 \beta_e}s^3 + \frac{mV}{A_1^2\beta_e}s^2 = \frac{mV}{K_g \omega A_1^2 \beta_e}s^2(Js\omega + K_g\omega) \tag{4-15}$$

式中右侧括号中第一项是转速对液压马达惯性转矩的影响，第二项是电动机由于转速变化而引起的转矩变化。一般液压马达和发电机的等效转动惯量很小，而发电机的刚性比较大，所以 $Js\omega \ll K_g\omega$，则式（4-15）变为

$$v_c(s) = \cfrac{\dfrac{D_m}{A_1}\omega_t(s)}{\left(\dfrac{mV}{A_1^2\beta_e} + \dfrac{JmC_t}{A_1^2 K_g}\right)s^2 + \left(\dfrac{mC_t}{A_1^2} + \dfrac{J}{K_g} + \dfrac{mD_m^2}{K_g A_1^2}\right)s + 1} \tag{4-16}$$

由此可以得到液压挖掘机基本能量回收系统的液压固有频率和阻尼比：

$$\omega_h = \sqrt{\frac{1}{\dfrac{mV}{A_1^2\beta_e} + \dfrac{JmC_t}{A_1^2K_g}}} \tag{4-17}$$

$$\xi_h = \frac{C_t}{2A_1\sqrt{\dfrac{JC_t}{K_g m} + \dfrac{V}{m\beta_e}}} + \frac{J}{2K_g\sqrt{\dfrac{JmC_t}{A_1^2K_g} + \dfrac{mV}{A_1^2\beta_e}}} + \frac{mD_m^2}{2K_gA_1^2\sqrt{\dfrac{JmC_t}{A_1^2K_g} + \dfrac{mV}{A_1^2\beta_e}}} \tag{4-18}$$

（2）传统回油节流控制系统数学模型的建立

为了对比研究基本能量回收系统的控制性能，需建立传统节流调速系统的数学模型。由于机械臂下放时负值负载的存在使机械臂液压缸的有杆腔压力很小，使机械臂有杆腔压力对机械臂速度控制的影响很小，因此可以把机械臂下放过程的速度控制系统简化成如图 4-3 所示其系统。

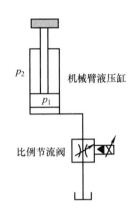

图 4-3　液压挖掘机传统节流控制系统简化原理图

1）比例节流阀流量方程。

$$q_J = K_Q x_v + K_C p_1 \tag{4-19}$$

式中，K_Q 是比例节流阀流量增益（m^2/s）；K_C 是比例节流阀流量压力系数（$m^3/Pa \cdot s$）；x_v 是比例节流阀阀芯开度（m）。

2）油液的连续性方程。

$$A_1 v_c - C_{tc} p_1 - q_J = \frac{V}{\beta_e}\frac{dp_1}{dt} \tag{4-20}$$

式中，C_{tc} 是回油节流控制系统的总泄漏系数。

3）液压缸的力平衡方程同式（4-6）。

对（4-19）、式（4-20）、式（4-6）进行拉氏变换后整理得到：

$$v_c(s) = \frac{\dfrac{K_Q}{A_1}x_v}{\dfrac{Vm}{A_1^2\beta_e}s^2 + \dfrac{m(C_{tc}+K_c)}{A_1^2}s + 1} \tag{4-21}$$

由此可得到传统节流调速系统的液压固有频率和阻尼比：

$$\omega_h = \sqrt{\frac{1}{\dfrac{Vm}{A_1^2\beta_e}}} \tag{4-22}$$

$$\xi = \frac{(C_{tc}+K_c)}{2A_1}\sqrt{\frac{m\beta_e}{V}} \tag{4-23}$$

2. 基本能量回收系统的控制特性分析

由式（4-17）和式（4-22）相比可以看出，考虑发电机特性后，系统的液压固有频率变小了，故使系统的动态响应进一步减小，同时当液压马达 – 发电机的转动惯量 J 越大和发电机的比例系数 K_g 越小时，其固有频率越小。由式（4-18）可以看出：当液压马达 – 发电机等效惯量 J 较小和发电机比例系数 K_g 较大时，发电机特性对系统固有频率的影响较小，但减少液压马达发电机等效惯量 J 和增大发电机比例系数 K_g 会使其阻尼比变小，导致系统的稳定性变差。因此，当采用电气式能量回收系统后，发电机比例系数 K_g 和液压马达发电机等效惯量 J 是影响系统固有频率和稳定性的主要因素。

从式（4-18）可以看出：适当增大液压缸活塞面积 A_1、提高油液的有效体积弹性模量 β_e 等可以较小程度改善其控制性能，但改变的余地不大。减小压缩容积 V 同样也可以提高系统的动态响应，由于系统管道的直径由系统的压力和流量特性决定，因此减少压缩容腔体积主要通过减少液压马达和机械臂液压缸无杆腔之间的管道长度。

4.2　电气式能量回收系统的关键技术

4.2.1　能量回收效率

如图 4-4 所示，当前电气式能量回收单元回收效率在标准工况下的效率只有 32% ~ 60%。

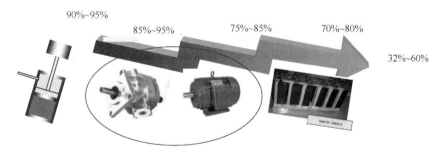

图 4-4　电气式能量回收系统的效率分析

影响电气式能量回收单元回收效率的主要原因主要如下：

1）液压挖掘机的机械臂可回收工况波动剧烈，能量回收系统中发电机的发电力矩和转速也随之大范围波动，因此如何在这么短的时间内提高液压马达 – 发电机的能量转化效率是一个较大的难点。

2）机械臂可能在实际挖掘模式或者机械臂下放过程碰到刚性负载，此时，机械臂只是提供一个较大的挖掘力，而机械臂并无实际下放过程，此时机械臂液压缸有杆腔压力远大于其无杆腔压力，液压马达的入口压力和流量都很小，此时系统不能采用能量回收系统。因此，整个机械臂下放过程是液压马达调速和节流调速的复合控制。故如何提高能量回收效率是液压马达 – 发电机能量回收系统的关键技术之一。

3）挖掘机存在一种近似极限工况，如图 4-5 所示，机械臂下放过程某个时刻迅速扳动手柄到最大工位后马上松开手柄。如图 4-6 和图 4-7 所示，机械臂仍然从最高位下放到地面，由于能量回收时间很短，液压马达 – 发电机能量回收系统在发电机起动初始时刻，液压马达入口尚未建立起一定的压力，此时发电机处于电动状态，辅助液压马达加速到目标转速，因此超级电容反而处于耗能状态。从图 4-7 中也可以看出在整个下放过程中，能量回收单元反而消耗了 3000J 的能量。

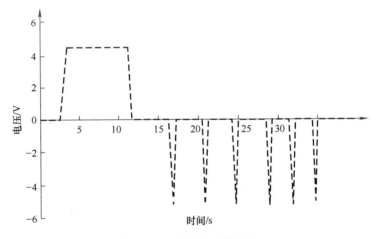

图 4-5　极限操作手柄信号

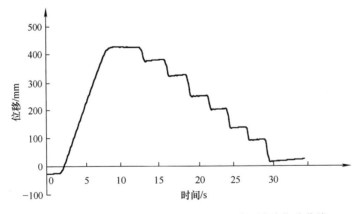

图 4-6　基本能量回收系统在极限工况时机械臂位移曲线

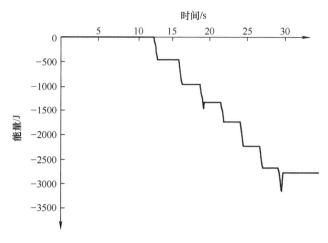

图 4-7　基本能量回收系统在极限工况时回收能量曲线

4）能量转换环节较多，由于液压挖掘机自身为液压驱动系统，而电气式能量回收系统的储能方式为电能，因此系统中必然存在液压能和电能之间的多次转换，而每次转换都会消耗总能量的 10% ~ 20%。因此，采用液压 – 电气复合式的能量回收系统有助于提高能量回收和再利用的整体效率。

4.2.2　操控性能

这里以液压挖掘机的回转驱动系统为例介绍系统的操作性。

挖掘机回转系统是整机的重要组成部分，是一个多功能的单元。在正常作业时要快速回转较大角度来满足作业效率的要求；精细作业时要小角度地调整转台位置；侧壁掘削作业时操作手柄要能控制液压马达或电动机的输出转矩；铲斗挖掘时转台要能抵抗外界对铲斗的侧向力；吊装作业和斜坡作业时要保证转台回转平稳，转速不受外界干扰的影响。因此，难以保证挖掘机转台在各种工况和作业模式下对操控性的要求。

4.2.3　经济性

能量回收系统的关键元件主要包括液压马达、发电机、电机控制器和电气储能单元（动电池或超级电容）。该系统的能量回收峰值功率较大，而平均功率较低。在参数的优化设计时，液压马达和发电机的功率等级为了满足最大峰值功率，其成本也较大。同时必然对电量储存元件的最大充电电流要求较高，为了满足瞬时大功率的要求，电量储存元件的成本会很高，同时由于回收工况具有明显的周期性，大约 20s 回收一次，充电频繁，因此，对电量储存单元的使用寿命提出了较为苛刻的要求。

4.3 能量转换单元的效率特性分析及优化

在液压挖掘机的基本能量回收系统中，机械臂液压缸无杆腔的液压油驱动液压马达回转，将液压能转化为机械能输出，并带动发电机发电，三相交流电能经电机控制器整流为直流电能并储存在储能元件中。然而，高效回收一直是电气式回收单元的难点。主要体现如下：

1）在液压挖掘机的基本能量回收系统中，机械臂下放过程与液压马达-发电机能量回收过程相互影响，在机械臂下放时，可回收能量的工况波动剧烈，其压力和流量均在大范围内波动。由于机械臂液压缸无杆腔的压力油会直接作用于液压马达-发电机能量回收单元，因此，能量回收系统中发电机的发电力矩和转速也随之大范围波动，因此难以高效回收是液压挖掘机基本电气式能量回收系统中的一个较大的难点。

2）液压马达-发电机回收能量的时间和机械臂下放时间相同，即使在标准挖掘工况下，其能量回收时间也很短，大约为 2～3s，在极限工况时，机械臂每次下放的时间更短，比如当人为操作机械臂先导手柄来调整铲斗位置时，其下放距离一般较短，如果机械臂下放速度完全由液压马达-发电机组成的能量回收系统控制，必然会造成发电机的频繁起动和停止，发电机的频繁起动和停止也必然造成能量上的额外损失等。同时由于容积调速的阻尼比较小，频繁起动和停止发电机也必然会对系统造成冲击和震荡。因此，如何在短时间内回收机械臂下放过程释放的能量且保证系统良好的操作性是一个较大的问题。

在电气式能量回收系统中能量转换单元依次为液压马达、发电机、电机控制器和动力电池/超级电容。其中电机控制器的效率较高，且随电力电子技术的发展，电机控制器的效率甚至可以更高，所以在能量回收系统回收能量的过程中液压马达、发电机、电量储存单元是影响能量回收效率的主要原因。因此，为制定能量回收系统既可高效回收又可保证良好操作性能的优化控制策略，有必要对能量回收系统各个关键元件进行效率特性分析。根据能量流的先后顺序依次对能量回收转换单元关键元件液压马达、发电机和超级电容的效率特性展开分析。

4.3.1 液压马达效率模型及分析

在液压挖掘机的基本能量回收系统中，液压马达既可采用定量液压马达，也可采用变量液压马达。当采用定量液压马达时，液压马达的流量主要通过调节发电机的转速来调整；当液压马达为变量液压马达时，可以通过改变液压马达的排量来改变发电机的工作点分布，进而提高发电机的发电效率，但液压马达自身的效率同样会随排量的改变而改变。因此以变量液压马达为例对液压马达的效率特性进行分析，当需要建立定量液压马达的效率数学模型时，只需要设定变量液压马达的效率数学模型的排量为某个恒定值即可。

图 4-8 所示为斜盘式柱塞液压马达的
受力分析图。从图中可以看出斜盘式柱塞
液压马达在启动阶段力偶所产生静摩擦力
较大，此时效率较低。因此在起动频繁的
场合，基本不采用斜盘式结构液压马达。
斜盘式和斜轴式柱塞液压马达的机械效率
随液压马达进出口压差的变化规律如
图 4-9 所示，斜轴式的效率明显优于斜盘
式。由于液压挖掘机的工况较为恶劣，当
前应用工程机械的液压马达也几乎全部都
是斜轴式柱塞液压马达。因此选用斜轴式
轴向柱塞液压马达作为能量回收系统中的
液压马达。

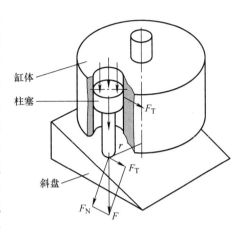

图 4-8　斜盘式柱塞液压马达受力分析图

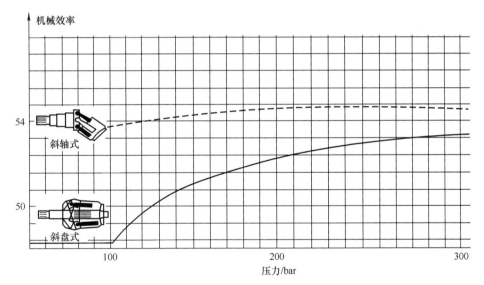

图 4-9　同一规格的斜盘式和斜轴式柱塞液压马达的机械效率对比曲线

如图 4-10 所示，进出口压力油作用于柱塞 2，推力通过连杆 1 作用于驱动板，
由于进出口压力油压差的存在决定了作用于驱动板 8 转矩差的存在，从而使驱动板
8 转动。依靠连杆 1 与柱塞内壁接触，驱动板 8 带动缸体 3 一起转动，通过驱动板
8 和连杆 1 带动柱塞往复运动，完成进油和出油过程。

1. 机械效率

液压马达受力分析如图 4-11 所示，液压马达的理论转矩及各阻力转矩计算
如下：

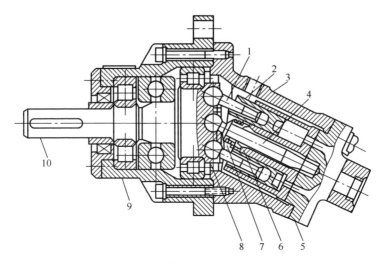

图 4-10 斜轴式轴向柱塞液压马达结构图

1—连杆 2—柱塞 3—缸体 4—中心销 5—配流盘 6— 球面衬套
7— 弹簧 8—驱动板 9—外壳 10—主轴

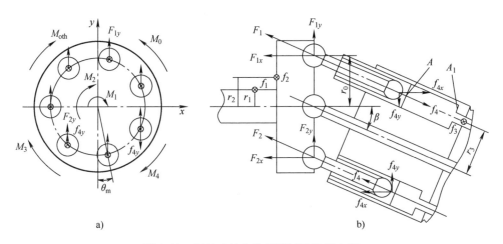

图 4-11 斜轴式轴向柱塞液压马达受力图

1）理论转矩。

进出口压力油作用力经柱塞、连杆对输出轴产生的平均转矩为

$$T_t = \frac{zAr_0 \times 10^6}{\pi}\sin\beta\Delta p = \frac{q\Delta p}{2\pi} \tag{4-24}$$

式中，A 是柱塞面积（m^2）；z 是柱塞个数；r_0 是柱塞缸内液压力传递到驱动板的力作用半径（m）；q 是液压马达排量（mL/r）；Δp 是压差（MPa）；β 是缸体轴线与传动轴线的夹角（°）。

2）轴承径向力产生的摩擦力对输出轴产生的平均摩擦转矩为

$$T_1 = \frac{\mu_1 z A r_1 \times 10^6}{2} \sin\beta \Delta p \propto q \Delta p \tag{4-25}$$

式中，μ_1 是摩擦力 f_1 作用面的摩擦因数；r_1 是摩擦力 f_1 作用半径（m）。

3）轴承轴向力产生的摩擦力对输出轴的平均摩擦转矩为

$$T_2 = \frac{\mu_2 z A r_2 \times 10^6}{2} \cos\beta \Delta p \propto \Delta p \tag{4-26}$$

式中，μ_2 是摩擦力 f_2 作用面的摩擦因数；r_2 是摩擦力 f_2 作用半径（m）。

由于缸体轴线与传动轴线的夹角 b 较小，因此可以认为 $\cos b \ll 1$。

4）缸体与配流盘产生的摩擦力对中心销的摩擦转矩而传递到输出轴的平均摩擦转矩为

$$T_3 = \frac{c_1 \mu_3 z A_1 r_3 \times 10^6}{2} \Delta p \propto \Delta p \tag{4-27}$$

式中，c_1 是作用于缸体的摩擦转矩传递到输出轴的摩擦转矩的传递系数；A_1 是缸体内孔压力油作用面积（m^2）；μ_3 是摩擦力 f_3 作用面的摩擦因数；r_3 是摩擦力 f_3 的作用半径（m）。

随着转速的增大，配油盘与缸体之间的油膜充分形成，使摩擦状态发生从干摩擦到油性摩擦，最后到流体动力摩擦的转变，μ_3 逐渐减小到一较为稳定的值。

5）柱塞和连杆离心力作用于缸体产生摩擦力对输出轴产生的平均摩擦转矩为

$$T_4 = \frac{2 z c_2 \mu_4 m A_1 r_3^2 \left(\frac{2\pi n}{60}\right)^2 \times 10^6}{\pi} \tan\beta \propto q n^2 \tag{4-28}$$

式中，c_2 是平衡柱塞和连杆离心力而缸体作用于活塞的力的系数；m 是单个柱塞和连杆的质量（kg）；μ_4 是摩擦力 f_4 作用面的摩擦因数；n 是液压马达转速（r/min）。

6）总机械效率。

从式（4-25）、式（4-26）、式（4-27）和式（4-28）可以看出：斜轴式轴向柱塞液压马达的机械损失主要和液压马达两端压力差 Δp、液压马达排量 q、液压马达转速 n 等相关，公式中其他的系数均是与液压马达自身结构参数有关的常量。因此，液压马达总机械损失 ΔT、实际输出转矩 T 及机械效率 η_{mt} 可表示为

液压马达总机械损失：$\Delta T = k_1 \Delta p + k_2 q n^2 + k_3 q \Delta p \tag{4-29}$

液压马达实际输出转矩：$T = T_t - k_1 \Delta p - k_2 q n^2 - k_3 q \Delta p \tag{4-30}$

液压马达机械效率：$\eta_{mt} = 1 - \dfrac{2\pi k_1}{q} - \dfrac{2\pi k_2 n^2}{\Delta p} - 2\pi k_3 \tag{4-31}$

式中，k_1、k_2、k_3 是液压马达的机械损耗系数；T 是液压马达实际输出转矩（N·m）；η_{mt} 是液压马达的机械效率。

2. 容积效率

液压马达的容积损失主要是因为泄漏、气穴和油液在高压下的压缩性而造成的

损失。由于液压油温度、液压油压力和液压马达转速的变化都会影响马达的流量损失，很难用一个通式来描述。当液压马达为轴向柱塞液压马达时，压差所形成的容积泄漏 ΔQ_{sv} 和压缩损耗 ΔQ_{v1} 可表示为

$$\Delta Q_{sv} = C_{vs} \Delta p \tag{4-32}$$

$$\Delta Q_{v1} = C_{ve} qn \Delta p \tag{4-33}$$

式中，ΔQ_{sv} 是液压马达的泄漏损耗（L/min）；ΔQ_{v1} 是液压马达的油液压缩损耗（L/min）；C_{vs} 是与液压马达结构有关的泄漏系数；C_{ve} 是液压马达油液压缩损耗系数。

最后，液压马达的总容积损耗、实际流量和容积效率计算如下：

液压马达总容积损耗：$\Delta Q = C_{vs} \Delta p + C_{ve} qn \Delta p$ $\tag{4-34}$

液压马达实际流量：$Q = \dfrac{qn}{1000} + \Delta p (C_{vs} + C_{ve} qn)$ $\tag{4-35}$

液压马达容积效率：$\eta_{mv} = \dfrac{1}{1 + \dfrac{1000 C_{vs} \Delta p}{qn} + 1000 C_{ve} \Delta p}$ $\tag{4-36}$

3. 效率模型的参数辨识

目前国内变排量液压马达主要采用国外著名厂家的产品，有些结构参数受条件和环境的制约难以确定，因此可以通过借助试验方法对液压马达效率模型中的未知参数进行辨识。由于从试验数据中获取的模型参数的辨识经反复探索，计算量大，用手工难以完成，而 Matlab 作为一款深受用户欢迎的运算工具，提供了系统模型辨识的各种函数，可简化计算过程，使系统辨识工作变得易于进行，因此可借助 Matlab 系统进行参数辨识。

为了辨识出液压马达效率模型中的未知参数，建立了液压马达效率模型损耗系数测试平台，原理如图4-12所示。控制器为一台包括数据采集卡和数据控制卡的工控机，用来采集转矩转速仪测量得到的发电机的转矩与转速信号，流量计测量得到的液压马达流量信号，压力传感器测量得到的液压马达压力信号及超级电容的电压信号和电流信号；同时输出发电机的模式控制信号及目标信号、液压马达的排量控制信号及比例溢流阀的压力控制信号。试验中通过调节发电机的转速来实现液压马达流量的模拟，通过比例溢流阀来模拟液压马达的压力信号。

（1）机械损耗系数的辨识

1）k_2 参数辨识。

系数 k_2 可以通过固定液压马达排量和液压马达入口压力，通过调节发电机转速，测量液压马达的实际输出转矩和转速的关系（见图4-13），利用 Matlab 中多项式曲线拟合公式 polyfit 函数进行曲线拟合，可以求得 k_2。

试验时，分别在不同液压马达排量，不同压力等级的试验条件时测量液压马达的输出转矩和液压马达转速的关系。由于小型液压挖掘机在机械臂下放时其机械臂

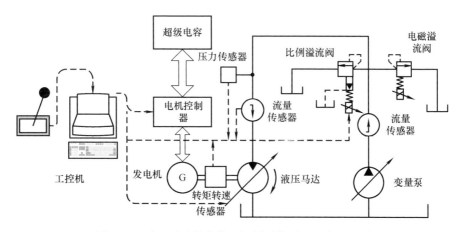

图 4-12　液压马达效率模型损耗系数测试平台原理图

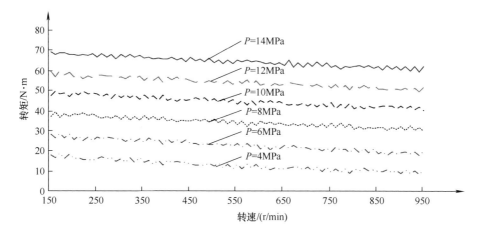

图 4-13　不同压力时，液压马达输出转矩和转速曲线图（$q = 35\text{mL/r}$）

液压缸无杆腔的压力一般小于 13MPa，所以对液压马达效率模型的参数测试时，液压马达的最大压力等级为 14MPa。试验曲线如图 4-13 所示，通过 Matlab 曲线拟合得到液压马达转矩和转速平方的关系系数为 0，而与转速的一次方呈正比。对液压马达的转矩公式进行修正如下，并令 $B_2 = k_2 q$，液压马达的输出转矩公式为

$$T = T_t - k_1 \Delta p - k_3 q \Delta p - B_2 n \tag{4-37}$$

最后，通过 Matlab 曲线拟合可以得到 B_2 的系数见表 4-1，得到系数 k_2：

$$k_2 = \frac{B_2}{q} \approx 0.00027 \tag{4-38}$$

2）系数 k_1 和 k_3 的估计。

根据式（4-37），当液压马达转速为 0 时，液压马达的实际转矩输出为

$$T_{n=0} = \frac{q\Delta p}{2\pi} - k_1 \Delta p - k_3 q \Delta p = \Delta p \left(\frac{q}{2\pi} - k_1 - k_3 q \right) = \Delta p B_3 \qquad (4\text{-}39)$$

式中，$T_{n=0}$ 是转速为 0 时，液压马达的输出转矩（N·m）。

表 4-1 液压马达输出转矩和转速的系数 B_2

排量/(mL/r)	压力等级			
	8MPa	10MPa	12MPa	14MPa
45	-0.0126	-0.0120	-0.0121	-0.0123
35	-0.0093	-0.0096	-0.0096	-0.0099
25	-0.0069	-0.0069	-0.0068	-0.0066

理论上固定液压马达某一排量，通过调节发电机转速为 0，改变液压马达入口压力，测量液压马达的输出转矩和马达压力的关系，可以得到 k_1 和 k_3 的表达式；固定液压马达另一排量，重复上面步骤，可以得到 k_1、k_3 的另一表达式，联立两个方程可以求解 k_1 和 k_3。但由于电动机转速为零时，电动机处于制动状态，超级电容由于能量密度较低易放电完毕。因此测量不同压力等级时，液压马达的实际输出转矩和液压马达转速的关系，再通过曲线拟合的方法来求得液压马达在转速为 0 时的输出转矩。试验中，液压马达的输出转矩和转速的关系如图 4-13 所示，通过在 Matlab 中曲线拟合，可以得到液压马达在转速为零时的输出转矩和比例系数 B_3，见表 4-2 和表 4-3。

表 4-2 液压马达转速为零时的输出扭矩　　　　　（单位：N·m）

排量/(mL/r)	压力等级			
	8MPa	10MPa	12MPa	14MPa
55	66.71	83.76	99.36	115.7
45	49.57	62.00	74.76	85.92
35	39.79	50.38	59.81	70.28
25	27.23	33.66	40.52	47.22

表 4-3 不同液压马达排量时的比例系数 B_3

排量/(mL/r)	55	45	35	25
B_3	8.1285	6.0912	5.0453	3.3415

最后根据式（4-38）和表 4-3 求得液压马达效率模型损耗系数：

$$k_1 = 0.432 \qquad (4\text{-}40)$$
$$k_3 = 0.00453 \qquad (4\text{-}41)$$

（2）容积损耗系数的辨识

根据式（4-35）可以得到，液压马达的流量主要和排量以及转速有关。令液

压马达流量与压力的斜率 B_1 为

$$B_1 = C_{vs} + C_{ve}qn \tag{4-42}$$

通过试验测量在不同液压马达转速和排量时，液压马达的流量和压力的关系，试验曲线如图 4-14 所示，利用 Matlab 的 polyfit 函数进行拟合得到曲线斜率 B_1，表 4-4 所示为不同液压马达转速和液压马达排量时，液压马达流量和压力曲线的斜率。把表格中的数据代入式（4-36），可以求得液压马达效率模型容积损耗系数如下：

泄漏损耗系数：
$$C_{ve} = 0.11 \times 10^{-5} \tag{4-43}$$

压缩损耗系数：
$$C_{vs} = 0.0565 \tag{4-44}$$

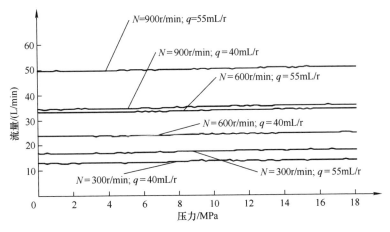

图 4-14　不同转速和排量时液压马达流量和压力曲线图

表 4-4　不同转速和排量时液压马达流量和压力曲线斜率 B_1

液压马达转速/（r/min）	液压马达排量/（mL/r）	B_1
900		0.0967
600	40	0.0838
300		0.0699
900		0.0939
600	55	0.0875
300		0.0847

4. 液压马达效率特性分析

通过理论分析和试验测量估算各损耗系数，把辨识得到的液压马达容积损耗系数和机械损耗系数代入式（4-31）和式（4-36）得到液压马达的机械效率、容积效率及总效率表达式如下：

$$\eta_{mt} = 1 - \frac{2.714}{q} - \frac{0.0015n}{\Delta p} - 0.01 \tag{4-45}$$

$$\eta_{mv} = \frac{1}{1 + \frac{56.5\Delta p}{qn} + 0.11 \times 10^{-2}\Delta p} \tag{4-46}$$

$$\eta_{mz} = \frac{1 - \frac{2.714}{q} - \frac{0.0015n}{\Delta p} - 0.01}{1 + \frac{56.5\Delta p}{qn} + 0.11 \times 10^{-2}\Delta p} \tag{4-47}$$

由液压马达的效率模型可知液压马达的效率主要和排量、液压马达压力及转速有关。因此，在相同流量不同压力等级时，可研究液压马达变排量和变转速时的效率特性。在试验时，利用负载模拟单元稳定液压马达入口压力分别为 7MPa 和 14MPa，目标流量为 20L/min。试验和利用效率模型计算的曲线如图 4-15 所示，从图中可以看出：试验曲线和理论分析曲线的基本重合，因而理论分析的效率表达式，可以为效率优化提供足够准确的信息；液压马达排量越大，液压马达效率越大，且当液压马达排量在某一范围（35～55）变化时，液压马达效率的变化比较缓慢，当液压马达排量在小排量范围变化时，液压马达效率变化比较剧烈。所以在效率优化时，希望通过改变液压马达排量而牺牲液压马达效率提高其他元件效率时，应尽量使液压马达不在小排量区域变化。

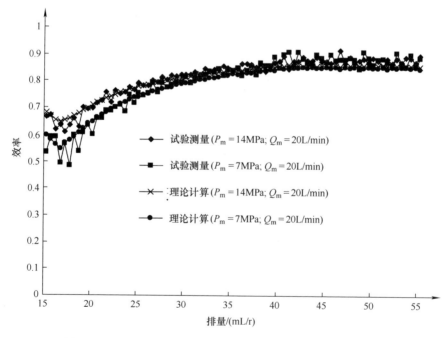

图 4-15　相同液压马达流量时液压马达效率和排量的关系曲线

从图 4-16 可以看出：液压马达的容积效率较高，而机械效率对总效率的影响可以忽略不计。从图 4-17 可以看出，当液压马达排量一定而通过发电机调速改变液压马达转速进而调节液压马达流量时，液压马达效率随液压马达压力增大而增大；当液压马达压力大于某个值时，其能量转换效率才能大于零。而在某个转速区间内，转速越高，其效率越低。

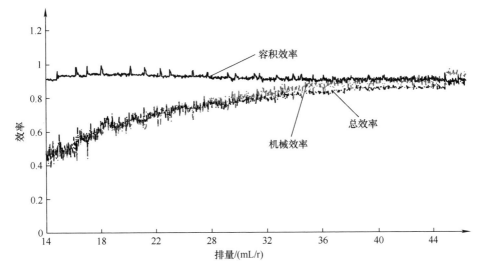

图 4-16　当液压马达压力和流量一定时，液压马达的各效率曲线
（$P_m = 8\text{MPa}$，$Q_m = 25\text{L}/\min$）

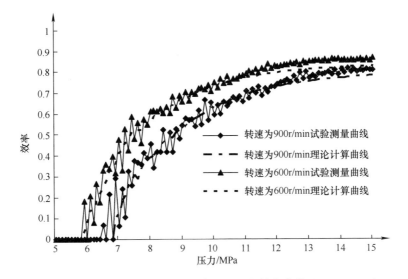

图 4-17　当液压马达排量一定时液压马达的效率曲线（$q = 55\text{mL}/\text{r}$）

4.3.2　永磁同步发电机效率模型及分析

1. 永磁同步发电机效率数学模型的建立

永磁同步发电机特别适用于液压挖掘机的能量回收系统，因此建立发电机效率模型主要以永磁同步发电机为例。

电动机损耗的大小决定了电动机效率的高低，也是衡量电动机质量好坏的重要技术经济指标之一。永磁同步发电机由于转子安放了永磁体，由永磁体励磁取代了电励磁同步电动机的励磁绕组，没有励磁损耗，也不存在转子绕组损耗。永磁同步发电机的损耗一般主要有以下四种：

1）定子铜耗：定子绕组电流通过定子绕组产生的电阻损耗。

2）定子铁耗：由于主磁场在铁心内发生了变化，故在定子铁芯中磁场产生了一定的涡流损耗和磁滋损耗。

3）机械损耗：包括轴承摩擦损耗和通风损耗。前者包括转子表面与冷却介质之间的摩擦损耗和风扇驱动功率。机械损耗与发电机的形式、转速和体积有关，受结构、工艺和运行环境等诸多因素的影响。

4）杂散损耗：包括空载时铁心中的杂散损耗和负载时的杂散损耗。前者是由于定转子开槽引起气隙磁场脉动而在对方铁心表面产生的表面损耗、开槽而使对方齿中磁通因发电机旋转而变化所产生的脉振损耗；后者是定子电流产生的漏磁场在绕组和铁心及结构件中产生的损耗。

以上各项发电机损耗中，杂散损耗和机械损耗一般占总损耗的20%左右，杂散损耗的建模和控制都非常困难，铜耗和铁耗则与磁场和负载大小有关，是可控的，大约占总损耗的80%，是能量回收系统中发电机效率优化的主要研究对象。为了简化研究，在研究发电机效率模型时，忽略了机械损耗和杂散损耗。图4-18所示为考虑d、q轴上铁耗和铜耗时永磁同步电动机的等效电路。试验用发电机为磁钢表面安装的隐极结构发电机，因此d轴等效电感等于q轴等效电感。

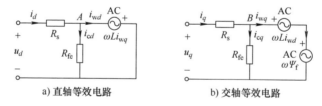

a) 直轴等效电路　　　　　　　　b) 交轴等效电路

图4-18　考虑铁损的按转子磁场定向的等效电路图

由图4-18可以得到d，q轴上的磁链分量ψ_d，ψ_q及电压分量u_d，u_q：

$$\psi_d = Li_{wd} + \psi_f \tag{4-48}$$

$$\psi_q = Li_{wq} \tag{4-49}$$

$$u_d = i_d R_s + L \frac{\mathrm{d}i_{wd}}{\mathrm{d}t} + p\psi_f - \omega(Li_{wq}) \tag{4-50}$$

$$u_q = i_q R_s + L \frac{\mathrm{d}i_{wq}}{\mathrm{d}t} + \omega(Li_{wd} + \psi_f) \tag{4-51}$$

式中，R_s是定子绕组电阻（Ω）；L是d，q轴等效电感（H）；ω是电气转速（rad/s）；$\omega = \omega_r n_p$，ω_r是转子机械角速度（rad/s），n_p是发电机极对数；ψ_f是永磁体交链于定子绕组的磁场（Wb）；ψ_d、ψ_q是d、q轴上的磁链分量（Wb）；i_d，i_q是d，q轴上的定子电流分量（A）；u_d，u_q是d，q轴上的定子电压分量（U）；i_{wd}，i_{wq}是d，q轴上的电流有功分量（A）。

发电机的转矩公式：

$$T_e = \frac{3}{2} n_p \psi_f i_{wq} \tag{4-52}$$

用发电机的矢量控制方法采用$i_d = 0$的控制方法，可以求得各电流关系为

$$i_{wd} = 0 \tag{4-53}$$

$$i_{wq} = \frac{2}{3} \frac{T_e}{n_p \psi_f} \tag{4-54}$$

$$i_d = -\frac{2}{3} \frac{\omega_r L T_e}{R_{fe} \psi_f} \tag{4-55}$$

$$i_q = \frac{\omega_r n_p \psi_f}{R_{fe}} + \frac{2}{3} \frac{T_e}{n_p \psi_f} \tag{4-56}$$

式中，R_{fe}是等效铁耗电阻（Ω）。

进一步可以得到发电机各损耗表达式：

（1）定子铜损

$$p_{cu} = i_d^2 R_s + i_q^2 R_s$$

$$= \frac{4}{9}\left(\frac{L}{R_{fe}\psi_f}\right)^2 R_s(\omega_r T_e)^2 + \left(\frac{n_p \psi_f}{R_{fe}}\right)^2 R_s \omega_r^2 + \left(\frac{2}{3n_p \psi_f}\right)^2 R_s T_e^2 + \frac{4}{3}\frac{R_s}{R_{fe}}\omega_r T_e \tag{4-57}$$

（2）定子铁损

$$p_{fe} = i_{cq}^2 R_{fe} + i_{cd}^2 R_{fe} = \left(\frac{n_p \psi_f}{R_{fe}}\right)^2 R_{fe} \omega_r^2 + \frac{4}{9}\left(\frac{L}{R_{fe}\psi_f}\right)^2 R_{fe}(\omega_r T_e)^2 \tag{4-58}$$

（3）总损耗

$$p_{losss} = p_{cu} + p_{fe} = (\omega_r T_e)^2 a + T_e^2 b + \omega_r^2 c + \omega_r T d \tag{4-59}$$

其中系数a，b，c，d的表达式如下：

$$a = \frac{4}{9}\left(\frac{L}{R_{fe}\psi_f}\right)^2 R_s + \frac{4}{9}\left(\frac{L}{R_{fe}\psi_f}\right)^2 R_{fe} \tag{4-60}$$

$$b = \left(\frac{2}{3n_p \psi_f}\right)^2 R_s \tag{4-61}$$

$$c = \left(\frac{n_p \psi_f}{R_{fe}}\right)^2 R_s + \left(\frac{n_p \psi_f}{R_{fe}}\right)^2 R_{fe} \tag{4-62}$$

$$d = \frac{4}{3}\frac{R_s}{R_{fe}} \tag{4-63}$$

因此，忽略机械损耗和杂散损耗后，发电机的输入功率 p 和发电效率 η_g 表示为

$$p = T_e \omega_r \tag{4-64}$$

$$\eta_g = \frac{T_e \omega_r - p_{losss}}{T_e \omega_r} \tag{4-65}$$

2. 永磁同步发电机效率分析

从损耗公式可以知道，假设发电机参数不变，发电机的损耗与发电机回收功率、发电机转子磁链、发电机转速、发电机转矩有关。发电机制造厂家提供的发电机功率损失参数见表 4-5。

表 4-5　发电机功率损失参数

名称	ψ_f/Wb	R_s/Ω	L/mH	n_p	R_{fe}/Ω
数值	0.28	0.09	1.5	2	250

（1）发电机效率和转速的关系

当发电机的输入转矩一定时，存在一个最佳速度 n_t，使发电机的效率最高。由于液压马达和发电机同轴相连，因此可直接把液压马达扭矩公式 $T_e = \frac{qp}{2\pi}$ 代入式（4-59），并对角速度 ω_r 求导得到：

$$令 \frac{d(p_{g-losss})}{d(\omega_r)} = 0 \tag{4-66}$$

$$\omega = \frac{2\pi n}{60} \tag{4-67}$$

$$n_t = \sqrt{\frac{\dfrac{60bqp}{4\pi^2}}{\dfrac{aqp}{60} + \dfrac{4\pi^2 c}{60qp}}} \tag{4-68}$$

从图 4-19 中可以看出：不同的液压马达入口压力，发电机效率最高的最优转速不同，且液压马达压力越低，发电机的最佳速度越低。在液压马达 - 发电机能量回收系统中，液压马达 - 发电机能量转换单元工作时的压力一般在 4 ~ 14MPa，从图 4-19 中也可以看出：当液压马达压力在 4 ~ 14MPa 且转速处于工作区间时，发电机的效率随转速增大而增大，并在转速达到 1000r/min 以后趋近平稳，因此为了保证能量回收效率，应该尽量使发电机转速大于某个阈值；发电机在不同液压马达压力等级时都有一个最小发电速度，当发电机转速低于最小发电速度时，发电机处于耗能状态。

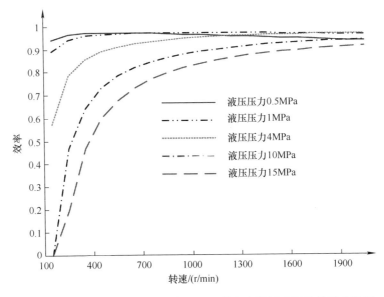

图 4-19　相同磁链不同回收功率发电机效率和转子速度的关系曲线图

（2）相同液压马达压力和流量时，发电机效率和排量的关系

从图 4-20 中可以看出，在相同的液压马达流量和压力时，发电机的效率随液压马达排量的增加而减少，这是由于在相同流量时，液压马达排量越大，发电机转速越低，因此其效率越低。在相同流量时，液压马达排量越大，液压马达效率越高。因此，就液压马达和发电机组成的能量转化单元来说，在相同的目标流量时，其有个最优速度，可使液压马达和发电机的总体效率最高。

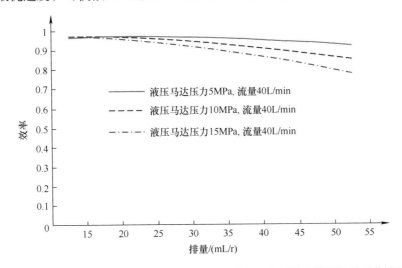

图 4-20　相同液压马达压力和流量时发电机效率和液压马达排量的关系曲线图

4.3.3 超级电容效率特性分析

1. 超级电容效率模型

以 NSC1000NL - 100V 的超级电容为例，共 8 个模块，组成一个四串两并的组合超级电容，其中单体电容为 25F、100V。

假设超级电容以恒定的电流 I 充放电，经过时间 t 后，电量从 Q_1 到 Q_2，电压从 U_1 到 U_2，则超级电容的储存的能量表示为

$$E = \frac{(Q_2^2 - Q_1^2)}{2C} \tag{4-69}$$

式中，C 是超级电容的本征容量（F）。

超级电容内阻消耗的能量为

$$E_R = I^2 R_C t = \frac{I^2 t^2}{t} R_C = \frac{(Q_2 - Q_1)^2}{t} R_C \tag{4-70}$$

式中，R_C 是超级电容等效电阻（Ω）。

充电效率为

$$\eta_{cc} = \frac{E}{E + E_R} = \frac{t}{t + 2\tau\left(1 - \dfrac{2\dfrac{U_1}{U_2}}{\dfrac{U_1}{U_2} + 1}\right)} = 1 - \frac{2\tau\left[1 - 4\left(1 - \dfrac{1}{\dfrac{U_1}{U_2} + 1}\right)\right]}{t + 2\tau\left[1 - 4\left(1 - \dfrac{1}{\dfrac{U_1}{U_2} + 1}\right)\right]} \tag{4-71}$$

$$\tau = R_C C \tag{4-72}$$

式中，τ 是超级电容时间常数。

放电效率为

$$\eta_{cd} = \frac{E - E_R}{E} = 1 - \frac{2\tau}{t}\left(1 - \frac{2\dfrac{U_2}{U_1}}{\dfrac{U_2}{U_1} + 1}\right) \tag{4-73}$$

超级电容效率定义为充放电过程中放电能量和充电能量的比值：

$$\eta_{cz} = \frac{E - E_R}{E + E_R} = 1 - \frac{4\tau^2}{t^2}\left(1 - \frac{2\dfrac{U_1}{U_2}}{\dfrac{U_1}{U_2} + 1}\right)^2 \tag{4-74}$$

根据公（4-71）、式（4-73）和式（4-74）可以看出：理论上，在相同的可回收电量时，即 $\dfrac{U_2}{U_1}$ 相同时，充放电时间 t 越长，超级电容充电效率、放电效率、电容

效率都越高。

2. 超级电容效率特性研究

（1）容量特性的标定

超级电容对本征容量的标定采用如下方法：

$$C = \frac{Q_c + Q_d}{2(U_2 - U_1)} \tag{4-75}$$

式中，Q_c 是完全充电时冲入的电荷量 [C（库伦）]；Q_d 是完全放电时放出的电荷量 [C（库伦）]。

试验时采用恒流 – 恒压循环测试的方法对本征容量进行标定，即先以恒定电流 I 充电到电压上限 U_2，并在此电压下继续充电一定时间，直到充电电流很小；充电结束后转向放电，维持放电电流 I 放电至电压下限 U_1，再在此电压下放电一定时间。通过这样的试验可根据充放电电流和充放电时间测出充电电量 Q_c 和放电电量 Q_d，用式（4-75）计算本征容量。经标定后各模块的本征容量见表4-6，因此组合电容的本征容量为：13.17F。

表 4-6　超级电容本征容量

模块	1	2	3	4	5	6	7	8
本征容量/F	26.5	26.6	26.4	26.1	26.0	26.0	26.7	26.4

（2）内阻特性的标定

超级电容等效内阻主要由电极内阻、溶液内阻和接触电阻组成。超级电容对内阻特性的标定采用如下方法：

$$R_i = \frac{\Delta V_c + \Delta V_d}{2I} \tag{4-76}$$

在实验室中对超级电容进行恒流 – 恒压循环试验时会发现，在充电结束转向放电时，电容端电压会突然回落；而在放电结束转向充电时，电容端电压会突然上升。这是因为在恒压充（放）电结束前，充（放）电电流已经很小了，可以忽略等效内阻的电压降，电路端电压近似等于电容电压；接下来在恒流充放电开始后，电流很大，内阻引起的压降不能忽略，会造成电压明显下降（或上升）。测出充电时的电压上升值 ΔV_c 和放电时的电压下降值 ΔV_d，可以认为它们是由内阻压降引起的，这样可以根据式（4-76）计算等效内阻 R_i。最后，超级电容模块等效电阻见表4-7。

表 4-7　超级电容模块等效电阻

模块	1	2	3	4	5	6	7	8
等效电阻/mΩ	44.1	41.7	36.8	39.1	42.2	38.4	42.3	41.2

最后，组合电容的等效电阻为 81.45mΩ，时间常数 τ 为 1.07。因此，超级电

容内阻较小，可高效回收发电机回收的能量。时间常数 τ 相对动力电池也较小，可以更容易满足快速吸收大电流的特性要求。

（3）充放电效率测试及分析

式（4-71）、式（4-73）和式（4-74）分别描述了超级电容在恒流充放电的效率特性，但在实际的能量回收过程中，超级电容的充放电电流和可回收功率及电容电压有关，同时电容的内阻与电容温度、电容电压、电流等有关，且它们之间的特性难以用一个数学公式表达。因此，基于搭建的实验平台测试了超级电容效率与充放电状态的关系，为后期能量回收系统效率整体优化提供了依据。

1）恒功率充放电时，充放电功率对超级电容效率的影响。

试验时，在恒定的充电功率下对超级电容进行充电，使超级电容 SOC 由最小值升至最大值，然后在恒定的功率下将超级电容放电，电荷状态 SOC 由最大值降至最小值，改变充放电功率后再重复上述步骤。试验时测量得到超级电容的电压和电流值，按下式计算超级电容在一个充放电过程中的效率。

$$\eta_{C} = \frac{\sum_{t=t_1}^{t_2} U_t I_t \Delta t}{\sum_{t=0}^{t_1} U_t I_t \Delta t} \tag{4-77}$$

式中，η_C 是超级电容的效率；t_1 是充电结束时间（s）；t_2 是放电结束时间（s）；U_t 是 t 时刻超级电容的电压值（V）；I_t 是 t 时刻超级电容的电流值（A）；Δt 是采样时间间隔（s）。

图 4-21 所示为充放电功率为 15kW 时，超级电容的电压变化曲线。从图中可以看出，超级电容在从充电模式切换成放电模式时，由于超级电容内阻的存在，电压会忽然下降，而图 4-21 中在初始时刻超级电容也存在一个较小的电压降是由于超级电容和发电机控制器之间的电源开关闭合，超级电容从开路切换成闭合回路，瞬间超级电容对电机控制器的母线电容进行放电，导致电压的下降。

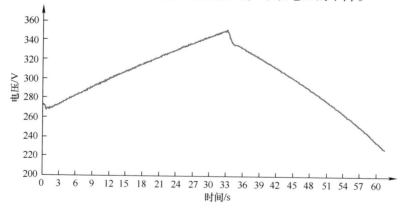

图 4-21　当充放电功率均为 15kW 时的超级电容电压试验曲线

表 4-8 所示为超级电容分别在 5kW、10kW、15kW、20kW 及 25kW 的充放电功率下的效率，由表可以看出，当超级电容的充放电功率都较小时，超级电容的工作效率较高，即在相同充放电电量时，充放电时间越长，其工作效率越高。因此为提高其效率，应避免超级电容工作中的大功率充放电或者在可回收能量相同时尽量提高能量回收的时间。

表 4-8 不同充放电功率下超级电容的效率

充电功率	放电功率				
	5kW	10kW	15kW	20kW	25kW
5kW	0.93	0.94	0.94	0.93	0.92
10kW	0.92	0.93	0.92	0.92	0.90
15kW	0.91	0.92	0.91	0.90	0.88
20kW	0.91	0.91	0.90	0.89	0.88
25kW	0.91	0.90	0.89	0.88	0.87

2）不同充放电速度对超级电容效率的影响。

在实际液压挖掘机机械臂下放时，可回收功率会剧烈变化，近似一个三角波形功率曲线对超级电容充放电。试验时，在充电的过程中，固定充电功率的峰值，且按周期 T 由最小 – 最大 – 最小变化，使超级电容的 SOC 由最小值升至最大值；放电过程中放电功率的变化与充电过程相同，使 SOC 由最大值降至最小值。然后改变周期 T（即改变充放电速度）重复上述步骤，计算超级电容的效率。

表 4-9 所示为周期 T 分别为 3s、5s、8s、10s、15s 时超级电容的效率，由表可以看出，过快与过慢的充放电速度都不利于提高超级电容的效率，当周期 T 为 10s 左右时，超级电容的充放电效率较高。

表 4-9 变功率充放电超级电容的效率

T/s	超级电容的效率
3	0.87
5	0.85
8	0.86
10	0.89
15	0.83

基于上述对充放电功率大小和充放电快慢对超级电容效率影响的测试，该超级电容在使用过程中所应尽可能降低超级电容充放电功率、延长能量回收时间及避免过快和过慢的充放电速度。根据已有的测试结果分析，周期约为 10s 时，超级电容的充电效率最高。

4.3.4 能量转化单元的效率优化控制策略

1. 变转速恒排量控制时的效率优化

由于超级电容的内阻很小，因此在能量回收效率动态优化时可忽略超级电容的影响。液压马达和发电机作为能量转换的核心单元，效率优化即是对两者的回收功率进行协调，使发电机和液压马达的总损耗最小。从上面的分析可知，在不同的回收功率时，损耗与转子磁链、转子转矩、转子转速等有关。最优磁链可以通过合理设计电机控制器，使发电机的磁链为最优磁链。当机械臂下放速度可通过调节液压马达流量来控制，系统采用定量液压马达时，即液压马达的排量固定，根据流量与排量和转速的关系，机械臂的下放速度可通过调节发电机的转速进行控制，因此，通过对发电机转速的控制即可控制机械臂的下放速度，从而达到对机械臂操作性能控制的目标。能量回收效率优化的重点是在机械臂下放过程不通过液压马达 – 发电机进行调速的场合，在相同液压马达压力时求得发电机的最优转速，使液压马达 – 发电机的效率最高。

从图 4-22 可以看出，当液压马达排量和液压马达入口压力一定时，随着转子速度的减少，发电机效率随之降低，同时，液压马达的效率增大，因此，当转子磁链和回收功率一定时，存在一个使液压马达 – 发电机总效率最大的发电机最优目标转速。从图 4-22 中也可以看出，由于试验采用了永磁同步发电机，因此发电机的高效区域的范围较大。忽略液压马达的容积效率后，可以得到液压马达和发电机的总效率：

$$\eta = \eta_{mt}\eta_g \tag{4-78}$$

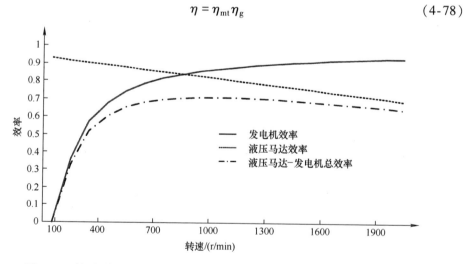

图 4-22 转子磁链和回收功率一定时液压马达 – 发电机的效率和转速曲线
（液压马达压力 10MPa，液压马达排量为 55mL/r）

为了求解最优转速，将效率公式对转速求导，即 $\dfrac{d\eta}{dn}=0$ 得到：

$$a_{\mathrm{n}} n^3 + b_{\mathrm{n}} n^2 + d_{\mathrm{n}} = 0 \qquad (4\text{-}79)$$

其中系数表达如下：

$$a_{\mathrm{n}} = 2\left(0.001c\frac{1}{q\Delta p^2} + \frac{2.5}{10^5}qa\right) \qquad (4\text{-}80)$$

$$b_{\mathrm{n}} = 0.045a\Delta p + 1.78\frac{c}{q^2\Delta p} + \frac{0.0015}{\Delta p}d - \frac{0.0015}{\Delta p} - 0.0165aq\Delta p - 0.651\frac{c}{q\Delta p}$$
$$(4\text{-}81)$$

$$d_{\mathrm{n}} = -(4.13b\Delta p - 1.51bq\Delta p) \qquad (4\text{-}82)$$

最后，最优发电机转速通过一元三次方程求根公式求得：

$$n_{\mathrm{tb}} = -\frac{b_{\mathrm{n}}}{3a_{\mathrm{n}}} + \frac{\sqrt[3]{2}b_{\mathrm{n}}^2}{3a_{\mathrm{n}}\sqrt[3]{\Delta}} + \frac{\sqrt[3]{\Delta}}{3\sqrt[3]{2}a_{\mathrm{n}}} \qquad (4\text{-}83)$$

$$\Delta = -2b_{\mathrm{n}}^3 - 27a_{\mathrm{n}}^2 d_{\mathrm{n}} + \sqrt{-4b_{\mathrm{n}}^6 + (-2b_{\mathrm{n}}^3 - 27a_{\mathrm{n}}^2 d_{\mathrm{n}})^2} \qquad (4\text{-}84)$$

2. 变排量和变转速复合控制时的效率优化

当能量回收系统采用变量液压马达时，在机械臂液压缸无杆腔需要排出的目标流量一定时，系统可以通过改变液压马达排量和改变发电机转速来调节液压马达的流量。当马达排量在某一范围变化时，液压马达效率的变化较缓慢，且处于高效区域。因此，效率优化可以采用基于发电机最高效率的控制策略，得到发电机的损耗公式为

$$
\begin{aligned}
p_{\mathrm{losss}} &= (\omega_{\mathrm{r}} T_{\mathrm{e}})^2 a + T_{\mathrm{e}}^2 b + \omega_{\mathrm{r}}^2 c + \omega_{\mathrm{r}} T_{\mathrm{e}} d \\
&= (p_{\text{回}})^2 a + \left(\frac{p_{\text{回}}}{\omega_{\mathrm{r}}}\right)^2 b + \omega_{\mathrm{r}}^2 c + p_{\text{回}} d \qquad (4\text{-}85)
\end{aligned}
$$

令 $\dfrac{\mathrm{d}p_{\mathrm{losss}}}{\mathrm{d}\omega_{\mathrm{r}}} = 0$，得到发电机效率最高的最优角速度为

$$\omega_{\mathrm{r}} = 3.18\sqrt{p_{\text{回}}} \qquad (4\text{-}86)$$

式中，$p_{\text{回}}$ 是液压马达可回收功率（L/min）。

因此，通过最优角速度和目标流量可以计算发电机转速和液压马达排量的控制信号为

$$n_{\mathrm{g0}} = 30.4\sqrt{p_{\text{回}}} \qquad (4\text{-}87)$$

$$q_{\mathrm{m0}} = \frac{1000q_{\mathrm{bt}}}{n_{\mathrm{g0}}} \qquad (4\text{-}88)$$

式中，n_{g0} 是发电机的基准控制信号 1（r/min）；q_{bt} 是液压马达的目标流量（L/min）；q_{m0} 是液压马达的基准控制信号 1（mL/r）。

为了使液压马达处于高效区域，希望液压马达的排量处于高效区间，对液压马达的排量设定一个最小阈值 q_{min}，因此，对控制信号修正如下：

$$q_{\mathrm{mb}} = \begin{cases} q_{\mathrm{m0}}; & q_{\mathrm{m0}} \geqslant q_{\mathrm{mmin}} \\ q_{\mathrm{mmin}}; & q_{\mathrm{m0}} < q_{\mathrm{mmin}} \end{cases} \qquad (4\text{-}89)$$

$$n_{gb} = \begin{cases} n_{g0}; q_{m0} \geqslant q_{mmin} \\ \dfrac{1000 q_{bt}}{q_{mmin}}; q_{m0} < q_{mmin} \end{cases} \qquad (4\text{-}90)$$

式中，n_{gb} 是发电机的基准控制信号 2（r/min）；q_{mb} 是液压马达的基准控制信号 2（mL/r）。

4.4 案例1：挖掘机机械臂势能电气式能量回收系统

4.4.1 系统级研究进展

为了降低能量转换环节较多导致的能量损失，日本的卡亚巴工业株式会社开发出一套用于挖掘机的独立能量回收系统，既可以用于混合动力机型，也可以用于普通的液压挖掘机。图 4-23 所示为所采用回路的原理，该回路已在包括我国在内的多个国家申请了专利，并在 2012 年上海举办的中国国际工程机械博览会上展示了这一单元。工作中机械臂下放的势能或回收制动的动能驱动变量液压马达，液压马达驱动变量泵通过阀块 4 向主回路输出流量，多余的能量也可以通过发电机存储在动力电池中，通过样机的对比测试，加装能量回收系统后，挖掘机每一个工作循环（挖掘，90°回转，装载）可降低燃油消耗 27% 左右。

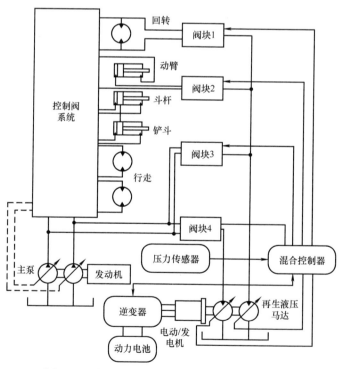

图 4-23 卡亚巴工业株式会社液电能量回收原理

　　图 4-24 所示为小松集团（简称小松）提出的一种并联式混合动力液压挖掘机系统，其发动机输出的能量主要用于驱动液压泵，多余或不足的部分由电动机通过发电、电动状态的切换来吸收或补充。与小松研制的混合动力液压挖掘机整机 PC200 - Hybrid 系统不同的是，该系统采用了单独的液压马达 - 发电机来回收机械臂下放时的动能和势能。在机械臂上升过程中，由控制阀控制机械臂液压缸的动作，而下放时则由液压马达 - 发电机在能量回收的同时控制机械臂的下落。该回收方法较为简单独立，但由于液压马达并联在油路中，因此在机械臂上升过程中在控制阀处仍有较大的节流损失。

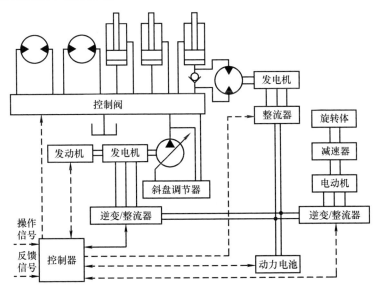

图 4-24　小松的并联式混合动力液压挖掘机系统

　　图 4-25 所示为コベルコ建机和神户制钢所的串联式混合动力液压挖掘机的机械臂驱动系统，柴油发动机输出的动力完全用于驱动发电机发电，电能以直流电的形式储存在动力电池和超级电容中。在能量回收方面，采用了电动机取代液压马达来驱动旋转体，进行回转制动能量的回收利用。机械臂单元采用液压泵/马达的驱动方式，在机械臂下放时，液压马达将回油的液压能转化为机械能直接用来与电动机共同驱动泵，若回收的功率超出了泵的需求，则多余的机械能会通过电动机（此时工作于发电状态）转化为电能存储在蓄能装置中，从而实现了动能和势能的回收。该回收方法的优点是采用液压泵/马达的驱动方式，缩短了能量回收流程，但在工作过程中，由于液压缸的频繁换向，需要电动机频繁正反转驱动，不仅会造成能量的额外损失，且会影响电动机的寿命，同时液压泵/马达的进出油流方向也会频繁变化，无法安装管道滤清器，需单独设置油滤设备。此外，液压泵/马达元件通用性较差，需单独进行产品开发。

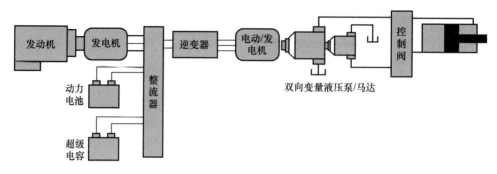

图4-25　コベルコ建机与神户制钢所的串联式混合动力液压挖掘机的机械臂驱动系统

图4-26所示为日立建机株式会社（简称日立建机）推出的世界上第一台机械臂势能电气式回收的试验机型的驱动系统原理。该系统的能量回收系统分为两部分，回转制动动能回收和机械臂下放势能回收，其回转体采用一个电动/发电机驱动，当回转体制动时，电动/发电机处于发电状态，当回转体加速时，电动/发电机处于电动状态。机械臂势能回收采用一个定排量液压马达、发电机及相关电磁换向阀等，当机械臂下放时，其机械臂液压缸的无杆腔的液压油驱动液压马达－发电机回收能量，机械臂下放的速度靠控制发电机的速度来调节。

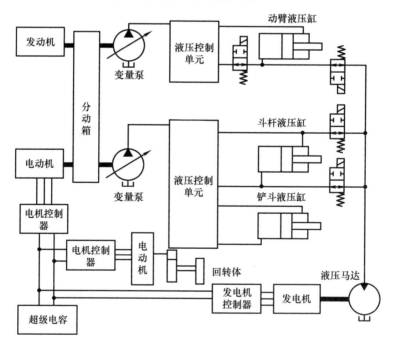

图4-26　日立建机ZX200混合动力挖掘机驱动系统原理

韩国蔚山大学Kyoung等对液压挖掘机机械臂势能回收进行了模拟试验研究，

其试验原理如图 4-27 所示，采用一个实际重物来模拟液压挖掘机的机械臂下放过程，其下放总时间约为 8s，整个下放过程包含加速下放、匀速下放、减速下放三个过程。其控制规则如下：当回收负载较小时，液压缸无杆腔的液压油经过比例节流阀，液压泵/马达等流回油箱，其下放速度通过比例节流阀来控制；当回收负载较大时，起动并联在比例节流阀回路中的液压马达 – 发电机能量回收系统回收势能，其下放的速度通过控制液压马达流量和比例节流阀复合控制，并且根据负载的变化实时调整发电机的工作点。据报道，其能量回收效率大约为 12%。

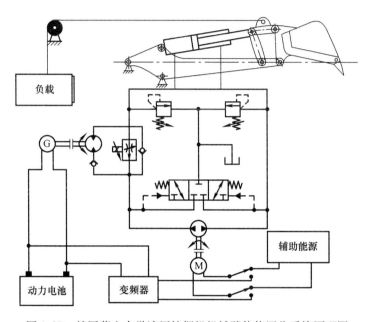

图 4-27　韩国蔚山大学液压挖掘机机械臂势能回收系统原理图

在 2003 年，浙江大学最早开始了工程机械混合动力系统的研究工作。在仿真分析方面，利用典型液压挖掘机工作中的实测数据建立了混合动力液压挖掘机的整机仿真模型，分别研究了不同混合动力系统的节能效果，分析了基于混合动力节能方案的节能效果和可行性；在台架试验方面，建立了工程机械混合动力系统试验平台，并对混合动力系统的结构、控制策略等进行了试验研究；在试验样机研制方面，2010 年，浙江大学和中联重科股份有限公司（简称中联重科）联合研制成功了强混合动力液压挖掘机，并参加了 2010 年上海举行的工程机械宝马展。该机型对变量泵采用了并联式混合动力系统，同时用一个电动机替代了原液压马达驱动的上车机构，对上车制动释放的动能进行了回收，并针对液压挖掘机配置混合动力系统后的机械臂势能回收系统开展了深入的研究。

此外，在国家高科技研究发展计划（简称 863 计划）的推动下，国内各主机厂家从 2008 年开始积极开展混合动力液压挖掘机的研制。2009 年，第十届北京国际工程机械展览与技术交流会，三一重工股份有限公司展出了国内第一台轻度混合动力液压挖掘机。此外，贵州詹阳动力重工有限公司、山河智能装备股份有限公司、广西柳工集团有限公司、徐州恒天德尔重工科技有限公司也先后推出了各自的混合动力液压挖掘机。但国内推出的混合动力液压挖掘机样机在能量回收系统方面，都是针对回转制动时释放的动能进行回收利用，而在机械臂势能回收系统方面均没有进行相关研究。

为了保证机械臂的速度控制特性，国内在系统升级方面主要是通过在液压马达-发电机能量回收单元串并联节流调速来实现。典型代表为编者提出的一种基于节流辅助调速的势能回收方案。其工作原理如图 4-28 所示，主要特点是采用比例方向阀和液压马达-发电机对机械臂下放速度进行复合控制，保证系统具有较好的操作性，同时可高效回收机械臂势能。在机械臂下放过程中，通过直接控制势能回收发电机的电磁转矩，使比例方向阀回油路节流孔的压差保持较小的恒定值；根据手柄的机械臂下放目标速度信号，调节比例方向阀的阀芯位移，可获得与传统节流调速相近的机械臂下放操作性能，且由于液压马达-发电机的负载补偿功能降低了负载波动对控制性能的影响；液压马达承担的负载压降通过发电机转换成三相交流电，并由电机控制器整流转换为可储存于电储能元件中的直流电，实现了势能的回收及再利用。在机械臂提升过程中，液压马达-发电机处于非使能状态，即通过传统的节流调速控制机械臂液压缸速度。

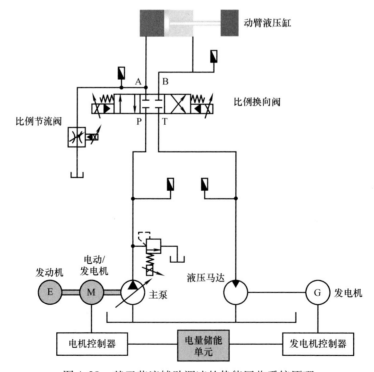

图 4-28　基于节流辅助调速的势能回收系统原理

4.4.2　能量回收控制方法

图 4-29 所示为机械臂能量回收系统控制结构图，控制方法主要根据操作手柄的机械臂液压缸目标速度，结合压力、转速等反馈信息，给出节流阀和液压马达 – 发电机单元的目标指令。节流阀的控制相对简单，即通过电控或液控改变其阀芯位移及阀口开度。液压马达 – 发电机单元的控制相对复杂，涉及发电机绕组的电流控制和转子的速度控制等环节，并能够工作在转矩和转速两种模式。在控制器驱动下，节流阀和液压马达 – 发电机单元共同作用，最终实现了对机械臂液压缸回油流量即运动速度的控制。

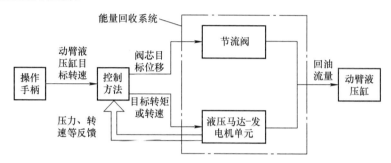

图 4-29　机械臂能量回收系统控制结构图

在超越负载下，机械臂液压缸运动速度的控制等价于其回油流量的控制，通过调节单独的节流阀和液压马达 – 发电机单元都可改变回油流量的大小。当两者配合工作时，需要将其中一个作为流量调节器，而另一个作为辅助装置；相反，若两者的给定目标信号都对应目标流量，则系统的作业过程将会发生冲突而无法正常运行。例如，当采用节流阀进行流量调节时，液压马达 – 发电机单元应工作于转矩模式，若采用转速模式，则节流阀将因其前后压差的剧烈波动而无法准确响应目标流量；而采用液压马达 – 发电机进行流量调节时，节流阀应尽量保持较大的阀口开度，以避免在液压马达入口处产生吸空现象。

针对采用能量回收单元后，其控制阻尼比等参数发生改变的特点，浙江大学提出了三种机械臂能量回收系统的控制方法。

（1）直接转速控制

与变转速泵控液压系统类似，该方法直接通过改变液压马达 – 发电机单元的转速来实现对机械臂液压缸回油流量的控制。当负载变化时，转速控制系统能够自动调节永磁发电机的电磁转矩进行适应，具有一定抗干扰能力。忽略液压马达的泄漏和容腔的压缩量，根据线性映射关系可给出液压马达 – 发电机单元的目标转速：

$$\omega_{\mathrm{m}}^{*} = \frac{\omega_{\mathrm{mmax}}^{*}}{u_{\mathrm{cmax}}} u_{\mathrm{c}} \tag{4-91}$$

式中，u_{c} 是操作手柄输出的机械臂液压缸目标速度信号；u_{cmax} 是机械臂液压缸目标速度信号的最大值；ω_{mmax}^*是液压马达 – 发电机单元的最大转速，对应机械臂液压缸的最大速度。

对于节流阀阀芯位移，理论上应在机械臂下放开始时由中位快速切换到最大开度位置并保持恒定，以避免影响液压马达 – 发电机单元的调速控制。但由于节流阀前后初始压力相差较大导致该切换过程通常会有较大的压力冲击，因此利用斜坡将阀芯位移由中位过渡到最大开度位置，阀芯目标位移可表示如下：

$$\begin{cases} x_v^* = \dfrac{x_{vmax}^*}{u_{ct}} u_c & u_c \leqslant u_{ct} \\ x_{vmax}^* & u_c > u_{ct} \end{cases} \tag{4-92}$$

式中，u_{ct}是机械臂液压缸目标速度信号的斜坡过渡点；x_{vmax}^*是节流阀阀芯的最大位移。

图 4-30 所示为直接转速控制方法下液压马达 – 发电机单元目标转速和节流阀阀芯目标位移随机械臂液压缸目标速度信号的变化关系，其中斜坡过渡点可取最大值的 10% 左右。

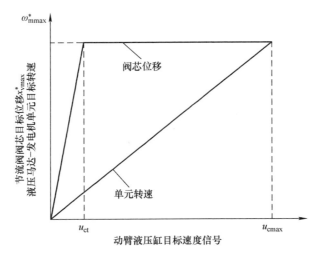

图 4-30　直接转速控制方法的目标指令示意图

（2）负载压力控制

该方法采用节流阀作为流量调节器控制机械臂液压缸的运动速度。液压马达 – 发电机单元处于转矩控制模式，根据负载压力提供对应的转矩，使节流阀前后压差保持恒定。在负载压力的控制下，机械臂液压缸的速度控制和能量回收相互独立，分别由节流阀和液压马达 – 发电机单元完成；而且增加了负载补偿功能，有利于改善节流阀调速的准确性。根据上述思路，节流阀的阀芯目标位移如式（4-92）所示。

$$x_v^* = \frac{x_{vmax}^*}{u_{cmax}} u_c \tag{4-93}$$

根据机械臂液压缸无杆腔的压力反馈信息及节流阀的额定压差，液压马达 - 发电机单元的目标转矩可表示如下：

$$T_e^* = -\frac{D_m}{2\pi}(p_1 - \Delta p_0) \tag{4-94}$$

式中，D_m 是液压马达的排量（mL/r）；p_1 是机械臂液压缸无杆腔压力（MPa）；Δp_0 是节流阀的额定压差（MPa）。

为了避免永磁发电机工作于电动状态或过载状态，需要给目标转矩设置相应的饱和区域，其下限值为零，上限值对应其电磁转矩的最大值。

（3）节流阀压差控制

该方法的思路与负载压力控制一致，也采用节流阀调节机械臂液压缸的运动速度，液压马达 - 发电机单元工作于转矩控制模式进行能量回收。不同之处在于，负载压力控制会直接根据无杆腔压力给出液压马达 - 发电机单元的目标转矩，而节流阀压差控制则是通过对压差实际值与额定值的比较并进行反馈来确定目标转矩，如下所示：

$$T_e^* = \frac{D_m}{2\pi}K_{pf}(\Delta p_0 - \Delta p_v) \tag{4-95}$$

式中，K_{pf} 是节流阀压差反馈控制的比例系数；Δp_v 是节流阀前后实际压差（MPa）。

根据式（4-95），当节流阀实际压差变化时，液压马达 - 发电机单元的控制转矩也会相应改变以维持节流阀压差的近似恒定。由于采用了简单的比例控制，节流阀压差的实际值和额定值之间存在一定的静态误差。为了降低该误差值，可适当地选择较大的比例系数。理论上也可采用比例 - 积分控制，但由于机械臂单次运动时间仅为数秒，很难找到同时兼顾系统快速性和准确性的积分时间常数，且积分项很容易饱和，因此意义不大。同样，式（4-95）中的目标转矩在实际应用中也需要设置饱和区域。

（4）四种控制方法的对比分析

为了研究上述控制方法的性能，图 4-31 所示为四种机械臂液压缸下放速度控制方案，其中传统节流控制与能量回收无关，仅用于参考及比较，其余的分别对应机械臂能量回收系统的三种控制方法。需要指出的是，实际挖掘机的机械臂控制阀通常具有复杂的阀口形状，为了与试验系统对应及统一对比，采用了阀口面积梯度恒定的节流阀为研究对象；但设计的控制方法是通用的，与具体的阀口形状无关。

动态性能的分析过程做了几点合理化的假设，从而更好地将主要问题通过数学的方式抽象出来，主要包括以下方面：

① 不考虑驾驶员的视觉反馈，仅考察机械臂液压缸的开环响应。

② 机械臂液压缸有杆腔和油箱的压力近似为零。

③ 机械臂液压缸的等效负载、惯量和库伦摩擦力视为常值。

④ 忽略各容腔体积和液压油弹性模量的变化。

⑤ 忽略永磁发电机绕组电流的电气动力学。

⑥ 补油阀、安全阀等处于非工作状态。

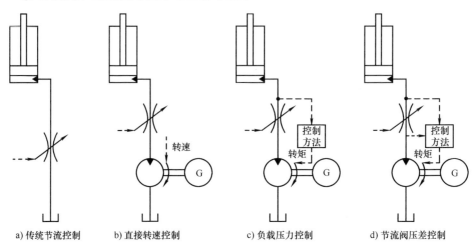

a) 传统节流控制   b) 直接转速控制   c) 负载压力控制   d) 节流阀压差控制

图 4-31　四种机械臂液压缸下放速度控制方案

1）传统节流控制。

对机械臂液压缸的动力学方程做拉氏变换，如下所示：

$$(m_c s + B_c) v_c(s) = -P_1(s) A_1 \tag{4-96}$$

液压缸无杆腔的流量连续性方程的拉氏变换式表示如下：

$$\left(\frac{V_1}{\beta_e} s + C_1 \right) P_1(s) = A_1 v_c(s) - q_v(s) \tag{4-97}$$

式中，C_1 是机械臂液压缸的内、外泄漏系数之和；q_v 是通过节流阀的流量（L/min）。

将节流阀的流量方程在额定工作点线性化，并表示成拉氏变换式如下：

$$q_v(s) = K_{vq} x_v(s) + K_{vp} P_1(s) \tag{4-98}$$

式中，K_{vq} 是节流阀的流量增益；K_{vp} 是节流阀的流量 – 压力系数。

节流阀阀芯位移的目标指令和实际值之间的传递函数可表示为

$$\frac{x_v(s)}{x_v^*(s)} = \frac{1}{\tau_v s + 1} \tag{4-99}$$

式中，x_v 是节流阀的阀芯位移（m）；x_v^* 是节流阀阀芯位移的目标值（m）；τ_v 是节流阀阀芯的时间常数（s）。

联立以上拉氏变换式进行求解，可得到节流阀阀芯目标位移与机械臂液压缸运动速度的传递函数，如下所示：

$$\frac{v_c(s)}{x_v^*(s)} = \frac{1}{\tau_v s + 1} \cdot \frac{K_{vq} A_1}{\dfrac{Vm}{\beta_e} s^2 + \left[\dfrac{V_1 b_c}{\beta_e} + (K_{vp} + C_1) m \right] s + A_1^2 + (K_{vp} + C_1) b_c}$$

$$\tag{4-100}$$

相比于大惯量的机械臂液压缸，节流阀阀芯位移的频响很高（试验台架中比例阀频响为 25Hz），因此其对应的一阶环节对系统动态性能影响不大，起主导作用的部分为液压缸动力学和油液压缩产生的二阶环节。忽略液压缸的黏滞阻尼系数，该二阶环节的固有频率 ω_{vc} 和阻尼比 ζ_{vc} 可分别表示如下

$$\omega_{vc} = \sqrt{\frac{A_1^2 \beta_e}{Vm}} \tag{4-101}$$

$$\zeta_{vc} = \frac{K_{vp} + C_1}{2A_1} \sqrt{\frac{\beta_e m}{V}} \tag{4-102}$$

根据式（4-101）和式（4-102）可知，机械臂液压缸的运动固有频率和节流阀参数无关，仅与自身的活塞面积、无杆腔体积及等效负载质量有关；而阻尼比除受自身参数影响外，还取决于节流阀的流量 – 压力系数和无杆腔的泄漏系数，其中流量 – 压力系数是保证节流控制系统具有较好阻尼特性的重要因素。

　　2）直接转速控制。

虽然控制方式不同，但机械臂液压缸的动力学方程是一致的，在此不再赘述。在直接转速控制下，基本处于全开状态的节流阀对流量控制的影响很小，因此可将液压缸无杆腔和液压马达入口腔视为一体，其流量连续性方程的拉氏变换式表示如下：

$$\left(\frac{V_1}{\beta_e}s + C_1\right)P_1(s) = A_1 v_c(s) - \frac{\omega_m(s)D_m}{2\pi} \tag{4-103}$$

转速目标指令和实际值之间的传递函数为二阶环节，如下所示：

$$\frac{\omega_m(s)}{\omega_m^*(s)} = \frac{\tau_s s + 1}{\dfrac{s^2}{\omega_{sc1}^2} + \dfrac{2\xi_{sc1}}{\omega_{sc1}}s + 1} \tag{4-104}$$

式中，τ_s 是转速 PI 控制器引入的时间常数；ω_{sc1} 是转速环的固有频率；ξ_{sc1} 是转速环的阻尼比。

联立以上拉氏变换式进行求解，可得到液压马达 – 发电机单元目标转速与机械臂液压缸运动速度的传递函数，如下所示：

$$\frac{v_c(s)}{\omega_m^*(s)} = \frac{\tau_s s + 1}{\dfrac{s^2}{\omega_{sc}^2} + \dfrac{2\xi_{sc}}{\omega_{sc}}s + 1} \cdot \frac{\dfrac{D_m}{2\pi}A_1}{\dfrac{Vm}{\beta_e}s^2 + \left(\dfrac{Vb}{\beta_e} + C_1 m\right)s + A_1^2 + C_1 b_c} \tag{4-105}$$

对于式（4-105）中由液压缸动力学和油液压缩产生的二阶环节，同样忽略液压缸黏滞阻尼系数，将其固有频率和阻尼比分别表示如下：

$$\omega_{sc2} = \sqrt{\frac{A_1^2 \beta_e}{Vm}} \tag{4-106}$$

$$\zeta_{sc2} = \frac{C_1}{2A_1} \sqrt{\frac{\beta_e m}{V}} \tag{4-107}$$

通过与传统节流控制的传递函数进行比较，可以发现采用直接转速控制的机械臂能量回收系统在固有频率和阻尼比上均明显降低。其一，液压马达 – 发电机单元的转速控制虽然通过合理设计实现了良好的性能，但受转动惯量和驱动转矩等参数限制，其频响仍然远低于节流阀阀芯的位移控制；其二，节流阀的流量 – 压力系数通常比液压缸和液压马达的泄漏系数大得多，即节流控制的阻尼比显著高于直接转速控制的阻尼比，虽然通过增加泄漏可以适当改善系统阻尼特性，但控制准确性也会随之下降。另外，在该控制方法中，节流阀由中位到最大开度位置的切换过程容易对系统产生不利影响，过快将带来较大的压力冲击，过慢则将导致液压马达入口吸空。因此综合来说，系统在直接转速控制方法下的动态性能相对较差。

3) 负载压力控制。

直接推导该控制方法下的系统传递函数较为复杂，物理意义也不清晰。在此采用从局部到整体的解决思路，先研究由节流阀和液压马达 – 发电机单元组成的子系统的流量控制特性，再通过与传统节流控制的类比，分析系统总体的传递函数及动态性能。

采用负载压力控制时，节流阀流量方程的拉氏变换式表示如下：

$$q_v(s) = K_{vq}x_v(s) + K_{vp}(P_1(s) - P_3(s)) \tag{4-108}$$

液压马达入口腔的流量连续性方程的拉氏变换式表示如下：

$$\left(\frac{V_3}{\beta_e}s + C_3\right)P_3(s) = q_v(s) - \frac{\omega_m(s)D_m}{2\pi} \tag{4-109}$$

式中，C_3 是液压马达入口腔的内、外泄漏系数之和。

对液压马达 – 发电机单元的动力学方程做拉氏变换，如下所示：

$$(J_m s + B_m)\omega_m(s) = \frac{D_m}{2\pi}P_3(s) + T_e(s) \tag{4-110}$$

再对目标转矩的表达式做拉氏变换，如下所示：

$$T_e^*(s) = -\frac{D_m}{2\pi}P_1(s) \tag{4-111}$$

忽略电磁转矩目标值和实际值之间的传递函数，联立各拉氏变换式进行求解，可得到以阀芯位移和无杆腔压力为变量的流量表达式，如下所示：

$$q_v(s) = G_{vq1}(s)x_v(s) + G_{vp1}(s)P_1(s) \tag{4-112}$$

其中，阀芯位移和流量之间的传递函数可表示如下：

$$q_{vq1}(s) = K_{vq}\frac{s^2 + \left(\dfrac{C_3\beta_e}{V_3} + \dfrac{B_m}{J_m}\right)s + \left(C_3 B_m + \dfrac{D_m^2}{4\pi^2}\right)\dfrac{\beta_e}{V_3 J_m}}{s^2 + \left[(K_{vp} + C_3)\dfrac{\beta_e}{V_3} + \dfrac{B_m}{J_m}\right]s + \left[(K_{vp} + C_3)B_m + \dfrac{D_m^2}{4\pi^2}\right]\dfrac{\beta_e}{V_3 J_m}}$$

$$\tag{4-113}$$

无杆腔压力和流量之间的传递函数可表示如下：

$$q_{vp1}(s) = K_{vp} \frac{s^2 + \left(\dfrac{C_3 \beta_e}{V_3} + \dfrac{B_m}{J_m}\right)s + \dfrac{C_3 B_m \beta_e}{V_3 J_m}}{s^2 + \left[(K_{vp} + C_3)\dfrac{\beta_e}{V_3} + \dfrac{B_m}{J_m}\right]s + \left[(K_{vp} + C_3)B_m + \dfrac{D_m^2}{4\pi^2}\right]\dfrac{\beta_e}{V_3 J_m}}$$

$$(4\text{-}114)$$

忽略液压马达-发电机单元的黏滞阻尼系数，以上两个二阶传递函数的固有频率和阻尼比均表示如下：

$$\omega_{lpc1} = \frac{D_m}{2\pi}\sqrt{\frac{\beta_e}{V_3 J_m}} \qquad (4\text{-}115)$$

$$\zeta_{lpc1} = \frac{\pi(K_{vp} + C_3)}{D_m}\sqrt{\frac{\beta_e J_m}{V_3}} \qquad (4\text{-}116)$$

根据式（4-115）和式（4-116）可见，增大液压马达的排量，减小液压马达入口容腔的体积及液压马达-发电机单元转子的转动惯量均有利用提高固有频率；固有频率越高，则流量控制的响应越快，即动态时间越短。而在阻尼比方面，由于节流阀流量-压力系数的存在，通常都可满足系统的动态性能要求。事实上，换个角度来看，液压缸无杆腔相当于液压油源，由节流阀和液压马达-发电机单元组成的子系统可视为具有负载敏感功能的阀控马达系统。

通过类比可以发现，负载压力控制中的 $G_{vq1}(s)$ 和 $G_{vp1}(s)$ 分别等价于传统节流控制中的 K_{vq} 和 K_{vp}，因此可类似地给出节流阀阀芯目标位移与机械臂液压缸运动速度的传递函数，如下所示：

$$\frac{v_c(s)}{x_v^*(s)} = \frac{1}{\tau_v s + 1} \cdot \frac{G_{vq1}(s)A_1}{\dfrac{V_1 m_c}{\beta_e}s^2 + \left[\dfrac{V_1 B_c}{\beta_e} + (G_{vp1}(s) + C_1)m_c\right]s + A_1^2 + (G_{vp1}(s) + C_1)B_c}$$

$$(4\text{-}117)$$

式（4-117）展开后为五阶系统，为了便于统一比较，在此同样以液压缸动力学和油液压缩产生的环节为研究对象，并继续保留二阶的形式进行分析。忽略液压缸的黏滞阻尼系数，该二阶环节的固有频率和阻尼比可分别表示如下：

$$\omega_{lpc2} = \sqrt{\frac{A_1^2 \beta_e}{V_1 m_c}} \qquad (4\text{-}118)$$

$$\zeta_{lpc2} = \frac{G_{vp}(s) + C_1}{2A_1}\sqrt{\frac{\beta_e m_c}{V_1}} \qquad (4\text{-}119)$$

其中固有频率的大小与传统节流控制时相等，而阻尼比的表达式虽然在形式上一致，但其大小与工作频率有关。在低频段，$G_{vp1}(s)$ 趋向于零，此时阻尼比较小；而在高频段，$G_{vp1}(s)$ 趋向于 K_{vp}，对应的阻尼比较大。综合地说，能量回收系统采用负载压力控制方法后在频响和阻尼特性等动态性能方面与传统节流控制较为接近，同样优于直接转速控制方法。此外在稳态性能方面还具有压力补偿功能，以单位阶跃输入为例，根据终值定理，$G_{vp}(s)$ 的稳态输出可表示如下：

$$e_{pq1} = \lim_{s \to 0} s G_{vp1}(s) \frac{1}{s} \approx 0 \tag{4-120}$$

根据式（4-120），当液压缸无杆腔的压力变化时，回油流量的稳态变化值几乎为零，表明系统具有较高的准确性。

4）节流阀压差控制。

该方法的传递函数推导过程与负载压力控制情况类似，两者在节流阀流量方程、液压马达入口腔流量连续性方程、液压马达 – 发电机单元动力学方程上及求得的回油流量表达式等方面均相同。主要的差异在于两者的永磁发电机目标转矩表达式不同，对节流阀压差控制的目标转矩表达式做拉氏变换，如下所示：

$$T_e^*(s) = \frac{D_m}{2\pi} K_{pf}(P_1(s) - P_3(s)) \tag{4-121}$$

同样忽略电磁转矩目标值和实际值之间的传递函数，联立各拉氏变换式进行求解，可得到以阀芯位移和无杆腔压力为变量的流量表达式，如下所示：

$$q_v(s) = G_{vq2}(s)x_v(s) + G_{vp2}(s)P_1(s) \tag{4-122}$$

其中阀芯位移和无杆腔压力与流量之间的传递函数分别表示如下：

$$G_{vq2}(s) = K_{vq} \frac{s^2 + \left(\dfrac{C_3\beta_e}{V_3} + \dfrac{B_m}{J_m}\right)s + \left[C_3 B_m + (K_{pf}+1)\dfrac{D_m^2}{4\pi^2}\right]\dfrac{\beta_e}{V_3 J_m}}{s^2 + \left[(K_{vp} + C_3)\dfrac{\beta_e}{V_3} + \dfrac{B_m}{J_m}\right]s + \left[(K_{vp} + C_3)B_m + (K_{pf}+1)\dfrac{D_m^2}{4\pi^2}\right]\dfrac{\beta_e}{V_3 J_m}} \tag{4-123}$$

$$G_{vp2}(s) = K_{vp} \frac{s^2 + \left(\dfrac{C_3\beta_e}{V_3} + \dfrac{B_m}{J_m}\right)s + \left(C_3 B_m + \dfrac{D_m^2}{4\pi^2}\right)\dfrac{\beta_e}{V_3 J_m}}{s^2 + \left[(K_{vp} + C_3)\dfrac{\beta_e}{V_3} + \dfrac{B_m}{J_m}\right]s + \left[(K_{vp} + C_3)B_m + (K_{pf}+1)\dfrac{D_m^2}{4\pi^2}\right]\dfrac{\beta_e}{V_3 J_m}} \tag{4-124}$$

忽略液压马达 – 发电机单元的黏滞阻尼系数，以上两个二阶传递函数的固有频率和阻尼比均表示如下：

$$\omega_{pdc1} = \frac{D_m}{2\pi}\sqrt{\frac{(K_{pf}+1)\beta_e}{V_3 J_m}} \tag{4-125}$$

$$\zeta_{pdc1} = \frac{\pi(K_{vp} + C_3)}{D_m}\sqrt{\frac{\beta_e J_m}{(K_{pf}+1)V_3}} \tag{4-126}$$

相比于负载压力控制方法，节流阀压差控制方法引入了压差反馈系数，可通过对该参数的合理设计在增大流量控制的频响的同时保持适当的阻尼比。为了进一步比较两种方法的优劣，在此以试验台架为例进行分析，表4-10所示为相关参数。

取压差反馈系数为 12，并代入其他具体数值后，可得到回油流量控制在负载压力控制下的固有频率为 57.9rad/s，阻尼比为 1.72；在节流阀压差控制下的固有频率为 208.8rad/s，阻尼比为 0.48。通过两者的数据比较可见，节流阀压差控制具有更好的快速性和稳定性，且能够灵活改变控制参数来调整系统动态性能。

表 4-10 传递函数分析用到的相关参数

名称	符号	数值
液压马达排量/(m³/rev)	D_m	55×10^{-6}
液压油体积弹性模量/Pa	β_e	700×10^6
液压马达入口腔体积/m³	V_3	5×10^{-4}
液压马达-发电机单元转子转动惯量/(kg·m²)	J_m	3.2×10^{-2}
液压马达内、外泄漏系数之和/(m³/s/Pa)	C_3	2.1×10^{-12}
节流阀流量-压力系数/(m³/s/Pa)	K_{vp}	1.4×10^{-10}

同样，可将节流阀压差控制中的 $G_{vq2}(s)$ 和 $G_{vp2}(s)$ 与传统节流控制中的 K_{vq} 和 K_{vp} 进行类比，得到节流阀阀芯目标位移与机械臂液压缸运动速度的传递函数，并结合 $G_{vq2}(s)$ 和 $G_{vp2}(s)$ 的特点分析机械臂液压缸的动态性能。总体而言，节流阀压差控制在动态性能方面优于负载压力控制，但在稳态上存在一定误差。考虑输入为单位阶跃，根据终值定理，$G_{vp2}(s)$ 的稳态输出表示如下：

$$e_{pq2} = \lim_{s \to 0} s G_{vp2}(s) \frac{1}{s} \approx \frac{1}{K_{pf}+1} K_{vp} \tag{4-127}$$

由式（4-127）可知，当压差反馈系数越大时，稳态流量随无杆腔压力变化而变化的幅值就越小，即控制准确性越高。当然，过大的反馈系数也会导致系统稳定性变差，因此在控制参数设计时需综合考虑。

通过经典的阶跃响应和斜坡跟踪性能测试，对机械臂能量回收系统的直接转速控制、负载压力控制和节流阀压差控制等三种方法进行比较；同时也测试了机械臂液压缸在传统节流控制下的动态性能，以提供一定的参考。为了不失可比性，所有试验采用了相同的节流阀，消除了阀口面积梯度的差异对控制性能的影响，台架原理图如 4-32 所示。

为了便于比较，对机械臂液压缸的运动速度采用了归一化处理，单位 1 对应的速度值为 0.12m/s 左右。图 4-33 所示分别为传统节流控制和能量回收系统不同控制方法的速度阶跃响应试验结果，可见直接转速控制的超调量相当大，在中速时会超过 100%，显然不具有实用价值；负载压力控制和节流阀压差控制的动态性能在总体上均接近于传统节流控制，其中负载压力控制在高速时的稳定性较差，且制动时的响应时间较长，因此节流阀压差控制相对而言更具有优势。

图 4-34 所示分别为各种控制方法的斜坡跟踪试验结果，相比之下，节流阀压差控制的跟踪性能最接近传统节流控制，负载压力控制次之，直接转速控制最差。

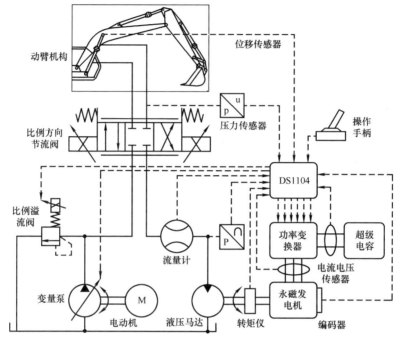

图 4-32　浙江大学挖掘机机械臂能量回收试验台架原理图

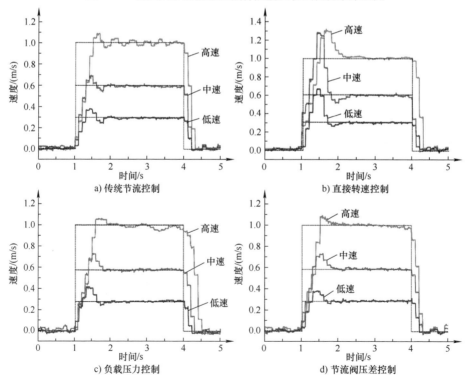

图 4-33　各种控制方法的阶跃响应试验结果

综合来说，上述的机械臂能量回收系统三种控制方法，直接转速控制最易于振荡且跟踪准确性最低，机械臂的操作性很差；负载压力控制的动态性能相对较好，总体上与传统节流控制差距较小，仅在某些局部性能上显得不足，如高速时稍有振荡；节流阀压差控制的各方面性能最好，虽然不能完全与传统节流控制等同，如斜坡跟踪误差略大于传统节流控制，但相比而言，该控制方法最具有应用价值。

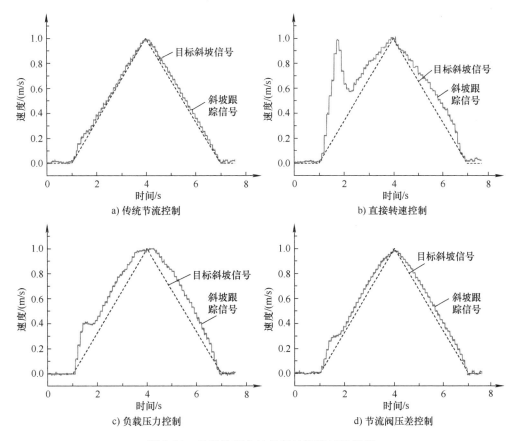

图 4-34　各种控制方法的斜坡跟踪试验结果

4.4.3　关键元件

针对能量回收发电机尺寸约束下保持高效率及低转矩脉动的性能要求，浙江大学王滔博士提出了定、转子结构参数分步优化的设计方法：先以结构尺寸受限时的损耗最低为目标，基于参数化模型和粒子群算法获得最优的定子结构参数和磁感应强度分布；再以气隙磁感应强度的波形畸变最小为目标，利用有限元方法优化永磁体结构参数，并保证磁感应强度的实际分布与定子优化结果一致。分别对电枢反应、永磁体最大去磁、间歇性作业下的温升进行了计算和校核。研制了能量回收发电机样机并进行了性能和参数测试，测试结果验证了设计及优化方法的有效性。

  液压发电单元是工程机械电气式能量回收系统的核心部件，然而现有分立的液压马达和发电机同轴连接结构，存在装机体积大和动态性能不足等问题，已成为制约能量回收技术发展及实用化的重要因素。针对工况特点提出新型一体式的液压发电单元结构，利用海尔贝克（Halbach）阵列的单侧磁屏蔽特性将轴向柱塞液压马达缸体和永磁发电机转子集成为有机整体，有效减小装机体积和旋转部件惯量的同时保证了高气隙磁感应强度；根据集成化所需结构与运动约束建立匹配关系及整体设计方法；探明了多物理场耦合作用对运动平稳性、应力应变分布和内部温升的影响，以综合性能为目标进行结构参数优化；研究时变输入输出下的动力学特性、稳定作业条件和损耗机理，提升了保证液压发电过程高动态且兼顾效率的控制方法。在理论和仿真分析基础上完成物理样机制造与试验。将建立集成式高动态液压发电单元的设计、优化和控制方法，为促进电气式能量回收技术发展提供了理论和试验基础。

  如图 4-35 所示，新型结构利用液压马达缸体及其表面安装的 Halbach 阵列构成复合型转子，该转子一方面和配油盘、柱塞、滑靴、斜盘等配合实现了液压马达的功能，另一方面与定子绕组配合实现了永磁发电机的功能。其中 Halbach 阵列通过将不同磁化方向的多块永磁体以某种规律排列，可使阵列外侧磁场显著增强而内侧磁场大大削弱，即具有单侧磁屏蔽性。当复合型转子在液压驱动下旋转时，永磁发电机定子绕组输出端将产生感应电动势，通过可控整流器控制闭合回路电流并基于液压转矩和电磁转矩的动态平衡可实现液-电能力的直接转换。上述集成化设计方案能够有效减小液压发电单元体积，而且相比于现有研究具有以下优点：液压马达缸体的良好机械性能要求决定了其无法采用硅钢之类的软磁材料，而通过 Halbach 的单侧磁屏蔽性可使缸体内部的磁通量显著下降，从而解决了集成化设计中转子轭机械性能与导磁性能的矛盾，减小了装机体积和旋转部件惯量的同时保证了

图 4-35 液压马达-发电机一体化单元

高气隙磁感应强度，也避免了在缸体外侧增加软磁材料。从图 4-36 中可以看出目前的液压马达 – 发电机在液压马达的较小压差时的效率大约为 0.5，由于该液压马达发电机的额定工作点是按照较大压差设计的，通过特殊设计，还可以进一步提高该能量转换单元的转换效率。

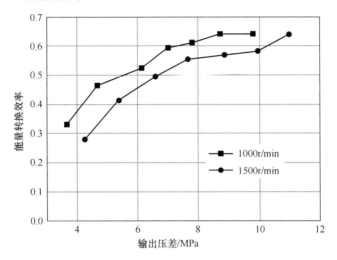

图 4-36　液压马达发电机的整体效率

4.5　案例 2：挖掘机回转制动动能电气式能量回收系统

在转台制动动能回收方面，目前比较典型的电储能回转制动动能回收方案有两种：一种是电动机直接驱动转台，在减速制动时，制动能通过发电机转化为电能储存在动力电池或超级电容当中；另一典型的方案是在多路阀后的执行器回油路上采用独立液压马达进行能量回收的节能方案。前者把回转驱动系统和能量回收系统集成在一起，对发电机及其控制系统要求较高，目前国内各大知名挖掘机企业都采用该种方式，典型代表有浙江大学王庆丰团队、山河智能、贵州詹阳动力重工有限公司、三一重工股份有限公司、中联重科股份有限公司、广西柳工集团有限公司、吉林大学等，但由于回转制动时间较短，回转驱动电动机必须辅以超级电容才能快速存储和释放制动能，该方案更适用于具备了超级电容的油电混合动力挖掘机或纯电动挖掘机；而后者的典型代表有中南大学的李赛百、华侨大学林添良等，该方案只适用于转台制动时手柄直接回中位的场合，实际上为了制动更为平稳，驾驶员会根据转台的实际速度和制动距离动态调整手柄，而不是直接回中位，因此回转液压马达制动腔的高压液压油分成了两路：一路通过多路阀回油箱，造成节流损失；另外一路通过液压马达 – 发电机回收；因此该方案没办法将大部分制动动能进行回收，能量回收效率较低。

4.5.1 传统液压回转系统特性分析

（1）工作原理

传统液压回转系统的结构图如图 4-37 所示，由主泵源 1、先导阀组 2、防反转阀 3、溢流补油阀组 4、延迟阀组 5、制动器 6、行星减速器 7、上车回转机构 8 和液压马达等组成，工作原理如下：

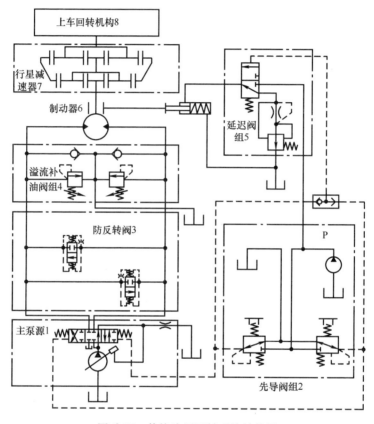

图 4-37 传统液压回转系统结构图

1）当回转马达起动时，进油路压力油一方面驱动回转液压马达，另一方面由于起动瞬间压力较大，液压马达左侧溢流阀打开，使部分液压油溢流，从而实现快速起动。

2）回转液压马达制动时，供油和回油油路均被切断，回油管路压力因液压马达惯性而升高，高压油通过补油阀对液压马达左侧进行补偿，防止回转滑移造成的气穴现象，最终使双侧压力趋于稳定，系统平稳制动。

3）由于泄漏，回转液压马达的液压制动不能长久保持，为了防止整机停在倾斜地面时因重力作用产生回转，液压马达设计有机械式制动器。另外，机械制动器制动较为迅猛，通常要求当回转操纵阀回中位、液压制动起作用后机械制动器才开始工作。因此，在回转液压马达上装有延时阀组，以达到机械制动滞后于液压制动的目的。

（2）传统液压回转系统主要存在以下不足

1）液压回转系统效率较低。通常液压马达的总效率仅为 80% 左右，多路阀效率则更低。当大角度回转时，因液压泵的输出流量大于液压马达实际所需流量而产生的溢流损失又会进一步降低效率。根据系统仿真结果，液压回转系统的总效率大约为 30%。

2）液压回转系统无法回收回转机构的制动能量。对于液压回转系统，回转机构制动时主要通过缓冲溢流阀建立制动转矩使回转系统逐渐减速，由于挖掘机回转机构惯性较大、回转运动频繁，导致大量的制动能量转化成溢流损失，不仅会导致液压系统发热，降低回转机构性能，更会影响系统寿命。

3）操作性随负载特性变化。由于挖掘机回转体转动惯量大，而液压系统起动、制动响应慢，在不同姿态下因回转惯量不同，对于开环的阀控液压马达系统，容易导致系统操作性的不一致。

4）冲击加速度较大。当回转先导操作手柄从转台回转到中位时，由于上部转台的惯性力作用，会产生很大的惯性冲击，上部转台会继续转动，此时的回转液压马达通过缓冲溢流阀会产生制动压力。普通溢流阀在阀打开的瞬间压力立刻达到卸载压力，制动力突然加载至液压马达上，产生了巨大的制动冲击，既影响了驾驶员的舒适性，又降低了液压挖掘机各个元件（齿轮和齿圈等）的使用寿命。目前，液压挖掘机一般采用缓冲溢流阀控制油压上升速度，使油压实现了两级压力控制，降低了压力冲击。但缓冲溢流阀调节后的压力同样存在压力冲击，仍然对齿轮齿圈等关键元件存在一定的冲击载荷。

当挖掘机装载作业时，回转动作频繁，起动制动时间短，单次时间仅为 2 ～ 4s，图 4-38 所示为实测 90°回转作业时的转台回转速度曲线。由于转台转角大小不同，回转过程略有不同。当转台转角较小时，回转过程只有起动和制动两个阶段；当转角较大时，回转过程包括加速、匀速和减速三个阶段。为了保证作业效率，要求转台起动制动响应快；为了保证驾驶员的舒适性，还要求加减速和匀速段的速度过渡平稳光滑。由于挖掘机回转体惯量大，且作业过程中该惯量将随挖掘机的姿态和铲斗内的物料量而变化；另外当挖掘机在斜坡上作业时，将受到重力倾覆力矩的作用。上述工况给回转控制带来了较大的难度。

除装载作业外，吊装和侧壁掘削修整作业也是常见的工况。这些精细作业对回转的要求与装载作业不同，一般手柄操作角度小，对应转台的转速较低，转台加减速较为平缓。吊装作业要求回转速度缓慢，起动制动阶段速度变化平缓，以保证重物在空中不会剧烈晃动。沟槽侧壁掘削修整作业如图 4-39 所示，为进行有效垂直掘削，需要回转液压马达和斗杆复合动作，并控制回转力以保证铲斗紧贴修整面。

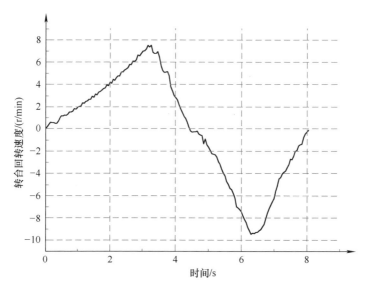

图 4-38　挖掘机 90°回转作业的转台回转速度曲线

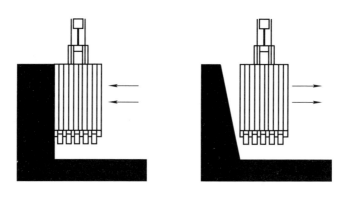

图 4-39　沟槽侧壁掘削修整作业示意图

综上所述,挖掘机回转系统的工况特点如下:①回转体惯量大且随上车机构姿态和铲斗物料量不同而存在较大波动;②回转控制要求随工况不同而变化。在装载作业时,要求起动制动响应快,加速段、匀速段和制动段过渡平稳;而在吊装等精细作业时,要求回转速度慢,起动制动过程速度变化平缓;在侧壁掘削修整作业时,要求能通过操作手柄控制铲斗与侧边之间的回转力。

4.5.2　电动回转及能量回收系统

随着工程机械油电混合动力技术的研究逐步深入,有学者提出了挖掘机执行机构电气化的思路,该思路引起了高校和研究机构的关注,因为油电混合动力系统中配置了电能存储装置，而且电动机驱动系统相对于阀控液压马达系统具有较高的效率和响应。但如果机械臂、斗杆和铲斗等直线运动机构采用电动机驱动，中间还需要液压泵/马达环节，因此结构反而复杂并且成本较高，而对于回转机构可以采用电动机来替换原来的液压马达，这样当转台加速时，电动机由超级电容供电而工作在电动模式，而当转台减速时，电动机工作在发电模式，可以将转台动能转换成电能存储在超级电容中。

目前，小松、日立、浙江大学、中联重科股份有限公司、山河智能装备股份有限公司和广西柳工集团有限公司等研究单位，先后推出了油电混合动力液压挖掘机，基于混合动力系统中已经具备了动力电池或超级电容的特点，用电动机驱动上车进行回转动作。当回转起动时，由电动机驱动起动，回转停止时利用惯性来发电，并储存到超级电容里再利用。

1. 结构原理

混合动力挖掘机电动回转系统结构如图 4-40 所示，主要由回转平台、制动单元、目标信号给定单元、电动机控制单元、系统监控单元等组成。

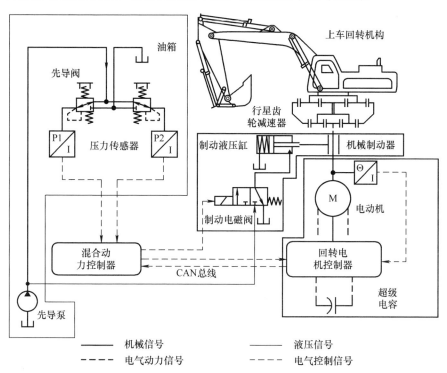

图 4-40　电动回转系统结构原理图

1）回转平台主要包括行星减速器部件，其高速轴与永磁同步电动机输出轴连接，低速轴与挖掘机转台连接，从而将电动机输入转矩放大以驱动转台。

2）制动单元包括机械制动器、制动电磁阀、制动液压缸等。制动单元的主要作用有两个：①在转台减速制动时，促使转台快速停止；②在转台停止工作时，锁定转台以防止因外界干扰力（如当挖掘机在斜坡上受到的自身重力）而自由旋转。

3）电动机控制单元包括超级电容、旋转变压器、永磁同步电动机及控制器等。电动机采用高性能的矢量控制，超级电容通过电机控制器与电动机相连。当电动机驱动转台旋转时，工作于电动模式，此时由超级电容给电动机供电；当转台减速或制动时，工作于发电模式，此时将转台动能转换成电能并向超级电容充电。

4）系统监控单元主要包括混合动力控制器和控制器局域网（CAN）通信网络等。混合动力控制器采集操作手柄先导阀的压力信号和电动机的转速信号，并根据相应算法对制动电磁阀和电动机进行控制。

5）目标信号给定单元包括先导操作手柄、压力传感器、先导泵等。操作手柄的两个先导阀出口处分别安装有压力传感器，可将手柄位移转换成线性关系的先导压力信号作为控制指令。传统液压回转系统中主控阀通流面积与阀芯位移控制指令通常不是线性关系，而是根据实际操作要求特殊设计的。在电动回转系统中，如果保持控制指令和转台目标转速的线性关系，则会影响系统原有的操作性。为了保持原液压回转系统中先导压力和转台速度的对应关系，引入先导压力与电动机目标转速之间的非线性映射，如图 4-41 所示。

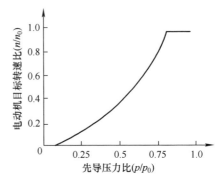

图 4-41　先导压力与电动机目标转速间对应关系

2. 电动回转及能量回收系统控制策略

电动回转控制主要根据操作手柄先导压力信号控制电动机转速以实现驾驶员的操作意图，具体流程包括以下步骤，如图 4-42 所示。

步骤一：检测先导压力信号，结合当前转速、转向信号确定电机目标运动状态及方向。如果先导压力 $p_1 = 0$ 且 $p_2 = 0$，说明操作手柄位于中位，电机目标转速 n_m 为 0；如果 $p_1 > 0$ 且 $p_2 = 0$，说明操作手柄位于左位，转台目标转向为左；如果 $p_2 > 0$ 且 $p_1 = 0$，说明操作手柄位于右位，转台目标转向为右。

步骤二：当 $p_1 > 0$ 或 $p_2 > 0$ 时，打开制动电磁阀，查表获得电动机的目标转速 n_m。根据当前速度、目标速度及其变化率判断回转工作模式，再根据不同的模式执行不同的控制策略。具体模式判断规则如下：

当 $n < n_c$ 且 $a < a_c$，或者 $n > 0$ 且 $n_a = 0$ 时，为转矩控制模式；否则，为正常回转模式。

其中，n_m 为电动机目标转速（r/min）；n_c 是临界转速，设计为一较小的正值（r/min）；n_a 是电动机实际转速；a 为加速度（m/s²）；a_c 为临界加速度（m/s²）。

步骤三：当 $p_1 = 0$ 且 $p_2 = 0$ 时，判断电动机当前转速是否小于机械制动转速。如果是，则进入机械制动模式，制动电磁阀关闭。

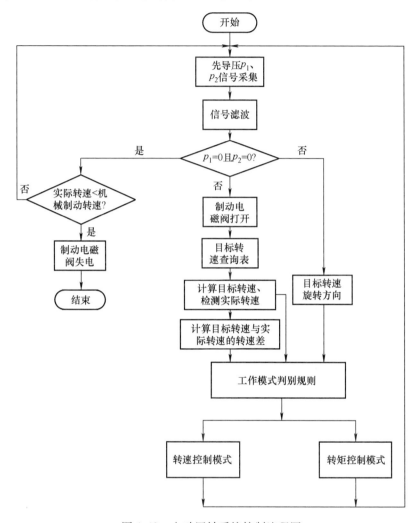

图 4-42　电动回转系统控制流程图

整个系统闭环控制框图如图 4-43 所示，针对不同工作模式，分别设计了不同的控制器。

精细修整作业时需要通过手柄控制回转转矩，使铲斗紧贴修整面。但在该工况下，电动机实际转速几乎为零，所以只能采用比例控制。转矩控制结构框图如图 4-44 所示，通过手柄可控制转台转矩，并且调整比例系数可改变转矩调节范围；如果加入积分环节，则控制器将很快达到饱和值，此时回转转矩不受手柄控制，无法实现精细操作。

当正常回转动作时，由于系统模型参数的不确定性，表 4-11 所示为各种典型

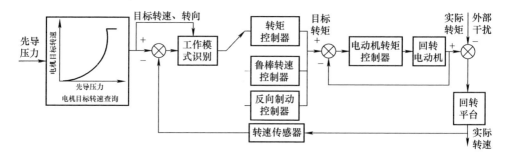

图 4-43　电动回转系统闭环控制框图

工况下的转台回转惯量，常规的 PI 调节器不能满足系统功能要求，所以采用简化混合灵敏度法设计了鲁棒转速控制器，表示如下：

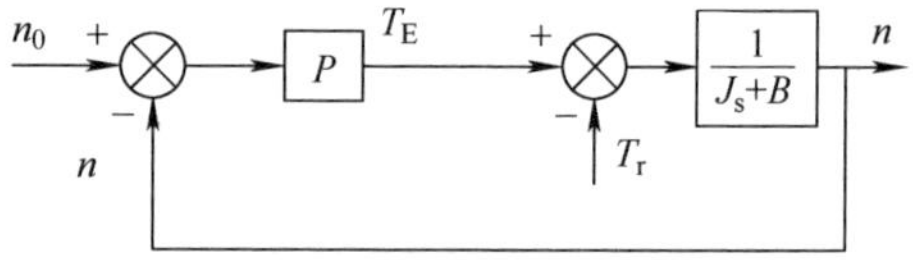

图 4-44　转矩控制结构框图

$$G = \frac{2.2s + 0.1}{0.01s^2 + 0.2} \qquad (4\text{-}128)$$

表 4-11　各种典型工况下的转台回转惯量

类型	工况 1	工况 2	工况 3
姿态	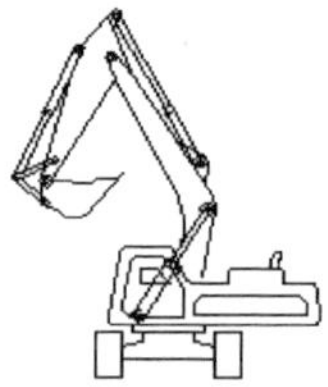	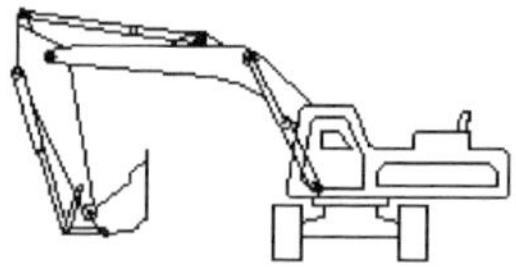	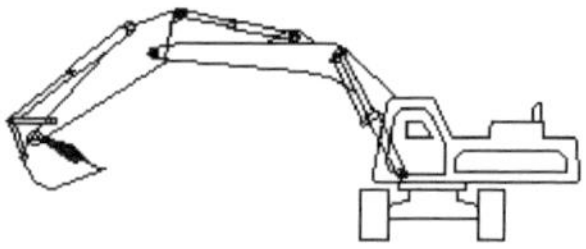
铲斗物料	空载	空载	满载
关节	折叠	半伸展	全伸展
转动惯量 /(kg·m²)	0.795	1.435	2.207

3. 仿真分析

针对上述电动回转系统方案及控制策略，在 Matlab 环境中建立了系统各个部件的动力学模型和效率模型，并进行封装，然后将各个子模块结合，构建了系统的整体仿真模型，如图 4-45 所示。

（1）操作性

研究挖掘机回转系统的操作性能，主要从常规工况时的速度控制和精细操作时的转矩控制两方面进行。

对于速度控制，通过仿真考察了跟踪性能。因干扰转矩较难模拟，所以对抗干扰性能采用试验验证。

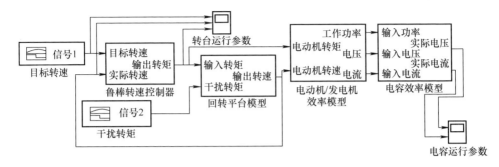

图 4-45　电动回转系统仿真模型

图 4-46 和图 4-47 所示分别为在最小惯量和最大惯量工况下，采用鲁棒控制器和 PI 控制器的回转电动机转速对比。可见在最小惯量下，采用鲁棒控制器和 PI 控制器都能获得较高的跟踪精度；而在最大惯量下，PI 控制器的跟踪性能较差，且超调量大，但鲁棒控制器仍能保持较好性能。

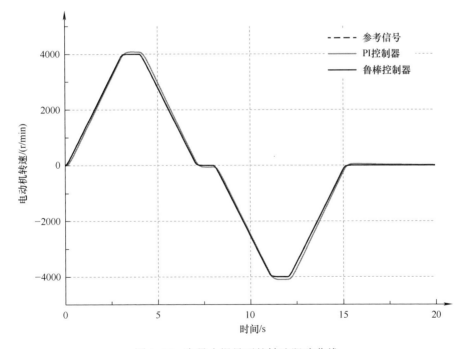

图 4-46　在最小惯量下的转速跟踪曲线

图 4-48 所示为转矩控制模式的仿真结果，可见采用比例控制器时，回转电动机的输出转矩能精确跟踪操作手柄的目标转矩值；而当采用比例积分控制器时，由于积分作用使电动机转矩饱和至 300N·m，无法实现转矩控制。

（2）节能性

为了评价回转制动能量回收系统的节能性，定义能量回收效率为制动过程中超

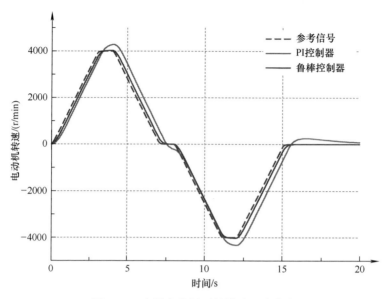

图 4-47　在最大惯量下的转速跟踪曲线

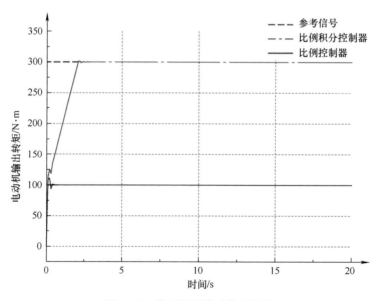

图 4-48　转矩控制模式仿真结果

级电容回收的能量与转台动能之比，该值主要取决于回收系统各个环节的效率，主要包括电容充电效率、发电机发电效率和转台机械传动效率。其中，影响传动效率的摩擦阻力可通过试验测试，折算到发电机端约为 13N·m，因此回收效率主要取决于发电机和电容效率。

　　为了研究操作方式对节能性的影响，在几种转速下分别采取急速、正常和缓慢操作来制动转台，能量回收效率如图 4-49 所示。可见在发电机高效区内，三种操作的效率相差不大；而在发电机低效区则相差较大，因此影响回收效率的主要因素是发电机效率。图 4-50 所示为回转角度和能量回收效率之间的关系，从中可以看出，当角度较小时能量回收效率较低，因为小角度回转时，发电机的转速、转矩均较小，工作于低效率区内。

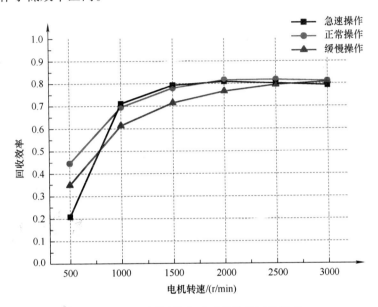

图 4-49　不同操作方式下的能量回收效率

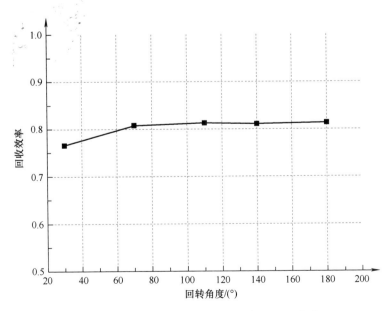

图 4-50　回转角度和能量回收效率之间的关系

4. 试验研究

为了从试验角度研究电动回转系统，浙江大学搭建了混合动力挖掘机综合试验平台（见图4-51），图4-52所示为回转电动机。

图4-51　浙江大学混合动力挖掘机综合试验平台

图4-52　回转电动机

挖掘机满载150°回转试验的测试数据如图4-53所示，可见电动回转系统起、制动平稳，可满足工况要求。

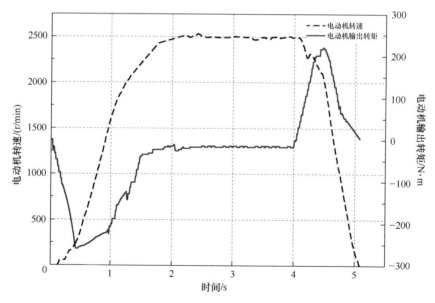

图4-53　满载150°回转时的电动机转矩、转速

图4-54所示为6°斜坡上180°回转的转速曲线，并且回转过程中改变了挖掘机的上车机构姿态，分别考察PI控制器和鲁棒控制器的控制效果，可见鲁棒控制器能获得更加平稳的速度曲线。

图4-55所示为侧壁掘削时的电动机转矩曲线，可见采用比例控制器能保证电

动机输出转矩能跟随目标转矩变化，而采用比例积分控制器后由于饱和效应会导致
转矩不能正常控制。

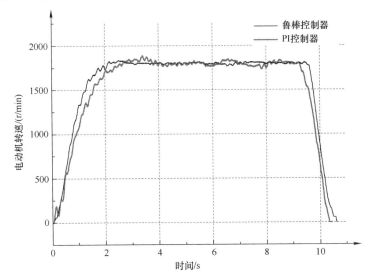

图 4-54　6°斜坡上 180°回转的转速曲线

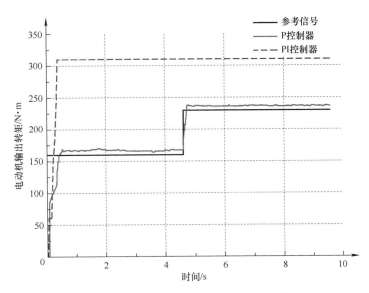

图 4-55　侧壁掘削时的电动机转矩曲线

图 4-56 所示为 3000r/min 转速下进行恒转矩制动的能量回收效率，可见大制
动转矩对应的能量回收效率较高，该特点与发电机高效区工作点分布有关。

图 4-57 所示为各种转速下，采用 200N·m 恒定制动转矩的能量回收效率，可
见大部分工作点的总体效率均大于 70%，且在高速区效率较高。

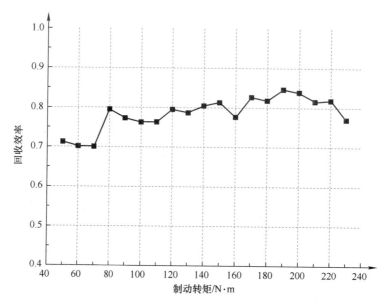

图 4-56 恒定速度不同制动转矩的能量回收效率

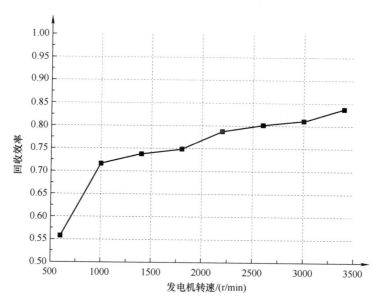

图 4-57 恒定制动转矩不同速度的能量回收效率

4.5.3 液压马达-发电机转台能量回收技术

1. 结构原理

与机械臂势能回收相类似，转台制动动能也可以在原有液压马达驱动的系统上，增加一套液压马达 – 发电机回收系统。转台的动能存储到动力电池之前必须转换三次（动能 – 液压能 – 机械能 – 电能）。本书编者前期提出了一种可同时回收转台加速和制动过程中的溢流损失驱动方案，如图 4-58 所示，其主要特点如下：

1）采用了发动机与电动/发电机同轴相连的并联式混合动力系统，通过电动/发电机的削峰填谷，保证发动机始终工作于最优工作区，从而节省燃油消耗，选用了具有快速充放电能力、比功率大的超级电容为蓄能装置。

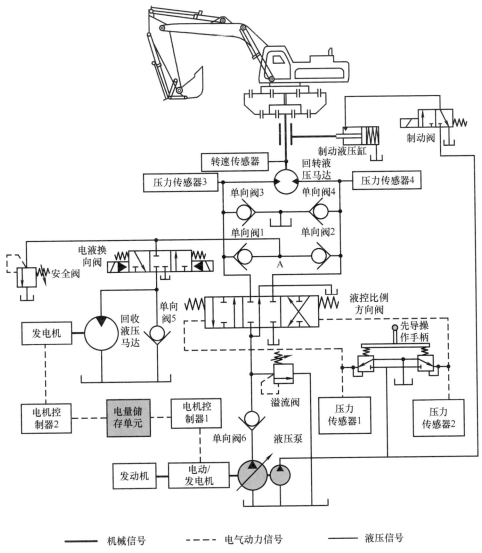

图 4-58　混合动力挖掘机转台新型驱动系统结构图

2）能量回收单元主要包括液压马达、发电机及控制器和超级电容等。当转台减速制动时，电液换向阀工作在右工位，回转液压马达制动腔的液压油驱动回收液

压马达 - 发电机能量回收单元, 将传统挖掘机消耗在溢流阀阀口的转台动能转换成电能并向超级电容充电; 同理, 即使当转台起动加速时, 传统挖掘机由于转台加速滞后产生的溢流损失会转换成电能储存在超级电容。

3) 防反转控制。由于转台为一个大惯性负载, 当操作杆扳回到中位时, 转台回油腔的油压升高, 液压马达的进油腔的压力降低, 当液压马达停止转动时, 回油腔的高油压又会把液压马达反推回去, 直到进油口和回油口的压力趋于平衡为止。当前的液压挖掘机一般采用了防反转阀, 由于目前采用的防反转阀原理大都是通过转台在停止瞬间液压马达的制动腔压力瞬时降低这一特点, 合理设计阀的结构, 可使液压马达两腔液压油相同。因此, 阀的动作永远滞后于转台的动作, 因此, 转台仍然存在一定的来回转动。在新型驱动系统中, 当转台的回转制动结束时, 电液换向阀工作在左工位, 实现了液压马达制动高压腔卸荷, 进而使得液压马达两腔压力均为一个较低的背压值, 从而防止转台的反转。

2. 控制策略

如图 4-59 所示, 转台驱动系统的具体流程包括以下步骤。

步骤一: 转台工作模式判断

传统挖掘机的转台工作模式根据先导控制压力分为左旋转、静止和右旋转三种模式。新型驱动系统中还需要进一步细分成加速模式和制动模式。通过回转液压马达进/出口压力差的变化趋势可明显区分转台加速和制动过程, 华侨大学提出了一种基于先导控制压力和回转液压马达进出口压力的转台新型工作模式辨别准则。设先导手柄输出压力差为 Δp_{c1}, 根据 Δp_{c1} 取值进行模式分析。

1) 当 $-\beta < \Delta p_{c1} < \beta$ 时, 进一步分为: ①当 $n_m \geq n_{mc}$ 时, 虽然手柄回到中位, 但转台由于大惯性的作用, 仍然继续转动并释放出大量的制动动能, 称为制动能量回收模式; ②当 $n_m < n_{mc}$ 时, 称为转台静止模式。

2) 当 $\Delta p_{c1} \geq \beta$ 时, 进一步分为: ①当 $p_3 - p_4 \geq \delta$ 时, 转台处于加速模式且旋转方向向右, 称为右加速能量回收模式; ②当 $0 < p_3 - p_4 < \delta$ 时, 转台处于非加速模式且旋转方向向右, 称为右旋转模式。

3) 当 $\Delta p_{c1} \leq -\beta$ 时, 进一步分为: ①当 $p_3 - p_4 \leq -\delta$ 时, 则转台处于加速模式且旋转方向向左, 称为左加速能量回收模式; ②当 $0 > p_3 - p_4 > -\delta$ 时, 则转台处于非加速模式且旋转方向向左, 称为左旋转模式。

其中, n_m 是转台实际转速 (rad/s); n_{mc} 是转台最低转速判断阈值 (rad/s); β 是一个大于 0 较小正值, 为了避免受到手柄处于中位时的噪声干扰 (MPa); δ 是转台加速压力差判断阈值 (MPa)。

步骤二: 根据不同的工作模式选择不同的控制算法

当工作在转台静止模式时, 电液换向阀的左边电磁铁得电, 实现回转液压马达两腔的压力卸荷, 防止转台反转; 当工作在右旋转模式和左旋转模式时, 电液换向阀工作在中位; 当工作在左加速能量回收模式、右加速能量回收模式和制动能量回收模式时，液压马达 – 发电机能量回收单元工作。

　　步骤三：当满足 $p_1 = 0$ 且 $p_2 = 0$ 时，判断转台当前转速是否小于机械制动转速

　　如果是，则进入机械制动模式，制动电磁阀关闭。具体控制流程如图 4-59 所示。

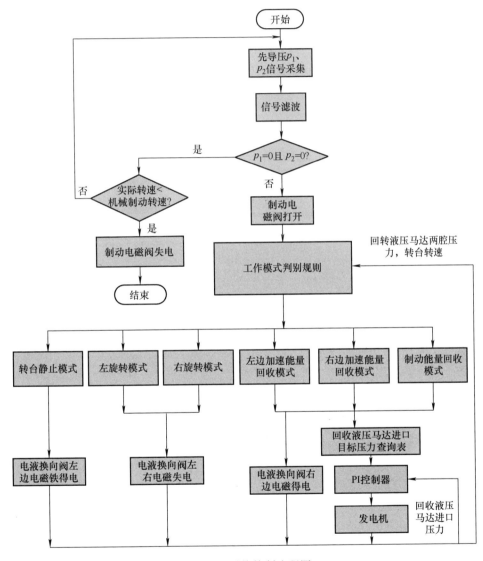

图 4-59　系统控制流程图

　　当转台采用液压马达 – 发电机能量回收系统后，在转台加速或者制动过程中，通过调节回收液压马达的流量来调整回转液压马达的进口压力，进而获得转台所需要的驱动或制动转矩。由于系统回收液压马达采用的是定量液压马达，因此转台的加速和制动转矩可以通过调整发电机的转速动态调整，因而可以获得比传统溢流阀加速和制动更优的性能。同时传统挖掘机消耗在溢流阀的能量损失通过回收液压马达驱动发电机转换成三相交流电，并由电机控制器整流转换为可储存于电储能元件中的直流电，以实现加速溢流损失和制动动能的回收。

为了降低转台压力冲击和齿轮齿圈等关键元件的冲击载荷，挖掘机在实际工作中，当转台制动前转速较大时，为了保证作业效率，制动时间是主要目标，目标制动压力较大；当转台制动前转速较小时，制动时间较容易保证，此时制动性能是主要目标，转台所需的制动加速度较小。因此，华侨大学提出了一种通过转台转速动态修正回收液压马达进口目标压力的控制策略。如图 4-60 所示，回转液压马达的目标制动压力为

$$p_{z} = \begin{cases} p_{zmax}, \dfrac{n_{m}}{n_{mmax}} \geqslant 0.75 \\ 0.87 p_{zmax} \left(\dfrac{n_{m}}{n_{mmax}} - 0.1 \right)^{0.2} + 0.2\,\text{MPa}; \ 0.1 \leqslant \dfrac{n_{m}}{n_{mmax}} \leqslant 0.75 \\ 0; \dfrac{n_{m}}{n_{mmax}} < 0.1 \end{cases} \quad (4\text{-}129)$$

式中，p_{zmax} 是最大制动压力（MPa）；n_{mmax} 是转台最大转速（rad/s）。

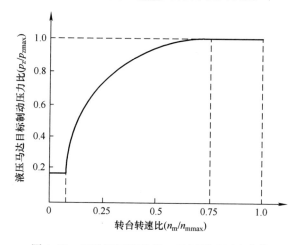

图 4-60　回收液压马达进口目标制动压力曲线

同理在转台加速过程中，由于大惯性负载的作用，转台加速到其最大转速需要一个动态响应过程，因此在加速过程中，液压泵的出口流量部分由回转液压马达排到另外一腔，多余的液压油通过回收液压马达-发电机回收。通过控制回收液压马达的流量，进而控制转台的加速转矩，此时回收液压马达-发电机回收单元主要用于维持转台的加速转矩。为了保证作业效率，液压马达的进口目标压力为：

$$p_{z} = p_{zmax} \quad\quad (4\text{-}130)$$

在回转体匀速回转的过程中，液压马达-发电机处于非使能状态。

回收液压马达 – 发电机的控制原理如图 4-61 所示，采用一个 PI 控制器，目标控制信号为回收液压马达的进口压力。

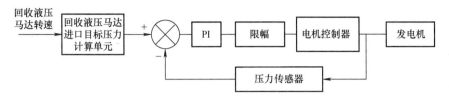

图 4-61 液压马达 – 发电机回收单元的控制原理

3. 仿真研究

为了对比，建立了传统回转驱动系统和新型驱动系统仿真模型，分别如图 4-62 和图 4-63 所示。对比不同驱动系统的转台转速，加速度及动力源的消耗能量等，校验了新型驱动系统的操作性能和节能效果。在建模时，为了更好地对比节能效果，采用了电动机代替发动机驱动液压泵。根据仿真测量的电量储存单元的电压和电流等参数，计算得到了动力源的能量消损失。仿真模型采用的具体参数见表 4-12。

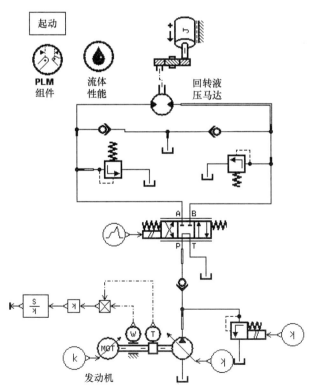

图 4-62 传统回转驱动系统仿真模型

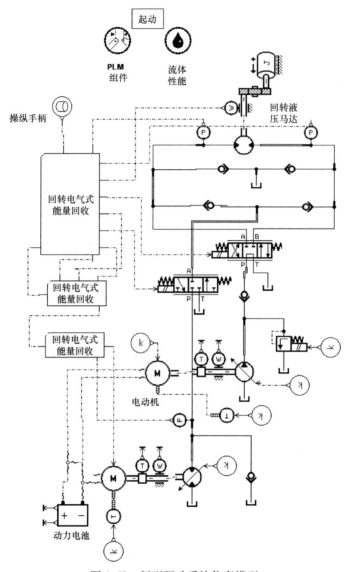

图 4-63　新型驱动系统仿真模型

表 4-12　关键元件主要参数

关键元件	参数	数值
发电机	额定功率/kW	110
	额定转速/(r/min)	2000
回收液压马达	排量/(mL/r)	100
回转液压马达	排量/(mL/r)	129
液压泵	排量/(mL/r)	112
减速器	总减速比	140
转台	等效转动惯量/kJ	150

图 4-64 所示为在传统驱动系统中回转液压马达两侧溢流阀的流量曲线，从图 4-64 中可以看出，在转台加速和制动时，溢流阀均存在较大的溢流损失。图 4-65 所示为新型驱动系统中液压马达–发电机能量回收单元的可回收功率曲线。从图 4-65 中可以看出可回收功率具有一定周期性，在一个大约为 20s 的工作周期内，液压马达–发电机工作 4 次，回收功率波动大。两种驱动系统中，动力源消耗的能量对比如图 4-66 所示，可以看出，在时间大约为 6s 时，转台开始加速起动，在新型驱动系统中，由于加速起动的溢流损失同样可以被液压马达–发电机回收单元回收，因此动力源的消耗能量较小。而在时间大约为 9s 时，转台开始回转制动，由于回转制动能量的回收利用，此时动力源不仅没有消耗能量，反而回收储存了能量。同样从图 4-66 中可以看出：传统驱动系统，一个工作周期内，动力源消耗能量 545440J，而在新型驱动系统中，动力源消耗能量为 340000J。因此，就单独回转驱动系统而言，节能效果大约为 38%。

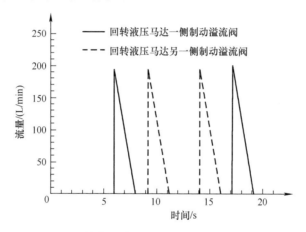

图 4-64　传统驱动系统中制动溢流阀流量曲线

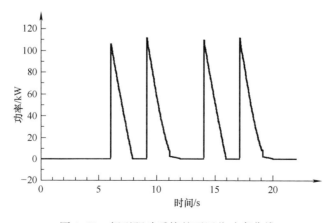

图 4-65　新型驱动系统的可回收功率曲线

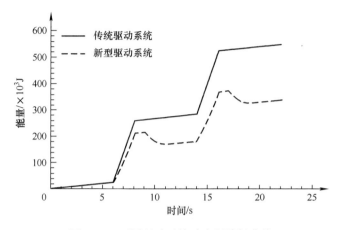

图 4-66 不同驱动系统动力源消耗曲线

从图 4-67 和图 4-68 可以看出，在相同的手柄输入信号时，两种驱动系统的转台速度曲线基本一致，加速和减速时间均在 1~2s，因此新型驱动系统并不影响操作人员的驾驶习惯和作业效率。但在新型驱动系统中，在转台制动过程中，其制动加速度随着转台转速的下降按某种规律连续变化。对比两图可知：不同的转台转速对应着不同的制动转矩，不仅降低了系统的冲击加速度，还具有转台转速自适应功能。

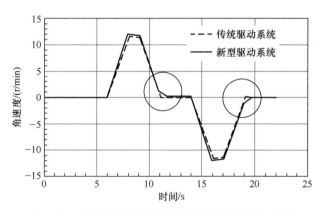

图 4-67 不同驱动系统时转台回转角速度对比曲线

从图 4-69 可以看出，当没有采用防反转控制策略时，一旦转台起动后再制动停止时，转台转速曲线出现了明显的震荡现象。这是由于当液压马达停止转动，回油口出现的高油压又把液压马达从停止推回去，直到进油口和回油口的压力趋于平衡后，回转液压马达重复进行顺时针和逆时针的回转，进而引起转台的震荡。而采用防反转控制策略时，转台速度不再发生震荡。

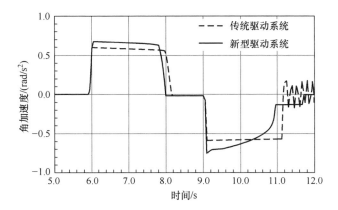

图 4-68　不同驱动系统时转台回转角加速度对比曲线

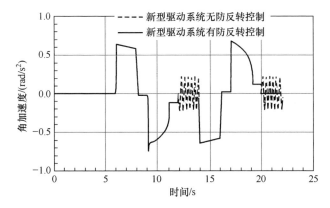

图 4-69　新型驱动系统转台回转角加速度对比曲线（有、无防反转控制）

4.5.4　液压马达 – 电动机回转复合驱动系统

三一重工股份有限公司在 2009 年北京国际工程机械展会上推出了一台油电混合动力挖掘机 SY215C Hybrid，但这实际上并不是真正意义上的混合动力系统，而是针对上车机构采用了液压马达和电动/发电机组成的混合动力驱动。如图 4-70 所示，进行回转动作时，先导控制阀动作，回转制动解除，先导油推动主阀芯动作，高压油进入回转装置驱动液压马达，同时电机控制器将液压蓄能器装置储存的电能转化成交流电驱动电动机，和液压马达一起共同驱动回转装置。在制动动作时，高压油不进入液压马达，平台靠惯性继续转动，电动机工作在再生制动模式，将机械能转化成电能储存在蓄能装置中。

与上述结构相类似，东芝重工的方案增加了一个换向阀连接液压马达两腔，但是取消了溢流阀，如图 4-71 所示。当转台加速时，由电动机和液压马达同时驱动；当转台减速时，换向阀短路液压马达，制动转矩由电动机来承担。这种结构可以使

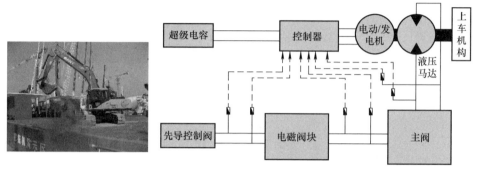

图 4-70 混合式上车机构回转驱动系统

液压马达的排量减小一半。据文献报道，这种结构比阀控液压马达系统回转节能 30%。此外该方案最显著的优点是不需要发电机对电容充电，即这种方案可以做成一个独立的节能回转系统，而不需要与混合动力系统配套使用，可以减少成本。

图 4-72 所示为日立建机株式社会（简称日立建机）回转复合驱动系统结构图，在原来液压马达驱动轴上增加了回转电动机，采用水冷永磁同步电动机，安装在液压马达和减速器之间，电动机的加减速转矩由中央控制器来控制。采用这种结构主要是从回转系

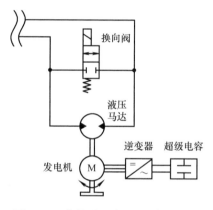

图 4-71 东芝重工发电机/液压马达混合驱动系统

统控制的角度出发，因为电动机驱动回转系统在操作性及回转复合动作方面的控制难度可以通过电动机/液压马达混合驱动的结构来降低。

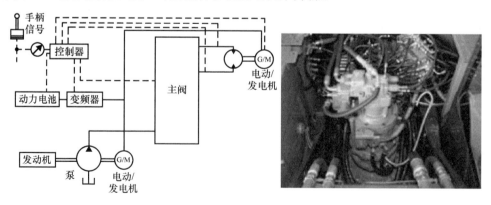

图 4-72 日立建机混合动力挖掘机的回转复合驱动系统

图 4-73 所示为卡特彼勒电动机/液压马达混合驱动系统，与日立建机方案的不同之处是在液压马达两腔增加了一个换向阀并且配置了一个小功率电动/发电机，这种结构主要考虑纯电动机驱动方案的电动机功率较大而增加成本。在精细作业时，该换向阀接通，液压马达相当于被短路，这时由电动/发电机驱动转台进行加速和减速。当正常回转加速时，电动机辅助液压马达同时驱动转台，这样液压马达的载荷将减小，从而可以避免溢流阀上的损失。当正常回转减速时，回转电动/发电机根据超级电容的 SOC 来决定发电机的制动转矩，如果 SOC 不超过范围，则发电机工作在发电模式，以减少液压制动转矩，从而避免溢流阀上的损失；如果 SOC 超过范围，则发电机不发电，由溢流阀消耗转台动能。

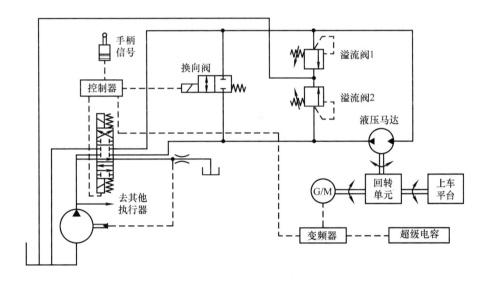

图 4-73　卡特彼勒电动机/液压马达混合驱动系统

本书编者提出了一种基于液压蓄能器 – 动力电池的液压马达电动机复合驱动系统，并研制了相应的样机，如图 4-74 所示。与三一重工、日立建机等不同的是，储能单元采用液压蓄能器 + 锂离子电池代替了目前技术不成熟且价格昂贵的超级电容。转台制动和起动时的瞬时大功率通过液压蓄能器 – 液压马达吸收或提供，转台的转速控制特性主要通过电动机保证。考虑到能量转换环节最小原则，以液压蓄能器压力和动力电池压力平衡为目标，提出了一种以液压马达驱动优先和动力电池 SOC 动态修正的转台双动力协调技术。该机型就回转制动单执行器而言，节能效果达到了 45% 以上，只需要增加液压蓄能器、较小功率的电动机和锂离子电池即可。

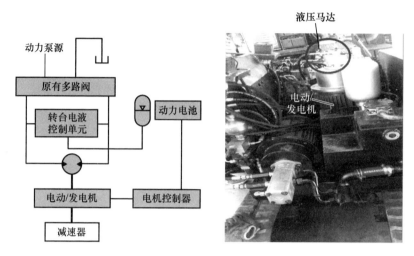

图 4-74　华侨大学液压挖掘机上车机构混合驱动原理图

4.6　案例 3：电动装载机行走制动动能电气式能量回收系统

4.6.1　电动装载机行走再生制动系统分析

在纯电驱动技术中，不同的电动机数量、布置位置、传动方式等形成了多种多样的驱动系统构型，如单电动机、双电动机、三电动机、轮毂电动机，以及前驱、后驱、四驱等传动布局。行走再生制动系统的驱动构型差异，决定了后续行走再生制动和液压制动协同控制策略的设计。

1. 电动装载机行走再生制动系统构型分析

国内外对于装载机电驱动构型的研究主要是随着工程机械厂家和公司电动化产品的推出而进行的，专门针对电动装载机驱动系统的研究较少。目前，电动装载机主要有电驱箱、电驱桥、轮边驱动等三种不同的驱动构型。

（1）电驱箱构型

电驱箱构型装载机的驱动系统与传统燃油车基本相同，主要区别在于用电动机代替了柴油发电机，技术开发难度小，可与传统燃油车共用底盘。

根据有无液力变矩器又可以分为：

1）变矩器变速箱电动机驱动系统。如图 4-75 所示，该系统采用行走电动机与变矩器变速箱总成直接组合的方式，仅把燃油发动机替换为电动机，降低了改造难度。但由于变矩器传动效率较低，这种技术方案的电动装载机能耗高，整机续航能力差。

2）专用变速箱电动机驱动系统。如图 4-76 所示，该系统取消了传统液力变矩器，采用行走电动机直接连接带有双输出口的分动箱或专用变速器，这种技术路线较第一种系统安装布置简单、可靠，去掉变矩器后能耗会有所降低。

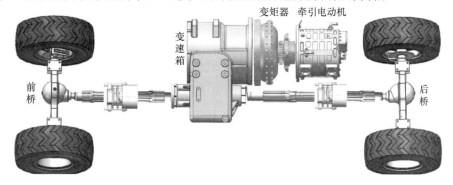

图 4-75　变矩器变速箱电动机驱动系统

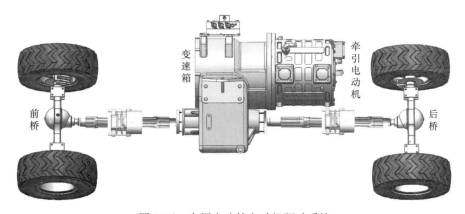

图 4-76　专用变速箱电动机驱动系统

根据变速箱的不同又可以分为：①单电动机 + 四挡变速箱：这种驱动方案中的变速箱采用的是传统燃油车的四挡箱，采用液压换挡，在作业过程中可以随意换挡，比较灵活，换挡时间也较短。但四挡箱挡数偏多，换挡较为频繁，容易造成驾驶员换挡疲劳，而且四挡变速箱系统复杂，需要油泵额外提供换挡动力源，系统成本和维护成本较高。相比于二挡手动自动一体变速箱（ATM），效率也较低；②单电动机 + 二挡 ATM；此方案将上述方案中的四挡箱换成了效率更高的两挡 ATM，效率更高，综合电耗低和成本也较低。但是由于电动装载机工况复杂多变，工作过程中换挡困难，而且需要外接电子油泵进行强制润滑，增加了系统成本，在一定程度上降低了可靠性。

（2）电驱桥构型

如图 4-77 所示，此方案一般采用直驱电动机，中间用传动轴连接，去掉了变速箱等机械部分，结构简单，可靠性较高。由于是电动机直驱的方案，驱动效率高且电耗低。但电驱桥构型导致系统成本高、重量大，且离地间隙较低。

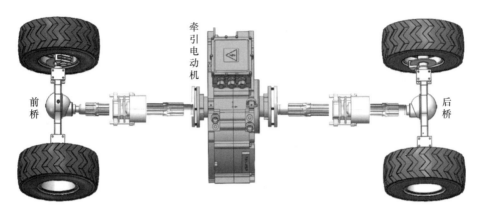

图 4-77 电驱桥构型

（3）轮边驱动构型

如图 4-78 所示，轮边驱动构型的驱动电动机与轮毂是分离的，通过减速器直接驱动车轮。轮边驱动构型的传动链较短，因此传动效率高，操作灵活，并且传动轴等机械部分也得到了简化，但由于电动机及减速器等零部件的增多，增加了行走系统的成本，增大了负载质量。此外，由于轮边电动机与地面十分接近，电动机所处环境恶劣，故对其可靠性的要求也更高。

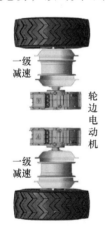
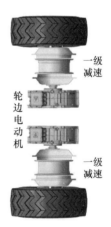

图 4-78 轮边驱动构型

2. 电动装载机行走再生制动系统方案的确定

虽然目前工程机械电动化正在如火如荼地进行，推出了许多具有优异性能的电动装载机，但由于行走系统构型与传统装载机差异较大，导致底盘设计及相应的结构都要进行适应性调整。电动机等电气部件的增加使控制系统更加复杂，制作成本较大，大多只停留于样机试验阶段，无法进行批量生产，投入到实际应用中的安全性也有待考究。因此，目前电动装载机市场上流通的电驱动构型主要还是以单电动机代替柴油发动机的方式。许多主机厂也仍采用对传统装载机整体结构改动较小的方案进行电动装载机的生产，而对于这类电动装载机的电驱动研究较少，并未发挥出电动装载机的能量回收优势。因此采用的动力驱动系统为单电动机加驱动桥的方案，也能兼顾前后轮的再生制动能量回收。

根据上述对电动装载机主要驱动构型的分析可知，电动机直驱的方案虽然结构简单，但传动链短且传动效率高。由图 4-79 可知，电动机有其固定的高效工作区域，而装载机工况复杂多变，导致实际作业过程中电动机的工作范围变化较大，无法始终在高效区工作，电动机驱动效率低，且直驱电动机成本高、重量大。而单电动机匹配多挡变速器的方案，通过挡位的切换，能够使驱动电动机始终工作在高效区，也能够满足不同工况下的动力输出要求，提高电动装载机动力性与经济性。

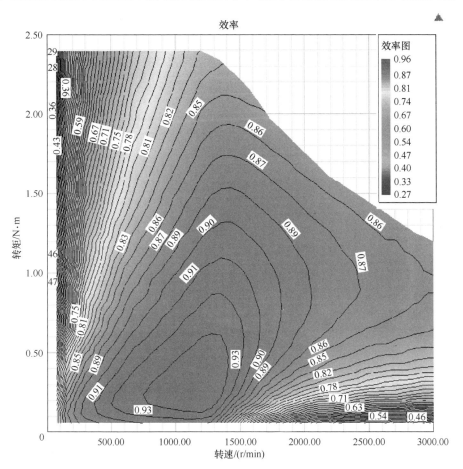

图 4-79　行走驱动电动机效率图

虽然变速器的增加在换挡时会出现动力中断及换挡疲劳的缺点，但目前一些高校和研究机构等都对自动换挡和动力中断进行了深入的研究与样机试验，如贵州大学刘永刚等人通过实车数据学习和训练，提出了一种基于知识的换挡策略，实现了快速、平顺、智能换挡；中国北方车辆研究所车辆传动重点实验室高子茵等人采用遗传算法、模糊控制来优化换挡性能，实车试验表明该策略能够有效提升车辆的动力性；华侨大学蔡少乐等人提出了一种基于驱动电动机和湿式离合器协调控制的无动力中断换挡策略，仿真和试验表明该策略能够大幅提升装载机换挡品质。总体来看，已经形成了比较成熟的研究成果。

故电动装载机行走动力方案采用单电动机加变速箱的构型，即驱动电动机通过动力电池供能，经过变速箱分动传动，通过前后驱动桥，将动力输送给前后轴，再生制动时能量流方向则由驱动轮的动能传递到动力电池中。此种动力驱动构型的电动装载机兼顾了动力性与经济学，改造方式简单，易于实现，能够将控制策略直接应用到装载机上，从而提高目前现有电动装载机的整车性能和能量利用率，实现节能减排的目的。

3. 电液复合制动系统中制动阀的设计

装载机一般机身质量较大，行驶惯性大，且大多在非结构路面上作业，工况复杂恶劣。在进行往复的铲装作业时还需要频繁的制动，因此拥有良好的制动系统是保证装载机安全作业的前提。

一个安全可靠的制动系统对装载机等车辆而言十分重要，为了保证制动的可靠性，液压制动系统会参与到制动过程中。在紧急制动的情况下，有些策略为了保证安全性，使发电机再生制动不参与制动，完全由液压制动来承担制动的任务。由此可以看出，液压制动系统起到了保险的作用，但在液压制动系统的控制上，为了能够调节前后轮的制动压力，主要采用两个电磁比例阀去调节液压制动压力。由于阀的开度由控制信号控制电磁铁来完成，为了避免再生制动失效造成的影响，一般会增加一个失效监控或保护的制动系统，避免制动失效时出现安全事故。

从提高液压制动系统可靠性及降低制动系统复杂性考虑，未使用电磁比例阀进行控制，而是保留传统液压系统中制动踏板与制动阀机械连接的方式，从结构上保证了紧急情况下液压制动系统的作用。此外，为了使再生制动系统仍能发挥作用并进行能量回收，制动阀进行了再生制动与液压制动行程的划分设计，如图4-80所示。

如图4-80所示，再生制动阀的左位具有换向功能，中位为 O 形机能，右位

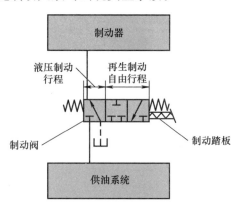

图4-80　再生制动自由行程制动阀

具有比例方向阀功能，阀芯从左位移动到开启右位的临界位置时，即作为再生制动自由行程，在此行程内进行发电机再生制动，而液压制动系统中的压力并未开启。

当位移超过该临界位置时，液压油进入前后轮制动器中，制动压力大小由驾驶员踩制动踏板的位移来决定，制动踏板位移行程划分如图 4-81 所示。在紧急制动或者发电机再生制动无法参与制动的情况下，只需将踏板踩过再生制动位移区即可，完全不影响电动装载机的正常使用与制动安全，也不需要增加额外的失效保护装置。当电动装载机的动力电池电荷状态（state of charge，SOC）比较高即发电机不参与制动的情况时，再生制动自由行程即变为空行程。因此，从安全性及驾驶习惯考虑，这段行程不宜设置过大。

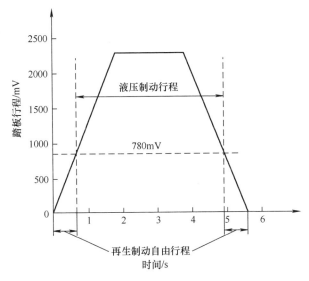

图 4-81　制动踏板位移行程划分

4.6.2　基于模糊控制的制动意图识别策略

再生制动能量回收能够延长电动装载机的续驶里程，而准确地识别驾驶员的制动意图与制动强度是设计能量回收控制策略的基础。在确保制动安全性与稳定性的条件下，达到提高整车制动能量回收率，并使驾驶员有一个良好的制动感受的目的。本章节针对可进行能量回收的不同工况，对驾驶人 – 电动装载机之间的信息交换进行研究分析，较全面地考虑电动装载机有制动需求的各个阶段及整个制动系统的实际特性，运用模糊控制理论，对制动意图进行识别，并作为策略的信息层决策部分。

1. 制动意图识别方法

制动意图识别是制动力控制策略的设计基础，其本质就是在不同道路工况（如前方出现障碍物或到达作业点等）下，通过对驾驶员进行减速或制动操作（对加速踏板或制动踏板的动作）过程的相关参数进行分析处理，从而识别推断出车辆的制动需求，使车辆准备完成驾驶员的不同制动需求，如图 4-82 所示。目前对于驾驶员制动需求的识别方法主要有逻辑门限识别、聚类算法识别、神经网络识别、隐式马尔科夫算法识别和模糊推理识别等。

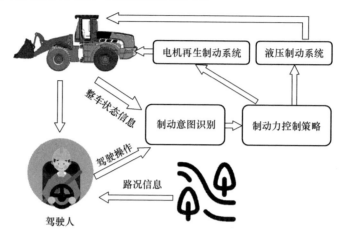

图 4-82　基于意图识别的电动装载机－路况－驾驶员系统

　　逻辑门限的识别方法一般通过设置门限值的方法，对制动踏板、加速踏板、车速等特征量进行不同范围的划分。当进行制动意图识别时，输入的整车及驾驶员操作信息与逻辑门限值进行比较后判断其制动意图模式，如紧急制动模式、中度制动模式等。这种控制策略实施简单、可靠性高、实用性强，但是合理的逻辑门限值的制定需要大量的道路试验数据为基础，才能达到理想的控制效果，而且由于门限值的存在，控制较为死板单一，无法对多变的制动工况进行相应的变化。

　　聚类算法属于统计模式识别的方法，它以相似性为基础，按照特定的度量方法把制动意图特征相同或相似的样本归为一类。聚类分析算法是一种简单、直观的分析方法，主要应用于探索性的研究，不同特征参数的选取，常常会得到不同的聚类结果，因此，在进行聚类分析之前，需要对制动意图识别过程中的特征参数进行预处理。

　　神经网络即人工神经网络，它是模仿动物神经元信号相互传递的方式，通过相应的算法模拟人脑对输入信息的处理，具有很强的自学习能力和自适应能力。神经网络一般由输入层、隐含层及输出层组成，随着层数的增加，神经网络能够逼近任意复杂非线性关系。但是，识别精度的提高需要通过大量正确的样本进行训练，因此存在计算成本高且通用性差等缺点。

　　隐式马尔科夫模型（HMM）是经典的机器学习模型，具有处理样本之间有时间序列关系数据的强大能力，能够根据给出的观测变量序列，对隐藏变量序列进行估计并对未来的观测变量做预测，即已知一组数据能够推断出与之对应的一组数据。在制动意图识别上，驾驶员对电动装载机的操作也是一个时间序列过程，因此HMM 得到了应用。但是要保证基于 HMM 的制动意图识别效果则需要进行大量的样本训练，且识别准确性不能覆盖所有工况，对于某些制动意图识别精度低。

模糊推理即模糊逻辑控制，模糊控制基于模糊集合、模糊语言变量及模糊逻辑推理，是一种利用模糊数学的基本思想和理论的智能控制方法，它能够模仿人对于事物模式区分的模糊性的思维进行规则制定，因此不需要知道被控对象精准的数学模型，控制规则由专家知识或试验数据来制定，对于非线性的复杂对象具有鲁棒性强、控制效果好的优势。

装载机制动过程中，由于驾驶路况的不同，驾驶员对制动踏板、加速踏板等部件的操作存在随机性及不可预测性，制动意图无法形成一个精确的数学模型，因此通过对以上不同意图识别方法的分析，选择模糊逻辑控制作为电动装载机的制动意图识别方法。

2. 模糊控制系统结构

模糊控制系统由被控对象与模糊控制器组成，模糊控制器的设计与调整在自动控制中发挥着举足轻重的作用，模糊控制器基本结构如图 4-83 所示，主要包括模糊化、知识库、模糊推理及解模糊四个部分：

（1）模糊化

在设计模糊控制器之前，首先要确定模糊控制器的输入变量和输出变量，一般输入变量的个数称为模糊控制的维数，维数越高，控制效果越精细，但是过高的维数，会使得模糊控制规则过于复杂，控制算法的实现也变得困难。输入量确定之后，要定义各模糊变量的模糊子集及其论域，论域是模糊集合元素的范围。输入实量必须变换到论域范围进行模糊处理，即输入的精确量转换成模糊化量，模糊化之后，才能进行模糊推理。

（2）知识库

知识库由数据库和模糊控制规则库两部分组成，数据库主要包括各模糊集合的隶属度函数、尺度变换因子及模糊空间的分级数等，隶属度函数是模糊控制的基础，定量地反映了模糊概念。确定隶属度函数的方法有很多，如模糊统计法、例证法、专家经验法、优化算法及学习算法等。

模糊控制规则库则是用模糊语言变量表示的一系列控制规则，是模糊控制器设计的核心，是通过实际控制经验或专家的经验和知识总结形成的模糊条件语句，一般为"IF A THEN B"的形式。在设置具体规则时，要遵循一致性、连续性、完备性原则，确保模糊规则库的正确性。

（3）模糊推理

在控制中，推理是指根据一定的原则，由被控系统的输出量推出输出量的过程，在模糊推理中，推理原则就是基于模糊逻辑中的蕴含关系及模糊控制规则，它具有模拟人基于模糊概念的推理能力，模糊推理的结果产生输出模糊集合。

模糊蕴涵是模糊推理过程中的关系合成运算方法，在同一个模糊控制系统中，对于激活的模糊规则采用不同的模糊蕴涵运算求出的结果可能相同也可能不同。目前模糊推理常用的模糊蕴涵运算主要有 Z 法、L 乘积法、激烈积法、有界积法等。

（4）解模糊

在实际的控制任务中，被控对象往往需要一个精确值来进行动作，而模糊推理得到的输出却是模糊集合，所以要对模糊推理的结果进行解模糊，将模糊量变成清晰量，当论域不一致时，还需进行论域变换。去模糊化常用的算法有最大隶属度法、加权平均法及取中位数法。

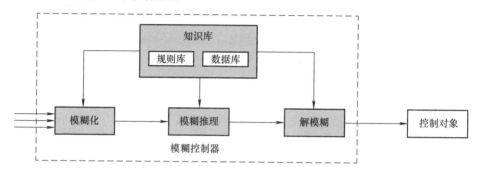

图 4-83　模糊控制系统的组成

3. 驾驶员制动意图识别模糊控制器设计

（1）制动工况分析与制动意图识别参数选取

对于电动装载机而言，人脑是最先进的决策系统，通过驾驶员感知行驶速度，人眼识别道路工况，在不同工况组合的复杂条件下，决策出当下的驾驶需求，通过与电动装载机的操纵部件，将决策结果传递给装载机，因此，驾驶员对电动装载机操纵部件的动作反映了驾驶意图。

在驾驶过程中，实际制动意图分类主要有：

1）滑行制动：在驾驶装载机过程中，如果远处出现障碍物或要到达工作点，驾驶员会松开加速踏板达到减速的目的，此时制动踏板和加速踏板位移均为 0，车辆仅受到地面、空气等摩擦力的作用，这种工况为滑行制动工况。

2）轻度制动：驾驶员轻轻踩下制动踏板，制动强度需求较小，主要是进行车速调节，对障碍物及车辆的避让，以及在较小车速下的制动等。

3）中度制动：驾驶员以一个中等或较小的速度踩下制动踏板，制动踏板位移持续增大或是保持一个中等值，此时，制动强度增大，制动距离较短，能够达到驾驶员的制动目标点。

4）紧急制动：驾驶员以最快的速度踩下制动踏板，踏板位移达到最大值，驾驶过程中遇到突发的危险情况，希望能够立即制动停车。

为了更好地分析制动工况与选取制动意图识别参数，选择一台 5t 纯电装载机作为试验对象，采集了驾驶员不同制动意图下的六十余组数据，包括了当前制动意图下不同车速、不同踏板位移、不同踏板速度、液压制动压力等多种组合工况数据，如图 4-84 所示。

　　制动意图识别的研究主要集中于识别参数的选取与识别算法的运用，准确快速地识别结果是电动汽车进行复合制动控制及能量回收的基础。通过上述分析可知，制动踏板的速度与位移是进行制动意图识别的必要参数，而在制动或减速过程中，加速踏板也参与其中，松开加速踏板，不踩制动踏板则为滑行制动；松开加速踏板，踩下制动踏板，则为整车制动系统参与制动，因此，加速踏板也具有定义制动意图的作用。将收起加速踏板阶段作为制动能量回收的一部分，不仅能够提高能量利用率，还能够起到提前减速或制动的效果，进一步保证了制动的安全性。除此之外，车速作为装载机整车工况最明显的参数，也是制动意图识别与制动强度确定的重要输入参数。

　　（2）基于加速踏板的减速意图识别

　　驾驶员制动的过程，一般可以分为先松开加速踏板阶段和后踩下制动踏板阶段。考虑收起加速踏板阶段的再生制动不仅可以提高能量回收率，而且能够使再生制动力矩在踩下制动踏板前作用于整车，提高了安全性。

　　当踩下加速踏板时定义驱动力矩，当收起加速踏板时定义制动力矩，加速踏板速度的正负可以判断出是收起还是踩下阶段。在预先制动警告灯激活系统的研究

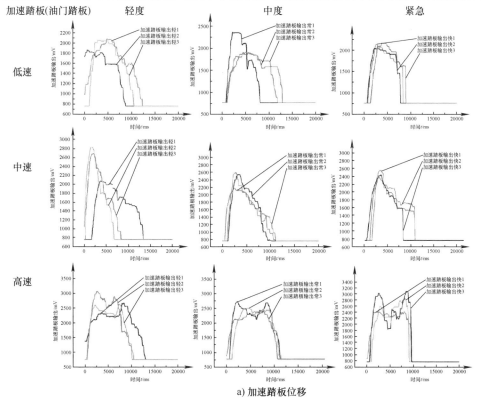

a) 加速踏板位移

图 4-84　不同制动意图下的部分工况数据

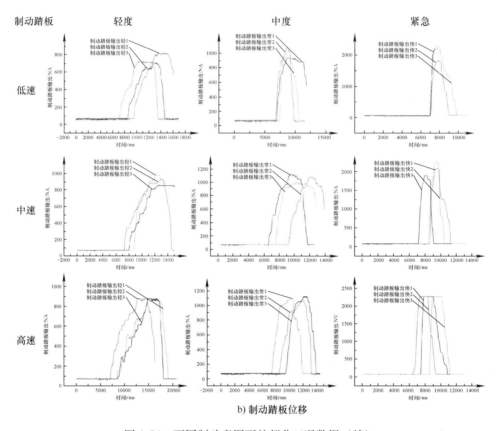

图 4-84　不同制动意图下的部分工况数据（续）

中，可通过检测迅速放松加速踏板状态并激活报警灯，为后车驾驶员提供 0.22s 的预警信息，这也定性地说明了松开加速踏板的快慢能够反映制动的紧急情况。

故加速踏板的速度能够作为表征减速意图的参数，减速意图划分为轻度减速制动，中度减速制动和较强减速制动。此外由于松开加速踏板阶段会出现完全松开和不完全松开的情况，仅仅只靠松开加速踏板速度去判断是否减速不够准确，故引入加速踏板位移限值 S_f，当小于限定值时，则判断驾驶员动作是减速制动。电动装载机基本车速范围为 $0 \sim 33km/h$，结合工作工况数据，可将车速分为 L、M、H 三类。识别出的减速意图与表征整车工况的车速、加速踏板位移可共同识别出减速制动强度，识别过程如图 4-85 所示，模糊控制器曲面图如图 4-86 所示。

通过实际采集的驾驶数据确定输入输出的论域及选择对应的模糊语言变量，加速踏板位移为 S_a，输出为电压信号，论域为 [750,3800]；定义加速踏板下放速度为 v_a，论域为 [-2400,0]；减速意图模糊控制器的输出为 P_a，论域为 [0,1]；车速为 v，论域为 [0,9]，单位为 m/s；定义减速强度为 Z_a，论域为 [0,1]；根据采集的工况数据及模糊控制的输入输出隶属度函数进行分析，在常见的几种隶属度函数中，选三角形、梯形隶属度函数相结合，各变量隶属度函数如图 4-87 所示。

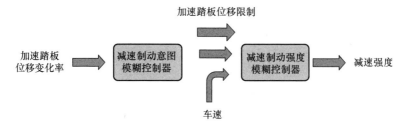

图 4-85　减速制动意图与减速强度识别过程示意图

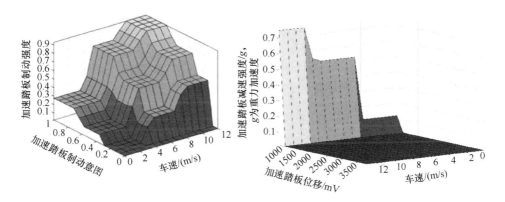

图 4-86　减速制动强度模糊控制器曲面视图

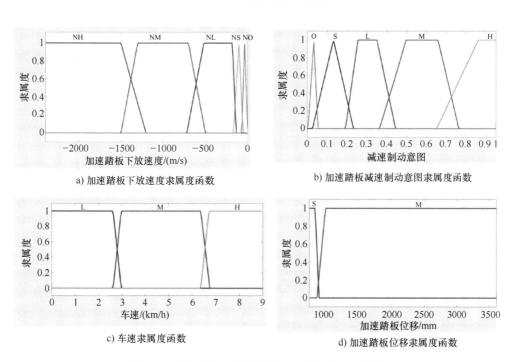

a) 加速踏板下放速度隶属度函数

b) 加速踏板减速制动意图隶属度函数

c) 车速隶属度函数

d) 加速踏板位移隶属度函数

图 4-87　减速制动意图识别各变量隶属度函数图

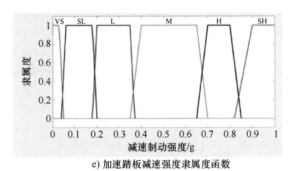

e) 加速踏板减速强度隶属度函数

图4-87　减速制动意图识别各变量隶属度函数图（续）

依据电动装载机驾驶实践经验及各种组合工况下的加速踏板、制动踏板等数据，制定了表4-13和表4-14所示的模糊规则。

表4-13　加速踏板的减速制动意图模糊规则

加速踏板下放速度	NH （负高）	NM （负中）	NL （负低）	NS （负小）	NO （负零）
减速制动意图	O（零）	S（很低）	L（低）	M（中）	H（高）

表4-14　加速踏板的减速制动强度模糊规则

车速	减速制动意图（加速踏板位移为S）				
	O（零）	S（很低）	L（低）	M（中）	H（高）
L（小）	VS	SL	SL	M	SH
M（中）	VS	SL	L	M	SH
H（高）	SL	L	M	H	SH
当加速踏板位移为M时，减速强度为O（零）					

（3）基于制动踏板的制动意图识别

制动踏板的位移反映了制动强度，制动踏板位移的变化率反映了驾驶员制动的紧急情况，在不同车速的情况下，同样的制动意图会反映出不同的制动强度，因此选取制动踏板位移和位移变化率并通过模糊控制推理出制动意图，再引入整车，推理出制动强度，减速制动意图与减速制动强度识别过程如图4-88所示。

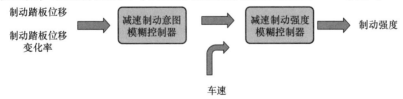

图4-88　减速制动意图与减速制动强度识别过程示意图

在建立起模糊控制器之前，要建立制动踏板位移与输出电压的关系。在实际驾驶过程中，考虑驾驶员的习惯导致轻触踏板及驾驶感受，会设置一段空行程来减少制动系统的磨损，当踏板位移在 0～15°时，没有电压输出。制动踏板的输出电压变化范围为（0，4.7V），制动角位移的变化范围为（0，40°），关系如图 4-89 所示。

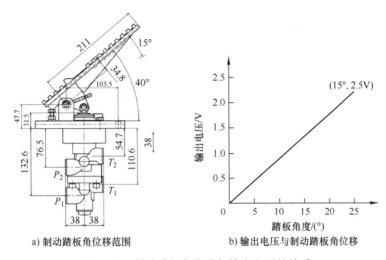

a) 制动踏板角位移范围　　　　　b) 输出电压与制动踏板角位移

图 4-89　制动踏板角位移与输出电压的关系

通过实际采集的制动踏板数据，经过预处理之后确定输入输出的论域及选择对应的模糊语言变量，制动踏板位移为 S_b，输出为电压信号，经过预处理后确定论域为 $[24，2290]$；定义制动踏板下放速度为 v_b，论域为 $[-1，200]$；制动意图模糊控制器的输出为 P_b，论域为 $[0，3]$；车速为 v，论域为 $[0，9]$，单位为 m/s；定义制动强度为 Z_b，论域为 $[0，1]$；各变量隶属度函数如图 4-90 所示，制动强度模糊控制器曲面如图 4-91 所示。

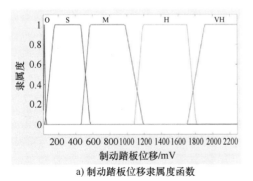
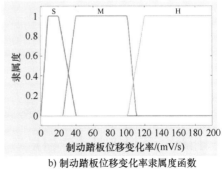

a) 制动踏板位移隶属度函数　　　　　b) 制动踏板位移变化率隶属度函数

图 4-90　基于制动踏板的制动意图识别、制动强度识别输入输出变量隶属度函数

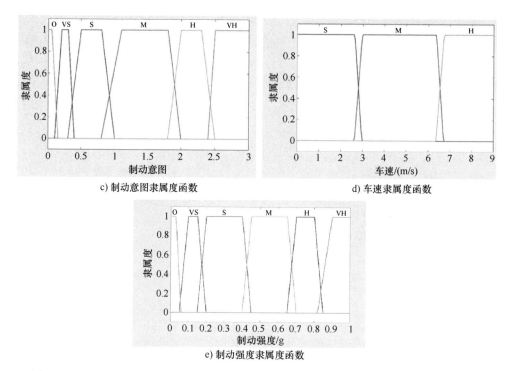

c) 制动意图隶属度函数   d) 车速隶属度函数

e) 制动强度隶属度函数

图 4-90　基于制动踏板的制动意图识别、制动强度识别输入输出变量隶属度函数（续）

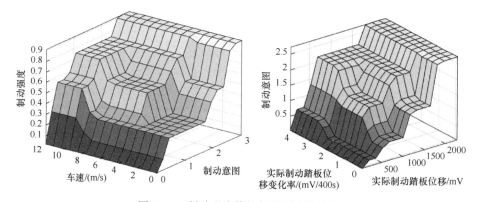

图 4-91　制动强度模糊控制器曲面视图

控制规则见表 4-15 和表 4-16。

表 4-15　制动踏板的制动意图模糊规则

位移变化率	制动踏板位移（制动意图）				
	O（零）	S（低）	M（中）	H（高）	VH（很高）
S（小）	O	VS	S	M	H
M（中）	O	VS	M	H	VH
H（高）	O	S	H	H	VH

表 4-16　制动踏板的制动强度模糊规则

车速	制动意图（制动强度）					
	O（零）	VS（极低）	S（低）	M（中）	H（高）	VH（很高）
S（小）	O	VS	S	S	M	VH
M（中）	O	VS	S	M	H	VH
H（高）	O	S	M	H	H	VH

（4）滑行制动意图识别

目前，对于在松开加速踏板时，是否让发电机再生制动参与有两种观点，一种是在松开加速踏板阶段时就可以进行再生制动，达到回收较多的能量，降低车速的目的；另一种观点则是在此阶段不进行再生制动，保持原有滑行制动意图，避免后续加速消耗更多的能量，这样反而不利于能量利用率的提高。

对于电动装载机，在 V 形作业方式下其工作循环为：空载前进、铲掘、满载后退、满载前进、卸载、空载后退。而通过对某电动装载机实际沙土运载工况下的车速进行分析可知，几乎在每个工作循环的铲掘阶段，都有一个加速的动作来使铲斗更好地铲装物料，而在其他学者对装载机工况的研究中，一般都是通过空载前进的滑行动作，去完成铲装作业，而且驾驶员的滑行制动意图也是一个十分重要的操纵车辆的信息。因此，当驾驶员为滑行制动意图时，制动强度不应太大。图 4-92所示为采集的驾驶员松开加速踏板和踩下制动踏板的时间间隔数据，通过对四组工况进行分析，结合工程经验，最终确定滑行制动意图判断时间 $T_a = 1.3s$。

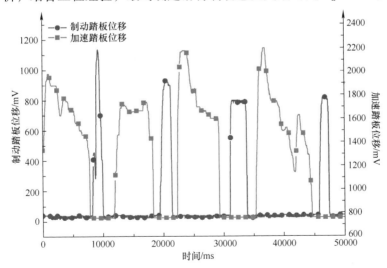

图 4-92　加速踏板位移和制动踏板位移时间间隔

当判断出驾驶员意图为滑行制动时，应根据当时的车速，以较小的制动强度进行再生制动，这样既能回收一部分能量，又能满足驾驶员在不同工况下的滑行需求，流程图如图 4-93所示。

（5）基于制动压力的紧急制动意图识别

由于基于制动踏板的意图识别均依赖于制动踏板位移的电压信号，若此信号出现迟滞或失效采集的情况，则制动意图的识别也会出现识别不及时甚至无法识别的情况，影响整个发电机再生制动力矩参与到整车制动中，不利于整车的制动安全。因此，考虑迟滞或基于踏板的制动意图识别策略失效的情况，引入制动动作发生后的液压制动压力作为反馈参数。当检测到液压制动压力，而未采集到踏板电压信号时，直接识别为紧急制动，配合车速，进行制动强度输出。图4-94和图4-95分别为基于制动压力的紧急制动意图识别示意图和制动强度隶属度函数。

在减速、滑行、制动过程中，驾驶员一般先松开加速踏板，后踩下制动踏板，这样每个制动意图的识别结果会存在时间差异，再将制动强度按照先后顺序合成整车制动强度，保证了整个制动系统力矩输出的最快响应。

4. 制动意图识别控制策略模型仿真分析

（1）制动意图识别控制策略架构

通过对电动装载机制动过程、制动参数进行分析，提出了基于加速踏板、制动踏板的制动意图识别控制策略及基于制动压力的紧急意图识别策略，如图4-96所示。在驾驶过

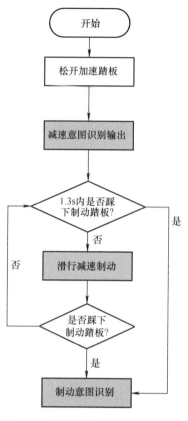

图 4-93　滑行制动减速制动流程图

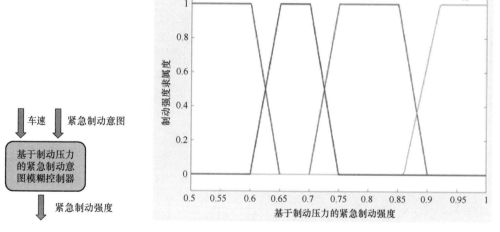

图 4-94　基于制动压力的
紧急制动意图识别示意图

图 4-95　基于制动压力的紧急制动强度隶属度函数

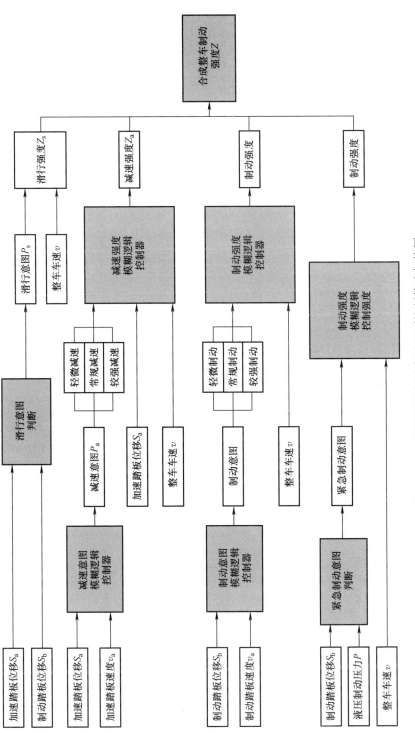

图 4-96　电动装载机制动意图识别控制策略架构图

程中，制动意图识别控制策略模块通过整车控制器收集当前行驶车速；通过安装在加速踏板和制动踏板上的位移传感器，来收集两踏板的位移，并将其进行微分处理，得到制动踏板速度、加速踏板速度；通过安装在制动阀出口的压力传感器采集液压制动系统的制动压力。最终综合以上参数进行判断与识别。

1）当加速踏板位移 S_a 大于加速踏板位移限值 S_f 或加速踏板速度 v_a 大于 0 时，驾驶员未松开加速踏板，若此时制动踏板位移 S_b 等于 0，则判断当前驾驶需求为加速，不进行制动意图识别；若检测到制动踏板位移 S_b 大于 0，说明此时驾驶员同时踩下制动踏板与加速踏板，属于误踩行为，为了保证驾驶员及整车安全，需进行基于制动踏板的制动意图识别来进行整车制动。

2）当加速踏板位移 S_a 小于加速踏板位移限值 S_f 或加速踏板速度 v_a 小于 0 时，驾驶员松开加速踏板，进行减速意图识别并输出减速强度，与此同时对滑行制动意图进行判断，若 $T_a = 1.3\mathrm{s}$ 之后未踩下制动踏板，则输出滑行制动强度，在此期间的任意时刻驾驶员踩下制动踏板，都会进行基于制动踏板的制动意图识别。

3）出于安全性考虑，在整车行驶作业过程中的任意时刻，液压制动压力 P_h 大于 0 而制动踏板位移 S_b 等于 0，则进行基于制动压力的紧急意图识别，以提高紧急制动意图下的再生制动响应。

基于模糊控制的电动装载机制动意图识别控制策略流程图如图 4-97 所示。

（2）制动意图识别控制策略仿真分析

根据电动装载机制动意图识别控制策略架构及流程图，在 Matlab/Simulink 中搭建减速、制动各阶段的意图识别控制策略仿真模块，如图 4-98 所示。该意图识别策略模型的输入主要为车速、加速踏板位移、制动踏板位移、液压制动压力、电动机转速、动力电池 SOC 等来自整车的状态参数，两踏板的位移通过微分模块得到两踏板的速度并参与到意图识别中。其中，当松开加速踏板进行减速意图识别或滑行制动意图识别时，若在加速踏板与制动踏板动作间隔时间值 $T_a = 1.3\mathrm{s}$ 内未踩下制动踏板，则 1.3s 内保持减速意图识别得到的减速强度，1.3s 后过渡到滑行制动强度输出。四个意图识别模块的输出最终合成了整车强度输出，能够在不同工况下实时输出整车强度，保证了车辆快速、安全地制动。

为了验证电动装载机制动意图识别控制策略的识别性能，选取了 2m/s（低速）、6m/s（中速）、12m/s（高速）三种车速下的工况，通过轻度、中度、紧急三种减速或制动状态进行仿真，L1、L2 代表轻度意图的两个等级，其中 L1 代表的程度大于 L2，如在减速意图识别中，L1、L2 为轻度意图下加速踏板下放速度，L2 的速度小于 L1 的速度。M1、M2 为中度意图下的加速踏板速度，M2 大于 M1；H 为紧急意图，同理在制动意图及滑行制动意图等的工况设置也是如此。

1）基于加速踏板的减速意图识别仿真结果分析。

图 4-99 所示为减速意图识别结果，当轻微松开加速踏板至原位时，输出意图较小且持续时间较长，而较快松开加速踏板则输出意图较大且持续时间较短，

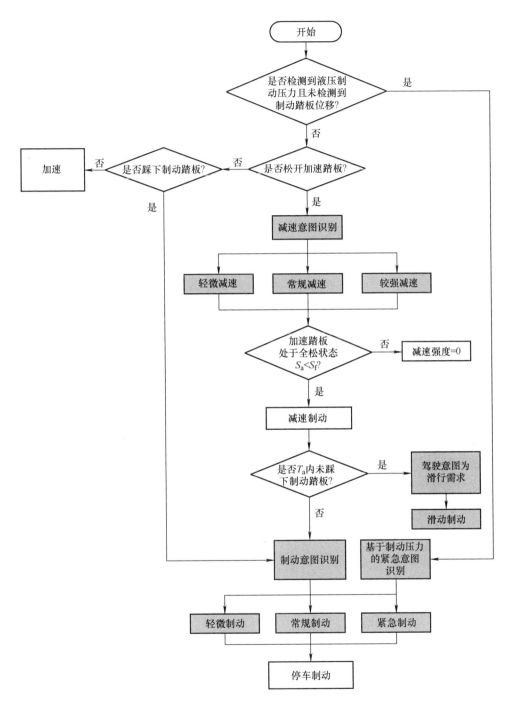

图 4-97　电动装载机制动意图识别控制策略流程图

对不同的减速意图有明显的识别效果。由于减速意图识别过程与车速无关，故图 4-100、图 4-101 和图 4-102 所示为不同车速、不同减速意图下的减速强度输出曲线。总体来

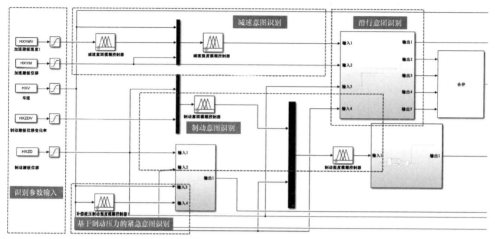

图 4-98 电动装载机制动意图识别控制策略仿真模型图

看，随着车速的增大，同一减速意图下的减速强度也增大，在 2m/s、6m/s 时，L1 和 L2、M1 和 M2 输出强度均相同，而在 12m/s 时，L1 和 L2 输出强度仍相同，M1 输出强度为 0.53，M2 为 0.75，相差了 0.22。在 6m/s、12m/s 车速下，轻度减速意图工况下的减速强度几乎相等，即车速对此种工况并无放大作用，充分证明了在不同工况下对意图识别的正确性及输出减速强度的合理性。

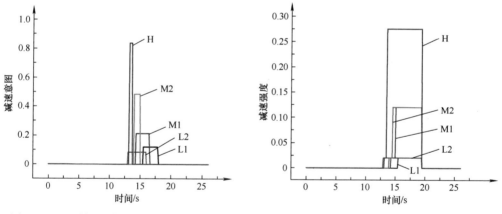

图 4-99 不同加速踏板速度下的减速意图

图 4-100 2m/s 车速下的减速强度

2）基于制动踏板的制动意图识别仿真结果分析。

对制动意图的识别仅和制动踏板位移、速度有关，故低、中、高速下的不同制动意图识别结果都如图 4-103 所示。分析图 4-104、图 4-105 和图 4-106 可知，在紧急制动意图下，制动强度输出均大于 0.9 且不受车速影响，保证了紧急意图下的安全制动。在低速时，对轻度、中度意图的敏感度较低，而且随着速度的增大，不同等级的意图开始有明显不同的制动强度输出且呈增大趋势，满足了对日常工况的识别与符合驾驶员制动需求规律的输出。

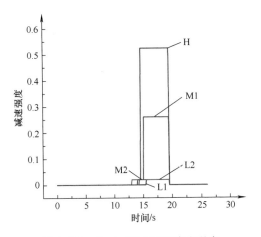

图 4-101　6m/s 车速下的减速强度

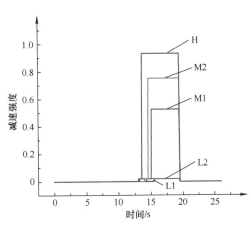

图 4-102　12m/s 车速下的减速强度

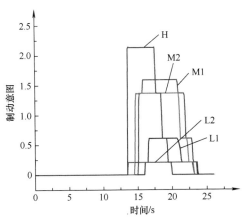

图 4-103　不同制动踏板位移的制动意图

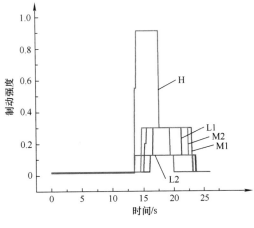

图 4-104　2m/s 车速下的制动强度

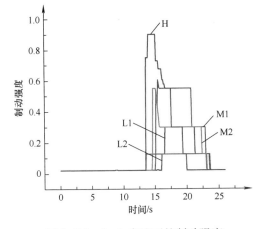

图 4-105　6m/s 车速下的制动强度

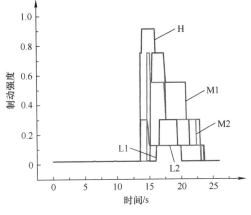

图 4-106　12m/s 车速下的制动强度

3）滑行制动意图识别仿真结果分析。

滑行制动意图识别基于对减速意图识别后的判断，因此在识别策略中，减速意图识别和滑行制动意图识别模块将同时进行识别并输出对应的强度，但在控制策略模块中，需根据滑行、减速的判断来选择性地输出强度，即在判断为滑行制动意图期间及判断为制动意图期间，输出保持减速强度数值，当判断为滑行制动意图

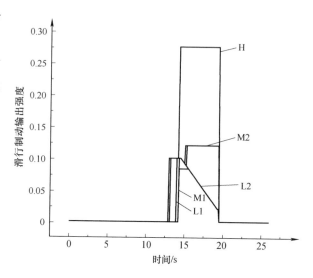

图 4-107　2m/s 车速下的滑行制动强度

时，减速强度过渡到滑行制动意图强度输出。在图 4-107、图 4-108 和图 4-109 中，L1、L2 为只松开加速踏板，在保持 1.3s 原减速意图强度后，输出滑行制动强度，滑行制动强度随车速减小而减小；M1、M2、H 为松开加速踏板后，2s 后踩下制动踏板，可以看到，1.3s 内保持原减速意图强度后 1.3 ~ 2s 输出滑行制动强度，2s 后继续输出减速强度，同一意图下的强度随车速增大而增大。

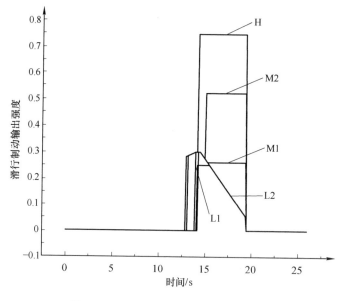

图 4-108　6m/s 车速下的滑行制动强度

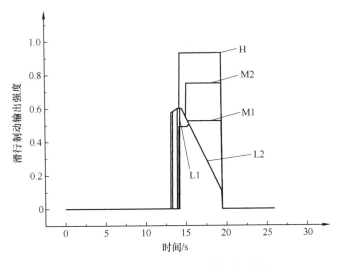

图 4-109　12m/s 车速下的滑行制动强度

4）基于制动压力的紧急意图识别。

为验证基于制动压力的紧急意图识别在制动踏板电压信号失效时的有效性，仿真设置踏板位移信号滞后于压力信号输出，并分别在 5m/s、9m/s、12m/s 速度下进行验证，识别结果如图 4-110、图 4-111 和图 4-112 所示。当检测到制动压力输出而制动踏板位移为 0 时，紧急制动强度开始输出，且随车速增大而增大，当检测到制动踏板位移所对应的电信号超过 500mV，则退出紧急制动意图识别，进行制动意图识别，提高了整个制动意图识别的安全性。

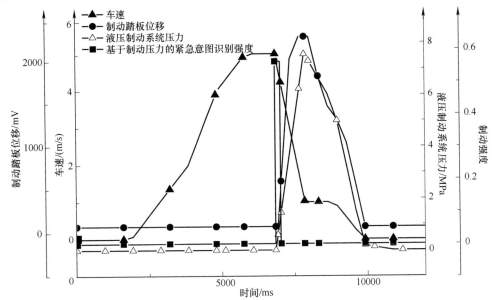

图 4-110　5m/s 车速下紧急制动

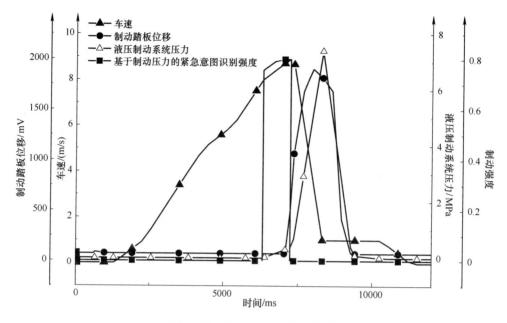

图 4-111 9m/s 车速下紧急制动

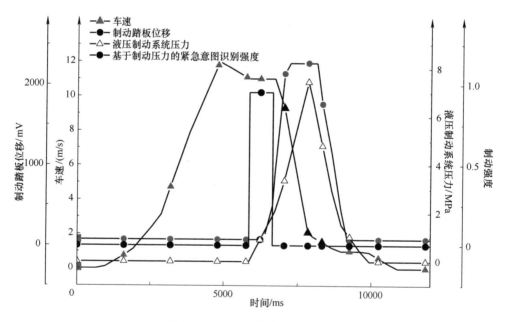

图 4-112 12m/s 车速下紧急制动

4.6.3 整车行走再生制动和液压制动协同控制策略

控制策略的目的是根据行驶路况、作业工况判断能否进行再生制动，在进行再生制动时，不仅要保证制动的安全性，还要合理地分配电液制动力，在制动的安全性得到保证的前提下，提高驾驶员制动操作的舒适性，并最大限度地回收制动能量。电液复合制动系统与控制策略的有机结合，使其可以达到制动平稳、操作轻便、安全可靠的目的。

1. 整车制动力学分析

（1）整车制动力学

在制定分配策略前，首先要了解装载机制动的基本理论。电动装载机在制动时，受到空气阻力、滚动阻力、坡度阻力和地面制动力的作用，以下是各个阻力的计算公式。

1）空气阻力。

空气阻力是电动装载机在空气介质中行驶，由于空气的黏性而在行驶方向产生的作用力，空气阻力与电动装载机速度的平方成正比，车速越快阻力越大。

$$F_{wde} = \frac{C_D A v^2 \rho}{2} \tag{4-131}$$

式中，A 是迎风面积，近似计算：迎风面积 =（车高 − 最小离地间隙）× 车宽，忽略轮胎的迎风面积；C_D 是空气阻力系数；ρ 是空气密度，正常的干燥空气可取 1.293g/L；v 是物体与空气的相对运动速度，若无风状态下，式（4-131）中 v = 物体速度。

由于空气阻力方向与物体运动方向相反，若以物体运动速度为正值，则空气阻力方向为负值。

2）滚动阻力。

$$F_{fde} = mgf\cos\alpha \tag{4-132}$$

式中，m 是基准质量，m = 整车质量 + 100kg；f 是滚动阻力系数；α 是路面坡度。

3）坡度阻力。

当电动装载机在有坡度的路面进行制动时，其重力沿坡道斜面的分力所表现出的一种阻力，称为坡度阻力，在上坡制动时，坡道附加阻力与装载机运行方向相反，坡度阻力为正；在下坡时，坡道附加阻力与装载机运行方向相同，坡度阻力为负值。

$$F_{fi} = mg\sin\alpha \tag{4-133}$$

4）地面制动力。

地面制动力是使电动装载机减速行驶、制动的主要外力，作用于车轮，即地面与轮胎之间的摩擦力。它的大小主要与前后轮制动系统或制动器产生的摩擦力及路面附着力有关，不会超过地面所能提供的最大附着力，方向与车轮旋转方向相反。

$$F_b = F_{bf} + F_{br} \tag{4-134}$$

$$F_b \leqslant F_\varphi = G\varphi \tag{4-135}$$

式中，F_b 是地面制动力；F_{bf} 是前轮地面制动力；F_{br} 是后轮地面制动力；F_φ 地面附着力；φ 是附着系数；G 是整车重力。

为了更好地研究前后车轮的受力分析，假设装载机在平直路面进行制动，对制动过程影响不大的滚动阻力、空气阻力等忽略不计，图 4-113 所示为电动装载机制动时的受力情况。

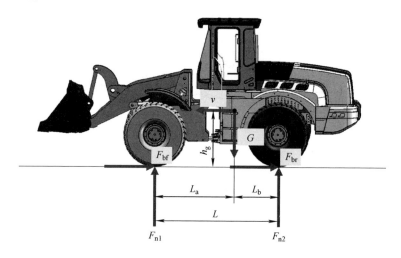

图 4-113　制动过程中装载机受力示意图

根据受力分析，对前轮、后轮接地点取力矩，得到力矩平衡方程：

$$\begin{cases} F_{n1}L = GL_b + m\dfrac{\mathrm{d}v}{\mathrm{d}t}h_g \\[2mm] F_{n2}L = GL_a - m\dfrac{\mathrm{d}v}{\mathrm{d}t}h_g \end{cases} \tag{4-136}$$

式中，F_{n1} 是地面对前轮的法向作用力（N）；F_{n2} 是地面对后轮的法向作用力（N）；L 是轴距（m）；L_a 是装载机质心到前轴的距离（m）；L_b 是装载机质心到后轴的距离（m）；h_g 是装载机质心高度（m）；$\mathrm{d}v/\mathrm{d}t$ 是装载机减速度（m/s^2）。

若装载机车轮所受的地面制动力为最大的路面附着力，则可得到当前制动强度 Z 等于此时路面附着系数 φ，式（4-135）可以改写式（4-137），式（4-136）可以改写式（4-138）。

$$F_b = G\varphi = m\frac{\mathrm{d}v}{\mathrm{d}t} = mgz \tag{4-137}$$

$$\begin{cases} F_{n1} = \dfrac{G}{L}(L_b + zh_g) \\[2mm] F_{n2} = \dfrac{G}{L}(L_a - zh_g) \end{cases} \tag{4-138}$$

（2）前后轮制动力分配

由于电动装载机没有制动防抱死系统（ABS），因此当制动强度足够大时，前后车轮抱死顺序有以下三种：

1）前后车轮同时抱死拖滑。

在这种情况下，电动装载机处于理想制动状态，路面附着力得到充分利用，是制动过程中最安全的情况。两车轮抱死，可以将整车简化为一个刚体。此时前后车轮制动力满足两个条件：①整车总制动力等于路面附着力；②前后车轮的制动系统或制动器制动力等于各自受到的路面附着力，公式如下：

$$F_b = G\varphi = F_{bf} + F_{br} \tag{4-139}$$

$$\begin{cases} F_{bf} = F_{n1}\varphi = \dfrac{G\varphi}{L}(L_b + zh_g) \\ F_{br} = F_{n2}\varphi = \dfrac{G\varphi}{L}(L_a - zh_g) \end{cases} \tag{4-140}$$

整理可得：

$$F_{br} = \frac{1}{2}\left[\frac{G}{h_g}\sqrt{b^2 + \frac{4h_gL}{G}F_{bf}} - \left(\frac{Gb}{h_g} + 2F_{bf} \right) \right] \tag{4-141}$$

在不同的路面上制动，对理想的前后轮制动力分配有影响的就是附着系数 φ，一般常见的路面附着系数 φ 的范围为（0，1），因此取一组不同的 φ 值，就可以得到对应路面附着系数下的理想前后轮分配制动力，将所有取值点绘制在二维坐标内，就得到了一条理想前后轮制动力分配曲线（Ⅰ曲线），如图 4-114 所示。

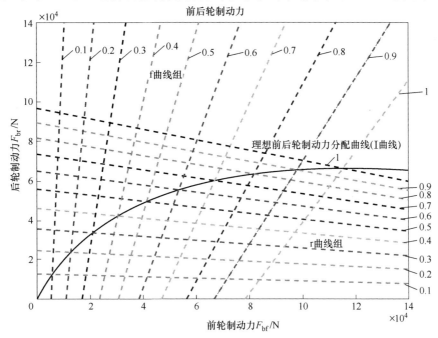

图 4-114 装载机制动 Ⅰ 曲线、r 曲线组、f 曲线组图

2）前轮先抱死拖滑，然后后轮抱死拖滑。

此时，前后轮制动力如下所示：

$$\begin{cases} F_{bf} = \dfrac{G\varphi}{L}(L_b + zh_g) \\ F_{br} = Gz - F_{bf} \end{cases} \tag{4-142}$$

整理得式（4-143），选取不同的路面附着系数，可以得到不同的线组，即图 4-114 中的 f 曲线组：

$$F_{br} = \frac{L - \varphi h_g}{\varphi h_g} F_{bf} - \frac{GL_b}{h_g} \tag{4-143}$$

在这种情况下，前轮可以简化为刚体，前轮轮胎的侧向附着力变得非常小，在横向上不受任何地面作用，车辆无法转向而沿直线制动，虽然此时装载机处于稳定工况，但在制动过程中路面的附着力没有得到充分利用。

3）后轮先抱死拖滑，然后前轮抱死拖滑。

此时，前后轮制动力如下所示：

$$\begin{cases} F_{br} = \dfrac{G\varphi}{L}(L_a - zh_g) \\ F_{bf} = Gz - F_{br} \end{cases} \tag{4-144}$$

整理得式（4-145），选取不同的路面附着系数，可以得到不同的线组，即图 4-114 中的 r 曲线组。

$$F_{br} = \frac{-\varphi h_g}{L + \varphi h_g} F_{bf} + \frac{\varphi G L_a}{L + \varphi h_g} \tag{4-145}$$

在这种情况下，后轮可以简化为刚体，后轮轮胎的侧向附着力变得非常小，在横向上不受任何地面作用，车尾容易变得不稳定，若受到横向作用力，极易产生甩尾失控，是非常危险的工况。

（3）发电机再生制动力分析

1）发电机再生制动的约束。

在制动过程中，为了提高电动装的行驶里程数，提高能量利用率，应尽可能多地回收车辆的制动动能。分析影响发电机再生制动能量回收效率的因素，以及各因素之间的关系，有利于制定合理的控制策略。

发电机是电动装载机减速、制动过程中，提供制动转矩、将动能进行回收转化成电能的关键部件，在再生制动系统中起着至关重要的作用，驱动发电机的工作特性对能量回收的效果也有较大影响。在发电机额定转速以下，电机功率随着转速的提升而逐渐增大，在转速为额定转速时达到最大功率，在这个区间，发电机转矩保持不变，为恒转矩区；在发电机额定转速以上，发电机转矩随转速增大而减小，功率保持不变，称为恒功率区，如图 4-115 所示。

当电动装载机进行再生制动，驱动电动机处于发电机状态时，最大再生制动力

矩受发电机功率与转速的限制，关
系如下：

$$T_r = \begin{cases} \dfrac{9550P_n}{n_N}, & (n \leqslant n_N) \\[3mm] \dfrac{9550P_n}{n}, & (n > n_N) \end{cases}$$

$$(4-146)$$

式中，T_r 是发电机的再生制动力矩
（N·m）；P_n 是发电机的额定功率
（kW）；n_N 是发电机的基础速度
（r/min）；n 是发电机的当前转速
（r/min）。

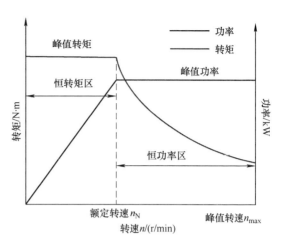

图 4-115 发电机转矩与功率外特性示意图

除了发电机外特性对再生制动
的约束外，动力电池作为电动装载机的储能装置，其电池荷电率（SOC）、最大充
电电流也会限制再生制动功率的大小。不同的动力电池有着不同的 SOC 运行范围，
当动力电池 SOC 比较大时，再生制动能量的回馈容易导致动力电池过充，损伤动
力电池使用寿命，在这种情况下，不应进行再生制动；当 SOC 较小时，充电容易
导致动力电池发热，能量得不到有效回收。在本系统中，当 SOC 大于 90% 时，应
停止再生制动过程。此外，为避免充电过程对动力电池造成的损害，发电机再生制
动时的充电电流与充电功率要限制在动力电池的最大充电电流与充电功率之内。综
合以上约束即式（4-147）所示：

$$\begin{cases} SOC \leqslant 90\% \\ I_r \leqslant I_{cmax} \\ P_r \leqslant P_{cmax} \end{cases}$$

$$(4-147)$$

式中，I_r 是发电机再生制动电流（A）；I_{cmax} 是动力电池的最大充电电流（A）；P_r
是发电机再生制动功率（kW）；P_{cmax} 是动力电池的最大充电功率（kW）。

2）发电机再生制动力的传动链。

在不同的工况下，发电机再生制动参与整车制动的程度不同，再生制动力的大
小由整车控制器向电机控制器发出负值转矩信号来控制，通过传动系的减速增转传
递到车轮端。在不同的驱动系统下，发电机接收再生制动转矩信号与作用到车轮端
的力矩比值不同。因此，研究发电机端到车轮端的传动链，得出力矩间传动比关
系，是制定整车再生制动策略中发电机端负值转矩信号大小的重要依据，如
图 4-116 所示。

发电机再生制动力矩经过变速箱、传动轴、驱动桥总成到达轮胎端，传动链如
图 4-116 所示，力矩关系为

$$T_{rb} = T_{rn} \times i_t \times i_s \times i_d$$

$$(4-148)$$

式中，T_{rb}是一个轮胎端的再生制动力矩（N·m）；i_t是变速箱的传动比；i_s是传动轴的传动比；i_d是驱动桥总成的传动比。

图4-116 电动装载机传动链示意图

（4）液压制动系统制动力分析

此处研究的电动装载机液压制动系统如图4-117所示，液压油通过制动阀作用到前后轮制动器，制动阀出口的压力传感器采集液压制动系统的制动压力大小，不仅可作为输入参数参与制动意图识别，也能通过研究液压制动系统得出作用到轮胎端的制动力矩的大小，是制定电液复合制动控制策略必不可少的环节。

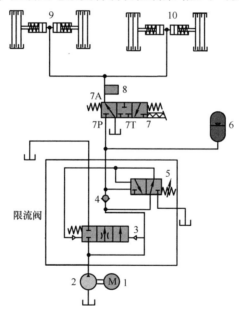

图4-117 电动装载机液压制动系统原理图
1—主泵电动机 2—主泵 3—充液阀 4—单向阀 5—换向阀 6—蓄能器 7—制动阀
8—压力传感器 9—前轮制动器 10—后轮制动器

所采用的液压制动系统制动器为钳盘式制动器，工作原理如图4-118所示。

在工作时，液压油被压入制动轮缸中，将带摩擦衬块的活塞向制动盘压紧，产生摩擦力矩而制动，作用于车轮的制动力矩大小由液压制动压力、活塞半径、摩擦系数及摩擦衬片作用半径所决定，关系如式（4-149）所示：

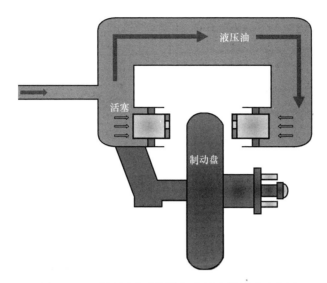

图 4-118　液压制动系统钳盘式制动器制动示意图

$$T_{hb} = n_p \mu F_{hb} R_h = n_p \mu p S R_h = n_p \mu p \left(\frac{\pi D^2}{4} \right) R_h \tag{4-149}$$

式中，T_{hb} 是液压系统作用到轮胎端制动力矩（N·m）；n_p 是轮胎活塞个数；μ 是摩擦系数；p 是液压系统制动压力（Pa）；D 是活塞直径（m）；R_h 是摩擦衬块有效作用半径，$R_h = (R_1 + R_2)/2$，R_1、R_2 分别为摩擦衬块扇形表面的内半径和外半径。

2. 行走再生制动和液压制动协同控制策略

目前电液复合制动力协同控制策略可以分为并联再生制动电液分配策略、串联再生制动电液分配策略、基于 I 曲线的理想制动力分配策略。

（1）并联再生制动电液分配策略

并联再生制动电液分配策略基于非解耦型复合制动系统，在不改变传统液压制动系统的基础上，在驱动轮上叠加发电机再生制动力进行能量回收，如图 4-119 所示，液压制动系统与再生制动之间相互独立，在再生制动失效或不参与制动的情况下，液压制动系统仍能进行有效制动，不会影响装载机等车辆的正常工作。非解耦型复合制动系统对原有系统改动小，结构较为简单，而且复合制动系统的液压制动力不用与再生制动力进行耦合调节，控制参数少，复杂程度不高。

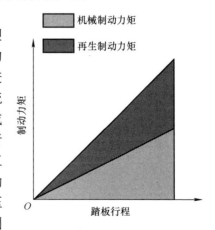

图 4-119　并联再生制动电液分配策略

非解耦型复合制动系统在进行制动时，再生制动力与液压制动力以一定比例进行分配，其中，再生制动力矩叠加于驱动轮上，不仅增加了驱动轮抱死的可能性，而且由于再生力矩受动力电池 SOC、发电机转速等影响，发电机参与整车制动的程度也不同，因此在驾驶员相同的制动意图下输出的整车制动力不唯一，引起原本仅有传统液压系统的整车总制动曲线的变化，影响驾驶员制动的平顺性和舒适性，且制动能量回收不充分。

（2）串联再生制动电液分配策略

串联再生制动电液分配策略主要基于解耦型复合制动系统，制动力分配如图 4-120 所示。要求对传统的液压制动系统进行改造，以便能够独立地调节制动力。在制动过程中，复合制动系统优先在驱动轮上进行发电机再生制动，以达到提高制动能量回收效率的目的，当发电机无法满足制动需求时，通过调节前后轮液压制动力使复合制动系统协调一致，从而完成整车总制动的需求。

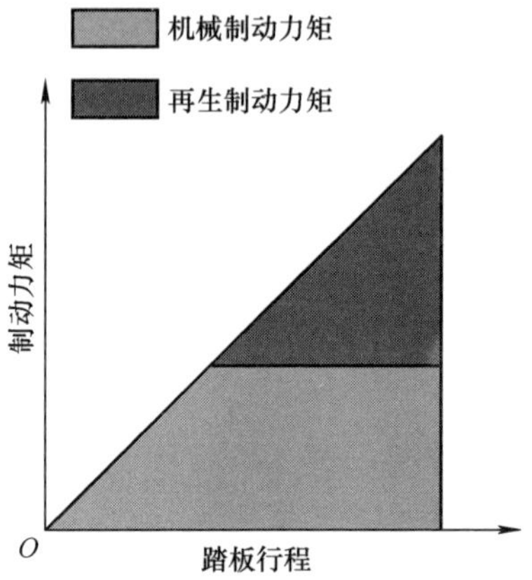

在制动过程中，当发电机再生制动力受动力电池 SOC、发电机转速等因素影响而变化时，

图 4-120　串联再生制动电液分配策略

发电机再生制动力与液压制动力能够相互耦合协调控制，使驾驶员拥有较好的制动感受，制动力矩波动小，且能量回收效率较高。但由于需要对传统液压制动系统进行改造，还要根据发电机再生制动情况独立调节制动力大小，改造过程与控制策略都较为复杂。

（3）基于 I 曲线的理想制动力分配策略

理想制动力分配策略基于串联再生制动分配策略的解耦型复合制动系统之上，但前后轮上的制动力分配以 I 曲线为依据。在某一制动强度下，I 曲线上都有对应的前后轮制动力分配数值，当驱动轮的发电机再生制动力能满足需求时，则由发电机按照理想制动力分配曲线提供；当需求的制动力大于发电机所能提供的最大制动力时，将对液压制动系统进行调节以满足制动需求。当发电机制动力由于动力电池 SOC、发电机转速等因素而变化时，液压系统提供的液压制动力也要随之变化，以保证前后轮制动力满足 I 曲线的分配要求；而非驱动轮上的制动力矩则通过控制液压制动系统按照 I 曲线提供。

基于 I 曲线的理想制动力分配策略能够实现对路面附着力的充分利用，实现前后轮同时抱死的理想工况，缩短了制动距离，提高了制动安全性与稳定性，在再生制动力与液压制动力的分配上，也优先考虑了发电机再生制动的参与，提高了制动能量回收效率。但在实际应用中，由于前后轮制动力必须遵循 I 曲线，增加了对再生制动和液压制动的调节控制的复杂程度，此外，装载机在进行铲装作业时，有空载制动和满载制动的工况，整车质量和质心位置也会随之产生变化，导致理想制动力分配曲线的变化，而且还需对前后轴法向载荷进行检测。因此，这种控制策略在电动装载机上的实现更加困难。

（4）基于制动意图识别的行走再生制动和液压制动协同控制策略

通过对以上三种主流的电液复合制动分配策略的分析可知，串联再生制动控制策略和基于 I 曲线的理想制动力分配策略都要求对传统液压制动系统进行改造，控制复杂。在作业和行驶过程中，基于 I 曲线的理想制动力分配策略控制复杂，难以得到较好应用，而并联再生制动控制策略控制简单，易于实现，且其制动能量回收差、制动波动大的缺点可以通过对结构的改进及控制策略的优化来改善。在整车制动系统中，制动踏板预留了再生制动自由行程，使发电机优先参与到制动中，既能提高整体制动能的回收率，又保证了液压制动系统能够提供足够的制动力。当整车处于无法进行能量回收的情况下，仅需将制动踏板踩过再生制动自由行程即可完成制动功能，并且能够继续进行铲装作业而不影响工作效率。对于电液复合制动过程中由于制动模式切换导致的波动则通过所制定的协同制动控制策略来提高制动感受。

在进行驾驶员制动意图识别之后，得到了整车的制动强度 Z，制动强度 Z 代表了整车的总制动需求，是进行制动力分配的首要环节。电动装载机电液复合制动系统中，发电机再生制动力通过变速箱与驱动桥传递到四轮上，分配到前后轮的再生制动力矩相等，在液压制动系统中，液压制动力也仅由制动踏板控制，并通过盘式制动器作用到车轮上。因此在本系统中，前后轮总制动力相等，按照电动装载机 I 曲线中制动强度与前轮制动力 F_{bf} 关系曲线进行分配，即实际前轮制动力 $F_{\mu1}$ 与实际后轮制动力 $F_{\mu2}$ 为

$$F_{bf} = \frac{GZ(L_b + 2h_g)}{L} \tag{4-150}$$

$$F_{\mu1} = F_{\mu2} = F_{bf} \tag{4-151}$$

制动力分配曲线如图 4-121 所示。

电动装载机复合制动系统会出现以下几种制动模式：①纯发电机再生制动；②再生制动与液压制动的复合制动；③纯液压制动。在进行制动模式切换时，会出现液压制动介入整车制动、再生制动退出整车制动、液压制动退出整车制动三种工况，发电机制动系统与液压制动系统介入和退出的方式，以及变化的速率，都会影响整车制动力的变化，从而产生制动冲击，影响驾驶的制动感受。因此，制定了基于制动意图识别的电液协调制动控制策略，如图 4-122 所示。

从图 4-122 可以看出，整车制动力随制动强度增大而增大，当制动踏板在自由行程时，整车制动力全部由发电机再生制动力提供，再生制动具有优先性，随着制动踏板位移的增大，液压制动系统开始介入，再生制动力也随之变化，保证了整车总制动力的稳定。当整车制动强度增大到一定值时，再生制动系统会退出整车制动，由液压制动系统承担紧急制动意图及大制动强度需求时的制动任务，此种分配

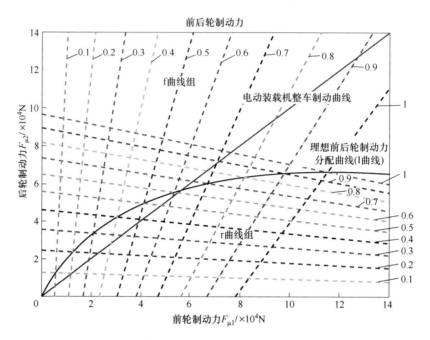

图 4-121　I 曲线下制动强度与前后轮制动力分配曲线

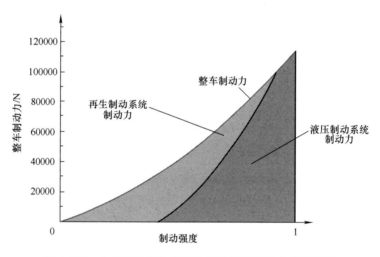

图 4-122　电动装载机电液复合制动系统制动力分配曲线

方法也保证了在不能进行发电机再生制动情况下液压制动系统也能独立完成制动任务，且更加安全可靠，电动装载机电液复合制动系统制动力分配流程如图 4-123 所示。

3. 整车行走再生制动与液压制动系统仿真模型的搭建

使用 AMEsim 进行整车电液复合制动系统的仿真模型搭建，与基于 Matlab/

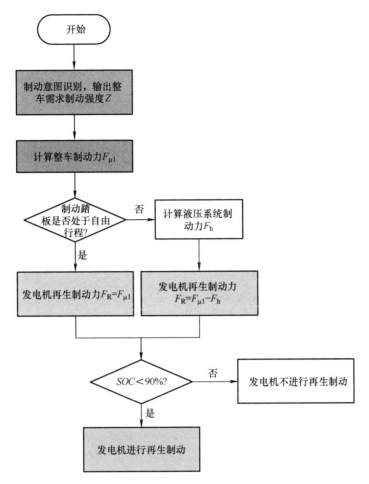

图 4-123　电动装载机电液复合制动系统制动力分配流程图

Simulink 的意图识别决策模型进行联合仿真，仿真系统主要包括四个子模块：意图识别与制动力分配模块、再生制动系统模块、液压制动系统模块、行走动力系统模块。意图识别与制动力分配模块会根据整车驾驶数据，识别当前驾驶的制动意图和制动强度，并做出制动力协同控制的决策；再生制动系统模块将发电机再生制动力矩信号进行接收，通过行走动力系统模块完成能量回收与制动；液压制动系统模块则接收制动踏板位移信号动作，输出油液作用到制动轮缸上，参与整车制动过程。下面对各个子模块进行介绍。

（1）制动意图识别与制动力协同控制模块

图 4-124 所示为所提出的行走再生制动和液压制动协同控制策略 Matlab/Simulink 仿真模块。

由于制动意图识别之后合成的整车强度会随着意图的变化而出现阶梯式变化，不利于提高整车制动平顺性的体验，因此在制动力分配策略的输入部分，采用贝塞

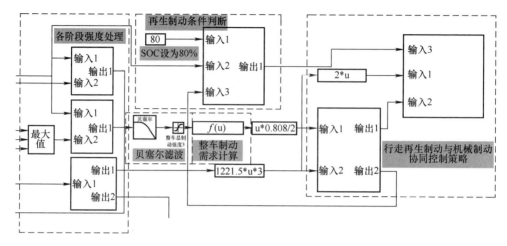

图 4-124　行走再生制动和液压制动协同控制策略模块

尔（Bessel）滤波器进行滤波，通过调试参数与输出波形之间的关系，确定阶数为 3 阶，截止频率为 0.01rad/s，主动转矩 T_n 的传递公式如下：

$$T_n(s) = \frac{B_n(n)}{B_n(s)} = \frac{b_n}{a_0 s^n + a_1 s^{n-1} + \cdots + a_{n-1} s + a_n}, b_n = a_n \qquad (4-152)$$

通过查表法确定对应阶数滤波器的系数 a_i 和 b_i，3 阶贝塞尔低通滤波传递函数为

$$T_n(s) = \frac{15}{s^3 + 6s^2 + 15s + 15} \qquad (4-153)$$

（2）再生制动系统模块

由 4.6.2 节可知，在滑行制动工况，以及松开加速踏板和踩下制动踏板阶段的制动工况下，发电机会进行再生制动能量回收，如图 4-125 所示。当整车进行再生制动时，端口 a 输入的是由意图识别与制动力分配模块计算出的再生制动力矩信号；端口 b 与减速器连接，再生制动转矩由 b 口通过传动系统传递给车辆；端口 c、d 连接动力电池的正负极，将再生制动回收的电能进行存储；动力电池端口 e、f 分别为动力电池工作电压信号和荷电状态。

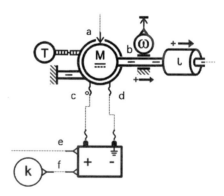

图 4-125　再生制动系统模块

驱动电动机的参数设置为：电动机响应为 0.01s；动力电池选用的是磷酸铁锂电池组，单个电芯电压 2.5V，其中并联电芯 120 个，串联电芯 120 个，共 240 个单体电芯，总电压 600V，额定容量为 220Ah。

（3）液压制动系统模块

由 4.6.1 节可知，制动阀与制动踏板机械连接，通过驾驶员对制动踏板的动作以改变制动阀阀芯位移，从而控制制动压力的大小。制动阀在空行程部分，阀芯未开启。在仿真系统建模中，用一个比例电磁换向阀来模拟制动阀，并将制动踏板位移转换为电流信号，找到空行程与即将开启液压制动的位移临界点，将其设置为电磁阀的开启电流值，建立起制动踏板位移 – 电磁阀电流信号 – 制动压力的关系，如图 4-126、图 4-127 所示。

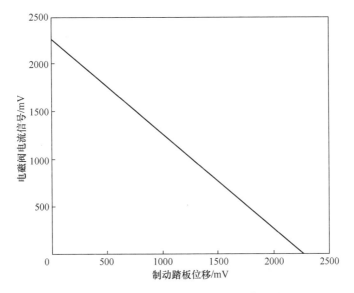

图 4-126　制动踏板位移与电磁阀电流信号关系图

如图 4-128 所示，在液压制动系统模型中，a 点即为制动踏板位移转换成电流值输入给电磁比例方向阀的端口，开启液压制动后，油液经过制动轮缸将液压力转换成摩擦力作用在车轮上。制动轮缸模型主要由带摩擦特性的质量块、单活塞缸、弹簧阻尼器及力传感器组成，力传感器会测出作用在制动盘上的液压系统制动力，并由 b 口传递到轮胎端。

（4）行走动力系统模块

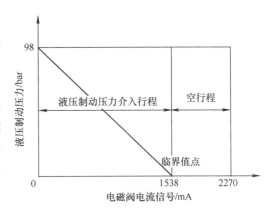

图 4-127　液压制动压力与电磁阀电流信号关系图

根据 4.6.1 节可知，电动机的动力输出经过变速箱、前后驱动桥、轮边轮辋进行传动，最终输出到前后轮上。在建模时，用三个差速器模型将变速箱动力传递到

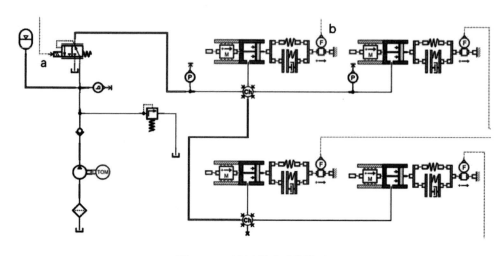

图 4-128　液压制动系统模型

四个轮上，依照装载机传动链设置相应的传动比以实现整车驱动。如图 4-129 所示，a 为变速箱模型；b 为模拟整车传递部件的差速器模型；c 为整车模型，可以设置质量、路面坡度等；d 为轮胎模型，不仅能够接收车身传递过来的力与速度，以及液压制动系统和动力系统的力矩，还能与路面模型 e 进行交互。将上述物理量转化为与路面之间的作用力，同时把路况反馈给车架。

4. 基于制动意图识别的制动力协同控制策略仿真结果分析

（1）联合仿真模型

基于上述意图识别与制动力分配模块、再生制动系统模块、液压制动系统模块、行

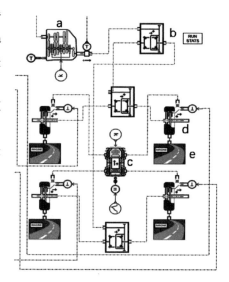

图 4-129　传动系统模型

走动力系统模块，建立起电动装载机电液复合制动系统的 AMESim – Matlab/Simu-link 仿真模型，如图 4-130 所示。在与 AMESim 进行联合仿真时，变量的接口主要有车速、电动机转速、动力电池 SOC、液压制动压力、发电机再生制动转矩需求（发送给电动机指令）、整车液压制动力矩（轮胎端）、正常车再生制动力矩（轮胎端）、制动踏板位移。其他变量如加速踏板位移等则只需在 Matlab/Simulink 模型中输入即可，不需要输出给整机制动系统模型。

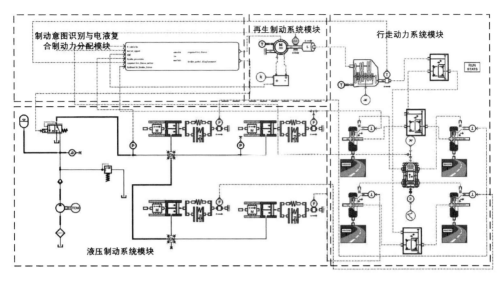

图 4-130　电液复合制动系统的 AMESim – Matlab/Simulink 仿真模型

（2）仿真结果分析

在上述搭建好的电液复合制动系统的 AMESim – Matlab/Simulink 仿真模型中，分别选择低速 3m/s、中速 6m/s、高速 9m/s 三种不同速度工况进行制动力协同控制策略的验证，制动踏板及加速踏板输入均为整车实际工况下的采集数据，而液压制动力则通过制动踏板位移进行换算，由于前后轮力矩相等，此处力矩都为前轮力矩数值。不同车速、制动意图下的仿真结果如图 4-131 ～ 图 4-139 所示。

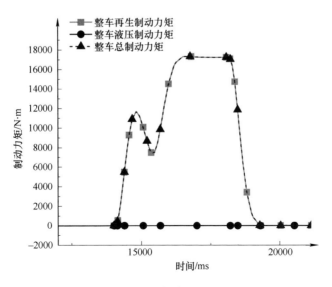

图 4-131　低速轻度制动力矩分配图

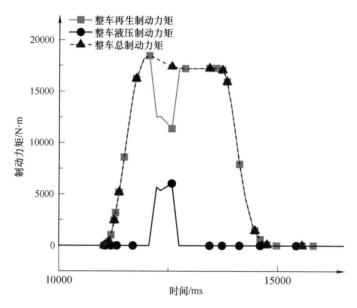

图 4-132 低速中度制动力矩分配图

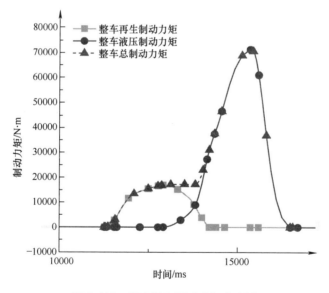

图 4-133 低速紧急制动力矩分配图

通过对上述仿真结果进行分析，可知：

1）再生制动力矩与液压制动力矩此消彼长，尤其是当液压制动力矩波动较大时，再生制动力矩能够进行补偿，如图 4-135、图 4-137 和图 4-138 所示，使整车合成的总制动力矩处于一个较平稳的变化之中，对于提升制动平顺性有积极作用。

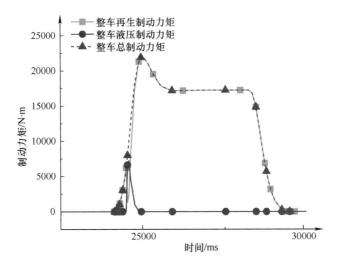

图 4-134　中速轻度制动力矩分配图

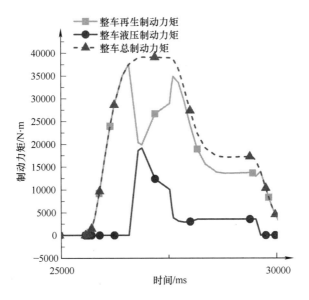

图 4-135　中速中度制动力矩分配图

2）在同一车速工况下，随着制动意图与强度的增大，整车制动力矩也增大；而在同一意图下，随着车速的增大，整车制动力矩也增大。在 4m/s、6m/s 车速的轻度、中度、紧急意图下，同一车速的整车力矩需求有较明显的上升趋势，而在高速 12m/s 工况下，由于车速较大，在相同的轻度与中度意图下整车的制动力矩几乎相同，而在紧急意图下有较明显增大。

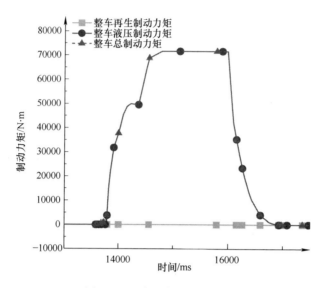

图 4-136 中速紧急制动力矩分配图

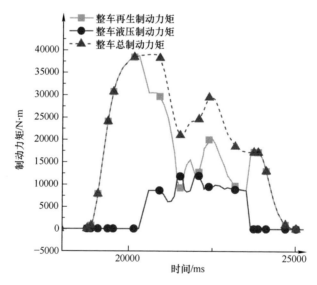

图 4-137 高速轻度制动力矩分配图

3）随着制动意图与制动强度的增大，液压制动力矩的介入程度也越来越大。在 4m/s 的轻度制动意图下，液压制动系统不参与整车制动，制动力全部由发电机再生制动力提供；在 6m/s 的紧急制动意图和 12m/s 的紧急制动意图下，发电机再生制动系统几乎不参与整车制动，制动力全部由液压制动力矩提供；在其他工况下则由发电机再生制动系统与液压再生制动系统共同参与进行制动。

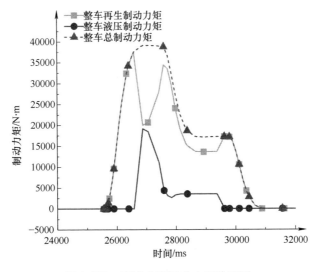

图 4-138　高速中度制动力矩分配图

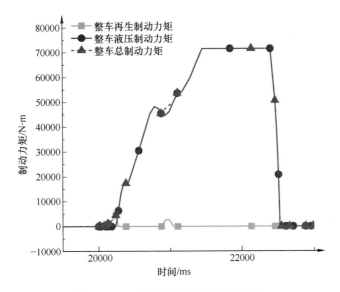

图 4-139　高速紧急制动力矩分配图

4.6.4　试验平台搭建与试验

前文在基于 AMESim – Matlab/Simulink 联合仿真平台上建立了基于制动意图识别的复合制动系统模型，并对意图识别有效性及制动平顺性进行了仿真分析。由于仿真过程中的一些模型设置较为理想化，在实车上的应用效果还需要进一步验证，因此，对 5t 电动装载机制动系统进行设计，并通过搭建样机对提出的控制策略进行试验研究。

1. 试验平台搭建

（1）样机搭建方案设计

为了进一步研究和验证所提出的基于制动意图识别的行走再生制动和液压制动协同控制策略的可行性，设计了 5t 电动装载机电液复合制动系统原理图，如图 4-140 所示，整个方案主要包括三个模块：

1）行走再生制动系统模块：整机采用磷酸铁锂动力电池配备相应的电池管理系统（BMS），作为整机能量存储单元，通过高压管理单元对分配到行走动力系统和液压系统的动力进行管理，再经由行走电机控制器（MCU1），液压系统电机控制器（MCU2）分别驱动行走电动机和主泵电动机，完成行走动力系统和液压系统的动力输送。与行走电动机直连的定轴式动力换挡变速器通过前后驱动桥驱动四轮

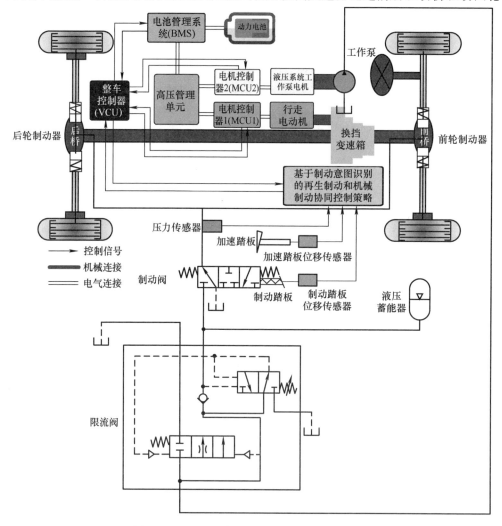

图 4-140　5t 电动装载机复合制动系统原理图

实现电动装载机的行走功能。

2）液压制动系统模块：液压制动系统主泵电机驱动工作泵供压，当制动踏板位移处于再生制动行程时，所连接的比例制动阀处于左位或中位，液压制动未开启；当制动踏板行程超过再生制动自由行程时，制动阀开启，制动压力随制动踏板位移增加而比例增大，推动前后轮制动器进行液压制动。

3）再生制动控制策略模块：通过安装在加速踏板、制动踏板上的位移传感器、安装在制动阀出口的压力传感器及整车控制器（VCU），采集制动意图识别参数信号，进行意图识别与制动力协同控制，通过 VCU 控制行走电动机进行再生制动或退出再生制动。

根据所提出的整机再生制动能量回收系统方案及所确定的相关元件参数，完成5t 电动装载机的样机搭建，图 4-141 所示为 5t 电动装载机系统结构图，图 4-142所示为搭建完成的样机。

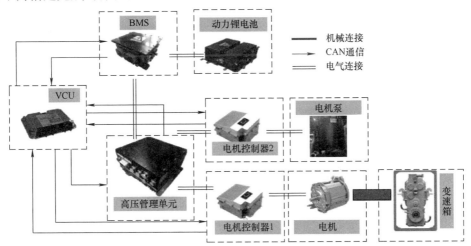

图 4-141 5t 电动装载机系统结构图

（2）试验样机软件程序设计

根据测试样机功能需求，明确整机各系统及各部件之间节点信号的收发，选择 CAN 总线网络进行通信，实现了各模块间的数据交换，整机控制器选用 TTC60。CAN 总线即控制局域网总线，是一种实时的串行通信协议，具有应用范围广、传输可靠性高、灵活性高等优点。CAN 总线以

图 4-142 5t 电动装载机样机

广播的形式发送报文，控制信号和整车参数数据就排布在报文中，不同节点都具有处理器和 CAN 总线接口控制器，以对总线上的报文进行应答，因此，需要根据控

制策略及整车运行的需求功能制定相应的通信协议。

采用 CoDeSys 来完成 CAN 通信协议的制定和整机控制策略的编写，程序包括：电动装载机 CAN 通信模块、基本功能模块、控制策略试验模块、整车上下电模块、故障诊断模块、功率限制模块。

控制策略试验模块是整车进行基于制定意图识别的行走再生制动和液压制动协同控制策略验证的主要模块，如图 4-143 所示。在对意图识别参数和输出控制信号

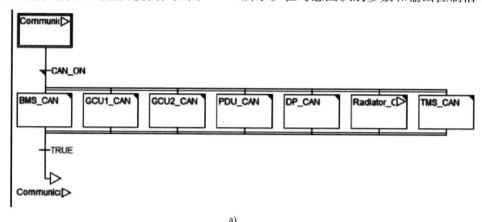

a)

b)

图 4-143　CoDeSys 控制策略试验模块

进行报文封装之后，编写每个模糊控制器的输入输出变量及每个集合的隶属度函数，对每个意图识别的输入进行激活规则判断，运用 Mamdani 推理法进行推理，模糊蕴涵推理过程如图 4-144 所示。

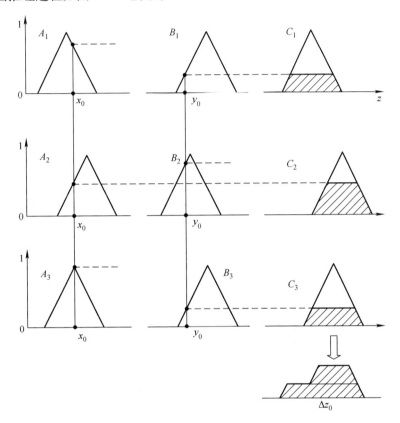

图 4-144　MIN－MAX－重心法

在解模糊过程中，采用总和重心解模糊方法，为了降低编写的复杂性并进行理想化处理，将每一个隶属度函数所包围的面积视作对称图形，采用单点代替三角形、梯形模糊合集，每条激活规则的重心即在中心线上，即每条规则中心所对应的横坐标为输出集合元素，将所有激活规则的隶属度函数与输出集合元素加权平均，这种单点法简化了解模糊过程，计算如式（4-154）所示：

$$u_{FC}(x_k, y_k) = \frac{\sum\limits_{i=1}^{r} u_{ci} \cdot \mu_{FRi}(x_k, y_k, u_{ci})}{\sum\limits_{i=1}^{r} \mu_{FRi}(x_k, y_k, u_{ci})} \tag{4-154}$$

式中，$u_{FC}(x_k, y_k)$ 是模糊控制器的输出精确值；u_{ci} 是模糊集合元素；$\mu_{FRi}(x_k, y_k, u_{ci})$ 是元素的隶属度函数。

（3）试验方案设计

电动装载机 SOC 为 65%，处于可进行能量回收并存储到动力电池的状态，测试场地面积满足循环作业试验要求，长度满足制动等试验要求，按照车速、制动踏板位移、踩踏板的速度可组合出 9 种不同的工况，基本上覆盖了所有可能出现的工况，试验方案见表4-17。除此之外，将搭建好的 5t 电动装载机样机以 V 形作业方式进行四个循环铲装作业试验，研究电动装载机在实际作业下的能量回收情况。

表 4-17 制动踏板工况组合

车速/(m/s)	意　　图		
4	轻度	中度	紧急
7	轻度	中度	紧急
12	轻度	中度	紧急

2. 试验及结果分析

（1）基于驾驶员制动意图识别的控制策略试验研究

图4-145、图4-146 和图4-147 所示为制动意图识别试验结果，在整个试验中，采集到的整车制动强度范围为 0 ~ 0.93。在 4m/s、7m/s 工况下，三种不同制动意图下的强度具有较明显的区别，强度随着意图增大而增大。在 4m/s、12m/s 工况时，轻度意图下强度输出的时间持续最久，紧急意图下强度输出的时间最短，而中度意图下强度输出的时间介于两者之间，较好地实现了不同制动意图下的制动需求，而由于车速对于制动强度的放大作用，在 12m/s 下，轻度和中度制动意图下的强度差别略小。

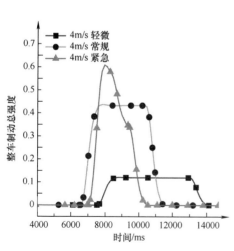

图 4-145　4m/s 不同意图工况下制动强度

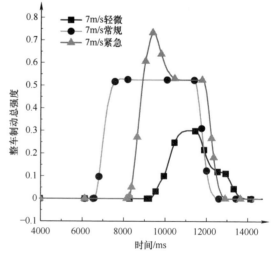

图 4-146　7m/s 不同意图工况下制动强度

（2）行走再生制动和液压制动协同控制策略试验研究

图 4-148、图 4-149 和图 4-150 所示为行走再生制动和液压制动协同控制策略试验结果，分别为 4m/s、7m/s、12m/s 车速及不同意图下的制动踏板位移、加速踏板位移、整车总制动力矩、整车再生制动力矩、整车液压制动力矩即机械制动力矩曲线图。

通过对以上试验结果曲线进行分析可知：

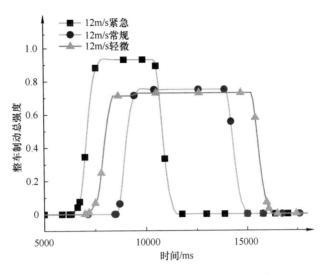

图 4-147　12m/s 不同意图工况下制动强度

1）在上述 9 种工况中，通过加速踏板和制动踏板位移可以看出，即使是同一个驾驶员，松开加速踏板和踩下制动踏板阶段的制动习惯也不尽相同。在 7m/s 速度工况时，当驾驶员进行轻度、中度制动时，是加速踏板完全松开之后再踩下制动

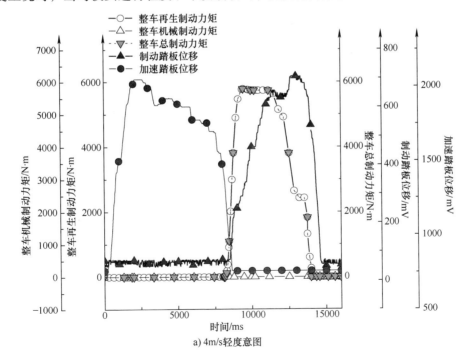

a) 4m/s 轻度意图

图 4-148　4m/s 速度下不同意图的制动力分配情况

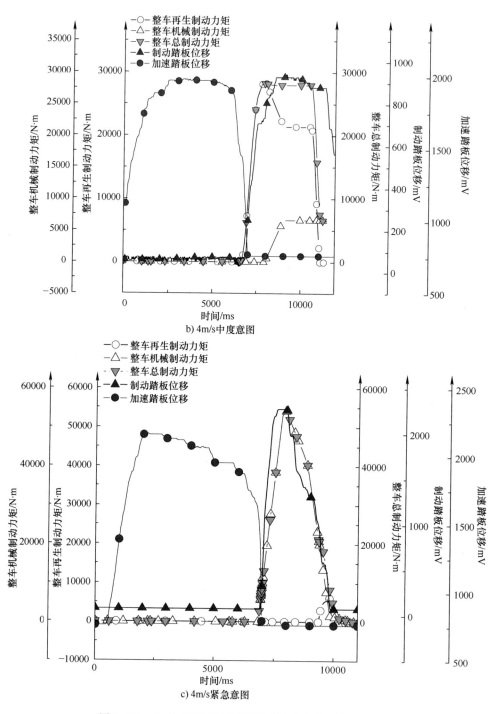

图4-148　4m/s 速度下不同意图的制动力分配情况（续）

踏板；而在紧急制动意图时，松开加速踏板和踩下制动踏板阶段有重合部分，若在前两种情况下，在加速踏板下放阶段即可进行减速意图识别并输出再生制动力矩，能够在还未踩下制动踏板阶段提前进行制动，本次试验中最大提前了 0.3s。

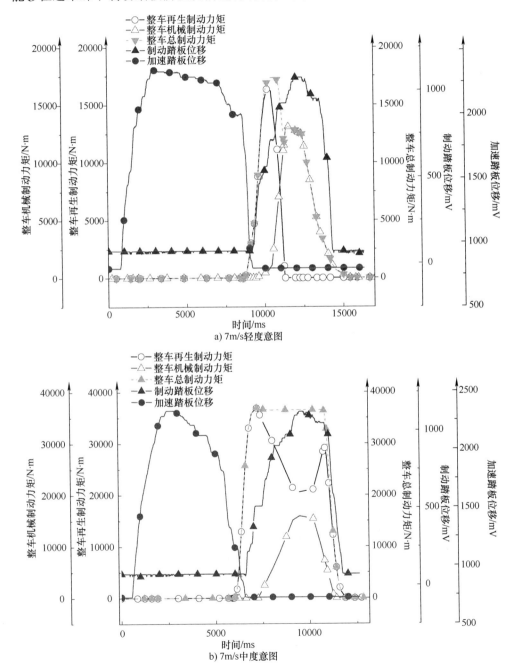

图 4-149　7m/s 速度下不同意图的制动力分配情况

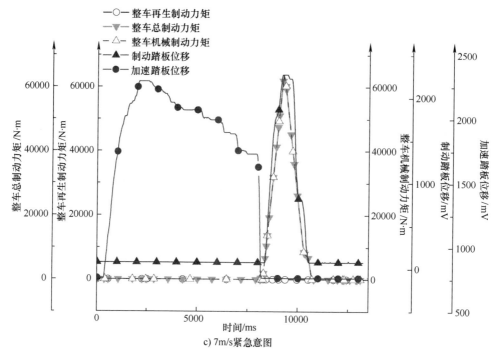

c) 7m/s 紧急意图

图 4-149   7m/s 速度下不同意图的制动力分配情况（续）

2）总体来看，在制动意图识别及制动力分配上，基本与联合仿真结果相符，能够随着车速、意图的增大而实现整车制动力矩的增大，且再生制动力矩是对液压制动力矩进行的补充，可使整车总制动力矩变化较为平稳。

（3）能量回收效果研究

为了探究行走再生制动和液压制动协调控制策略的能量回收效果，需要先对电动装载机再生制动能量回收过程中的能量流进行分析，如图 4-151 所示。

在作业场地上，电动装载机在循环工况下运行时，行走再生制动系统输出的总驱动能量为 E_d，由空气阻力、滚动阻力等行驶阻力 E_f 消耗后得到整车的动能 E_k。当车辆制动时，整车动能减少量为 E_k，克服行驶阻力消耗的能量 E_f 后得到整车最大理论制动能量 E_{tb}，一部分通过制动系统消耗转化为热能形式散失，一部分在能量传递的过程中损耗，这个过程中是以机械能形式传递的制动能量。剩余的部分通过电动/发电机进行再生制动，得到发电机回收的制动能量 E_{mb}，这部分能量经过电机控制器整流之后得到回收可用的制动能量 E_{br}，E_{mb} 一部分会被整车进行利用，即回收后用于整车的能量 E_{rd}，这个过程能量是以电能形式进行传递的，另一部分则以化学能的形式存储到动力电池中，下次又能为整车供能。

在这条路线中，存在多个能量状态及不同能量状态的比值，循环工况下的整车

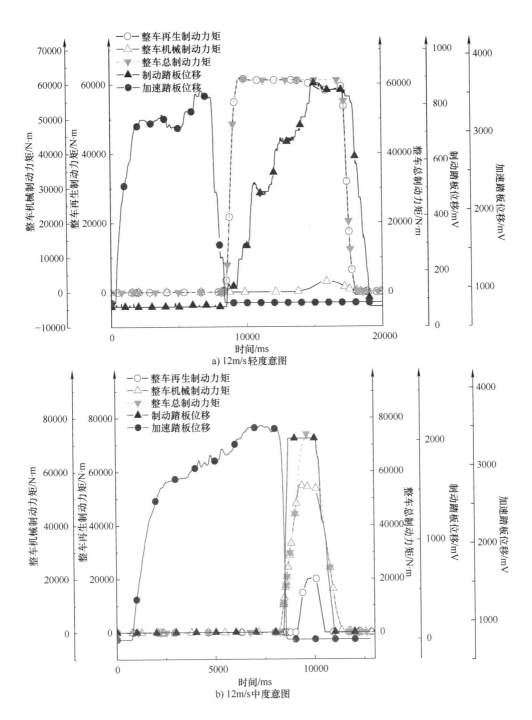

图 4-150 12m/s 速度下不同意图的制动力分配情况

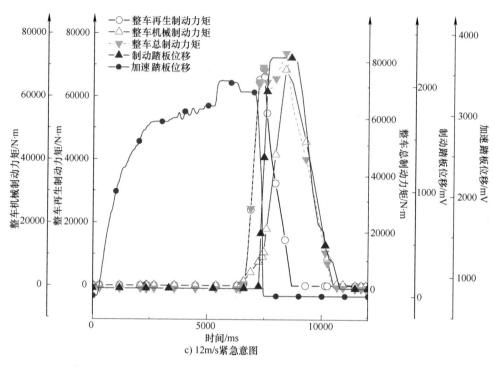

图 4-150　12m/s 速度下不同意图的制动力分配情况（续）

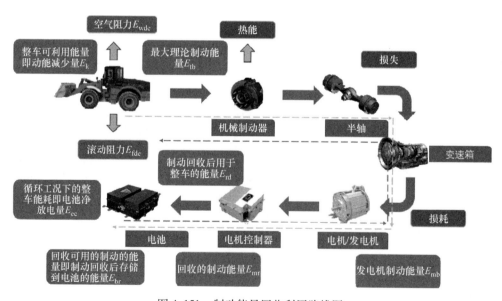

图 4-151　制动能量回收利用路线图

能耗 E_{ec}、动能减少量 E_k、最大理论制动能量 E_{tb}、发电机制动能量 E_{mb}、回收可用的制动能量 E_{br}，均反映了不同传递节点的总能量。在建立制动能量回收效率指标成分时，由于行驶阻力所消耗的能量无法被回收，因此，动能减少量 E_k 减去 E_f 后的剩余动能作为理论上可回收的最大行走制动能量，也即表中的 E_{tb}，因此 E_{tb} 比 E_k 更适合作为分母。而再生制动回收可直接被利用和存储的能量是回收可用的制动能量 E_{br}，由于 E_{br} 与发电机制动能量 E_{mb} 传递过程中的能量损失非常小，故直接用发电机制动能量 E_{mb} 作为分子。两者比值 η_{bd} 是反应制动能量回收效率最合适的指标。表 4-18 所示为制动能量回收情况指标。

表 4-18　制动能量回收情况指标

名称	说明	计算式
整车可利用能量即动能减少量 E_k	制动过程中整车的动能减少量	$E_k = \dfrac{1}{2}m(v_1^2 - v_2^2)$
最大理论制动能量 E_{tb}	理论上可供回收的最大制动能量，等于整车动能减少量减去行驶阻力消耗的能量后所剩余的能量	$E_{tb} = E_k - E_{fde} - E_{wde}$
发电机制动能量 E_{mb}	可通过发电机制动进行回收的能量	$E_{mb} = \dfrac{\int T_{de} n_{de} \mathrm{d}t}{9550}$
制动可回收率 η_k	制动过程中发电机制动能量 E_{mb} 占整车动能变化量 E_k 的百分比	$\eta_k = \dfrac{E_{mb}}{E_k}$
制动回收效率 η_{bd}	发电机制动能量 E_{mb} 与最大理论制动能量 E_{tb} 的比值	$\eta_{bd} = \dfrac{E_{mb}}{E_{tb}}$
循环工况下的整车能耗 E_{ec}	对应循环工况下动力电池的净放电能量	$E_{ec} = \dfrac{\int UI \mathrm{d}t}{1000}$

根据上述指标进行制动能量回收效果计算，4 个循环工况下的计算结果见表 4-19。

表 4-19　制动能量回收能量状态及指标计算值

项目	循环 1	循环 2	循环 3	循环 4
整车可利用能量 E_k/kJ	389.23	370.51	364.27	451.44
最大理论制动能量 E_{tb}/kJ	249.48	234.76	228.53	315.70
发电机制动能量 E_{mb}/kJ	170.40	165.04	163.72	191.88
循环工况下的整车能耗 E_{ec}/kJ	2816.71	3043.13	2699.88	2532.93
制动可回收率 η_k(%)	43.78	44.50	44.94	42.50
制动回收效率 η_{bd}(%)	68.3	70.3	71.64	60.78

为了更加直观地了解能量回收情况，做了如图 4-152 所示的柱状图和折线图。

从 4 个循环中可知，制动可回收率 η_k 都在 42.50% 以上，制动回收效率 η_{bd} 都在 60.78% 以上，最大达到了 71.64%，再生制动能量回收情况比较稳定，相比于

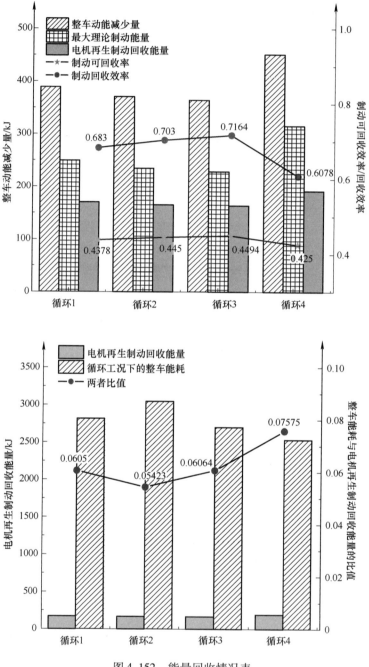

图 4-152 能量回收情况表

没有进行再生制动的装载机来说，在一个循环工况的整车能耗下，最大能节约7.58%的能量，有一定程度提高了整车的经济性，长期使用能够进一步增加电动装载机的续驶里程，实现了节约能源、保护环境的目的。

4.7　案例 4：卷扬势能电气式能量回收系统

4.7.1　电动卷扬驱动与能量再生系统方案设计

图 4-153 所示为电动卷扬驱动与能量再生系统方案。电气部分由电网对主电动机供电；由 CAN 总线完成各个控制单元之间的通信；由整车控制器接收来自操作人员的信号意图及接收、处理各个控制单元信号并对其发出控制指令。图 4-154 所示为采用液压站提前打开卷扬减速器内的制动器以便电动/发电机正常工作。机械传动部分采用电动机直驱卷扬的方案，由卷扬减速机实现重物升降运动。

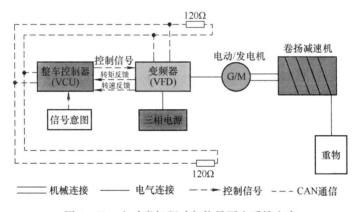

图 4-153　电动卷扬驱动与能量再生系统方案

（1）电动卷扬驱动与能量再生系统结构设计

如图 4-155 所示，在单根立柱上焊接一个可旋转的吊臂，当需要进行势能回收试验时将旋转吊臂旋转至指定位置，将绳索从电动机 – 卷扬减速机依次穿过单柱滑轮、旋转吊臂滑轮与重物连接进行升降试验。

（2）电动卷扬驱动与能量再生系统特色

针对所提出的电动卷扬驱动与能量再生系统方案，提出了一种电动卷扬驱动与能量再生系统控制策略，通过判断操作意图进行卷扬升降或停止运动，通过制动电阻消耗重物的势能。

4.7.2　基于电动卷扬驱动与能量再生系统控制策略

电动卷扬驱动与能量再生系统控制策略如图 4-156 所示，对来自于电机控制器、传感器、动力电池控制器及操作意图的信号由上车控制器通过 CAN 总线收集并进行处理，处理目的主要是判断卷扬的运动状态及运行速度，其中卷扬驱动重物上升时由电网提供电能使卷扬起升，卷扬下放时由制动电阻消耗能量。

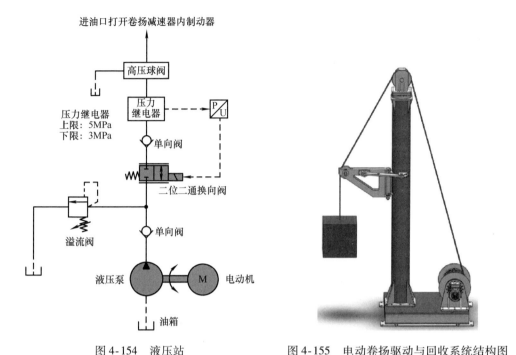

图 4-154 液压站　　　　　　　　图 4-155 电动卷扬驱动与回收系统结构图

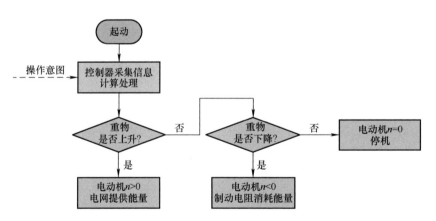

图 4-156 电动卷扬驱动与能量再生系统控制策略

4.7.3 电动卷扬驱动与再生仿真

利用 AMESim 搭建的电动卷扬驱动与能量再生系统仿真模型如图 4-157 所示。

（1）阶跃速度信号系统动态特性

如图 4-158 所示，整车控制器给电动机输出阶跃速度信号，启停时刻电动机转速存在波动，但在电动机转矩的快速响应下其转速能快速稳定下来；同时如图 4-159 所示重物升降时在启停时刻亦存在速度波动，但速度会快速稳定下来故其位移较为稳定。

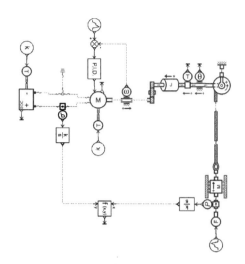

图 4-157 电动卷扬驱动与能量再生系统仿真模型

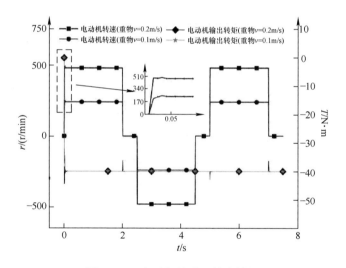

图 4-158 电动机转速、输出转矩

（2）斜坡速度信号系统动态特性

同理斜坡速度信号如图 4-160 所示，整车控制器给电动机输出斜坡速度信号，启停时刻电动机转速存在波动，但在电动机转矩的快速响应下其转速能快速稳定下来；同时如图 4-161 所示重物升降时在启停时刻亦存在速度波动，但速度会快速稳定下来故其位移较为稳定。

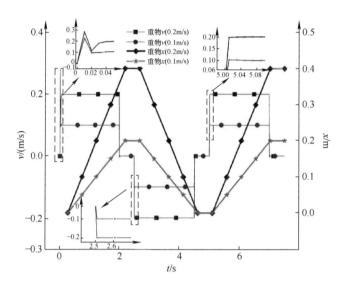

图 4-159　重物升降速度、位移

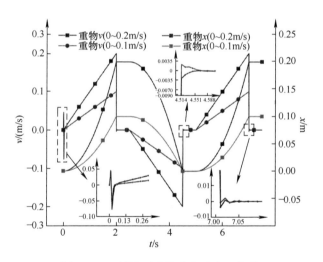

图 4-160　斜坡下重物升降速度、位移

4.7.4　电动卷扬驱动与再生试验

（1）电动机阶跃速度和斜坡速度试验与仿真对比

如图 4-162、图 4-163 所示，整车控制器给电动机阶跃速度和斜坡速度信号后，试验时电动机的动态特性相较于仿真而言有一定的偏差，主要体现在启停时电动机速度的响应时间有一定的滞后，以及速度跟随性有一定的偏差。

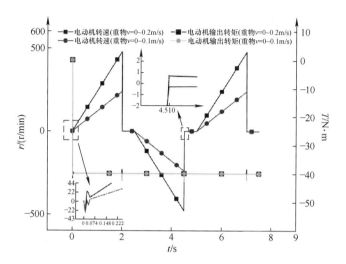

图 4-161　斜坡下电动机转速、输出转矩

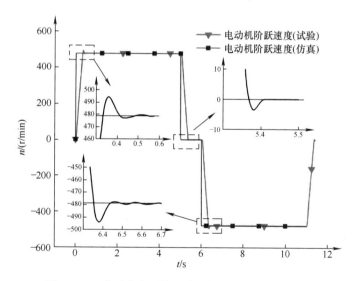

图 4-162　阶跃速度下的电动机转速试验、仿真对比

（2）重物在电动机阶跃速度和斜坡速度下的位移

图 4-164 所示为在电动机分别提供阶跃速度信号和斜坡速度信号下重物的升降位移情况，可见相较于斜坡速度信号，在阶跃速度信号下重物的位移更稳定，抖动更小，其原因是在电动机低速时控制性相对较差故会导致斜坡速度信号低速阶段重物的运动特性相对较差。

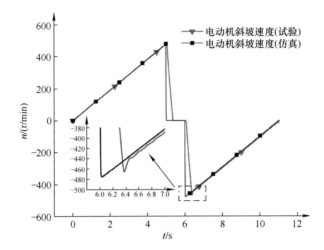

图 4-163　斜坡速度下的电动机转速试验、仿真对比

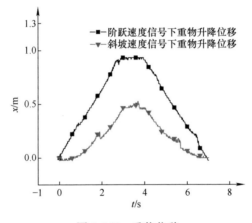

图 4-164　重物位移

第5章　四象限泵能量回收与再释放关键技术

基于四象限液压泵的节能技术主要用于液压混合动力系统和能量回收技术。由于四象限液压泵的排量响应不高（100ms）且四象限液压泵自身为旋转元件，因此，主要适用于旋转运动的负值负载且对频响要求不高的场合。其中，大型重载工程机械最为典型的代表为起重机、旋挖钻机和大型挖掘机（30t以上）等。

作为工程机械的重要组成机种，汽车起重机和旋挖钻机均具有类似的频繁的卷扬吊重作业工况，汽车起重机还具有道路行驶工况。该类机型系统复杂，能耗高，其节能技术是核心竞争力的重要体现。与起重机类似，旋挖钻机在作业过程中，主卷扬下放非常频繁，会释放出大量的势能。对主卷扬下放过程中的势能进行回收是旋挖钻机节能降耗的一项有效措施。目前，德国宝峨公司、三一重工股份有限公司、徐工集团工程机械股份有限公司等企业已在旋挖钻机势能回收领域先行一步，通过搭载闭式主卷扬液压系统，可使整机燃油消耗降低30%。

卷扬系统是起重机、旋挖钻机等工程装备中重要的工作装置，用于完成重物的提升、下放等。与其他负值负载相比，卷扬驱动最大的特点是：①可回收能量较多。与液压缸驱动势能相比，卷扬驱动的吊装速度范围宽，约为0.01～2.5m/s，可以频繁地将几吨至上百吨的货物在较大的垂直距离内进行提升和下放，势能大且持续时间较长；②控制复杂。绳索具有一定的柔弹性，且绳索只能受拉而不能受压，必须时刻保证绳索上的张力为正，方可保证牵引物的有效控制；③全工作范围重物下放速度的平稳性。起升卷扬要求吊装启停无冲击，运行平稳。重载时，卷扬驱动为大转矩低转速；轻载或空载时，卷扬驱动为小转矩高转速；④具有微调功能。利用吊装对各大型部件进行安装定位和连接固定时，常需要反复微调操作，并保证微调时平稳、精准且在停止或起动时主钩不会自动下滑。

5.1　案例1：旋挖钻机卷扬势能四象限泵能量回收与再释放技术

如图5-1所示，工程机械各重物执行机构及负载惯性较大，且在大部分工作场合中上下升降频繁。在重物下放时，具有很大的势能，若能将这部分能量回收并加以再利用，可提高工程机械的能量利用率，从而降低整机能耗。传统工程机械难以对这部分能量进行回收、存储和再利用，不仅造成了能源的浪费，还会引起发热、噪声、振动和寿命降低等危害。在工程机械中引入液压混合动力系统后，由于动力系统中具备液压蓄能器等储能装置，易于实现能量的回收和存储。

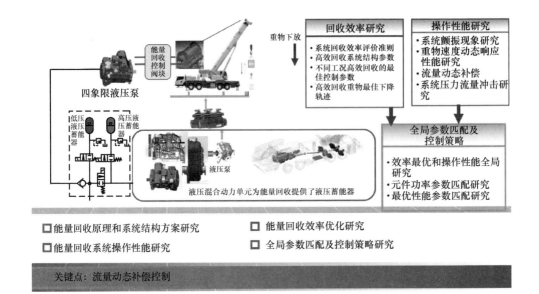

图 5-1 势能回收和释放技术

5.1.1 旋挖钻机能耗分析和卷扬势能回收方案

1. 卷扬升降过程能量分析

（1）能量流向

旋挖钻机卷扬系统在频繁升降过程中，载荷负载力与运动方向是否一致将决定载荷运动过程中的能量流向变化。

当卷扬上升时，发动机需要提供能量以带动载荷提升，而从发动机端输出的功率，将通过卷扬液压系统和卷筒机械结构最终实现载荷驱动，如图 5-2 所示。因此可以得知发动机端输出的能量将在三个不同的地方进行能量损失，一部分将在液压传递中损失，一部分将在机械传递中损失，剩下部分则会抵消载荷的势能做功。

图 5-2 载荷上升过程中的能量流向图

当卷扬下放时，载荷所释放的势能首先通过卷筒机械结构将能量传至卷扬液压马达处，通过卷扬液压系统实现对发动机端做功。由于卷扬驱动单元采用闭式泵控系统，避免了大量液压能在平衡阀等阀口处转化为热能消散，但会产生对发动机的负功率输入，最终的能量流向如图 5-3 所示。

针对上述卷扬升降过程中能量流向的分析，依靠载荷自身重力进行卷扬下放工况，虽然能够有效实现对发动机做功以降低发动机的功率输出，但无法保证发动机

图 5-3　闭式系统载荷下放过程中的能量流向图

的正常工作，会影响系统的安全性能。因此，在实际工程领域研究中，仍然会在闭式系统中加入平衡阀或者通过发动机处的负载端进行能量消耗。但无论是哪种方式，均未能最大化地利用载荷下放所释放的势能。因此，在节能减排的基础上，要综合考虑系统的操控性和节能性两方面，以保证系统的整体稳定和发动机的正常工作状态。

（2）能量损失

根据上述卷扬升降过程中能量流向的分析，可以得到卷扬系统作业过程中，存在以下三个方面的能量损失：

1）柴油发动机能量损失。

现有的柴油发动机，虽然仍存在着燃烧不充分造成环境污染等缺点，但考虑使用柴油发动机功率大、转矩大、燃油经济好等特点，目前动力源仍多采用柴油发动机。

同时，各学者为了让发动机保持较大的能量利用率，提出了让发动机工作在最佳燃油效率区的一系列控制策略，使发动机工作点得到了稳定控制。

2）液压传动系统能量损失。

在卷扬升降过程中，液压传动系统通过能量转换元件（如液压泵和液压马达等）和能量传输元件（如液压阀和管道等）实现了能量的转化和传输。该过程必定会伴随着一定的能量损失，包括能量转化元件在实现机械能和液压能相互转化过程中的泄漏和摩擦、液压油在管道输送过程中的沿程压力损失和局部压力损失、液压油经过液压阀造成的阀上压降损失等均是液压传动系统中的能量损失。

3）机械传动机构能量损失。

卷扬系统中的能量在卷筒机械结构处进行能量传递将会产生机械损失，其损失是无法避免的，若要降低该环节的能量损失，可选用机械效率更高的元件，同时通过添加润滑油降低机械元件接触部位的能量损失。此外，受载荷下放过程工况变化与卷筒转速变化等影响，机械传动效率也会随之变化，但整体应可保持在一个稳定波动范围内。

2. 典型的卷扬势能回收方案

（1）流量耦合式

图 5-4 所示为流量耦合式能量回收方案。流量耦合式能量回收是在主泵处实现将回收能量转化为系统流量并进行辅助作用，其关键点在于让液压蓄能器接入卷扬驱动系统的主泵进口处，并即时转化为辅助主泵的输出流量，可有效降低发动机的功率输出以减少系统的能量损失。

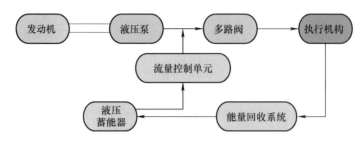

图 5-4　流量耦合式能量回收方案

　　大连理工大学王欣团队根据起升机构提出了一种流量耦合式的能量回收系统，如图 5-5 所示。该方案在驱动液压马达处接入由液压蓄能器、单向阀、换向阀等组成的能量回收系统，其中液压蓄能器回收的能量释放至液压泵共同驱动卷扬起升，可降低系统功率输入。

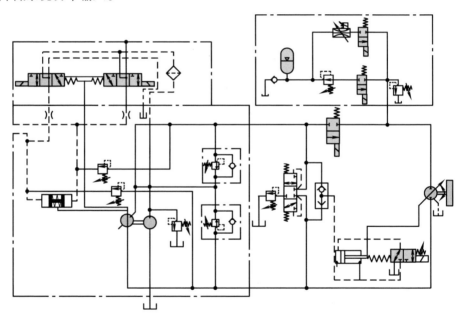

图 5-5　流量耦合式能量回收系统原理图

　　（2）转矩耦合式

　　图 5-6 所示为转矩耦合式能量回收方案。转矩耦合是指液压二次元件与发动机进行转矩耦合共同提升负载。与流量耦合式能量回收系统相比，转矩耦合的方式具有如下优点：①液压蓄能器单独回路，不影响主回路性能，同时液压蓄能器储存能量可以完全释放；②液压蓄能器回收的能量可以在执行机构耗能时辅助发动机以减少其输出功率。

　　（3）含有平衡结构式

　　图 5-7 所示为含有平衡结构式的能量回收方案。在原有驱动液压马达基础上增

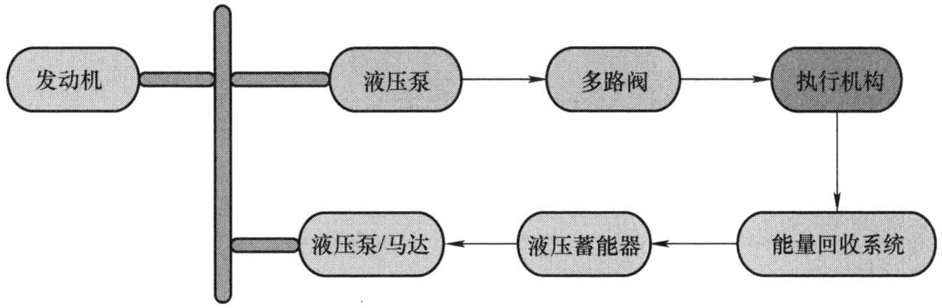

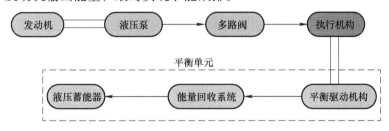

图 5-6　转矩耦合式能量回收方案

加了一个独立的平衡液压泵/马达，并与液压蓄能器联通。原有驱动液压马达与平衡液压泵/马达刚性连接，通过动力耦合共同驱动负载。通过平衡液压泵/马达能够平衡大部分由负载端带来的转矩波动，可以大大降低原驱动液压马达的输出功率，有效减少发动机输出能量，最终实现节能减排。

图 5-7　含有平衡结构式的能量回收方案

大连理工大学王欣团队同样也提出了一种液压节能系统，如图 5-8 所示，该系统由系统主回路和液压式能量回收系统构成的节能回路组成，其节能回路和系统主回路在负载端串联，在将势能储存后，可关闭发动机，当负载所需能量较小时，仅节能回路工作。

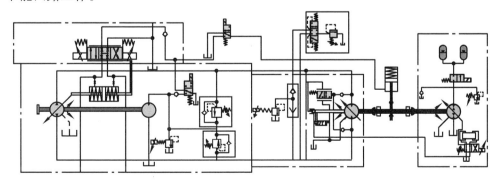

图 5-8　平衡单元能量回收系统原理图

图 5-9 所示为含有平衡单元的转矩耦合式能量回收系统，为编者所提出的能量回收方案。改变了原有平衡结构在负载端的机械耦合，通过动力耦合箱，实现了在

发动机端的机械耦合，同时卷扬驱动系统和平衡系统均通过四象限液压泵/马达进行能量转化，将回收的势能通过机械能直接用于降低发动机输出功率，以减少能量转化环节。

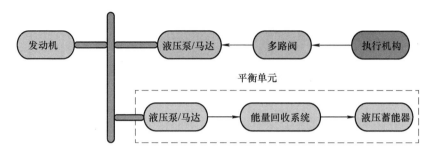

图 5-9 含有平衡单元的转矩耦合式能量回收系统

3. 四象限泵能量回收系统

图 5-10 所示为卷扬势能回收系统结构图。

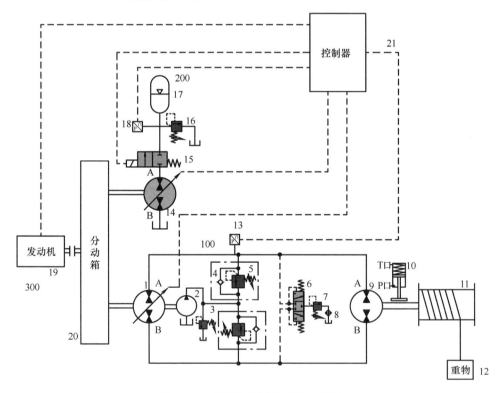

图 5-10 卷扬势能回收系统结构图

1—闭式双向变量液压泵/马达 2—补油泵 3、7、16—溢流阀 4—安全阀 5—单向阀 6—冲洗阀
8—散热器 9—卷扬液压马达 10—起升制动液压缸 11—卷筒 12—钻具 13、18—压力传感器
14—开式双向变量液压泵/马达 15—电磁阀 17—液压蓄能器 19—发动机 20—分动箱 21—控制器

图 5-10 中，1 ～ 10 为卷扬驱动单元 100；14 ～ 18 为能量平衡回收单元 200；11、12、19、20、21 为动力传动控制单元 300。根据结构图，对系统做以下说明：

1）选取液压蓄能器 17 与开式双向变量液压泵/马达 14 作为能量平衡回收单元主要元件，同时发动机 19、闭式双向变量液压泵/马达 1 和开式双向变量液压泵/马达 14 通过分动箱 20 实现机械同轴相连，即能量平衡回收单元利用转矩耦合为卷扬驱动单元实现平衡回收与辅助动力源作用。

2）通过电磁阀 15 控制液压蓄能器 17 充能与放能状态切换。

3）控制器 21 对发动机的反馈转速、反馈转矩信号、压力传感器压力反馈信号、流量传感器流量反馈信号、液压驱动执行器信号等进行采集和数据处理，对各驱动工况及能量回收方式进行判断。同时，由执行器执行制定的控制策略，对发动机 19、电磁阀 15 等发出控制信号，从而控制发动机 19、闭式双向变量液压泵/马达 1、开式双向变量液压泵/马达 14 输出动力、电磁阀 15 的阀芯位移，以实现各驱动工况及能量回收方式。

4）当油液温度过高时，可以通过冲洗阀 6 及散热器 8 等使高温油液流回油箱进行冷却；同时卷扬驱动单元中连接了两个安全阀 4，起到了一定的保护作用。

（1）系统实际工作流程

1）手柄传递下放的信号，转换成为闭式双向变量液压泵/马达 1 的排量信号，此时液压泵/马达处于液压马达工况，卷扬液压马达处于泵工况，重物开始下放。

2）卷扬下放工况。由发动机 19 输出动力，卷扬液压马达 9 工作在泵工况，闭式双向变量液压泵/马达 1 工作在液压马达工况，此时卷扬液压马达 9 负载侧的压力油会反作用于闭式双向变量液压泵/马达 1 并形成一定的反拖转矩，反作用于发动机 19 的输出转矩上，减少发动机 19 的负载率，节省燃料消耗，同时控制器 21 接受发动机转速控制信号，当转速出现失速现象时，调节开式双向变量液压泵/马达 14 排量信号，驱动其工作在液压马达模式，同时控制器 21 判断液压蓄能器 17 是否处于可回收状态以进行能量回收。

3）卷扬起升工况。由发动机 19 输出动力，卷扬液压马达 9 工作在液压马达工况，闭式双向变量液压泵/马达 1 工作在泵工况，发动机 19 驱动闭式双向变量液压泵/马达 1 输出油液，此时当控制器检测到液压蓄能器 17 存在可释放能量时，使电磁阀 15 得电，驱动开式双向变量液压泵/马达 14 工作在泵模式，减少发动机 19 负载率，以节省燃料消耗。

通过上述工作原理分析可知，该能量回收系统具有如下特点：

1）通过控制器信号采集系统，检测液压泵/马达两腔压力、液压蓄能器压力、发动机转速等信号，根据新型能量回收系统的控制策略，控制器输出目标控制信号，实现能量回收模式，满足了各种工况的需求。

2）能量平衡回收单元不仅有效回收了卷扬下放势能，而且避免了转速失速现象，降低了发动机的损耗概率，吸收了系统的压力冲击。

3）卷扬势能回收系统整体结构相对简单，利用四象限液压泵/马达实现了势能与液压能的相互转化，能够避免过多的能量转化环节，降低了频繁转化过程导致的能量损失，可有效提高系统的能量利用率。

（2）卷扬势能回收系统能耗分析

1）四象限液压泵/马达能耗分析。

系统中闭式双向变量液压泵/马达和开式双向变量液压泵/马达均为四象限液压泵/马达，均具有泵工况和液压马达工况特性。从四象限液压泵/马达内部结构的能耗分析出发，假设四象限液压泵/马达存在轴向活塞机构的容积损失和机械损失。在实际的液压元件系统中，容积损失会受入口限制、泄漏和流体的可压缩性等影响。而黏性摩擦力、库仑摩擦力和流体动力摩擦会导致机械损失。液压元件的容积损失和机械损失可用以下方程表示：

$$T_{loss}(\alpha_p, \omega_p, \Delta p_p) = \Delta T_1 + \Delta T_2 + \Delta T_3 \tag{5-1}$$

式中，T_{loss}是四象限液压泵/马达内部转矩损失（N·m）；α_p是四象限液压泵/马达的摆角（rad）；ω_p是四象限液压泵/马达的角速度（rad/s）；Δp_p是四象限液压泵/马达两个端口的压力差（MPa）；ΔT_1是黏度导致的转矩损失（N·m）；ΔT_2是泄漏导致的转矩损失（N·m）；ΔT_3是四象限液压泵/马达流体压缩导致的转矩损失（N·m）。

其中四象限液压泵/马达有效容积流量q_{D_p}表示为

$$q_{D_p} = \frac{60 \times D_P \omega_P}{1000} - q_{loss}(\Delta p_p, \omega_p) \tag{5-2}$$

式中，D_p是四象限液压泵/马达排量（mL/rad）；q_{loss}是四象限液压泵/马达流量泄漏之和（L/min）。

2）卷扬驱动单元能耗分析。

卷扬驱动单元采用闭式泵控液压系统，其构成"液压马达 – 泵 – 发动机"回路的转矩特性。当卷扬下放过程中能量来源为下放重物的势能，通过卷扬机械结构与液压回路传递至发动机处，势能所产生的负载力矩T_L带动液压马达旋转输出高压油，使液压马达处于泵工况，负载力矩T_L就是折算到液压马达轴上的力矩，等同于液压马达的输入转矩T_m，即：

$$T_L = T_m \tag{5-3}$$

且从卷扬液压马达输出的高压油驱动液压泵/马达旋转，闭式双向变量液压泵/马达处于液压马达工况，由于发动机通过分动箱直接连接液压泵/马达，成为闭式双向变量液压泵/马达的负载，拖动发动机强制旋转导致发动机转速出现超调现象，当发动机本身吸收负功率能平衡负载时，负荷折算到液压泵/马达连接发动机输出轴上的转矩等同于泵的输出转矩。

根据转矩公式：

$$T = \frac{\Delta p D}{2\pi} \tag{5-4}$$

反拖发动机转矩与系统压差和液压泵排量有关；而传统的闭式回路中为了降低反拖发动机转矩，常采用增大液压马达排量或减少液压泵排量的控制方法，该方式限制了下放速度，影响了整机作业效率；而如果为了提高下放速度，采用增大液压泵排量的方式，将加大反拖发动机转矩，导致发动机转速越来越快，系统出现失速现象。通过分动箱与闭式系统同轴连接的开式回路，不仅能避免该情况的发生，同时能提高下放速度，从高效性和节能性两方面同时提升系统的经济性。

通过上述工况分析可以得知，能量传递到四象限液压泵/马达首先需要通过卷筒将重物下放所释放的势能转换成卷扬液压马达旋转所输出的高压油，然后通过液压回路传递至四象限液压泵/马达。此外，四象限液压泵/马达自身同样存在能量损失，同时四象限液压泵/马达传递至发动机和开式回路的能量需要通过分动箱连接。经过分析可知，势能传递回发动机的能量损失会经过多个能量损失环节，因此实际的势能回收利用率可由下述公式表示：

$$\eta_g = \eta_m \eta_v \eta_p \tag{5-5}$$

式中，η_g 是势能回收利用率（%）；η_m 是机械效率（%）；η_v 是容积效率（%）；η_p 是四象限液压泵/马达能量回收有效利用率（%）。

以上系统能量传递损失流程如图 5-11 所示。

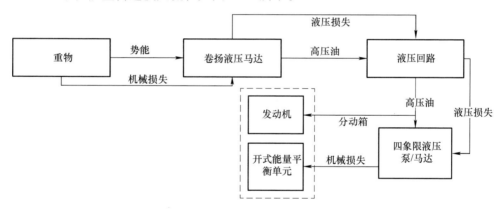

图 5-11　系统能量传递损耗流程图

5.1.2　控制策略

1. 控制策略方案对比

对系统控制策略研究的目的是为了提高系统的整体控制性能，并在此基础上进一步提高系统的能量回收效果。目前市面上装载了卷扬系统的工程机械，仍停留在结构优化等方面，但这并不意味着相关的公司与机构对实际的产品研发不重视，相反，面对全球节能减排的大趋势，提高整机的节能效果，降低整机的燃油消耗率成了理论与工程研究的重中之重。而卷扬系统在相关的工程机械上的工作时间较长，工况占比也较大，提高卷扬系统的能量利用率能够显著提升整机的节能效果。但现有卷扬系统采用通过不同储能单元储存下放势能并在上升时释放的单一回收模式，限制了整机的节能效果，同时对储能单元的性能和体积有着极高的要求，制约了工程产品的推广应用。

编者提出的卷扬势能回收系统通过机械液压复合式的能量回收方式实现了势能回收，但同时需要考虑最大限度地提高节能效果与保证系统的稳定性能两方面问题。因此，应该结合卷扬升降系统实际作业工况特点，制定适合的控制策略，以实现对卷扬能量回收液压系统中卷扬驱动单元、能量平衡回收单元和动力传动单元的匹配控制。

目前，系统采用的是复合式能量回收方式，其控制策略的重点是实现各能量回收方式的相互接入与退出，以充分发挥复合式能量回收的优势，提高势能回收系统的节能效果。同时，系统采用动力耦合箱来实现转矩耦合功能，因此也要同步考虑各单元的转矩分配以最终适应卷扬负载工况，从而实现燃油消耗最小化。目前常用的控制方法有：门限值控制策略、模糊控制策略和优化控制策略。

基于门限值控制策略是通过理论分析和工程经验确定一系列工程机械可能所处于的工作状态，并将其按照一定的规则划分区域。根据设置的临界工作点的值来判断工程机械所处的工况，从而采取相应的控制方式。模糊控制策略适用于非线性及数学模型难以精准计算的系统。目前研究多以储能元件的储能状态、负载状态及发动机运行状态等参数作为控制系统的输入信号，通过模糊控制器根据专家经验的相关规则计算出各动力源输出转矩和转速来对能量进行分配，其针对无法用准确参数表示的控制规则有很好的控制效果，能够实现高节能目标，但同时由于其没有精准的参数确定，因此不仅需要丰富的工程经验，而且不能基于不同的工况自动调节，动态特性受限很大。优化控制策略以满足整机最佳性能工作点为目标进行数学模型、全局变量等的优化，可更多地应用于工况负载多变的工程机械中。

而在卷扬系统升降过程中，作业工况相对较为简单，不存在复杂的混合工况，同时其各环节的数学模型较为准确，考虑到门限值控制策略的控制原理相对简单，具有较好的鲁棒性，故采用门限值控制策略的方法更为合适。

2. 基于逻辑门限的能量控制策略

门限值控制策略以发动机需求转矩作为能量分配的主要依据，可实现能量回收系统在不同工作模式下的切换，保证了系统高效节能运行，其控制过程可简要概括成三步：检测信号设定门限值、判断系统工作状态和执行相应控制状态。

针对卷扬回收的难点，提出了开式双向变量泵/液压马达排量控制策略。控制策略的思路为：

在卷扬下放过程中，利用四象限液压泵/马达工作特性，将势能通过卷扬液压马达转换为液压能，通过卷扬驱动单元将液压能转化为机械能并传递至分动箱，以减少发动机的功率输出，通过转矩耦合的形式来实现能量在下放过程中的直接利用，同时根据实际工况所需要的下放速度，调整发动机转速。在下放过程中，当四象限液压泵/马达传递至发动机的能量过大时，发动机转速会出现转速超调现象。当转速超过预定的超调值时，调节开式双向变量液压泵/马达排量来消耗传递至发动机的多余能量，直至发动机转速稳定。

所提出的一种基于逻辑门限的控制策略，根据液压蓄能器储能状态（SOP）调整液压蓄能器能量的释放倾向，从而保证了液压蓄能器的工作特性，液压蓄能器 SOP 定义为

$$SOP = \frac{p_a - p_1}{p_2 - p_1} \tag{5-6}$$

式中，p_a 是液压蓄能器出口压力（MPa）；p_1 是液压蓄能器的最低工作压力（MPa）；p_2 是液压蓄能器的最高工作压力（MPa）。

当 SOP 为 1 时，液压蓄能器处于完全储能状态；随着液压蓄能器压力的释放，SOP 将逐渐减小，当 SOP 接近 0 时，液压蓄能器压力将稳定在最低工作压力附近。实际为防止液压蓄能器释放压力过度而缩短寿命，会设定液压蓄能器最低压力判断阈值，即 p_{amin}；为了避免液压蓄能器超过最大工作压力，设定最高工作压力判断阈值，即 p_{amax}。当 $p_a \leq p_{amin}$，或 $p_a \geq p_{amax}$ 时，能量平衡回收单元中电磁阀均断电，液压蓄能器与开式双向变量泵/液压马达不连通。

其中，当 $p_a = p_{amin}$ 时，为液压蓄能器储能状态最小值，即 SOP_{min}；当 $p_a = p_{amax}$ 时，为液压蓄能器储能状态最大值，即 SOP_{max}。

分动箱的转矩传递公式：

$$T_E - T_C - T_O = J_E \times 2\pi \times \frac{dn_E}{dt} + \beta_E \times 2\pi \times n_E \tag{5-7}$$

式中，T_E 是发动机输出转矩（N·m）；T_C 是闭式双向变量泵/液压马达（卷扬驱动单元）输出转矩（N·m）；T_O 是开式双向变量液压泵/马达输出转矩（N·m）；J_E 是发动机等效转动惯量（kg·m²）；β_E 是发动机黏性阻尼系数；n_E 是发动机转速（r/min）。

根据分动箱处的转矩传递公式（5-7）可以看出，当 $T_E > T_C$ 时，即在下放时势能传递至发动机的转矩过大，此时发动机已不输出功率，需要能量平衡回收单元工作以达到系统稳定下放的目的。当 $T_E \leq T_C$ 时，即下放时势能传递至发动机的转矩不足以让发动机停止向系统供能，发动机保持输出功率，此时不需要能量平衡回收系统工作。

在卷扬上升过程中，其节能原理是将液压蓄能器在下放过程中所吸收的能量通过开式双向变量液压泵/马达进行重新释放，产生辅助转矩，以此减少发动机输出转矩和输出功率。

由于能量平衡回收单元储存的仅为部分防止下放过程中转速失速时的能量，而非重物下放过程中的大部分势能，因此，虽然采用开式双向变量液压泵/马达为功率匹配对象时会在降低发动机转矩的同时增加发动机燃油消耗率，折损部分节油效

果，但整体转速变化范围小，能量平衡回收单元对系统的操控性等基本无影响。

能量平衡回收单元中液压蓄能器释放主要有回收即释放、回收后释放、反馈释放三种。其中回收后释放方案易于进行能量管理，同时考虑并未回收大量能量，无须增加液压蓄能器的有效容积，可有效降低安装难度。因此，采用能量回收后释放方案。在卷扬上升过程中，液压蓄能器进行能量释放的方式可分为定排量释放和变排量释放。其中定排量释放结构简单，控制简单，易于实现，但无法对系统进行实时控制，而变排量释放虽能对系统进行实时控制，但控制复杂。因此，综合考虑实际系统工作原理与作业工况，采用定排量释放，即液压蓄能器在吸收了卷扬下放过程中的势能后，在卷扬开始上升作业时，调节开式双向变量液压泵/马达以定排量进行能量释放。

3. 工作模式分析

（1）卷扬工作工况识别

卷扬升降系统通过开式双向变量液压泵/马达和液压蓄能器对下放势能进行回收，如图5-12所示，根据手柄信号进行识别并判断卷扬的工作模式，而手柄信号将传递至闭式双向变量液压泵/马达形成电信号控制液压泵/马达排量。因此在卷扬系统中可根据先导操作手柄

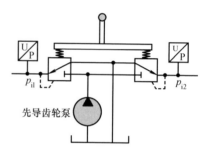

图 5-12 卷扬工作模式判断

两端压力进行工况识别，可分为卷扬上升、卷扬下放、卷扬静止三个不同工况。具体判断方法为

$$\Delta p_i = p_{i1} - p_{i2} \tag{5-8}$$

式中，Δp_i 是先导操作手柄两腔压力差（MPa）；p_{i1} 是先导操作手柄一端的压力（MPa）；p_{i2} 是先导操作手柄另一端压力（MPa）。

卷扬升降系统对卷扬不同工作模式的判断准则如下：减少手柄信号处于中位时的其他干扰，假设 β 为大于0的较小数值。

当 $\Delta p_i \geqslant \beta$ 时，卷扬处于起升模式；当 $\Delta p_i < -\beta$ 时，卷扬处于下放模式；当 $-\beta \leqslant \Delta p_i < \beta$ 时，卷扬处于静止模式。

首先根据手柄控制信号传递至闭式双向变量液压泵/马达的电信号识别卷扬所处的工作模式，当卷扬处于下放能量回收模式时，卷扬的能量平衡回收单元基于转速反馈进行 PID 闭环控制，根据发动机转速与目标转速动态调节开式双向变量液压泵/马达的输入信号，完成对卷扬稳定的下放控制。

（2）能量平衡回收单元控制策略

设计系统控制策略的主要依据是系统的工作模式。系统工作模式的切换主要借助门限参数来实现，此处研究的旋挖钻机钻杆势能回收系统涉及的门限参数主要有液压蓄能器储能状态，卷扬驱动单元输出转矩 T_C，发动机输出转矩 T_E。

能量平衡单元中开式变量液压泵/马达排量变化和电磁阀的通断状态由系统中

卷扬的工作模式决定，其中电磁阀控制开式双向变量液压泵/马达与液压蓄能器的连接状态。开式双向变量液压泵/马达排量与电磁阀根据不同的卷扬工作模式控制规则如下：

1）当卷扬处于上升工况时，根据液压蓄能器 SOP 来判断液压蓄能器是否释放能量：①联合驱动模式。若液压蓄能器 $SOP > SOP_{min}$，此时能量平衡回收单元储能充足，液压蓄能器进行能量释放，电磁阀得电，液压蓄能器储存的液压油通过电磁阀释放到开式双向变量液压泵/马达中，为发动机提供辅助动力；②发动机单独驱动模式。若液压蓄能器 $SOP \leqslant SOP_{min}$，则能量平衡回收单元储能不足，液压蓄能器不参与卷扬提升，此时电磁阀不得电，液压蓄能器停止向开式双向变量液压泵/马达供油。

2）当卷扬处于静止工况时，电磁阀断电，开式双向变量液压泵/马达排量变为 0。

3）当卷扬处于下放工况时，根据液压蓄能器 SOP，卷扬驱动单元输出转矩 T_C，发动机输出转矩 T_E 判断卷扬是否进行能量平衡回收：①能量平衡回收模式。若 $T_E < T_C$，即重物势能传递通过闭式双向变量液压泵/马达传递至发动机转矩过大，当液压蓄能器 $SOP \leqslant SOP_{min}$ 时，液压蓄能器还可以进行部分能量回收，电磁阀得电，开式双向变量液压泵/马达通过电磁阀与液压蓄能器连接进行能量回收，能量平衡回收单元回收发动机处多余的转矩实现了能量平衡的作用；②能量平衡消耗模式。若 $T_E < T_C$，即重物势能传递通过闭式双向变量液压泵/马达传递至发动机转矩过大，当液压蓄能器 $SOP \geqslant SOP_{max}$ 时，液压蓄能器不再进行能量回收，电磁阀断电，开式双向变量液压泵/马达电信号大于 0，此时液压油从溢流阀处流回油箱，能量平衡回收单元仅处于能量平衡状态，不进行能量回收；③普通下放模式。若 $T_E \geqslant T_C$，即发动机保持功率输出，能量平衡回收单元无须提供平衡力以避免系统失速问题，此时电磁阀断电，开式双向变量液压泵/马达电信号为 0。

（3）控制策略步骤

根据上述工作原理与工作模式分析，得到控制策略的具体实现过程如下：

1）设定发动机初始工作点，进入卷扬升降正常工作流程。

2）检测到卷扬开始下放，制动器打开，卷扬开始下放。

3）确定分动箱处转矩是否满足 $T_E < T_C$，当满足时给开式双向变量液压泵/马达电信号，电磁阀得电，液压蓄能器释放能量。当不满足时，电磁阀断电，开式双向变量液压泵/马达停止工作。

4）检测到卷扬停止，调节所有元件电信号为 0。

5）检测到卷扬开始上升，制动器打开，卷扬开始上升。

6）确定液压蓄能器是否满足 $SOP > SOP_{min}$，当满足时给开式双向变量液压泵/马达定排量信号，电磁阀得电，液压蓄能器释放能量。当不满足时，电磁阀断电，液压蓄能器停止工作。

7）检测到卷扬停止，调节所有元件电信号为0。

卷扬能量回收系统控制流程图如图5-13所示。

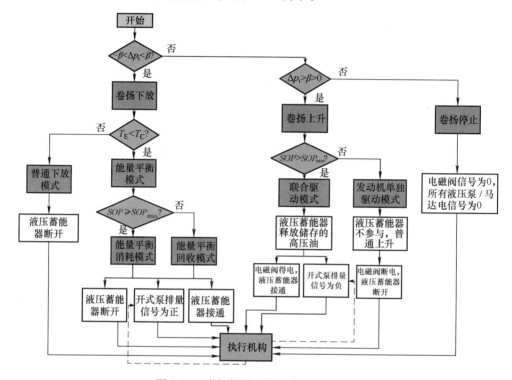

图 5-13　卷扬能量回收系统控制流程图

5.1.3　仿真

1. 仿真模型搭建

在 AMESim 仿真软件中构建旋挖钻机卷扬能量回收系统的液压仿真模型时，做如下假设：

1）液压系统中的油液为理想油液，具有不可压缩等特性。

2）忽略系统中动力传动单元的机械元件所产生的弹性变形。

3）单工况负载升降过程中，负载大小简化为等效恒力信号。

图 5-14 所示为 AMESim 控制策略仿真模型图，其中，🔌用来接收闭式双向变量液压泵/马达的电信号，当给定电信号小于 0 时，即接收到的为卷扬下放信号，卷扬开始下放；当给定电信号大于 0 时，即接收到的为卷扬起升信号，卷扬开始起升；当给定电信号等于 0 时，卷扬停止作业。🔌用于接收卷扬起升信号。🔌用于接收卷扬下放信号。🔌用于接收闭式双向变量液压泵/马达伺服机构信号。🔌用于接收发动机转速信号。🔌用于接收开式双向变量液压泵/马达排量控制信号。🔌用于接收液压蓄能器压力信号。🔌用于接收闭式双向液压泵/马达高压腔压力

信号；⊶用于接收闭式双向变量泵低压腔压力信号；⊷用于接收电磁阀开关信号。

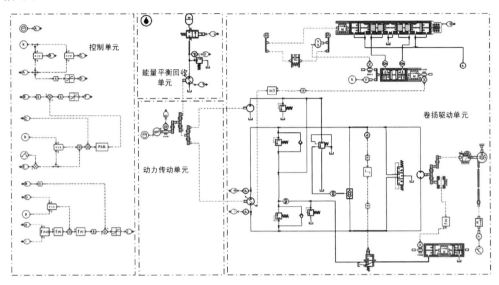

图 5-14　AMESim 控制策略仿真模型图

在总体仿真模型的基础上建立加载了控制策略的 AMESim 仿真模型，考虑实际仿真中无法模拟出降低发动机输出功率这一工作状态，因此也同样无法展现出需要的能量平衡回收状态，但结合实际工作模式，当传递至发动机转矩过大时，发动机会出现转速波动现象，通过设定转速超调量 Δn 来实现对发动机转矩过大情况的模拟。

因此，在仿真模型中可通过人为设置转速超调的情况，进而通过对比各液压元件的变化来判断仿真功能的可行性并进行节能性分析。

2. 仿真结果分析

根据工况分析，建立卷扬系统下放和提升工况，如图 5-15 所示，在给定起升和下放信号后，从重物位移和速度的仿真结果可以看出旋挖钻机按照建立的典型升降工况作业。通过式（5-3）得到在仿真模型的一个周期内所产生的势能为 325.6kJ。通过系统能耗分析可知，该部分势能通过机械系统、液压回路与各液压元件传递至发动机处，将产生机械损

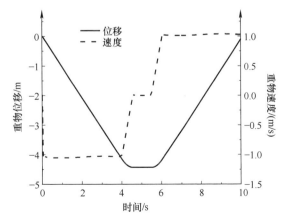

图 5-15　重物位移 - 速度仿真图

失和容积损失，使能量从重物传递至闭式双向变量液压泵/马达过程中的总损耗为60.68%，因此此时卷扬驱动单元所能输出的能量为197.6kJ，即动力传动单元所能进行回收再利用的能量为197.6kJ。

在仿真模型中通过正弦信号模拟的发动机转速变化，如图5-16所示。在仿真模型中以1500r/min为发动机目标转速，当发动机转速超过目标值30r/min时，即判断系统开始失速，应控制能量平衡回收单元中开式双向变量液压泵/马达排量信号及时变化。如图5-17所示，系统将转速超调过程所产生的能量储存进入液压蓄能器中，并在释放过程中采用定排量释放方式，以降低操控的复杂性。

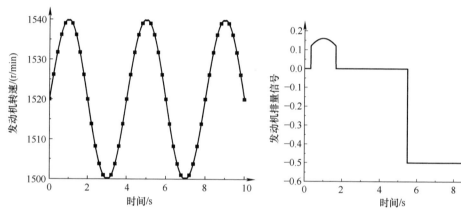

图5-16　发动机转速信号仿真图　　　　图5-17　发动机排量信号仿真图

图5-18所示为液压蓄能器容积-压力仿真曲线图，液压蓄能器在卷扬下放过程中吸收的多余转矩传递的能量，将在上升过程中释放出来。图5-18说明液压蓄能器能够实现整个能量回收释放过程，液压蓄能器在出现转速超调情况时开始储存能量，而当手柄信号切换到卷扬上升工况后，可及时辅助卷扬驱动单元驱动负载，进一步提高了系统节能率。由计算可得液压蓄能器内储存和释放的能量为13.13kJ。

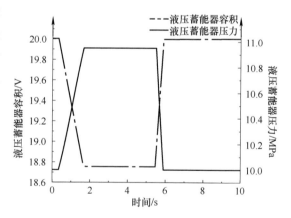

图5-18　液压蓄能器容积-压力仿真图

而其中通过四象限液压泵/马达所转化的势能再次传递至动力系统的能量，也是整个势能回收系统中值得研究的重要部分，因此定义闭式双向变量液压泵/马达的能量回收有效利用率 η_C 为

$$\eta_C = \frac{E_C - E_O}{E_C} \tag{5-9}$$

式中，E_C 是闭式双向变量液压泵/马达输出能量（J）；E_O 是开式双向变量液压泵/马达输入能量（J）。

在上述仿真过程中，可近似将能量平衡回收单元中液压蓄能器内储存和释放的能量看作为开式双向变量液压泵/马达输入能量，因此得到最终的闭式双向变量液压泵/马达的能量回收有效利用率为 93.4%，因此基于四象限液压泵/马达的能量传递环节仍能实现性能较高的转换过程。

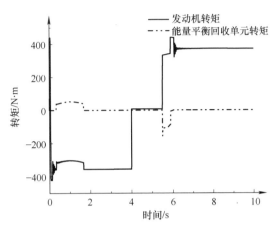

图 5-19　发动机转矩和能量平衡回收单元转矩对比仿真图

图 5-19 所示为发动机转矩和能量平衡回收单元转矩对比仿真图，当发动机转速超调时，即实际情况下，发动机转矩过大，而仿真模型中，能量平衡回收单元会将该部分的转矩转为液压能以平衡多余转矩，并在上升过程中释放能量，同样实现了降低发动机输出功率的目的。

综上所述，在整个仿真过程中，能量平衡回收单元能够根据转速进行实时变化，同时证明了在闭式双向变量液压泵/马达处的能量传递环节仍然能实现性能较高的转换过程。但实际势能转化为降低发动机输出能量的效果仍为估算值，需要通过试验测试进行验证。

5.1.4　旋挖钻机卷扬势能回收系统试验

以 XR160E 型旋挖钻机为试验平台，对卷扬系统升降过程进行了试验研究，以验证方案的可行性与必要性，并与仿真结果进行对比。同时测试了系统的能量回收率和燃油节油率，并从节能性和操控性两方面对所设计的系统进行了深入分析。

1. 试验内容与方法

（1）试验设备与仪器

试验样机采用徐州徐工基础工程机械有限公司生产的最大输出转矩为 160kN·m 的 XR160E 型试验用旋挖钻机，如图 5-20 所示。

图 5-20　试验用 XR160E 型旋挖钻机

该试验用旋挖钻机采用了 QSB7 康明斯发动机，卷扬驱动单元主泵采用 A4VG90。整机主要技术参数见表 5-1。在此基础上，加入能量平衡单元，其主泵采用 A11VO95，并按照前述控制策略对系统上升过程的控制进行改造。

表 5-1 XR160E 型旋挖钻机主要参数

名称	参数	名称	参数
最大钻孔直径/mm	1500	主卷扬最大提升力/kN	160
最大钻孔深度/mm	56	主卷扬最大绳速/(m/min)	80
发动机额定功率/kW	150	底盘履带板宽度/mm	700
发动机额定转速/(r/min)	2050	底盘展宽/mm	2960 ~ 4200
动力头最大转矩/kN·m	160	钻杆直径/mm	377
动力头最转速/(r/min)	5 ~ 35	整机重量/t	51.5
加压时最大加压力/kN	160		

（2）测试系统

测试数据采集系统主要包括压力传感器、流量传感器、数据采集箱等。其中数据采集系统整体框架图如图 5-21 所示，数据采集箱整体结构如图 5-22 所示。具体硬件的相关参数见表 5-2、表 5-3、表 5-4。

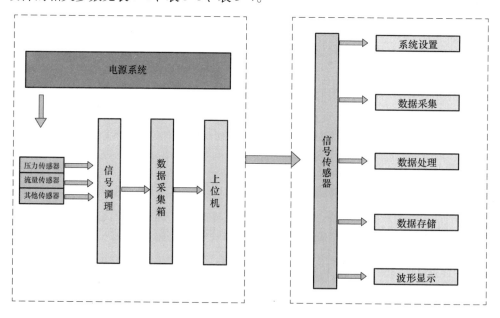

图 5-21 数据采集系统整体框架图

数据采集软件 NI - LabVIEW 与硬件配套进行数据采集。LabVIEW 的最大优势就是大大简化了设计研发程序过程，能够有效辅助试验样机进行数据测试，并同步

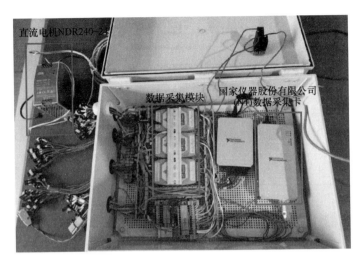

图 5-22　数据采集箱整体结构

将采集到的数据整合成文档存入数据库中，便于后续进行数据处理及试验结果分析。

表 5-2　压力传感器参数

	电源电压/VDC	量程/MPa	输出/mA	线性精度（%）	类型
	12 ~ 30	0 ~ 40	4 ~ 20	0.5	电流

表 5-3　流量传感器参数

	电源电压/VDC	量程/（L/min）	输出/mA	线性精度（%）	类型
	12 ~ 30	20 ~ 600	4 ~ 20	1	电流

表 5-4　数据采集模块参数

	名称	参数
	电源电压/VCD	10 ~ 30
	模拟输出信号	8
	分辨率/位	16
	采样速率/（次/s）	1000（单通道）
	采样精度（%）	±0.02
	输出类型	电压输出：0 ~ 10V 电流输出：0 ~ 20mA 或 4 ~ 20mA

（3）测试概况

钻机工作模式设置为1800r/min、1500r/min、1200r/min三个不同发动机转速工况。受限于场地实际情况，主要进行钻杆一节杆下放作业和钻杆二节杆下放作业测试。

1）测试样机准备。测试样机将遵循《旋挖钻机燃油消耗试验方法》（TCCMA 0030–2015）进行测试，选用行业标准所规定的标准试验环境与试验场地。

在正式试验前需对旋挖钻机预热15min，以检查旋挖钻机的工作性能，确保旋挖钻机各零部件、液压系统及各种仪表正常工作。

旋挖钻机停放于试验井一侧，调整旋挖钻机位置，使钻斗中心线与试验井中心线重合，调整钻桅到铅垂状态锁定，提升主卷扬使钻斗底端距离作业面高度至少1.5m。

2）测试人员就位。测试人员必须戴好安全帽、穿戴工作服和工作鞋，携带必要的测试设备，在钻机工作半径内，严禁站人、过人，在安全的测试位置，准备进行测试设备的连接及检查。

3）测试元件的安装及设备连接。硬件：传感器在样机上的安装由现场工人安装，安装好后将传感器和采集箱用已经准备好的线连接。

4）软件。①接通电源；②打开插件NI MAX创建CAN接口并连接；③观察C–3402数据采集模块外壳上的RUN是否亮绿灯，亮绿灯为正常状态；④检查DAQ WiFi机盒的Power处是否亮绿灯，亮绿灯为正常状态；⑤在LabVIEW上对前面板进行检查，在旋挖机停机状态下运行采集程序，检查DAQ WiFi机盒的Active处是否亮绿灯，亮绿灯为正常状态；同时，看各示波器显示的曲线是否均在合理的初始状态。

上述均完成后，开始正式测试。

5）快速升降作业。钻杆钻斗在下放孔洞位置停止，然后开始进行快速下放作业，通过显示器上的清零按钮进行清零操作，记录钻机钻头的原始位置，而后通过调节手柄开度进行下放作业，在下放稳定时，以最大手柄开度让钻杆钻斗全速下放。在达到目标深度时停止，而后开始上升作业，同样在上升稳定时，以最大手柄开度让钻杆钻斗全速上升，钻杆钻斗收回时停止。

挖钻机一个工作循环包括卷扬下放、钻孔（卷扬处于浮动状态）、卷扬提升、上车回转、倒土、回位、卷扬下放，其中主卷扬下放时间大约占整个工作循环的20%。钻进工况随距离的增加而分为五节杆下放工况、四节杆下放工况、三节杆下放工况、两节杆下放工况和一节杆下放工况。

钻杆钻斗测试过程可以分四个阶段进行分析（操作过程按照标准操作进行）：

1）钻杆钻斗快速下放阶段。

2）钻杆钻斗下放停止阶段。

3）钻杆钻斗快速上升阶段。

4）钻杆钻斗上升停止阶段。

在实际的测试中，根据不同的下放上升转速、钻杆下放节数及钻杆钻具重量分为以下 12 个不同工况，具体试验工况见表 5-5。

表 5-5　试验工况

工况	发动机目标转速/(r/min)	钻杆下放节数/节	钻杆钻具重量/kg
工况 1	1800	二	7500
工况 2	1800	一	7500
工况 3	1800	二	8500
工况 4	1800	一	8500
工况 5	1500	二	7500
工况 6	1500	一	7500
工况 7	1500	二	8500
工况 8	1500	一	8500
工况 9	1200	二	7500
工况 10	1200	一	7500
工况 11	1200	二	8500
工况 12	1200	一	8500

2. 节能性研究

卷扬下放的过程是实现将重物的势能转化为其他能量的过程，而液压泵/马达通过其泵工况与液压马达工况的工作特点使卷扬进行升降的不同作业，并将重物的势能尽可能多地转换为供整机其他部件工作所消耗的能量。在下放过程 t_g 时间的工作过程中，液压系统中的能量变化可以通过下述公式计算：

$$E_{hy} = \int_{t_0}^{t_1} p_{hy} q_{hy} dt \tag{5-10}$$

式中，E_{hy} 是液压系统所具有的能量（J）；p_{hy} 是液压系统的输入压力（MPa）；q_{hy} 是液压系统输入流量（L/min）。

由式（5-10）可知，系统消耗的能量与系统的压力与流量有关。因此，可通过对系统的流量、压力来计算节能效率。

由于重物转换的势能要经过多种转换途径，液压泵/马达传递至发动机的能量难以直接检测含量多少，因此通过对不同方式的比较，来分析该卷扬系统的节能效率。①通过卷扬下放过程中发动机燃油节油效率能够直观看出节能系统的整体节能性；②通过液压泵/马达输入功率与重物下放势能之比得出液压泵/马达能量转换效率。

其中燃油节油率通过节能液压系统发动机的输出功率与传统液压系统的发动机输出功率对比得出：

$$\eta_E = \frac{E_A - E_B}{E_A} \tag{5-11}$$

式中，η_E是燃油节油率（%）；E_A是传统液压系统发动机的输出能量（J）；E_B是节能液压系统发动机的输出能量（J）。

且

$$E_A = \int_0^{t_1} P_A \mathrm{d}t \tag{5-12}$$

$$E_B = \int_0^{t_1} P_B \mathrm{d}t \tag{5-13}$$

式中，P_A是传统液压系统发动机的输出功率（W）；P_B是节能液压系统发动机的输出功率（W）。

结合在分动箱处的转矩分析，可以看出液压泵/马达势能回收效率的高低由闭式双向变量液压泵/马达输出转矩、开式双向变量液压泵/马达输出转矩及发动机输出转矩共同决定。当$T_E < T_C$时，闭式双向变量液压泵/马达转换的能量一部分通过分动箱传递至发动机，另一部分传递至能量平衡单元，由于在整机实测系统中，开式泵控系统仅加载了液压泵/马达，而未加载液压蓄能器，因此整机实测系统中仅为能量平衡消耗模块，无能量平衡回收模块。因此在计算试验用旋挖钻机的液压泵/马达势能回收效率时可直接把传递至能量平衡单元的能量减去。当$T_E \geqslant T_C$时，此时液压泵/马达转换的能量全部传递至发动机以减少发动机输出功率，则系统的势能回收效率定义为

$$\eta_G = \begin{cases} \dfrac{E_C - E_O}{E_G} & T_E < T_C \\[3mm] \dfrac{E_C}{E_G} & T_E \geqslant T_C \end{cases} \tag{5-14}$$

式中，η_G是闭式双向变量液压泵/马达势能回收效率；E_G是势能（J）。

利用试验用旋挖钻机设计不同的试验，研究液压泵/马达的各项性能特点，为多种具有卷扬升降工况的工程机械提供依据。

当选用工况 2 时，即转速为 1800r/min、钻杆下放节数为一节杆，钻杆钻具总质量为 7500kg 作为典型工况进行节能分析。首先研究卷扬系统在下放过程中，不同工况下卷扬升降位移曲线及卷扬液压马达高低压腔压力如图 5-23 所示。从图 5-23 中可以看出，卷扬提升重物位移的初始位置为 0m。此时卷扬液压马达高低压腔压力基本相同，约为 2.7MPa。卷扬开始运动的瞬间，卷扬高压腔持续升高，引起了压力剧烈波动。

发动机输出功率与实际转速曲线图如图 5-24 所示。在卷扬升降过程中，发动机在卷扬下放过程中从零转速加速至约 1800r/min，结合发动机输出功率曲线，说明在下放阶段，卷扬势能成功转化为了机械能，实现了能量的回收。以传统旋挖钻

机液压系统与节能旋挖钻机液压
系统作为比较对象，研究其燃油
节能率 η_E。而试验用旋挖钻机通
过液压泵/马达实现流量再生功
能仅在卷扬下放阶段起作用，所
以仅研究此阶段的节能性能。在
典型工况下，下放作业工况单个
周期为 8.1s。根据式（5-12）和
式（5-13），得到节能液压系统
发动机耗能为 157.21kJ，而在传
统液压系统的卷扬下放工作中，
发动机输出功率基本在 90.5kW

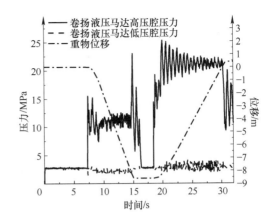

图 5-23　卷扬液压马达高低压腔压力及重物位移曲线

处波动，换算成发动机耗能为 733.05kJ。由式（5-11）得到燃油节能率为 78.6%，
在此基础上，当转速相同而钻杆钻具质量不同时的对比情况见表 5-6。当配备的钻
具质量不同时，其节油率将有所变化，但其下放过程中燃油节能率效果在不同工况
条件下依旧表现十分优秀。

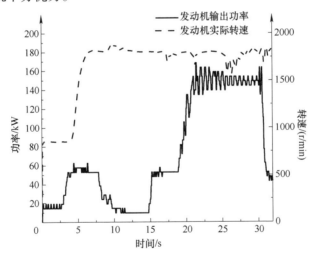

图 5-24　发动机输出功率与实际转速曲线

表 5-6　提升重物不同时燃油节能率

工况	E_A/kJ	E_B/kJ	η_E（%）
工况 2	733.05	157.21	78.6
工况 4	683.28	105.77	84.5

以上分析皆是在发动机目标转速 1800r/min 典型工况下进行的数据分析，同时
结合不同转速变化可得到，发动机转速变化会动态影响卷扬升降的时间与液压泵/

马达的势能回收效率。同等条件下，发动机输出转速越大，驱动负载能力越强，整体速率越快，反之则越慢。为此，分别设置发动机目标转速为 1800r/min，1500r/min，1200r/min，研究目标转速变化对其工况工作性能和回收效率的影响。

结合图 5-25 中发动机转速不同时各参数变化对比图，发动机目标转速越大，卷扬升降的运动速度越快，当目标转速越小时，发动机实际转速超调现象越明显，而为了重点研究下放工况下，液压泵/马达的势能回收效率，结合各目标转速对应的发动机实际转速曲线与能量平衡单元中液压泵/马达输出功率对比，发现在转速出现超调现象的同时，能量平衡单元中液压泵/马达的输出功率也出现猛增趋势，此时 $T_p \geq T_E$，卷扬驱动单元中的液压泵/马达一部分能量流向能量平衡单元，以此来保证系统的稳定性。除此之外，发动机输出转速越大，液压泵/马达的输出功率也越大。

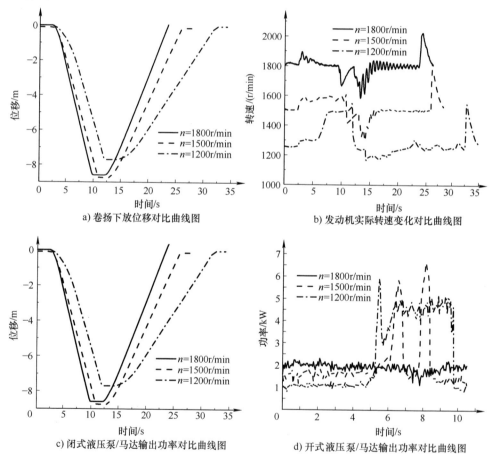

图 5-25　发动机转速不同时各参数的变化对比图

根据式（5-14），结合图 5-24 可得到不同发动机转速下的效率见表 5-7，可以看出在转速越高的情况下，效率越低，效率最低在 33.2% 左右。

表 5-7　发动机转速不同时系统势能回收效率

工况	E_C/kJ	E_O/kJ	E_G/kJ	η_G（%）
工况 2	394.38	31.49	1094.26	33.2
工况 6	444.35	39.22	1101.27	36.8
工况 10	446.88	52.65	980.87	40.2

3. 操控性研究

卷扬升降系统以工况 1 这一工作过程为例进行分析，图 5-26 所示为工况 1 手柄开度、泵电流、卷扬速度对比图。数据表明，在卷扬系统中，随着操控者控制下放的手柄开度，闭式双向变量液压泵/马达电信号能够在 0.1s 内快速地进行响应，同时卷扬系统在 0.3s 内快速地进行响应，有极快的响应特性，且整体的速度上升过程较为平稳。

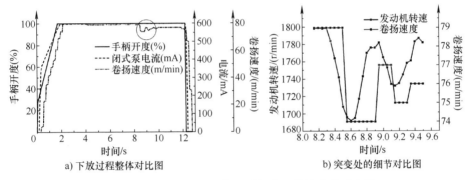

a) 下放过程整体对比图　　　　b) 突变处的细节对比图

图 5-26　工况 1 手柄开度、泵电流、卷扬速度对比图

图 5-27 所示为工况 1 卷扬下放闭式双向变量液压泵/马达高低压腔压力对比图，从曲线可以看出，卷扬升降系统的压力冲击较大。稳态时的泵压力为 10.6MPa，开启时的最大超调值为 4.5MPa，同时开启时低压腔突然降低，但并未小于吸空允许阈值，因此不存在吸空现象。而在钻杆伸出二节杆的时候，压力将出现明显波动，但考虑到钻杆钻节伸出原理，同时结合数据可以看出，低压腔基本保持不变，因此系统还是会保持一个良好的操控性能。

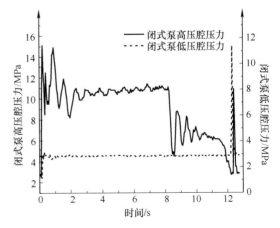

图 5-27　工况 1 卷扬下放闭式双向变量液压泵/马达高低压腔压力对比图

5.2 案例 2：汽车起重机整车行走制动动能回收与再释放技术

5.2.1 汽车起重机整车行走制动动能回收方案

重型工程机械领域的汽车起重机和普通汽车一样具有行走功能，且多行驶于城市道路。汽车起重机整机质量重、装机功率大，在城市道路的实际行驶中，启停频繁，发动机常处于低负荷运行状态，存在燃油消耗高且排放性能差的不足，且在制动过程中，大量的行走制动动能以热能形式被浪费。

行驶工况分标准行驶工况和非标准行驶工况两种。车辆在城市道路实际行驶运行的工况属于非标准行驶工况，而在对实际行驶车辆进行跟踪测试统计的基础上，各国制定的典型循环行驶试验工况属于标准行驶工况，如新欧洲循环测试（NEDC）等，以此模拟实际车辆运行状况。

汽车起重机燃油消耗受到怠速、匀速、加速及减速等工况影响较大。图 5-28 所示为美国中型轿车 EPA 城市、公路循环行驶工况的能量平衡图。由图可以看出，汽车燃油消耗除了与行驶阻力（滚动阻力与空气阻力）、发动机燃油消耗率以及传动系统效率有关外，还与怠速油耗、汽车附件（空调等）消耗及制动能量损失有关。在城市循环工况中，后三个因素的影响较大，它们消耗的能量总计占燃料能量的 25.6%。因此，车辆驱动系统出现了启停系统和制动能量回收系统。

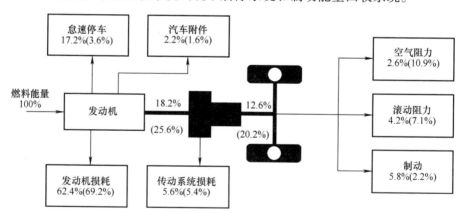

图 5-28 美国中型轿车 EPA 城市、公路循环行驶工况的能量平衡图

汽车起重机在城市道路实际行驶中的数据采集与典型法规工况比较见表 5-8，实际行驶工况的平均速度、运行平均速度、匀速比例、怠速比例、加速比例、减速比例，与中国汽车测试循环（CATC）吻合度较高，与 NEDC 差异较大。CATC 汽车工况与中国实际情况差异性最小，符合中国城市道路实际工况。

表 5-8　实际数据采集与典型法规工况比较

行驶工况	平均速度/（km/h）	运行平均速度/（km/h）	急速比例（%）	匀速比例（%）	加速比例（%）	减速比例（%）
实际工况	24.50	32.60	24.84	22.90	26.60	25.66
CATC	25.87	33.92	23.72	20.59	28.56	27.13
美国联邦试验法（FTP）75	33.89	40.93	17.20	24.65	31.10	27.05
全国统一轻型汽车测试规程（WLTP）	46.42	53.15	12.67	27.83	30.94	28.56
NEDC	33.34	43.48	22.63	37.54	23.22	16.61

全国不同的城市，车辆在城市道路实际行驶中工况也会有所变化，表 5-9 是国内典型城市工况的对比。与北上广深相比，呼和浩特市汽车平均速度低于深圳，高于北上广；匀速比例高于深圳，低于北上广；急速比例高于北京、广州、深圳；而加速比例、减速比例各城市之间相差较小。

表 5-9　国内典型城市工况对比

参数	北京	上海	广州	深圳	呼和浩特
急速比例（%）	16.52	31.61	17.77	20.15	23.72
匀速比例（%）	27.34	22.28	25.95	18.40	20.59
加速比例（%）	25.29	22.83	29.11	32.30	28.56
减速比例（%）	30.85	23.28	27.16	29.15	27.13
平均速度/（km/h）	19.98	14.96	14.14	32.39	25.87

结合国内典型城市工况和典型法规工况，分析了汽车起重机在城市道路工况中，急速工况、匀速工况、加速工况及减速工况所占实际行驶工况的比例，如图 5-29 所示。减速工况约占总行驶工况 27.12%，仅次于加速工况，造成了大量的行走制动动能以热能形式被浪费。

传统汽车起重机行走驱动系统不具备能量储存单元，无法回收大量行走制动动能负值负载，考虑液压蓄能器储能单元功率密度大、快速全充全放的特点，提出了一种基于液压混合动力系统的行走制动能

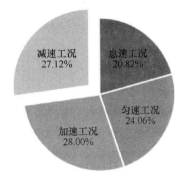

汽车起重机城市道路行驶工况

减速工况 27.12%
急速工况 20.82%
匀速工况 24.06%
加速工况 28.00%

图 5-29　急速、匀速、加速及减速工况占总行驶工况比例

回收和再释放系统，实现了行走制动能量高效回收和释放一体化，以此提高整车的燃油经济性和动力性，从而达到了节能减排的目的。

　　根据动力耦合模式研究分析及相关理论基础，在基于混合动力技术的机械式、电气式和液压式制动能量回收方式中，最终选择功率密度大、完全快充快放特性的液压蓄能器作为储能单元的液压式制动能量回收；在液压混合动力系统的串联式、并联式和混联式三种动力构型中，选择不改变原车传动系、易于改装、传动效率高且控制策略适中的并联式结构方案；在并联式方案的单轴和双轴结构中，选择能够很好发挥发动机和液压泵/马达特性的双轴结构；在选用转矩耦合器的动力耦合装置的前置式和后置式布置形式中，选择易于底盘各部件集成布置、液压泵/马达可更多工作在最佳工作区域，大范围高效回收制动能量且控制策略适中的前置式布置形式。最终确定的节能型汽车起重机驱动方案为前置双轴并联式液压混合动力结构，结构简图如图 5-30 所示。

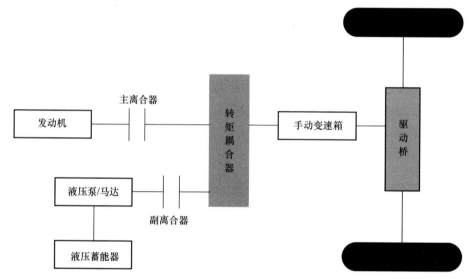

图 5-30　轮式工程机械前置双轴并联式液压混合动力系统原理图

　　该液压混合动力系统主要由包含传统内燃机的主动力系统和包含液压泵/马达的液压辅助动力系统组成，两套系统通过转矩耦合器连接在一起，形成了液压混合动力系统。其中，主动力系统由传统的内燃发动机、液压离合器、手动变速箱、加速踏板、制动踏板、驱动桥等构成；辅助动力系统由四象限泵、转矩耦合器、液压蓄能器及控制单元等组成。

　　前置并联式液压混合动力系统的工作原理：发动机和四象限泵的转矩通过转矩耦合器以并联方式进行转矩耦合，主要动力由发动机提供，辅助动力系统作为辅助动力源，用于回收和再利用行走制动动能。在此过程中，驾驶员利用制动踏板行程和加速踏板行程作为控制命令，来调整四象限泵的工作象限，从而调整四象限泵的工作模式（泵工况/液压马达工况）。当车辆驱动时，如果高压液压蓄能器中储存有足够的压力能，液压泵/马达处于液压马达工况，液压辅助动力系统作为辅助动力源输出的动力经转矩耦合器传递到车辆驱动轴及驱动轮，从而驱动车辆行驶。此时发动机怠速运行或工作于经济工况附近，进而达到了节能减排的效果。而当车辆制动时，液压再生系统通过转矩耦合器接入车辆的传动系统，此时，四象限泵处于泵工况，驱动轮转动力矩经过传动系带动液压泵运转，从而产生液压再生制动力矩，车辆的惯性动能被转化为液压能，存储在高压液压蓄能器中，并且，随着制动过程的进行，液压蓄能器中的压力持续升高，直至最高工作压力，多余的制动能量通过液压蓄能器的安全阀溢流，此时，原车机械制动系统介入制动，此过程即为制动能量再生过程。液压蓄能器存储的液压能在辅助驱动时释放利用，这样就完成了液压混合动力汽车起重机行走制动能量的回收及再利用，提高了整车的能量利用率，调整了发动机工作点，改善了整车燃油经济性，达到了节能减排的目的。

5.2.2　汽车起重机整车行走制动动能回收效率的仿真

利用多学科领域复杂系统建模仿真平台 AMESim，以前置双轴并联式液压混合动力系统结构为基础，建立液压混合动力系统仿真模型，如图 5-31 所示，分析汽车起重机行走制动能量的回收及再利用工况。仿真过程的相关参数设置见表 5-10。

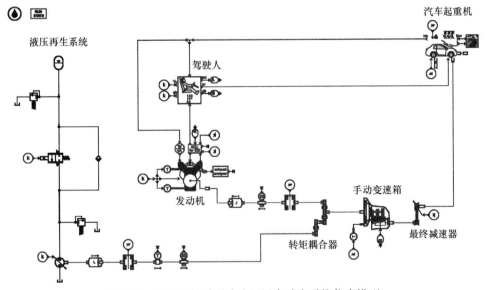

图 5-31　前置双轴并联式液压混合动力系统仿真模型

表 5-10　仿真主要参数设置

参数	数值
制动初速度/(m/s)	12
液压蓄能器容积/L	100
液压蓄能器最大工作压力/MPa	32
液压蓄能器最低工作压力/MPa	18

（续）

参数	数值
液压蓄能器充气压力/MPa	16
液压泵/马达排量/(mL/r)	180
液压泵供油压力/MPa	1

设定汽车起重机的制动初速度为 12m/s，在 6s 内完成制动，设定工况如图 5-32 所示。为了研究汽车起重机行走制动能量的回收及再利用过程，仅对液压混合动力系统的单独制动工况和单独驱动工况进行仿真分析，在仿真时暂不考虑原车机械摩擦制动。

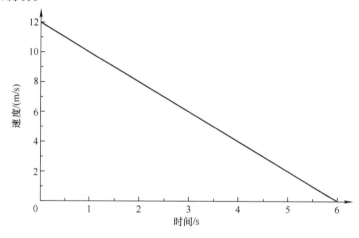

图 5-32　期望的制动过程控制曲线

首先对液压系统的单独制动工况进行仿真分析，仿真主要结果如图 5-33 所示。从图 5-33a 中看出，在预期的制动时间内，车辆速度下降不大，即没有达到制动要求。从液压蓄能器入口压力曲线（见图 5-33b）可以看出，随着制动过程的进行，液压蓄能器的入口压力逐渐升高到设定的最高工作压力；随着压力油流入到液压蓄能器中，使液压蓄能器的气体容积逐渐减小（见图 5-33c）。通过对图 5-33 的分析看出，在车轮没有完全停止的情况下，用于制动能量回收的液压蓄能器已经达到最高工作压力，随着制动过程的持续，液压蓄能器不再回收制动能量，造成制动能量的浪费。因此为了更好地回收制动能量，应适当增大液压蓄能器的公称容积或最高工作压力。另一方面也可以看出，由于汽车起重机整机质量重，制动要求高，单纯依靠液压系统进行制动不能达到制动要求，需要配合原车机械摩擦制动。

对液压混合动力系统的单独驱动工况进行仿真分析，仿真主要结果如图 5-34 所示。通过图 5-34 的仿真曲线可以看出，制动车速减速为零后，又在液压蓄能器放能过程中重新驱动车辆加速行驶，液压蓄能器工作压力在制动时逐渐上升至最高工作压力，在驱动时工作压力逐渐降低直至放能完毕，液压蓄能器容积也发生了相应的变化。通过分析可知液压混合动力系统顺利完成了汽车起重机制动能量的回收及释放。

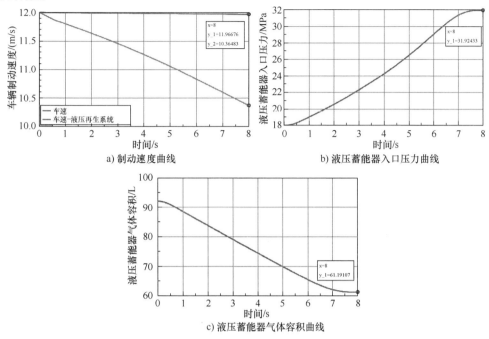

a) 制动速度曲线　　　　　　　　b) 液压蓄能器入口压力曲线

c) 液压蓄能器气体容积曲线

图 5-33　液压混合动力系统单独制动曲线

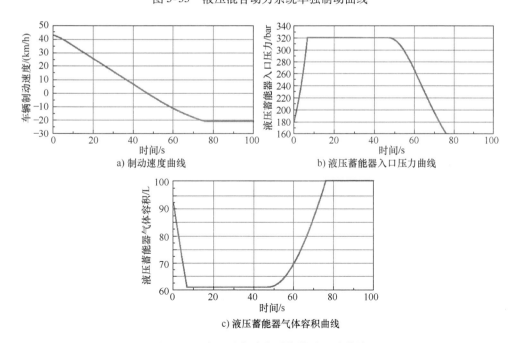

a) 制动速度曲线　　　　　　　　b) 液压蓄能器入口压力曲线

c) 液压蓄能器气体容积曲线

图 5-34　液压混合动力系统单独驱动曲线

通过对液压系统单独制动工况和单独驱动工况仿真分析，可以看到液压混合动力系统能够保证制动能量的回收及释放，说明了回收方案的可行性和建模的正确性。与此同时，也分析了液压系统主要元部件参数对制动过程的影响。在仿真中，初始制动车速设定为30km/h，液压蓄能器公称容积变化对制动过程的影响如图5-35所示。

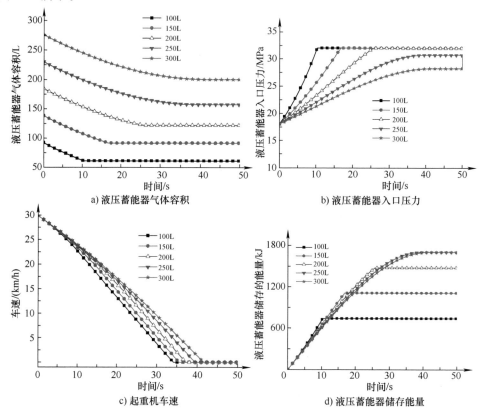

a) 液压蓄能器气体容积　　　　b) 液压蓄能器入口压力

c) 起重机车速　　　　d) 液压蓄能器储存能量

图 5-35　液压蓄能器公称容积变化对制动过程的影响

在进一步分析液压制动过程中系统关键元部件参数对制动过程的影响时，对液压泵/马达排量、液压蓄能器的容积、最高工作压力、最低工作压力、预充压力等参数进行分析，仿真结果表明：

1）缩短制动时间：液压蓄能器公称容积越小越好；最高工作压力越大越好；最低工作压力越大越好；预充气压力影响甚微；液压泵/马达排量越大越好。

2）增加液压蓄能器回收能量：液压蓄能器公称容积越大越好；最高工作压力越大越好；最低工作压力越小越好；预充气压力越大越好；液压泵/马达排量无影响。

通过仿真分析单独制动工况中液压系统参数对制动过程的影响，根据仿真结果，进一步优化了液压系统参数匹配见表5-11。

表 5-11　液压系统关键元件参数再优化匹配

关键元件	选型	参数	数值
二次元件	斜盘式轴向柱塞变量液压泵/马达	排量/(mL/r)	355
		最高转速/(r/min)	2000
		最低转速/(r/min)	400
		机械效率（%）	0.9
储能单元	气囊式液压蓄能器	气体多变指数	1.4
		公称容积/L	300
		预充气压力/MPa	16
		最低工作压力/MPa	18
		最高工作压力/MPa	32
动力耦合装置	转矩耦合器	传动比	1.4

5.2.3　汽车起重机整车行走制动动能回收效率的试验测试

1）测试工况：城市路面，起重机加速至某一车速后开启能量回收系统进行制动（加速踏板和制动踏板均不踩，驾驶人仅需手握方向盘保持直线行驶，二次元件工作在最大排量 125mL/r），待车辆速度接近零时结束测试，再制动驻车。

2）测试数据：记录车速、四象限泵（泵工况）转速、液压蓄能器处压力、能量回收触发信号等（见图 5-36）。

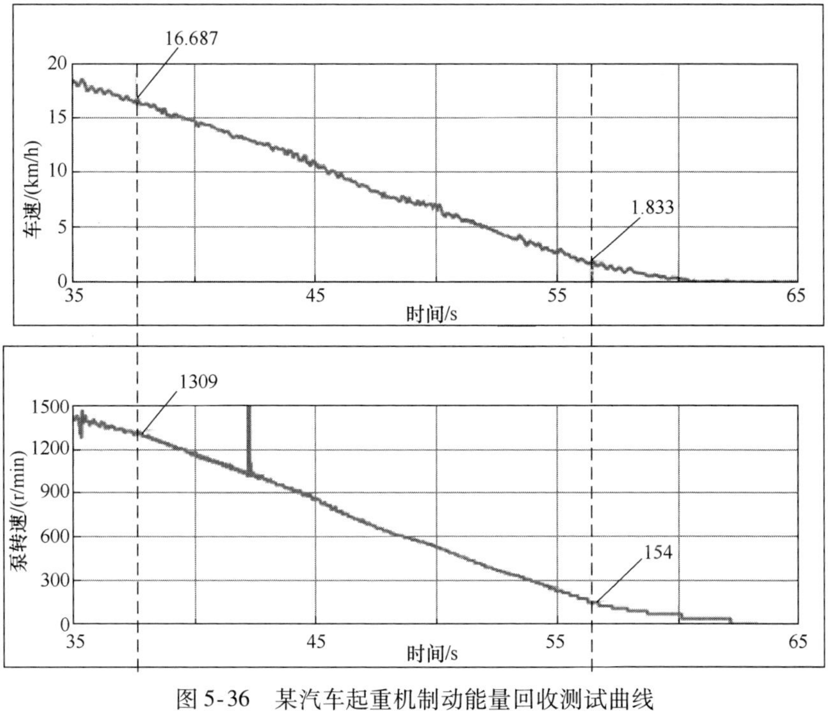

图 5-36　某汽车起重机制动能量回收测试曲线

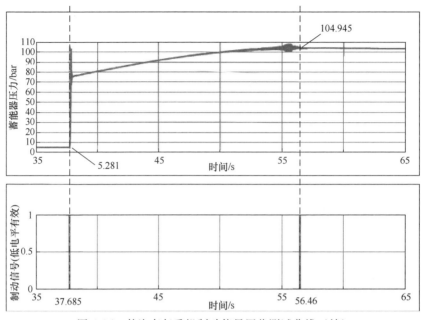

图 5-36　某汽车起重机制动能量回收测试曲线（续）

3）计算方法：根据能量回收系统开始介入时的车辆初速度 v_1，以及能量回收系统结束时的车辆速度 v_2，还有耗时 t，计算车辆总动能损耗 W_D；再根据泵转速、最大排量和液压蓄能器储能压力变化值，计算液压蓄能器储存的液压能量 W_H。最后计算制动能量回收率 $\eta = W_H / W_D$。

5.3　案例3：起重机转台回转制动动能回收与再释放技术

5.3.1　转台制动动能回收方案

设计的回转系统能量回收原理如图 5-37 所示，整个系统分为主动回转阶段和能量回收阶段。在重载工程机械主动回转的过程中，恒压变量泵在发动机的驱动下，与液压蓄能器共同为回转系统提供工作压力油，同时在系统压力油的作用下，四象限液压泵/马达通过减速器及齿圈驱动起重机上部转台，实现回转运动。在能量回收阶段，起重机回转机构工作在制动工况下，通过调整四象限液压泵/马达的斜盘摆角，使其工作在液压泵的工况，此时液压泵/马达实际上是在惯性能的作用下被上部转台拖动向系统回馈能量，回收的能量会以高压油的方式存于液压蓄能器中。当回转机构再次工作在主动回转阶段时，存储于液压蓄能器中的能量释放，从而实现主动回转和能量回收的循环工作。

为了实现回转系统相关参数的匹配，以起重机的回转机构为研究对象进行分

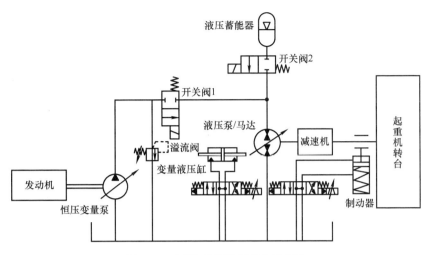

图 5-37　回转系统能量回收原理图

析，回转机构的回转阻力矩计算公式为

$$M_Z = M_f + M_W + M_S + M_i \tag{5-15}$$

式中，M_Z 是回转阻力矩（N·m）；M_f 是回转摩擦阻力矩（N·m）；M_W 是回转风阻力矩（N·m）；M_S 是由于停机面倾斜造成的回转坡度阻力矩（N·m）；M_i 是回转启动时的回转惯性阻力矩（N·m）。

四象限液压泵/马达转矩的计算公式为

$$T_{P/M} = \frac{p_a D_{P/M}}{\eta_m} = \frac{1}{i}\left(J\frac{d\omega}{dt} - B\omega - T_f \right) \tag{5-16}$$

式中，$T_{P/M}$ 是液压泵/马达制动转矩（N·m）；p_a 是液压蓄能器的压力（Pa）；$D_{P/M}$ 是液压泵/马达排量（m³/r）；η_m 是液压泵/马达机械效率；i 是减速比；J 是液压泵/马达的转动惯量（kg·m²）；ω 是液压泵/马达的转速（rad/s）；t 是时间（s）；T_f 是摩擦转矩（N·m）；B 是黏性阻尼系数。

恒压变量泵的选择根据下式：

$$P_{pump} \geqslant P_{P/M}/\eta_1 + P_{add} \tag{5-17}$$

式中，P_{pump} 是恒压变量泵的最小功率（W）；$P_{P/M}$ 是液压泵/马达的功率（W）；η_1 是恒压变量泵到液压泵/马达的效率；P_{add} 是恒压变量泵为其他附件提供的功率（W）。

作为能量存储单元的液压蓄能器既要回收回转系统的制动动能，又要吸收发动机提供的多余能量，因此液压蓄能器的最低工作压力应低于系统高压端的压力，液压蓄能器的最高工作压力不得大于液压泵/马达所允许的最高工作压力。预充气压力不能选得太高，也不能太低，太低不能有效地回收能量。一般选用原则为系统工作压力的 80% ~ 90% 较为合理。当液压蓄能器的预充气压力选取合适时，既可以很好地回收能量，又能保证系统的稳定性和快速性。此外，系统最高工作压力还要受到元件自身和管路的限制，同时还要考虑回转过程中的安全性和可靠性。

液压蓄能器容积的确定应以回收回转系统的制动能为主：

$$E = \frac{p_{\text{acc,min}} V_1}{n-1} \left[\left(\frac{V}{V_1} \right)^{n-1} - 1 \right] = \frac{p_{\text{acc,min}} V_1}{n-1} \left[\left(\frac{p_{\text{acc,min}}}{p_a} \right)^{\frac{1-n}{n}} - 1 \right] \geqslant \frac{1}{2} J \omega_a^2 \quad (5\text{-}18)$$

式中，E 是液压蓄能器储存的能量（J）；V 是压力 p_a 状态下液压蓄能器的气囊体积（m^3）；$p_{\text{acc,min}}$ 是液压蓄能器的最低工作压力（Pa）；V_1 是液压蓄能器内气体在最低压力下的体积（m^3）；n 是气体的多变过程指数，绝热过程时取 1.4，等温过程时取 1；ω_a 是回转系统制动时的平均角速度（rad/s）。

5.3.2 回转机构的仿真控制模型

为了对系统进行控制和优化，首先需要对回转机构能量回收系统进行仿真模型的建立。系统采用 Matlab/Simulink 工具进行离线仿真。根据系统的数学模型搭建 Simulink 仿真模型。液压泵/马达变量机构数学模型、液压泵/马达主体数学模型、液压蓄能器数学模型及起重机转台数学模型分别如图 5-38 ~ 图 5-41 所示。

（1）液压泵/马达变量机构数学模型

$$V_s = \frac{A_s}{A_{s\max}} V_{s\max} \quad (5\text{-}19)$$

式中，$A_{s\max}$ 是液压泵/马达斜盘的最大倾角（°）；A_s 是液压泵/马达斜盘的倾角（°）；$V_{s\max}$ 是液压泵/马达的最大排量（mL/r）；V_s 是液压泵/马达的排量（mL/r）。

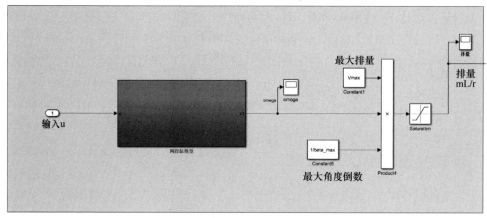

图 5-38　变量机构数学模型

（2）液压泵/马达主体数学模型

$$T_b = p_s V_s + J \frac{d\omega}{dt} + B\omega \quad (5\text{-}20)$$

式中，T_b 是液压泵/马达制动转矩（N·m）；p_s 是液压蓄能器的压力（Pa）；J 是液压泵/马达转动部分转动惯量（kg·m^2）；ω 是液压泵/马达的角速度（rad/s）；B 是液压泵/马达黏性阻尼系数 [N/(m·s)]。

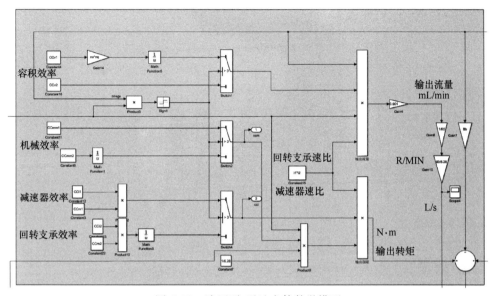

图 5-39　液压泵/马达主体数学模型

（3）液压蓄能器数学模型

液压蓄能器的选型包括液压蓄能器容积及充气压力的确定，此外，选型时还应该确定系统的最大工作压力及最小工作压力。

$$p_{\mathrm{acc,max}} \leqslant p_{\max} \tag{5-21}$$

式中，$p_{\max}$ 是系统高压管路允许的最高压力（MPa）；$p_{\mathrm{acc,max}}$ 是液压蓄能器的最高工作压力（MPa）。

液压蓄能器流量连续性方程为

$$q_{\mathrm{a}} = -\frac{\mathrm{d}v}{\mathrm{d}t} \tag{5-22}$$

式中，q_{a} 是液压蓄能器的输入流量（L/min）。

由 Boyle – Mariotte 定律，有：

$$p_{\mathrm{a}0} v_{\mathrm{a}0}^{n} = p_{\mathrm{a}} v_{\mathrm{a}}^{n} \tag{5-23}$$

式中，$p_{\mathrm{a}0}$ 是液压蓄能器稳定工作点压力（MPa）；$v_{\mathrm{a}0}$ 是液压蓄能器稳定工作点的体积（m^3）；p_{a} 是液压蓄能器任一时刻工作点的压力（MPa）；v_{a} 是液压蓄能器任一时刻的体积（m^3）；n 是 Boyle – Mariotte 定律气体指数，等温过程取 $n=1$，绝热过程取 $n=1.4$，其他情况介于二数值之间。

（4）起重机转台数学模型

回转机构的回转阻力矩计算公式为

$$M_{\mathrm{Z}} = M_{\mathrm{f}} + M_{\mathrm{W}} + M_{\mathrm{S}} + M_{\mathrm{i}} \tag{5-24}$$

式中，M_{Z} 是回转阻力矩（N·m）；M_{f} 是回转摩擦阻力矩（N·m）；M_{W} 是回转风阻力矩（N·m）；M_{S} 是由于停机面倾斜造成的回转坡度阻力矩（N·m）；M_{i} 是回

转启动时的回转惯性阻力矩（N·m）。

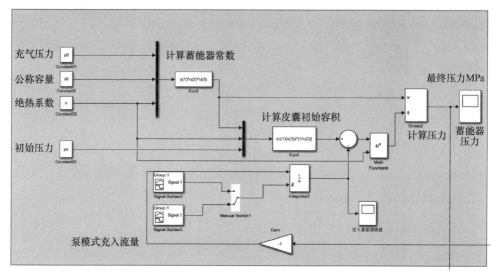

图 5-40　液压蓄能器数学模型

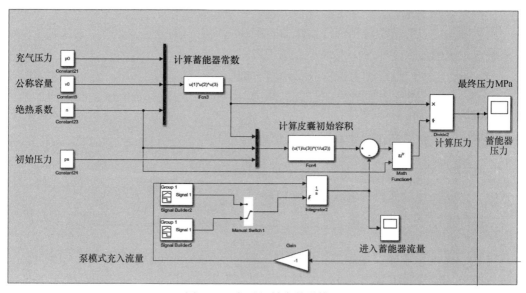

图 5-41　起重机转台数学模型

5.3.3　回转机构的控制策略

由于回转液压系统存在摩擦、非线性、时变等影响因素，因而使被控对象的结构和参数不能完全被掌握或者难以建立精确的数学模型。另外，因为回转系统惯性大，为保证制动时整机的稳定性，应尽量避免出现超调现象及由微小偏差下的频繁调节引起的系统振荡。传统的控制策略是保证主泵的输出压力恒定，根据 $T = pV$，通过控制液压泵/马达的排量来完成控制，但理想的恒压油源很难实现，尤其是起重机经常处于变负载的工况。针对上述问题，应用一种新型的控制策略，即不再以保证高压管路"恒压"为目标，而是为了达到提高整机效率的目的来主动调整高压管路压力。具体为通过合理的全局规划，限定高压管路压力的波动范围，统筹考虑执行器瞬时转矩需求及效率，利用调整主泵的排量完成高压管路压力的间接调整，从而使多个液压执行器尽可能多地处于高效率区域以达到最大限度提高整体效率的目的。与此优势相对应的是高压管路的变化给液压泵/马达的控制带来了困难。因此，对变压环境下提升四象限泵控制性能的控制策略的合理设计进行研究。

首先建立了变排量机构的状态方程，其中状态变量分别为：x_1 为转台转动的角度，x_2 为转台的角速度，x_3 为变量液压缸的位移，x_4 为变量液压缸的速度，x_5 为变量液压缸的压差。

$$\begin{cases} \dot{x}(t) = \begin{bmatrix} x_1 \\ -\dfrac{B}{J_{\text{P/M}}}x_2 + \dfrac{p_{\text{s}}D_{\max}}{J_{\text{P/M}}y_{\max}}x_3 \\ x_4 \\ -\dfrac{S}{m}x_3 - \dfrac{B_{\text{c}}}{m}x_4 + \dfrac{A_{\text{g}}}{m}x_5 \\ -\dfrac{4\beta_{\text{e}}A_{\text{g}}}{V_{\text{t}}}x_4 - \dfrac{4\beta_{\text{e}}(C_{\text{tc}} + K_{\text{c}})}{V_{\text{t}}}x_5 \end{bmatrix} + \begin{bmatrix} 0 \\ 0 \\ 0 \\ 0 \\ \dfrac{4\beta_{\text{e}}}{V_{\text{t}}}K_{\text{u}} \end{bmatrix} v(t) + \begin{bmatrix} 0 \\ -\dfrac{M_{\text{f}}}{rJ_{\text{P/M}}} \\ 0 \\ -\dfrac{F}{m} \\ 0 \end{bmatrix} \\ z(t) = \begin{bmatrix} 1 & 0 & 0 & 0 & 0 \end{bmatrix}^{\text{T}} x(t) \end{cases} \tag{5-25}$$

式中，$D_{\max}$ 是四象限泵的最大排量（m^3/r）；v 是控制阀的控制电压（V）；K_{u} 是增益；p_{s} 是油源压力（Pa）；$J_{\text{P/M}}$ 是四象限泵的转动惯量（$\text{kg}\cdot\text{m}^2$）；r 是减速比；S 是变量缸的载荷弹簧梯度（N/m）；B_{c} 是黏性阻尼系数（$\text{N}\cdot\text{s/m}$）；A_{g} 是变量缸的有效面积（m^2）；β_{e} 是油液的弹性模量（Pa）；C_{tc} 是四象限泵的总泄漏系数（$\text{m}^3/\text{s}\cdot\text{Pa}$）；$K_{\text{c}}$ 是伺服阀流量–压力系数（$\text{m}^5/\text{N}\cdot\text{s}$）；$V_{\text{t}}$ 是两腔流体在压缩下的总体积（m^3）。

从状态方程可以看出系统比较复杂，包括五个状态变量。为了获得较好的控制性能，在实际中需要采用多个传感器进行测量，不仅会降低系统的可靠性还会增加整机成本。此外，对起重机而言，其控制的精确性要求不高，但对系统的鲁棒性和抗干扰能力要求较高。因此需对上述系统进行简化，以便于减少状态变量的数量进而降低传感器的数量，同时提高系统的鲁棒性。从状态方程来看，与变量液压缸的位移控制环节有关的状态变量有三个，如果从这里进行简化，有望得到状态变量较少的系统模型。下面列写具体的建模过程：传统的泵控系统多采用比例阀对排量进行调节，但在基于变压环境的起重机回转系统中，为了获得快速的动态性能，变量调节机构采用高频响伺服阀直接控制柱塞缸的形式。

通过对变量机构进行频响分析，变量从 0 到最大排量的最长时间为 0.1s。此外，需要注意的是，应用在工程机械的控制器是数字信号，通常频率为100Hz，这同时说明系统会存在0.01s的时滞。所以，将变量液压缸的动态简化为以控制量为输入、变量液压缸的位移为输出、同时考虑控制器具有时滞特点的子系统，并确定时滞的范围为0.05s，从而去除了与这套系统相关的三个状态变量。而p_s由于控制策略的需要将在40%的范围内波动，以及转动惯量的变化范围为（0~2）$J_{P/M}$。此外，干扰量M_f的范围确定为1.5倍之内，那么重新选定液压泵/马达的旋转角度和速度为状态变量，则系统的模型可简化为

$$\begin{cases} \dot{x}(t) = \begin{bmatrix} 0 & 1 \\ 0 & -\dfrac{B_L}{J_{P/M}(1+\Delta_J)} \end{bmatrix} \begin{bmatrix} x_1(t) \\ x_2(t) \end{bmatrix} + \begin{bmatrix} 0 \\ \dfrac{p_s(1+\Delta_p)D_{\max}}{x_{\max}J_{P/M}(1+\Delta_J)} \end{bmatrix} u(t-d) + \\ \qquad \begin{bmatrix} 0 \\ -\dfrac{1}{J_{P/M}(1+\Delta_J)} \end{bmatrix} M_f \\ y(t) = \begin{bmatrix} 1 & 0 \end{bmatrix}^T x(t) \end{cases} \tag{5-26}$$

式中，B_L是回转阻尼系数 [N·m/(r/s)]；Δ_J是转动惯量变化的最大值（kg·m²）；Δ_p是系统压力变化的最大值（Pa）；u是系统输入电流（A）；d是时滞时间（s）；t是时间（s）；$D_{\max}$是四象限泵的最大排量（mL/r）；$x_{\max}$是变量缸的最大位移（m）。

这个简化的系统既降低了状态变量的个数，又充分考虑了系统参数的不确定性和时滞，可以应用鲁棒控制理论进行分析。

由于起重机回转系统是一个跟踪控制系统，所以定义跟踪误差e为

$$e = x_1 - x_d \tag{5-27}$$

式中，x_1是实际回转角度；x_d是期望回转角度。

把$\dot{e} = \dot{x}_1 - \dot{x}_d = x_2 - \dot{x}_d$带入上式，

$$e = \tilde{x}_1, \quad \dot{e} = \tilde{x}_2, \quad 那么\ddot{e} = \dot{\tilde{x}}_2 - \ddot{x}_d$$

式中，x_2是回转速度。

则：

$$\begin{cases} \dot{\tilde{x}}(t) = A\tilde{x}(t) + Bu(t-d) + B_1 w \\ y(t) = C\tilde{x}(t) \end{cases} \tag{5-28}$$

其中

$$A = \begin{bmatrix} 0 & 1 \\ 0 & -\dfrac{B_L}{J_{P/M}(1+\Delta_J)} \end{bmatrix} \quad B = \begin{bmatrix} 0 \\ \dfrac{p_s(1+\Delta_p)D_{\max}}{x_{\max}J_{P/M}(1+\Delta_J)} \end{bmatrix} \quad w = \begin{bmatrix} \dot{x}_d \\ \ddot{x}_d \\ M_f \end{bmatrix} \quad C = \begin{bmatrix} 1 \\ 0 \end{bmatrix}$$

$$B_1 = \begin{bmatrix} 1 & 0 & 0 \\ -\dfrac{B_L}{J_{P/M}(1+\Delta_J)} & -1 & -\dfrac{1}{J_{P/M}(1+\Delta_J)} \end{bmatrix}$$

其中，干扰 w 中的元素都是有界的，所以问题转化为具有参数不确定性特点并在有界干扰的情况下，同时存在输入时滞的系统的鲁棒控制问题。另外，需要指出的是控制量 u 会受到控制液压缸最大位移的限制。设计一个全状态反馈控制器如下

$$u = K\tilde{x} \tag{5-29}$$

将控制量输入代入式，可得，

$$\begin{cases} \dot{\tilde{x}}(t) = A\tilde{x}(t) + BK\tilde{x}(t-d) + B_1 w \\ y(t) = C\tilde{x}(t) \end{cases} \tag{5-30}$$

其中，w 为有界，所以问题转化为具有参数不确定性和时滞的系统的鲁棒控制问题。分析起重机回转系统的工况，经简化后主要存在两个参数具有较大的不确定性，一个是起重机在空载和满载时造成的转动惯量（$J_{P/M}$）的变化，还有一个是系统的压力（p）的变化。所以，式中具备不确定性参数的矩阵为 A、B、B_1。采用 μ 表示变化的参数，它的变化构成了一个凸多面体。应用 H 无穷的方法去设计控制器。

定义 Z 是给定的凸面体的界，描述如下：

$$Z \cdot \left\{ \Lambda \mid \Lambda = \sum_{k=1}^{r} \mu_k \Lambda_k ; \sum_{k=1}^{r} \mu_k = 1, \mu_k \geqslant 0 \right\} \tag{5-31}$$

式中，$\Lambda_k = (A_k, B_k, B_{1k}, C_{1k})$，表示凸面体的顶点；$\mu_k$ 是一矩阵。

以下定理可以推导出：

定理：给定 $0 \leqslant d \leqslant tm$，$\varepsilon > 0$，可获得以下线性矩阵不等式。

$$\Psi = \begin{bmatrix} \Pi_k & \sqrt{d}\Gamma_k^T & \sqrt{d}M_k & N_k^T \\ * & -Q^{-1} & 0 & 0 \\ * & * & -Q & 0 \\ * & * & * & -I \end{bmatrix} < 0 \tag{5-32}$$

$$\begin{bmatrix} -I & \sqrt{\varepsilon}C \\ * & -u_{\max}^2 P \end{bmatrix} < 0$$

式中，Π_k、Γ_k、M_k、N_k、Q、I、C 是线性矩阵；ε 是常数；$u_{\max}$ 是输入最大值；P 是状态反馈增益；$*$ 是 0 或正常数。

其中

$$\Pi_k = \begin{bmatrix} PA_k + A_k^T P + 2M_{1k} & PB_k K - M_{1k} + M_{2k} & PB_{1k} + M_{3k} \\ * & -2M_{2k} & -M_{3k} \\ * & * & -\delta^2 I \end{bmatrix} < 0 \tag{5-33}$$

$$\Gamma_k = \begin{bmatrix} A_k & B_k K & B_{1k} \end{bmatrix}$$

$$N_k = \begin{bmatrix} C_k & 0 & 0 \end{bmatrix}$$

式中，P、A_k、M_{1k}、B_k、K、M_{1k}、M_{2k}、B_{1k}、M_{3k}、C_k、N_k 是线性矩阵；δ 是常数。

闭环系统是稳定的，且对于所有的非零的 $w \in L_2[0, \infty]$，闭环系统能保证满足 $\|y\|_2 < \gamma \|w\|_2$，同时对于扰动满足 $w_{max} = (\varepsilon - V(0))/\gamma^2$ 的条件时，控制输入的约束也能得到保证。

基于液压二次调节技术的回转机构能量回收系统可以充分弥补系统效率低等方面的缺陷，合理地回收再利用能量。因为回转系统惯性大，为保证制动时整机的稳定性，应尽量避免出现超调现象及由微小偏差下的频繁调节引起的系统振荡。对于系统的液压蓄能器选型，要选定合适的液压蓄能器容积及预充气压力，这样既可以很好地回收能量，又能保证系统的稳定性和快速性。基于液压二次调节技术的回转机构能量回收系统可以均衡发动机的功率，保证发动机工作在较好的燃油经济区，进而降低油耗达到节能减排的作用。

5.4 案例 4：基于电动/发电 – 四象限泵能量回收与再释放技术

过去十年，电池、电驱、电控等新能源汽车三电技术得到了快速发展，为工程机械电动化奠定了良好的基础。**工程机械电动化后，由于动力系统具备了高能量电储能单元，使卷扬的电驱动成了可能。** 与液驱相比，电驱在控制特性、运动精度和效率上具有明显优势，但也存在以下不足：①**近零转速大转矩可控性低且能耗高。** 卷扬吊装常工作在近零转速附近，且要求较大的转矩输出，而电动机在这种工况下的转矩可控性较差且能耗高，导致电动机瞬时发热；②**功率密度低，驱动能力有限。** 工程机械的装机空间有限，导致电动机的体积和功率不可能做得很大，限制了电动机的驱动能力；③**势能单独电气回收，转换环节多。** 在绳索卷扬过程中存在较多负值负载工况，虽然可通过电气式对能量进行回收和再利用，但对自身为液驱的工程机械而言，需要在负值负载能量、电能和液压能之间多次转换，降低了能量回收和释放的效率。

因此，考虑液压驱动能耗高，控制特性有限，液压蓄能器难以储存大量能量等不足，基于电动工程机械具备电储能单元及电驱动功率密度低、近零转速大转矩可控性低且能耗高等不足，提出了一种电动机 – 液压复合驱动系统，充分发挥了电储能单元高能量密度和电动机良好的控制特性，利用液压蓄能器 – 液压泵/马达获得了高功率密度和近零转速大转矩输出，并实现了能量复合式回收和再生一体化，减少了能量转换环节。

5.4.1 方案构型

图 5-42 所示为电液复合驱动回转系统的方案示意图。通过电池对电动机进行供电；通过 CAN 总线实现对电动机的通信；通过控制器对电磁离合器、电磁方向

阀的开启闭合进行控制。

　　机械传动部分采用以电驱为主，液驱为辅的驱动方案，电动机直接驱动减速器，同时液压泵/马达与电动机通过电磁离合器实现同轴连接。驱动模式的转换，主要通过电磁离合器来实现。

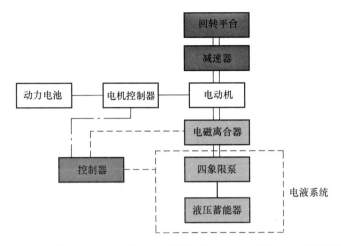

图 5-42　电液复合驱动回转系统方案示意图

　　图 5-43 所示为电液复合驱动回转系统原理图。在正常工作时，由电动机直接驱动回转系统，当负载突变或瞬时大功率时，电磁离合器闭合，电动机、液压泵/马达同轴连接，从而实现纯电驱动与电液复合驱动模式的转换。通过控制电磁换向阀实现制动能量的回收与再生利用，通过压力传感器检液压测蓄能器电池功率状态（SOP），调整驱动模式，实现大惯量转台的制动能量回收与快速驱动。

　　电液复合驱动系统特点：该系统基于电动/发电 - 液压泵/马达的回转驱动与能量再生系统，可以实现模式转换，能够根据当前工况及系统状态进行电液驱动、电驱动、液驱动不同状态的转换。电液复合驱动系统可以充分发挥电动机调速特性，控制转台速度，运动精度更高，液驱系统部分可以发挥瞬时强爆发力、降低电动机转矩、满足起动时所需的转矩。在回收过程中，电动机可以用于回收缓变制动能，液压蓄能器可以回收突变制动能，以适应工程机械多变的工况。

5.4.2　控制策略

　　在挖掘机回转过程中，主要包含了加速运动、匀速运动及减速运动。在小角度回转中只有加速运动和减速运动。对于挖掘机侧壁掘削，回转系统将依旧进行加速运动，在挖掘机回转平台保持不动时，则通过机械制动保持。因此，将挖掘机回转运动分为加速、减速制动、停车三个状态及状态转换过程。根据手柄开度、高低压液压蓄能器压力、转台转速、手柄强度及目标转速作为状态量输入，实现电液双动

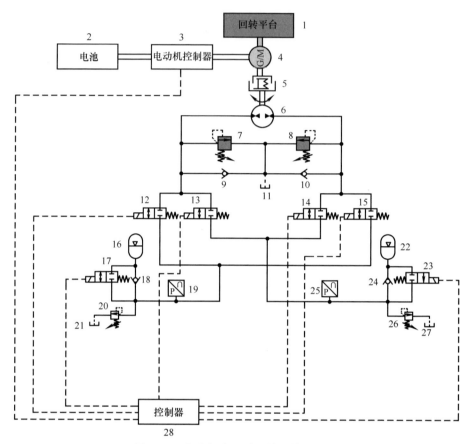

图 5-43　电液复合驱动回转系统原理图

1—回转平台　2—动力电池　3—电机控制器　4—回转电动机　5—电磁离合器
6—液压泵/马达　7、8、20、26—溢流阀　9、10、18、24—单向阀　11、21、27—液压缸
12~15、17、23—电磁换向阀　16、22—液压蓄能器　19、25—压力传感器　28—控制器

力协同驱动与制动。如图 5-44 所示，在驱动过程中，当手柄开度大于设定死区时，进入驱动模式。当高低压液压蓄能器压差大于设定压差时，说明液压系统能够提供液压驱动力，离合器闭合，进入电液复合驱动模式；如果手柄开度不变，即手柄强度为 0，说明回转系统进入匀速状态，断开离合器进入纯电驱动模式；如果高低压液压蓄能器压差小于设定压差时，液压系统不能提供合适液压驱动力，将直接进入纯电驱动模式。

在制动过程中，当目标转速小于实际转速时，进入制动状态。首先默认进入电液复合驱动模式；如果高低压液压蓄能器能量充满，则进入发电机再生制动模式；如果高低压液压蓄能器大于设定压差，则进入液压制动模式。此外，当永磁同步电动机作为发电机时，如果转速低于 500r/min，则制动动能无法回收，故采用液压制动进行回收。

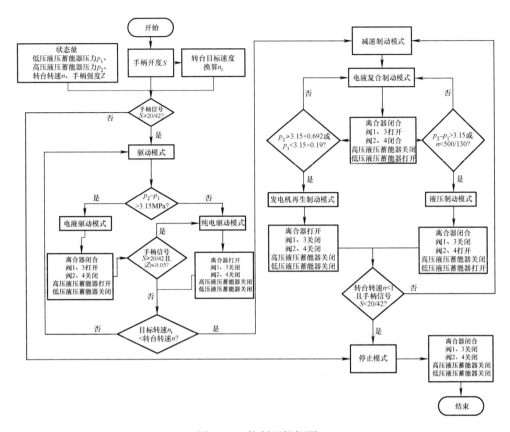

图 5-44　控制逻辑框图

挖掘机回转运动依靠操作人员感官来控制手柄开度，进而控制转台速度和回转角度，加入微分项容易产生冲击，用比例控制来模拟原液压系统操作，如图 5-45 所示。

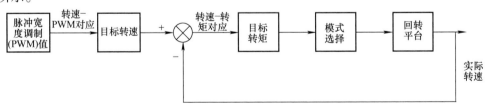

图 5-45　原液压系统比例控制框图

5.4.3　仿真

以某型号 8t 电动轮式挖掘机为例，输入参数。在 AMESim 软件中搭建电液复合驱动系统，对所提出的控制策略进行仿真，比较了电液复合驱动系统、负载敏感系统、负载敏感液压回收系统及电驱回转系统的性能，如图 5-46 所示。

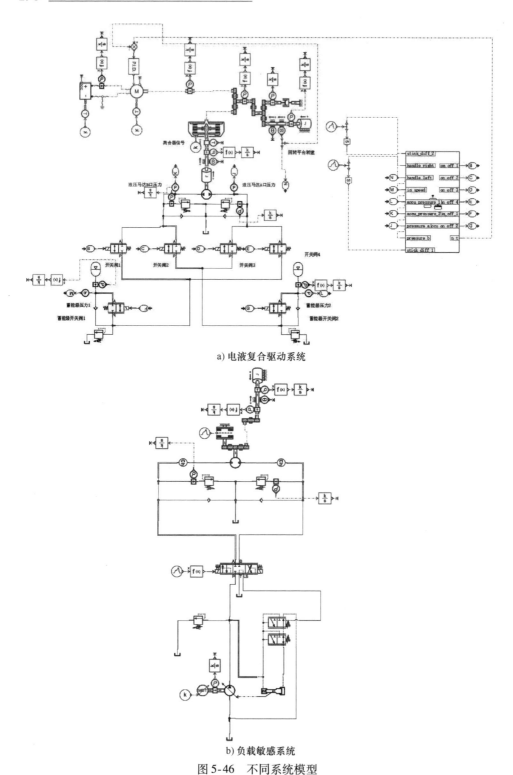

a) 电液复合驱动系统

b) 负载敏感系统

图 5-46　不同系统模型

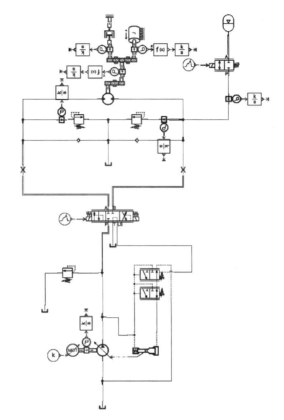

c) 负载敏感液压回收系统

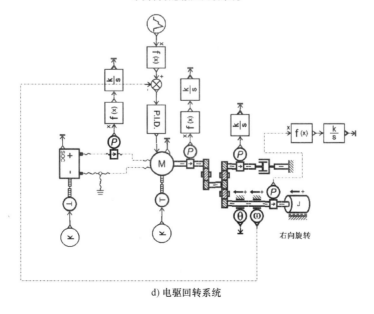

d) 电驱回转系统

图 5-46　不同系统模型（续）

1. 90°满载回转工况

（1）回转特性分析

在相同手柄信号下，四个回转系统回转角度均为90°，如图5-47所示。由图可知，电液复合驱动回转系统制动比电机响应更快，波动比负载敏感系统小。负载敏感液压回收系统比负载敏感系统制动时间长。

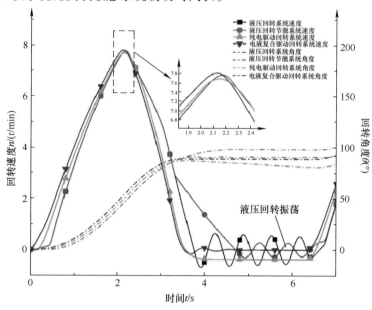

图5-47　90°回转运行特性不同系统比较

（2）能量分析

如图5-48a所示，在负载敏感系统中，主泵输出能量24.5kJ，摩擦损失能量5.1kJ，起动时溢流阀损失能量1.8kJ，转台消耗10.18kJ，能量利用率41.55%。手柄回归中位过程中，主泵流量逐渐减少，液压泵两端压差改变，此时液压马达与摩擦作为阻力，实现转台减速过程。在制动过程中，换向阀处于中位，其制动动能有1.5kJ，与理论计算值相近，摩擦损失能量0.08kJ，溢流损失能量1.45kJ。制动回转角度为3°。

如图5-48b所示，在负载敏感液压回收系统中，主泵输出能量24.5kJ，摩擦损失能量5.1kJ，起动时溢流阀损失能量1.8kJ，转台能耗10.14kJ，能量利用率41.39%。在制动过程中，其制动动能有1.56kJ，与理论计算值相近，摩擦损失能量0.2kJ，溢流损失能量0.6kJ，液压蓄能器回收制动动能1.4kJ，能量回收率89.74%。

如图5-48c所示，在纯电驱动回转系统中，动力电池输出能量13.7kJ，电动机输出能量12.98kJ，摩擦损失能量3.1kJ，转台能耗9.8kJ，能量利用率75.50%。在制动过程中，其制动动能有9.8kJ，与理论计算值相近，摩擦损失能量2kJ，发电

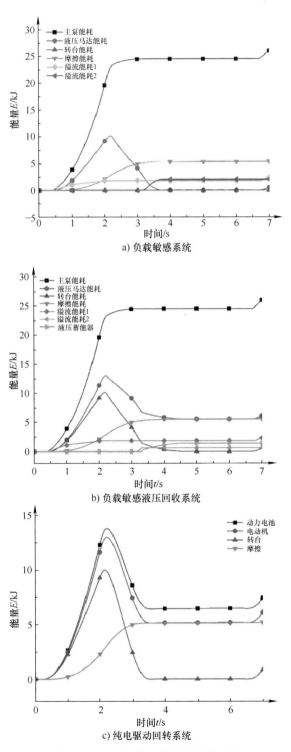

a) 负载敏感系统

b) 负载敏感液压回收系统

c) 纯电驱动回转系统

图 5-48　90°满载工况回转能耗比较

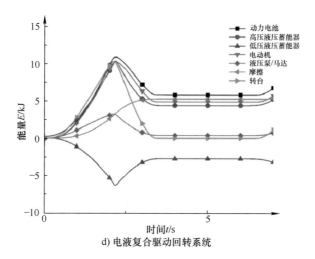

d) 电液复合驱动回转系统

图 5-48　90°满载工况回转能耗比较（续）

机再生制动能量 7.81kJ，发电机再生制动能量回收率 79.69%。

如图 5-48d 所示，在电液复合驱动回转系统中，动力电池输出能量 10.8kJ，蓄能器输出能量 3.8kJ，电动机输出能量 10.2kJ，液压泵/马达输出能量 3.2kJ，摩擦损失能量 3.3kJ，转台能耗 10.1kJ，能量利用率 72.14%。在制动过程中，其制动能有 10.1kJ，与理论计算值相近，摩擦损失能量 1.9kJ，发电机再生制动能量 5.4kJ，液压回收能量 2.8kJ，发电机再生制动能量回收率 81.19%。

综上所述，在 90°满载回转工况下，电液复合驱动回转系统（见图 5-48d）输出能量 14.6kJ，比负载敏感系统（见图 5-48a）节省了 9.9kJ 能量，节约率达 40.41%。电液复合驱动回转系统（见图 5-48d）输出能量比纯电驱动回转系统（见图 5-48c）多 0.9kJ。在制动动能回收方面，负载敏感液压回收系统（见图 5-48b）可以回收的制动动能小，电液复合驱动回转系统（见图 5-48d）回收效果比负载敏感液压回收系统（见图 5-48b）和纯电驱动回转系统（见图 5-48c）效果好。

2. 180°满载回转工况

（1）回转特性分析

在相同突变手柄信号下，四个回转系统做回转运动，如图 5-49 所示。电驱系统和电液复合驱动回转系统在起动时响应迅速，发挥了电动机响应快的特点，在 1.27s 就达到稳态，而负载敏感系统响应慢，在 2.19s 达到稳态。在相同手柄信号下，电液复合驱动回转系统与纯电驱动回转系统回转角度达 191°，偏差了 10°。此外负载敏感液压回收系统比负载敏感系统制动时间长。

（2）能量分析

如图 5-50a 所示，在负载敏感系统中，主泵输出能量 68.06kJ，摩擦损失能量 12.6kJ，起动时溢流阀损耗 9.7kJ，转台能耗 10.7kJ，能量利用率 15.72%。在制动过程中，其制动能有 5.3kJ，与理论计算值相近，摩擦损失能量 0.5kJ，溢流

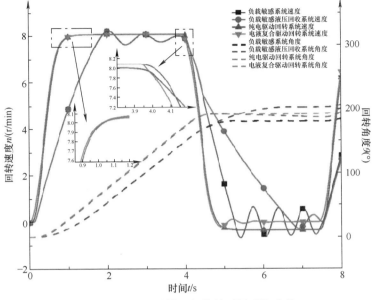

图 5-49　180°回转运行特性不同系统比较

损失能量 4.8kJ。

　　如图 5-50b 所示，在负载敏感液压回收系统中，主泵输出能量 68kJ，摩擦损失能量 13.9kJ，起动时溢流阀损耗 9.7kJ，转台能耗 10.7kJ，能量利用率 15.74%。在制动过程中，其制动动能有 5.78kJ，与理论计算值相近，摩擦损失能量 1.3kJ，溢流损失能量 0.05kJ，液压蓄能器回收制动动能 4.39kJ，能量回收率 75.95%。

　　如图 5-50c 所示，在纯电驱动回转系统中，动力电池输出能量 26.2kJ，电动机输出能量 24.7kJ，摩擦损失能量 13kJ，转台能耗 11kJ，能量利用率 44.53%。在制动过程中，其制动动能有 11kJ，与理论计算值相近，摩擦损失能量 1.6kJ，发电机再生制动能量 9.4kJ，发电机再生制动能量回收率 85.45%。

　　如图 5-50d 所示，在电液复合驱动回转系统中，动力电池输出能量 25.6kJ，液压蓄能器输出能量 1.1kJ，电动机输出能量 24.2kJ，液压泵/马达输出能量 0.6kJ，摩擦损失能量 15kJ，转台能耗 11kJ，能量利用率 41.20%。在制动过程中，其制动动能有 11kJ，与理论计算值相近，摩擦损失能量 1.4kJ，发电机再生制动能量 7kJ，液压回收能量 2.1kJ，发电机再生制动能量回收率 82.73%。

　　综上所述，在 180°满载回转工况下，电液复合驱动回转系统（见图 5-50d）输出能量 26.7kJ，比负载敏感系统（见图 5-50a）节省了 41.36kJ，节约率达 60.77%。电液复合驱动回转系统（见图 5-50d）输出能量比纯电驱动回转系统（见图 5-50c）多 0.5kJ。在制动动能回收方面，电液复合驱动回转系统（见图 5-50d）回收效果比负载敏感液压回收系统（见图 5-50b）效果好，与纯电驱动回转系统（见图 5-50c）相似，但是电液复合驱动回转系统（见图 5-50d）电动机输出转矩小，可减少电动机发热，如图 5-51 所示。

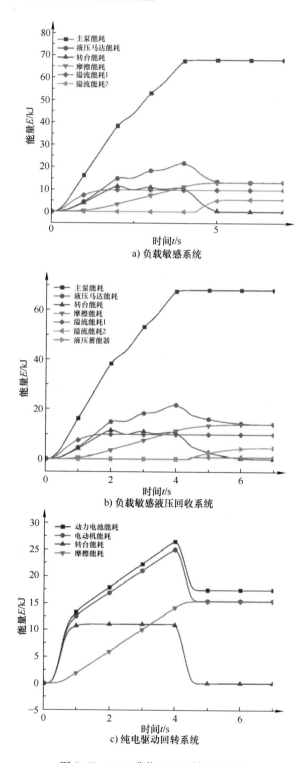

a) 负载敏感系统

b) 负载敏感液压回收系统

c) 纯电驱动回转系统

图 5-50　180°满载工况回转能耗比较

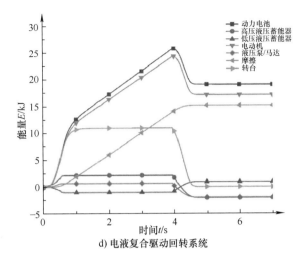

d) 电液复合驱动回转系统

图 5-50　180°满载工况回转能耗比较（续）

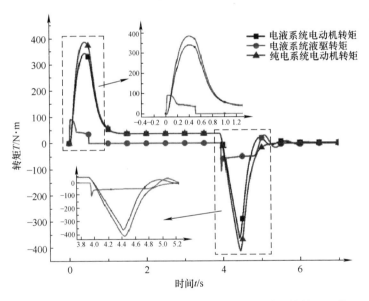

图 5-51　电液复合驱动回转系统与纯电驱动回转系统转矩比较

第6章 溢流损失能量回收系统

6.1 溢流损失简述

液压系统的种类较多，但不同液压系统的能量损失基本都体现在节流损失和溢流损失。溢流损失问题是导致液压系统效率较低的一个主要原因。溢流阀作为三大液压阀之一，包括常规的溢流阀和比例溢流阀，广泛应用于液压系统中。目前的溢流损失主要包括以下几种类型：

1）在固定机械中，液压调速系统主要包括节流调速和容积调速，应用较多的主要是节流调速，很多场合仍然采用定量泵供油系统。节流调速系统包括进口节流调速、出口节流调速和旁路节流调速等。按溢流阀的功能，溢流损失主要分成以下两种：①调压溢流损失。在定量泵进口节流调速和出口节流调速中，溢流阀起溢流调压功能，始终有部分液压油通过溢流阀回油箱，因此溢流阀始终存在溢流损失；②安全溢流损失。作为安全阀功能的溢流阀一旦工作，也会在阀口产生溢流损失，但损失大小和溢流阀工作规律有关。

2）在移动机械中，调速系统原理和固定机械类似，但由于安装空间有限，一般把液压泵出口溢流阀、液压缸或液压马达两腔的安全溢流阀等作为一个液压配件集成在多路阀中，其出口已经通过多路阀的内部流道和整套液压系统的回油口汇集在一起，共同接油箱，所以在试验测试时，难以测试具体的溢流损失值。而在仿真分析时，大多数学者为了更好地仿真结果对比，系统往往设定为空载，比如挖掘机的铲斗空斗，而在这种工况下溢流阀并未打开。因此，溢流损失问题并未引起专家和学者的关注。但实际上，以液压挖掘机为例，其液压系统中存在大量的溢流损失。比如液压挖掘机回转工作时，在先导手柄离开中位瞬间，高压油瞬时流入液压马达驱动腔，促使液压马达压力瞬间升高，超过溢流阀所设定的压力，导致大部分液压油从溢流阀回油箱；当先导手柄回中位，回转液压马达及上车机构由于惯性作用会继续旋转，此时液压马达制动腔的液压油被压缩，压力升高，打开溢流阀回油箱。因此，液压挖掘机每个工作周期约为 18~20s，溢流阀工作 4 次，故大量的能量会损失在溢流阀口上。

由于受到传统技术及用途的限制，溢流阀的出口一般接油箱。由于油箱压力近似为零，溢流阀阀口压差损失即为溢流阀进口压力，而进油口压力为用户的目标调整压力，由用户设定，不能改变。溢流阀需要把系统多余的流量溢流回油箱，其溢流流量具有随机性。目前降低溢流损失只能通过液压系统流量匹配的方式尽量减少溢流流量。但随着液压系统压力等级高压化，其阀口压差会进一步扩大，传统的通过减小溢流流量的途径降低溢流损失具有一定的局限性。目前，降低溢流损失尤其是降低溢流阀口压降被认为是难以解决的技术瓶颈。

为此，编者创造性将能量回收技术应用于溢流损失问题，**提出了一种溢流阀口和能量回收单元相串联的新型溢流压力控制方法**。该方法改变了传统比例（常规）溢流阀出油口接油箱的使用方法，将能量回收单元和溢流阀的出油口相连，通过能量回收单元控制出油口的背压，并将溢流阀阀口的压差控制在一个可以保证工作性能的最小压差，将大部分原来消耗在溢流阀口上的压差通过能量回收单元回收起来，而工作特性仍将通过溢流阀口保证。根据储能特点，提出了液压式和电气式溢流损失回收构型。

6.2　溢流损失液压式能量回收与再生原理

6.2.1　溢流损失液压式能量回收原理

图 6-1 所示为所设计的溢流损失液压蓄能器回收液压原理图，液压系统为定量泵变频调速恒压控制系统，比例溢流阀 9 出口接能量回收单元，可直接回收溢流损失。在本液压系统中，泵出口设置安全溢流阀 2 对系统进行安全保护，当系统需要卸荷时二位二通电磁换向阀 1 不得电，使安全溢流阀 2 控制口接油箱，系统卸荷；比例溢流阀 9 为测试所用溢流阀，其先导油直接通过单独的泄油口回油箱，其主阀芯出口通过二位三通电磁换向阀 11、单向阀 21、液压蓄能器安全球阀 12 与液压蓄能器 18 接通；为防止液压蓄能器内油液倒流回系统，在液压蓄能器安全球阀 12 前端连接一单向阀 21；液压蓄能器安全球阀 12 内部并联一个安全溢流阀用于限制液压蓄能器最高充油压力，从而保护液压蓄能器，延长使用寿命；在液压系统中设置了多个压力表和流量计用于监测系统压力和流量，通过数据采集对溢流损失回收过程中的比例溢流阀工作特性和系统稳定性进行了研究。

系统初始状态，二位二通电磁换向阀 1 线圈得电工作在上位，比例溢流阀 9 卸荷，二位三通电磁换向阀 11 工作在下位，安全溢流阀 2 开启压力大于比例溢流阀 9 溢流压力。具体工作原理：液压泵起动后，比例溢流阀 9 比例线圈有输入信号，当压力油达到比例溢流阀 9 的开启压力后，其主阀芯打开，工作在传统溢流模式；随后使二位三通电磁换向阀 11 工作在上位，溢流油液经过二位三通电磁换向阀 11、单向阀 21 和液压蓄能器安全球阀 12 进入液压蓄能器 18，给液压蓄能器充油，进行溢流损失回收；当达到液压蓄能器 18 设定的最大工作压力后，控制二位三通电磁换向阀 11 切换油路工作在下位，比例溢流阀 9 进入传统溢流模式，液压蓄能器内压力油液通过单向阀 21 进行保压。

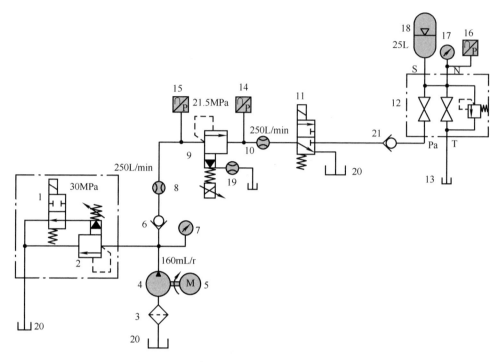

图 6-1　溢流损失液压蓄能器回收液压原理图

1—二位二通电磁换向阀　2—安全溢流阀　3—过滤器　4—液压泵　5—驱动电动机　6、21—单向阀
7、17—压力表　8、10—流量传感器　9—比例溢流阀　11—二位三通电磁换向阀　12—液压蓄能器安全球阀
13、20—油箱　14、15、16—压力传感器　18—液压蓄能器　19—累积流量计

6.2.2　溢流损失液压式能量再生原理

在以液压蓄能器为储能单元的能量回收系统中，液压蓄能器的充油为主动过程，液压蓄能器中的油液压力小于或等于系统压力；在液压蓄能器再生过程中，随着油液释放液压蓄能器内的压力逐渐降低，因此，液压蓄能器内的油液可以释放到压力较低的二次油路。根据图 6-1 所设计的溢流损失能量回收恒压系统可知，液压蓄能器内回收的溢流损失油液压力小于比例溢流阀设定的溢流压力；因此，可将液压蓄能器回收到的溢流损失释放到液压泵进口，通过提高泵进口压力，以降低电动机输出转矩及功率。

如图 6-2 所示，在溢流损失能量回收系统的基础上设计了溢流损失能量再生系统。该系统由液压蓄能器组、安全阀组、释放阀组、换向阀阀组、比例节流阀和泵进口阀组组成，通过两个相互独立不同体积的液压蓄能器能量回收单元进行溢流损失回收和再生。根据系统流量大小和压力等级，对各组成部分进行液压元件选型和阀块设计。系统所采用的液压泵为闭式泵，进口可承受高压。

各个阀组功能介绍：

1）换向阀阀组：三位四通电磁换向阀 9、10 相互独立工作，通过控制电磁换向阀得电，溢流损失油液分别进入不同的液压蓄能器，使回收溢流损失过程可相互独立。

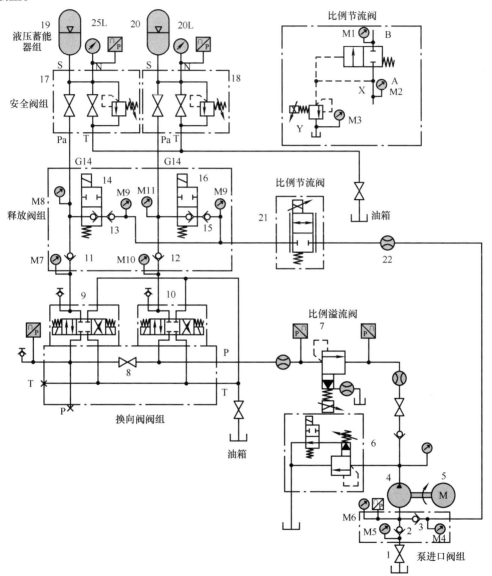

图 6-2　溢流损失能量回收与再利用液压原理

1、8—球阀　2、3、11、12、13、15—单向阀　4—液压泵　5—电动机　6—安全溢流阀

7—比例溢流阀　9、10—三位四通电磁换向阀　14、16—二位二通电磁换向阀

17、18—液压蓄能器安全球阀　19、20—液压蓄能器　21—比例节流阀　22—流量计

2）释放阀组：释放阀组也分为两组，进油单向阀 11、12 可对液压蓄能器内的

油液进行保压；25L 和 20L 液压蓄能器的释放油路相同，出油单向阀为 13、15 可阻止油液反向流动，如当 25L 液压蓄能器在释放的时候，单向阀 15 可阻断其释放油路对 20L 液压蓄能器的影响。

3）比例节流阀：因液压蓄能器为被动释放，释放过程速度快，可能会对液压系统造成冲击，通过比例节流阀的开度调节，控制液压蓄能器内压力油液的释放速度，使系统所需流量与释放流量相匹配，对释放过程实现主动控制，避免系统冲击。

4）泵进口阀组：阀组内的泵吸油单向阀 2 可防止从比例节流阀释放的液压蓄能器油液进入油箱；单向阀 3 可阻止液压泵从油箱吸油时油液流向溢流损失释放回路。

具体工作原理：以 25L 的液压蓄能器 19 进行溢流损失回收和再生为例，从比例溢流阀 7 溢流出的油液经过三位四通电磁换向阀 9 左位，经单向阀 11、液压蓄能器安全球阀 17 进入液压蓄能器 19 中，达到液压蓄能器 19 的最大工作压力后，三位四通电磁换向阀 9 右位得电使溢流油液回油箱，或者由另一组液压蓄能器接替进行回收；释放时二位二通电磁换向阀 14 上位得电，液压蓄能器内的压力油经过安全阀组进入到释放阀组，压力油液打开单向阀 13 进入比例节流阀 21；根据本液压系统流量的大小，调节比例节流阀 21 至合适的开度控制油液释放速度，保证液压泵出口流量稳定；当油液进入泵进口阀组后，打开单向阀 3，同时由于释放油液压力大于油箱压力而关闭单向阀 2，释放的溢流损失油液短时间内为液压泵供油，提高了泵进口压力，可降低驱动电动机输出功率，实现系统节能。

6.3　溢流损失电气式能量回收与再生原理

电气式能量回收单元一般采用液压马达 - 发电机，能量储存单元采用动力电池。不选择超级电容的原因是超级电容能量密度较低、价格较高，且目前动力电池的功率密度基本可以满足能量回收系统使用。图 6-3 所示为溢流损失电气式能量回收原理图。二位二通电磁换向阀 1 和安全阀 2 组成具有卸荷功能的安全阀；液压马达 16 和发电机 17 组成电气式能量回收机构，发电机输出的电能储存在蓄电池 20 中；比例溢流阀 10 是被测阀，其出口通过二位三通电磁换向阀 13 接电气式能量回收机构，通过控制二位三通电磁换向阀 13 的工作位置，确定被测比例溢流阀处于能量回收模式和传统的溢流能量损失模式。被测比例溢流阀的出口压力通过调整发电机的转速来进行控制，从而改变比例溢流阀的前后压差。

6.3.1　溢流损失电气式能量回收原理

图 6-3 所示的溢流损失电气式能量回收的基本工作过程如下：

1）卸荷工作状态：当各控制阀处于图示状态时，由于二位二通电磁换向阀 1

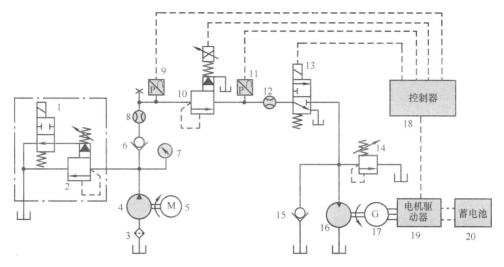

图 6-3　溢流损失电气式能量回收原理图

1—二位二通电磁换向阀　2—安全阀　3—过滤器　4—液压泵　5—驱动电动机　6、15—单向阀
7—压力表　8、12—流量传感器　9、11—压力传感器　10—比例溢流阀　13—二位三通电磁换向阀
14—安全阀　16—液压马达　17—发电机　18—控制器　19—电机驱动器　20—蓄电池

下位工作，使安全阀 2 的先导控制油口通油箱，安全阀 2 打开，因此液压泵输出的油液通过安全阀 2 直接回到油箱，以实现卸荷。

2）传统溢流损失工作状态：当二位二通电磁换向阀 1 通电，安全阀 2 处于关闭状态，二位三通电磁换向阀 13 断电处于下位工作状态，此时液压泵 4 输出的液压油经过单向阀 6、流量传感器 8 流入被测比例溢流阀 10，被测比例溢流阀 10 的出口经流量传感器 12、二位三通电磁换向阀 13 的下位直接回油箱，这即是传统溢流阀的溢流损失工作模式。

3）能量回收工作状态：当二位二通电磁换向阀 1 和二位三通电磁换向阀 13 均通电，安全阀 2 处于关闭状态，二位三通电磁换向阀 13 上位工作出口接电气式能量回收单元，此时液压泵 4 输出的液压油经过单向阀 6、流量传感器 8 流入被测比例溢流阀 10，被测比例溢流阀 10 的出口经流量传感器 12、二位三通电磁换向阀 13 的上位流入到液压马达 16，驱动液压马达带动发电机工作，发电机输出的电能储存在蓄电池 20 中，用于电动机供电驱动液压泵为液压系统其他工作装置提供能量，这即是溢流阀的溢流损失能量回收工作模式。

6.3.2　溢流损失电气式能量再生原理

在能量回收过程中，通过发电机发出的电能储存在蓄电池 20 中。当在其他情况，需要驱动液压泵工作时，此时驱动电动机 5 从蓄电池 20 汲取电能来驱动液压泵对外输出压力以驱动系统各执行器进行工作。此时即完成了回收能量的再利用。由于电气式能量回收的储能单元是动力电池，因此，通过电气控制即可实现能量的再生，而不需要在液压回路上进行特殊的设置。

6.4 能量回收单元对工作性能的影响规律

6.4.1 系统数学模型建立

主要对比例溢流阀在传统工作模式（出口零压模式）和新型能量回收模式（出口背压模式）两种系统下建立数学模型。在建立模型时，默认系统工作在理想状态，假设如下：

1）只考虑系统中比例溢流阀和背压阀这两个液压元件，对比例溢流阀的先导级和主级这两部分进行系统建模。

2）安全溢流阀始终未工作，系统无泄漏。

3）系统油箱压力和回油压力为零。

4）油液密度为常数，且系统液压管道内的压力是均匀相等的。

5）液压油油温和体积弹性模量为常数，恒定不变。

1. 传统比例溢流阀数学模型

为了便于直观反映传统比例溢流阀的内部结构，并分析其工作原理，把其结构简化（见图6-4）。

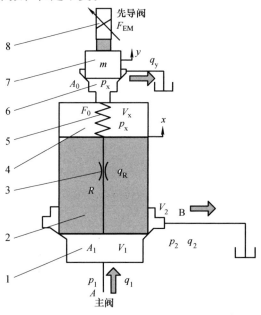

具体工作原理如下：当系统未工作时，主阀芯2和先导阀芯7关闭；从泵流出的液压油到达主阀芯前腔1，通过先导油路和固定阻尼R进入到弹簧腔4和先导阀芯前腔6；当作用在先导阀芯7上的液压力不足以克服比例电磁铁8的输出力时，先导阀芯7关闭，主阀芯2也关闭；随着液压泵不断供油，油液压力升高直至打开先导阀芯7，先导油液单独泄回油箱；先导油路油液流动，油液流经固定阻尼R并产生压降使弹簧腔压力p_x小于进口压力p_1；此时，主阀芯所受的合力见式（6-1），合力大于零，主阀芯打开，主阀口溢流。

图6-4　传统比例溢流阀内部结构原理图
1—主阀芯前腔　2—主阀芯　3—固定阻尼
4—弹簧腔　5—复位弹簧　6—先导阀芯前腔
7—先导阀芯　8—比例电磁铁

$$\sum F = p_1 A_1 - p_x A_1 - F_0 \tag{6-1}$$

式中，p_1 是主阀芯前腔 1 的压力，即进口压力（MPa）；p_x 是先导阀芯前腔 6 压力，即弹簧腔压力（MPa）；A_1 是主阀芯 2 的横截面积（m^2）；F_0 是主阀芯 2 上腔复位弹簧的预紧力（N）。

（1）先导阀芯动态受力平衡方程

$$A_0 p_x - F_{EM} - F_{fy} - F_{fay} = m\frac{dy^2}{dt} + D_y\frac{dy}{dt} + K_{sy}(y_0 + y) \tag{6-2}$$

$$F_{fy} = \pi\alpha_D^2 y p_x d\sin2\beta_y \tag{6-3}$$

式中，A_0 是先导阀芯的横截面积（m^2）；F_{EM} 是比例电磁铁在一定电流时的输出力（N）；F_{fy} 是先导阀口处的液动力（因其数值较小，可以忽略）（N）；F_{fay} 是作用在先导阀芯上的库仑摩擦力（数值较小，忽略不计）（N）；m 是先导阀芯质量与推杆等质量之和（kg）；D_y 是与黏性摩擦有关的阻尼系数；K_{sy} 是先导阀的等效弹簧刚度（N/m）；y_0 是先导弹簧的预压缩量（m）；y 是先导阀芯位移（m）；α_D 是流量系数；d 是先导阀芯直径（m）；β_y 是先导阀座半锥角（°）。

（2）先导阀口流量连续性方程

$$q_y - q_R = A_1\frac{dx}{dt} + \frac{V_x}{E}\frac{dp_x}{dt} \tag{6-4}$$

$$q_y = \alpha_D\pi dy\sin\beta\sqrt{\frac{2}{\rho}p_x} \tag{6-5}$$

$$q_R = \alpha_D\frac{\pi d_R^2}{4}\sqrt{\frac{2}{\rho}(p_1 - p_x)} \tag{6-6}$$

式中，q_y 是先导阀口流量（L/min）；q_R 是经过固定阻尼孔的流量（L/min）；V_x 是弹簧腔容积（m^3）；E 是液压油有效体积弹性模量（N/m^2）；d_R 是固定阻尼直径（m），ρ 是 46 号液压油密度（kg/m^3）。

（3）主阀芯动态受力平衡方程

$$A_1 p_1 - A_1 p_x = M\frac{dx^2}{dt} + D_x\frac{dx}{dt} + K_{sx}(x_0 + x) + F_{fx} + F_{fax} \tag{6-7}$$

$$F_{fx} = \pi\alpha_D^2 Dx p_1\sin2\beta_x \tag{6-8}$$

式中，M 是主阀芯质量和三分之一复位弹簧质量之和（kg）；D_x 是与黏性摩擦有关的阻尼系数；K_{sx} 是主阀的等效弹簧刚度（N/m）；x_0 是复位弹簧的预压缩量（m）；x 是主阀芯位移（m）；F_{fx} 是主阀芯所受的稳态液动力（N）；F_{fax} 是主阀芯上的库仑摩擦力（此力数值很小，予以忽略）（N）；D 是主阀芯直径（m）；β_x 是主阀座半锥角（°）。

（4）主阀口流量连续性方程

$$q_1 - q_R - q_2 = A_1\frac{dx}{dt} + \frac{V_1}{E}\frac{dp_1}{dt} \tag{6-9}$$

$$q_2 = \alpha_D A(x)\sqrt{\frac{2}{\rho}(p_1 - p_2)} \tag{6-10}$$

式中，q_1 是主阀芯进口流量（L/min）；q_2 是主阀芯出口流量（L/min）；V_1 是主阀芯前腔容积（m³）；$A(x)$ 是主阀口通流面积（m²）；p_2 是主阀芯出口压力（MPa）。

对式（6-2）～式（6-10）进行拉氏变换并整理得：

$$(A_0 - K_{fp})P_x(s) - F_{EM}(s) = (ms^2 + D_y s + K_{sy} + K_{fy})Y(s) \tag{6-11}$$

$$K_R P_1(s) - K_{qy}Y(s) + A_1 s X(s) = \left(-\frac{V_x}{E}s + K_R + K_{qp}\right)P_x(s) \tag{6-12}$$

$$(A_1 - K_{Fp})P_1(s) - A_1 P_x(s) = (Ms^2 + D_x s + K_{sx} + K_{Fx})X(s) \tag{6-13}$$

$$q_1(s) + K_R P_x(s) - (K_{Qx} + A_1 s)X(s) = \left(K_R + K_{Qp} + \frac{V_1}{E}s\right)P_1(s) \tag{6-14}$$

为方便化简，令：

$$G_1(s) = \frac{1}{ms^2 + D_y s + K_{sy} + K_{fy}}$$

$$G_2(s) = \frac{1}{-\dfrac{V_x}{E}s + K_R + K_{qp}}$$

$$G_3(s) = \frac{1}{Ms^2 + D_x s + K_{sx} + K_{Fx}}$$

$$G_4(s) = K_{Qx} + A_1 s$$

$$G_5(s) = \frac{1}{K_R + K_{Qp} + \dfrac{V_1}{E}s}$$

$$H_1(s) = A_1 - K_{Fp}$$

$$H_2(s) = A_0 - K_{fp}$$

在传统比例溢流阀稳态工作过程中，电磁铁输出力 $F_{EM}(s)$ 为输入信号，进口压力 $P_1(s)$ 为输出信号；本系统为恒流量系统，进口流量 $q_1(s)$ 基本保持不变，对系统影响较小，干扰项 $q_1(s)$ 可不考虑。如图 6-5 所示，把式（6-11）～式（6-14）

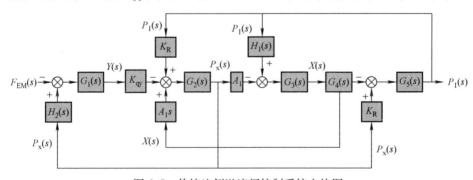

图 6-5 传统比例溢流阀控制系统方块图

每个环节合在一起可以得出传统比例溢流阀控制系统函数方块图。

2. 带能量回收单元的比例溢流阀数学模型

图 6-6 所示为带能量回收单元的比例溢流阀内部结构图，与传统比例溢流阀相比，出口接能量回收单元，出口压力 p_2 不为零。为了保证比例溢流阀正常工作，出口压力必须小于主阀芯开启压力。因出口压力 p_2 只作用在主阀芯上，其先导阀芯动态平衡方程和流量连续性方程与传统比例溢流阀相同，只有主阀芯部分的方程不同。

（1）主阀芯动态受力平衡方程

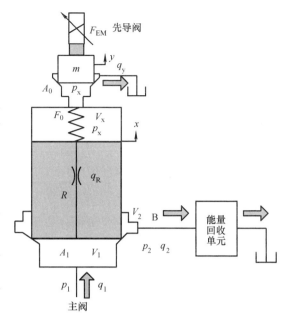

图 6-6　带能量回收单元的比例溢流阀内部结构原理图

$$A_1 p_1 - A_1 p_x = M \frac{\mathrm{d}x^2}{\mathrm{d}t} + D_x \frac{\mathrm{d}x}{\mathrm{d}t} + K_{sx}(x_0 + x) + F_{fx} + F_{fax} \tag{6-15}$$

$$F_{fx} = \pi \alpha_D^2 Dx(p_1 - p_2)\sin 2\beta_x \tag{6-16}$$

（2）主阀口流量连续性方程

$$q_1 - q_R - q_x = A_1 \frac{\mathrm{d}x}{\mathrm{d}t} + \frac{V_1}{E}\frac{\mathrm{d}p_1}{\mathrm{d}t} \tag{6-17}$$

$$q_x = q_2 - \frac{V_2}{E}\frac{\mathrm{d}p_2}{\mathrm{d}t} \tag{6-18}$$

式中，q_x 是主阀芯出口的流量变化量（L/min）。

对式（6-15）~ 式（6-18）进行拉氏变换并整理得：

$$(A_1 - K_{Fp})P_1(s) - A_1 P_x(s) + K_{Fp}P_2(s) = (Ms^2 + D_x s + K_{sx} + K_{Fx})X(s) \tag{6-19}$$

$$q_1(s) + K_R P_x(s) + K_{Qp}P_2(s) - (K_{Qx} + A_1 s)X(s) = \left(K_R + K_{Qp} + \frac{V_1}{E}s\right)P_1(s) \tag{6-20}$$

为了研究出口压力 $P_2(s)$ 对比例溢流阀稳态工作时进口压力 $P_1(s)$ 的影响，比例电磁铁输出力 $F_{EM}(s)$ 为输入信号，进口压力 $P_1(s)$ 为输出信号，出口压力 $P_2(s)$ 为干扰项；此处主要研究出口压力 $P_2(s)$ 对系统稳定性的影响，因进口流量 $q_1(s)$ 基本不变，干扰项 $q_1(s)$ 可不考虑，画出系统函数方块图，如图 6-7 所示。

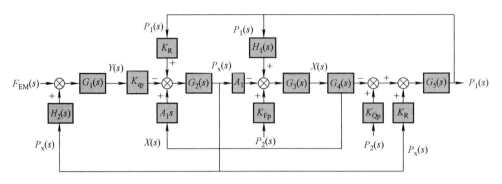

图 6-7 带能量回收单元的比例溢流阀控制系统方块图

从方块图 6-7 可知把比例溢流阀出口压力 $P_2(s)$ 作为干扰项后，控制系统方块图化简传递函数时非常复杂，为后续研究方便，把方块图转化为信号流图，并进行化简，图 6-8 所示为系统方块图 6-7 转化后的信号流图。

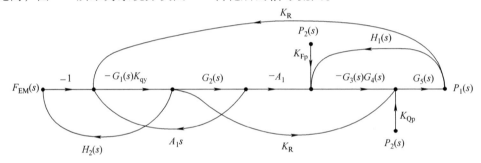

图 6-8 比例溢流阀出口背压控制系统信号流图

图 6-9 所示为传统比例溢流阀控制系统的信号流图。由图 6-8 和图 6-9 对比知，比例溢流阀出口加背压后比传统比例溢流阀的信号流图多了背压干扰项 $P_2(s)$，其余前向通路和反馈回路都一样。

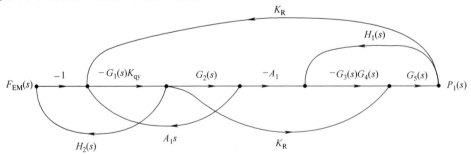

图 6-9 传统比例溢流阀控制系统信号流图

3. 比例溢流阀出口背压系统稳定性分析

从输入变量 $F_{EM}(s)$ 和干扰量 $P_2(s)$ 到输出变量 $P_1(s)$ 的系统闭环传递函数可用

梅森公式求得。梅森公式可表示为

$$M = \frac{1}{\Delta} \sum_{k=1}^{n} P_k \Delta_k \tag{6-21}$$

式中，M 是系统总传递函数；P_k 是第 k 条前向通路的传递函数；Δ 是流图的特征式。

1）由信号图 6-9 可推导出传统比例溢流阀电磁铁输出力 $F_{EM}(s)$ 对进口压力 $P_1(s)$ 的传递函数：

$$\begin{aligned}
\Delta = {} & 1 + G_1(s)G_2(s)H_2(s)K_{qy} + G_2(s)G_3(s)A_1^2 s + G_3(s)G_4(s)G_5(s)H_1(s) - \\
& G_2(s)G_3(s)G_4(s)G_5(s)A_1 K_R - G_2(s)G_5(s)K_R^2 + \\
& G_1(s)G_2(s)G_3(s)G_4(s)G_5(s)H_1(s)H_2(s)K_{qy}
\end{aligned} \tag{6-22}$$

$$\sum_{k=1}^{n} P_k \Delta_k = G_1(s)G_2(s)G_3(s)G_4(s)G_5(s)A_1 K_{qy} + G_1(s)G_2(s)G_5(s)K_{qy}K_R \tag{6-23}$$

$$M_1(s) = \frac{P_1(s)}{F_{EM}(s)} = \frac{1}{\Delta_1} \sum_{k=1}^{n} P_k \Delta_k \tag{6-24}$$

式中，$M_1(s)$ 为传统比例溢流阀控制系统闭环传递函数。

2）由信号流图 6-8 可知干扰 $P_2(s)$ 是从两个不同的节点输入到系统中，因此，可分别求两部分 $P_2(s)$ 对进口压力 $P_1(s)$ 的分传递函数 $M_2(s)$ 和 $M_3(s)$，再进行求和得出干扰 $P_2(s)$ 对输出 $P_1(s)$ 的传递函数 $M_4(s)$；把传递函数 $M_4(s)$ 与 $M_1(s)$ 求和便可得到加入干扰 $P_2(s)$ 后对输出进口压力 $P_1(s)$ 的总传递函数 $M_5(s)$。

前部分 $P_2(s)$ 作为输入，求 $M_2(s)$：

$$\begin{aligned}
\sum_{k=1}^{n} P_k \Delta_k = {} & -G_3(s)G_4(s)G_5(s)K_{FP}[1 + G_1(s)G_2(s)H_2(s)K_{qy}] - \\
& G_2(s)G_3(s)G_5(s)K_{FP}K_R A_1 s
\end{aligned} \tag{6-25}$$

$$M_2(s) = \frac{P_1(s)}{P_2(s)} = \frac{1}{\Delta} \sum_{k=1}^{n} P_k \Delta_k \tag{6-26}$$

后部分 $P_2(s)$ 作为输入，求 $M_3(s)$：

$$\sum_{k=1}^{n} P_k \Delta_k = K_{QP}G_5(s)[1 + G_1(s)G_2(s)H_2(s)K_{qy} + G_2(s)G_3(s)A_1^2 s] \tag{6-27}$$

$$M_3(s) = \frac{P_1(s)}{P_2(s)} = \frac{1}{\Delta} \sum_{k=1}^{n} P_k \Delta_k \tag{6-28}$$

加上背压干扰输入 $P_2(s)$ 后对进口压力 $P_1(s)$ 输出的总传递函数 $M_5(s)$ 为

$$M_4(s) = M_2(s) + M_3(s) \tag{6-29}$$

$$M_5(s) = M_1(s) + M_2(s) + M_3(s) \tag{6-30}$$

为了简化计算，把式（6-22）~式（6-30）中的各个参数对应的实际数值带入计算，求出控制系统的闭环传递函数，并通过劳斯判据分析系统稳定性。表 6-1 所示为比例溢流阀中各个参数实际数值。

表 6-1　比例溢流阀中各个参数实际数值

参数	数值	参数	数值	参数	数值
d/m	4.2×10^{-3}	A_0/m^2	2.26×10^{-6}	V_1/m^3	4.33×10^{-5}
d_1/m	4×10^{-3}	m/kg	4.35×10^{-3}	$K_{sy}/(N/m)$	1×10^2
d_R/m	1.2×10^{-3}	M/kg	5.3×10^{-2}	$K_{xy}/(N/m)$	6×10^3
D/m	1.7×10^{-3}	$E/(N/m^2)$	7×10^8	$D_x/[N/(m/s)]$	5.91
A_1/m^2	2.26×10^{-4}	V_x/m^3	4.84×10^{-6}	$D_y/[N/(m/s)]$	0.457

带入数值计算后，得到传统比例溢流阀系统的闭环传递函数 $M_1(s)$ 和比例溢流阀出口有背压干扰的系统闭环传递函数 $M_5(s)$。

$$M_1(s) = 2.46 \times 10^{11} \times \frac{s^2 + 6.52 \times 10^4 s + 6.66 \times 10^8}{s^4 + 3.95 \times 10^4 s^3 + 4.04 \times 10^7 s^2 + 6.26 \times 10^{11} s + 3.85 \times 10^{14}}$$

(6-31)

$$M_5(s) = 0.965 \times \frac{s^4 + 4.02 \times 10^4 s^3 + 2.55 \times 10^{11} s^2 + 1.66 \times 10^{12} s + 1.70 \times 10^{20}}{s^4 + 3.95 \times 10^4 s^3 + 4.04 \times 10^7 s^2 + 6.26 \times 10^{11} s + 3.85 \times 10^{14}}$$

(6-32)

式（6-31）和式（6-32）的特征方程相同，加入背压干扰 $P_2(s)$ 后系统稳定性不变，控制系统的劳斯阵列为

$$
\begin{array}{llll}
s^4 & 1 & 4.04 \times 10^7 & 3.85 \times 10^{14} \\
s^3 & 3.95 \times 10^4 & 6.26 \times 10^{11} & \\
s^2 & 2.45 \times 10^7 & 3.85 \times 10^{14} & \\
s^1 & 5.28 \times 10^9 & & \\
s^0 & 3.85 \times 10^{14} & &
\end{array}
$$

通过阵列可知：①特征方程的各项系数都不等于零；②特征方程的各项系数符号都相同，且劳斯阵列中第一列所有项均为正号，加上背压干扰 $P_2(s)$ 后的比例溢流阀控制系统仍保持稳定，为后续的溢流损失能量回收等相关研究奠定了理论基础。

6.4.2　比例溢流阀出口背压仿真

为了研究能量回收单元对比例溢流阀工作特性的影响，在 AMESim 中建立了比例溢流阀出口背压仿真模型。AMESim 软件具有强大的建模功能和丰富的工具应用库，其应用库包含液压库和信号控制库，可以进行复杂液压元件建模、液压元件开发和液压系统仿真分析等。AMESim 采用图形化的建模方式，可根据实际物理模型

进行液压系统和液压元件的仿真研究。

图 6-10 所示为根据研究所采用的比例溢流阀结构，在 AMESim 中搭建溢流阀仿真系统模型，在主阀芯出口添加一个背压阀来模拟具有一定压力的能量回收单元，以研究不同背压下比例溢流阀进口压力的变化特性。表 6-2 所示为 AMESim 仿真模型中的部分使用参数，其中 b_1 是先导阀芯黏滞摩擦系数，b_2 是主阀芯黏滞摩擦系数。

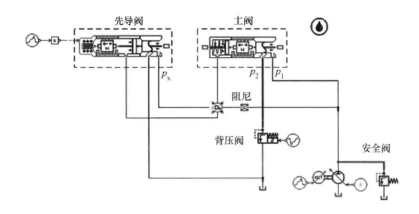

图 6-10　比例溢流阀出口背压 AMESim 仿真模型

表 6-2　比例溢流阀出口背压仿真参数

参数	数值	参数	数值	参数	数值
x_m/mm	4.6	$k/(\mathrm{N/mm})$	6	$b_1/[\mathrm{N/(mg \cdot s)}]$	0.7
F_0/N	72	$q_1/(\mathrm{L/min})$	200	$\beta(°)$	30
α_D	0.7	p_x/MPa	21.5	$b_2/[\mathrm{N/(mg \cdot s)}]$	1.8

在仿真系统中采用定量泵供油，泵出口流量恒为 200L/min，泵出口安全阀开启压力为 31.5MPa，仿真过程中主阀的开启压力为 22MPa。因此，在仿真过程中安全阀始终保持关闭。为探究加背压后对液压系统压力和流量稳定性方面的影响，对比例溢流阀加背压后的动态特性和静态特性分别进行了仿真研究。

1. 出口背压动态响应分析

通过对图 6-10 的仿真模型研究，仿真结果如图 6-11 所示。在 0.1s 前比例溢流阀出口背压为 0MPa，系统工作在传统溢流模式，通过溢流阀的出油口直接回油箱；系统刚工作时会有超调，稳态时进口压力稳定在 22MPa。在 0.1s 时，比例溢流阀出口的背压阀工作，背压为 15MPa，这时主阀芯位移突然增大，从 0.74mm 增加到 1.35mm，经过短暂振荡后主阀芯保持稳定；溢流阀进口压力有所下降，从 22MPa 降到 21.1MPa，而系统流量基本保持不变，与无背压时相比，系统流量波动变小，变得更加稳定。

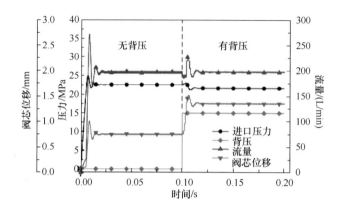

图 6-11　比例溢流阀出口背压动态响应曲线

通过主阀口的流量 q_2 的连续性方程可以表示如下：

$$q_2 = \alpha_D A(x) \sqrt{\frac{2(p_1 - p_2)}{\rho}} \tag{6-33}$$

式中，$A(x)$ 是主阀口通流面积；ρ 是液压油密度。

因系统流量基本保持不变，从式（6-33）可知，比例溢流阀出口有背压后，出口压力 p_2 增大，则主阀芯进、出口压差变小，油液流速降低，为了维持系统流量不变，增大通流面积 $A(x)$，即增大主阀芯位移。从图 6-11 可知，主阀芯位移变大，理论分析与仿真结果一致，也验证了仿真模型的正确性。

2. 不同背压下进口压力分析

在用液压蓄能器对溢流损失进行能量回收时，比例溢流阀出口对液压蓄能器进行充油，液压蓄能器内的油液压力会逐渐增大，溢流阀出口的背压也会变大。因此，在仿真模型中，分别设定背压为 0MPa、2.5MPa、5MPa、7.5MPa、10MPa、12.5MPa、15MPa，以探究比例溢流阀在不同背压下进口压力的稳态变化。

如图 6-12 所示，在整个仿真过程中出口背压一直存在且保持不变，0～1s 比例溢流阀的比例电磁铁无输入信号，推杆输出力为零，主阀口全开，系统压力等于背压；1s 时给比例电磁铁输入信号，比例溢流阀工作对系统加载，系统压力为溢流阀工作压力。

从图 6-12a 中可以看出不同背压下的进口压力相互重叠在一起，图 6-12b 为图 6-12a 中重叠曲线的局部放大图。从图 6-12a 可以看出，在 0～1s 进口压力均大于所设定的背压值，这是由于主阀芯开启需克服复位弹簧力和稳态液动力所致。在 1s 时，不同背压下比例溢流阀的电磁铁输入信号相同，则比例电磁铁推杆输出力也相同；因溢流阀先导压力由比例电磁铁决定，故理论上先导压力一样，主阀芯进口压力也相同。而由图 6-12b 可知稳态时不同背压下的进口压力不一样，这说明背压对进口压力有一定影响。当背压为 0MPa 时，进口压力值最大，且随背压的增大

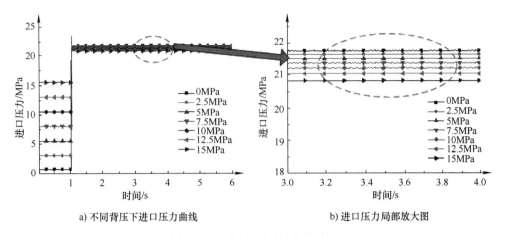

a) 不同背压下进口压力曲线 　　　　b) 进口压力局部放大图

图 6-12　不同背压下的仿真结果

进口压力逐渐降低。当背压达到 15MPa 时，进口压力降到最低，相比于背压 0MPa 时的进口压力降低了大约 0.9MPa，但进口压力基本维持在目标值范围内。

如图 6-13a 所示，绘制了不同背压下的进口压力仿真数值曲线，可以直观地看出随着背压的增大，比例溢流阀的进口压力呈现逐渐降低趋势；图 6-13b 所示为各个背压下的进口压力与背压 0MPa 时的比值曲线。

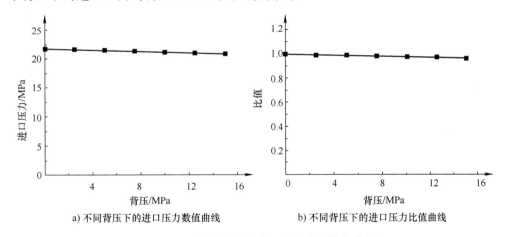

a) 不同背压下的进口压力数值曲线 　　b) 不同背压下的进口压力比值曲线

图 6-13　不同背压下的进口压力仿真数值曲线

通过图 6-13a 可看出，随着背压的增大，进口压力不断降低，且基本呈线性关系。从图 6-13b 可知背压 15MPa 时进口压力下降最多，降幅为 4.1%。由溢流阀的静态启闭特性曲线可知，一般溢流阀的调压偏差为 15% ~ 30%。因此，进口压力降幅与调压偏差相比较小，出口背压对比例溢流阀的影响在可接受范围内，对溢流阀静态工作特性基本无影响，这也验证了采用能量回收单元回收溢流损失方案的可行性。

3. 主阀口流场仿真分析

为了探究比例溢流阀在出口背压下进口压力降低的原因，对主阀芯的受力进行分析。在稳态时作用在主阀芯上的瞬态液动力和惯性力作用力很小，可忽略不计，稳态时主阀芯受力平衡方程如下：

$$p_1 A_1 - p_x A_1 = k(x_0 + x) + 2\alpha_D^2 A(x)(p_1 - p_2)\cos\beta_s \tag{6-34}$$

式中，x_0 是复位弹簧的预压缩量；β_s 为主阀芯出油口的液流角；p_x 是弹簧腔压力；$k(x_0 + x)$ 是复位弹簧力；$2\alpha_D^2 A(x)(p_1 - p_2)\cos\beta_s$ 是主阀芯所受到的稳态液动力。

把进口压力 p_1 单独整理到等式左边，可得：

$$p_1 = \frac{2\alpha_D^2 A(x)(p_1 - p_2)\cos\beta_s + k(x_0 + x)}{A_1} + p_x \tag{6-35}$$

复位弹簧力和稳态液动力对主阀芯的作用方向一致，都是促使阀口关闭。在溢流阀中影响溢流阀调压偏差的主要因素是弹簧力和液动力，弹簧力和液动力的增加都会使调压偏差变大。

在先导式溢流阀中弹簧腔压力 p_x 对进口压力 p_1 起决定性作用，由于阻尼压降作用，两者差值在 1MPa 左右。由式（6-35）可知，当通流面积 $A(x)$ 基本不变时，增加背压 p_2 后主阀芯所受的稳态液动力会发生变化，背压越大，稳态液动力就越小。为便于分析将式（6-34）经过推导转化为：

$$p_1 = \frac{p_x A_1 + k(x_0 + x)}{A_1 - 2\alpha_D^2 A(x)\cos\beta_s} + \left[1 - \frac{A_1}{A_1 - 2\alpha_D^2 A(x)\cos\beta_s}\right] p_2 \tag{6-36}$$

在式（6-36）的等号右边包括两部分，第一部分是弹簧腔压力和复位弹簧力对进口压力 p_1 的影响式，它们对比例溢流阀的进口压力起决定性控制，也是传统（常规）溢流阀在稳态时进口压力的计算公式；第二部分为背压 p_2 对进口压力的影响式，因 $2\alpha_D^2 A(x)\cos\beta_s$ 数值大于零，故第二部分的中括号内运算值必小于零，即背压 p_2 越大，第二部分就越小，进口压力 p_1 也就越小。这与不同背压下在软件 AMESim 中的仿真结果一致，验证了仿真模型及参数设置的正确性。

当出油口背压变化时，主阀芯位移和流量也相应发生变化。流量发生变化也会导致稳态液动力改变，而系统流量基本保持不变，可排除流量影响；出口加背压后，主阀口处的速度场和压力场也会发生相应变化，从而对进口压力产生影响。通过 Pro/E 建立溢流阀内部流道三维模型，采用 FLUENT 前处理软件 Gambit 对三维模型进行网格划分和边界条件设定；通过流场仿真来获得主阀芯位移、主阀口附近的速度场、压力场分布，并计算出稳态液动力大小。

（1）网格划分

如图 6-14 所示，由于主阀部分的结构是对称的，所以只对其一半的主阀流场进行网格划分。因为主阀口开度较小，所以阀口处网格划分得会比较密。进油口和出油口都采用压力边界条件。

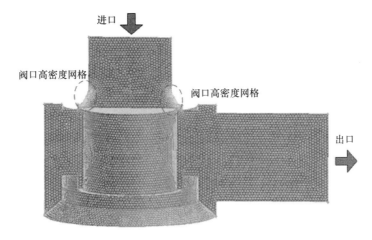

进口

阀口高密度网格　　　　　　　　阀口高密度网格

出口

图 6-14　流场网格划分

（2）仿真分析

为了保证仿真的准确性和可比性，把比例溢流阀出口的不同背压作为变量，然后对每个模型进行统一的参数设置。设置进口压力为 21.5MPa，为了对比明显，背压分别设为 0MPa 和 15MPa；其中流体属性设置为不可压缩的牛顿流体；油液流动状态为紊流，湍流模型为标准的 $k-\varepsilon$ 型；选用的流体介质参数为 46 号抗磨液压油，密度为 870kg/m³，动力黏度为 0.0261Pa·s。

图 6-15 所示为主阀口压力场和速度场分布图，设定主阀进口压力为 21.5MPa，从图 6-15 中可以看出，当背压为 0MPa 时，主阀口附近出现局部压力很低的情况，这会导致空穴的产生，并且在主阀口附近出现最低压力的地方液体流速最大达到 241m/s；流体流动速度越大压力越低，空穴就越易产生；空穴可能导致局部液压冲击，产生振动和噪声，降低液压元件使用寿命等。当背压为 15MPa 时，出油口部分的最低压力约为 14MPa，最大流速降至 120m/s。主阀出口背压增大，溢流阀进、出口压差变小，阀口流速降低，可避免主阀口处产生空穴，使系统更加稳定。

（3）液动力分析

由主阀口流量公式（6-33）可知，因在 FLUENT 流场仿真中进口流量始终保持不变，所以主阀芯位移会随着背压的增大而增大。背压增大会影响主阀芯所受的稳态液动力，在计算流体动力学（CFD）仿真中把背压分别设为 0MPa、2.5MPa、5MPa、7.5MPa、10MPa、12.5MPa、15MPa、17.5MPa、20MPa，并对流量分别为 200L/min 和 50L/min 的情况下的液动力和阀芯位移进行对比仿真分析。

图 6-16 所示为仿真中稳态液动力和主阀芯位移曲线。随着出口背压增大，主阀芯位移也逐渐增大，而主阀芯所受到的稳态液动力逐渐减小。流量为 200L/min 时的主阀芯位移和液动力均大于 50L/min 时的，且流量越大曲线变化越快。从图 6-16 中可看出，主阀芯位移变化量即为弹簧形变量，随着背压增加主阀芯位移不断增大，弹簧力也逐渐变大。

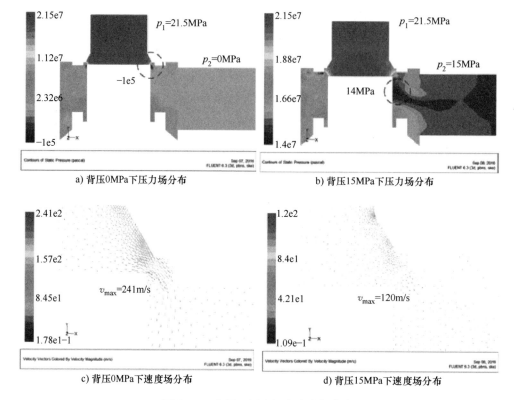

a) 背压0MPa下压力场分布   b) 背压15MPa下压力场分布

c) 背压0MPa下速度场分布   d) 背压15MPa下速度场分布

图 6-15 主阀口压力场和速度场分布

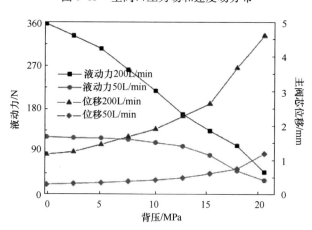

图 6-16 稳态液动力和主阀芯位移曲线（$q = 200\text{L}/\min$，$q = 50\text{L}/\min$）

弹簧力和液动力对溢流阀主阀芯作用方向相同，都是促使阀口关闭；而随着背压增大，液动力变小，弹簧力变大。图 6-17 所示为不同背压下液动力、弹簧力及两者矢量和变化曲线。

由图 6-17 可知，因弹簧刚度较小且形变小，弹簧力增加缓慢；液动力随背压

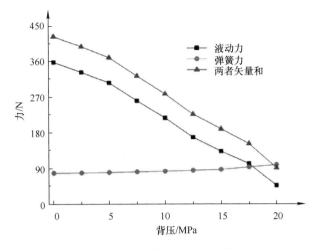

图 6-17　液动力、弹簧力及两者矢量和变化曲线（$q = 200\text{L/min}$）

增加下降较大，两者矢量和也呈现随背压增大下降的趋势，其中液动力是两者矢量和降低的主要因素。在背压过程中，弹簧腔压力 p_x 由先导级决定，而不同背压下先导输入信号不变，即 p_x 基本不变。由进口压力 p_1 与液动力、弹簧力和弹簧腔压力 p_x 的关系式（6-35）也可知，主阀芯稳态液动力降低是导致进口压力 p_1 降低的主要因素，数学模型分析与仿真结果吻合。溢流阀调压偏差大小与弹簧力和液动力有关，随背压增大两者矢量和减小，且溢流阀的调压偏差也随背压减小。

6.5　溢流损失液压式回收控制策略

6.5.1　液压蓄能器参数优化匹配

在进行溢流损失回收时，不仅要保证溢流损失的回收效率，而且还要保证回收时液压蓄能器不影响比例溢流阀正常工作。因此，需要合理匹配液压蓄能器的预充气压力、最低工作压力、最高工作压力和液压蓄能器容积等参数。

为便于研究，假设液压蓄能器满足如下条件：

1）液压蓄能器中所装的氮气为理想气体。

2）能量转换效率为 100%。

3）绝热过程。

根据波义耳定律，建立液压蓄能器压力和容积关系方程为

$$p_{a0} V_{a0}^n = p_{a1} V_{a1}^n = p_{a2} V_{a2}^n = pV^n = R \tag{6-37}$$

式中，p_{a0} 是液压蓄能器的预充气压力（MPa）；V_{a0} 是液压蓄能器预充气压力所对应的气体容积（L）；p_{a1} 是液压蓄能器的最低工作压力（MPa）；V_{a1} 是液压蓄能器最低工作压力所对应的气体容积（L）；p_{a2} 是液压蓄能器的最高工作压力（MPa）；V_{a2} 是

液压蓄能器最高工作压力所对应的气体容积（L）；p 是液压蓄能器任意时刻的压力（MPa）；V 是液压蓄能器任意时刻的气体容积（L）；n 是气体指数；R 是气体常数。

气体多变指数 n 取决于液压蓄能器内的气体变化过程，受液压蓄能器的充放油时间、系统压力等参数影响，会导致多变指数难以精准确定。一般认为，液压蓄能器工作在 60s 内被认为是绝热过程，即多变指数 n 等于 1.4。

（1）液压蓄能器储能密度最大

液压蓄能器容积一般指其最大气体容积，仅代表液压蓄能器规格，不能体现它能为系统提供多少液压油；液压蓄能器的实际有效工作容积才能体现其供油能力大小，在满足使用工况要求的前提下，应尽量选择有效工作容积大的液压蓄能器。

液压蓄能器总容积 V_{a0} 计算公式如下：

$$V_{a0} = \Delta V_{a1} \left(\frac{p_{a1}}{p_{a0}} \right)^{\frac{1}{n}} \Big/ \left[1 - \left(\frac{p_{a1}}{p_{a2}} \right)^{\frac{1}{n}} \right] \tag{6-38}$$

式中，ΔV_{a1} 为液压蓄能器的实际有效工作容积。

液压蓄能器的储能密度表示液压蓄能器单位容积内储存能量的大小，它直接受液压蓄能器最低工作压力和最高工作压力的影响。液压蓄能器具有较高的功率密度，可瞬间释放大量能量，但其能量密度低，储能有限。在实际应用中考虑安装空间的限制不能无限增加液压蓄能器容积。因此，液压蓄能器参数的选取应使其单位容积储能密度越高越好。液压蓄能器储能密度 E_ρ 公式如下：

$$E_\rho = \max \left\{ \frac{E_a}{V_{a0}} = f(E_a, V_{a0}, V_{a1}, V_{a2}) \right\} \tag{6-39}$$

式中，E_a 为液压蓄能器在最高工作压力时所存储的能量。

$$E_a = -\int_{V_1}^{V_2} p\mathrm{d}V = \frac{p_{a0} V_{a0}}{n-1} \left[\left(\frac{p_{a2}}{p_{a0}} \right)^{\frac{n-1}{n}} - \left(\frac{p_{a1}}{p_{a0}} \right)^{\frac{n-1}{n}} \right] \tag{6-40}$$

从式（6-40）可以看出，提高液压蓄能器储能能力的方法有提高液压蓄能器预充气压力、提高最大工作压力、降低液压蓄能器最低工作压力及增加液压蓄能器容积。为了研究溢流损失回收过程中比例溢流阀静态工作特性，要保证充油时间不能太短，故液压蓄能器容积初选为 25L，具体型号为 AQF – L32H3 – A/M60X2。只有液压蓄能器单位容积储能密度最大，才能使固定容积的液压蓄能器储能最大。通过求极值，令：

$$\frac{\mathrm{d}E_a}{\mathrm{d}p_{a0}} = 0 \tag{6-41}$$

可求得：

$$\frac{p_{a1}}{p_{a2}} = n^{\frac{n}{1-n}} = 0.308 \tag{6-42}$$

经求导可知，当最低工作压力和最高工作压力满足式（6-42）时，储能密度 E_ρ 达到最大。

（2）延长液压蓄能器使用寿命

考虑囊式液压蓄能器在使用过程中工作频繁，需要经常充、放油，变形太大也会影响其有效使用寿命。当液压蓄能器工作频繁，且压力较低时，气体膨胀，气囊可能会与菌型阀碰撞，从而降低气囊使用寿命；为了避免工作过程中气囊的收缩和膨胀幅度过大而影响使用寿命，收缩后的气体体积应大于充气体积的 25%。根据经验，液压蓄能器的预充气压力、最低工作压力和最高工作压力应满足以下关系：

$$0.25p_{a2} < p_{a0} < 0.9p_{a1} \tag{6-43}$$

本研究中，采用的比例溢流阀工作压力为 21.5MPa，考虑要使比例溢流阀正常工作，需保证主阀芯进出口压差至少为 1MPa，所以液压蓄能器最大工作压力设为 20MPa。

综上所述，预充气压力、最低工作压力和最高工作压力分别为

$$p_{a0} = 5\text{MPa} \tag{6-44}$$

$$p_{a1} = 6.2\text{MPa} \tag{6-45}$$

$$p_{a2} = 20\text{MPa} \tag{6-46}$$

6.5.2　溢流损失液压式回收与再生控制策略

根据溢流损失回收过程中液压蓄能器进口压力的状态，提出一种基于液压蓄能器进口压力的压差控制策略，从而实现溢流损失能量回收、溢流损失能量再生和传统溢流模式之间的相互切换。

根据液压原理图 6-2，以采用 25L 液压蓄能器回收和再生溢流损失为例，简述其控制过程。系统具体控制流程如图 6-18 所示，其中 p_a 为液压蓄能器进口压力。

（1）能量回收模式

在液压系统运行过程中，安全阀始终关闭，比例溢流阀 7 达到开启压力后溢流，当液压蓄能器进口压力与其最大工作压力满足 $p_{a2} - p_a > 0$ 时，三位四通电磁换向阀 9 左位通电，溢流损失油液进入液压蓄能器，给液压蓄能器充油。此时，系统工作在溢流损失能量回收模式。

（2）传统溢流模式

液压蓄能器安全阀组设置的安全阀溢流压力为 20MPa，当液压蓄能器进口压力与液压蓄能器最大工作压力满足 $p_{a2} - p_a \leqslant 0$ 时，液压蓄能器安全阀组的安全溢流阀开始工作，这时三位四通电磁换向阀 9 右位得电，从比例溢流阀主阀芯溢流出的油液经过三位四通电磁换向阀 9 直接回油箱，液压蓄能器内的压力油通过单向阀保压。此时，系统工作在传统溢流模式。

（3）能量再生模式

当液压蓄能器内液压油达到最大工作压力 p_{a2}，且液压蓄能器保压阶段结束时，使二位二通电磁换向阀 14 得电，通过给比例节流阀 21 输入一定信号，调节好节流阀开度，则液压蓄能器内的压力油通过比例节流阀可释放到液压泵进口。由于

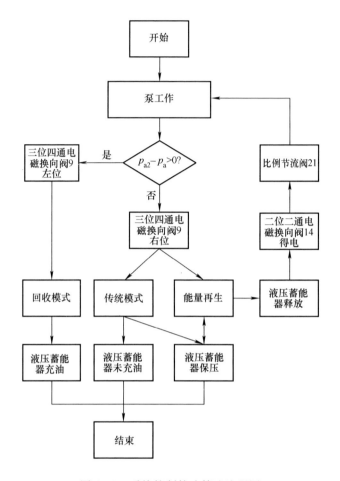

图 6-18　系统控制策略算法流程图

释放液压油压力大于油箱压力，单向阀 3 打开，单向阀 2 关闭，为液压泵进行供油，提高了泵进口压力，这时系统工作在溢流损失再生模式。

6.5.3　溢流损失液压式回收与再生仿真

根据上文所提出的能量回收和再生控制策略，建立相应的 AMESim 仿真模型。分析在溢流损失液压蓄能器回收过程中溢流阀的静态特性；分析不同的预充气压力对液压蓄能器回收效率的影响；分析能量释放过程中电动机输出转矩和输出功率的变化情况，从而判断系统的节能性。

（1）溢流损失回收仿真

如图 6-19 所示，在 AMESim 中建立了溢流损失能量回收仿真模型，在比例溢流阀出口添加一个二位三通电磁换向阀，换向阀不得电，系统工作在溢流损失液压蓄能器回收模式；换向阀得电则系统进入溢流阀传统溢流模式。

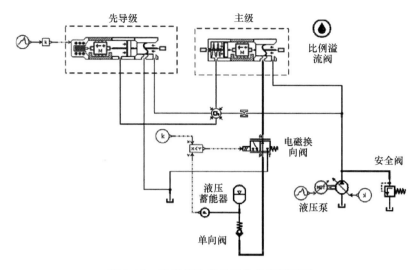

图 6-19　溢流损失能量回收仿真原理图

图 6-20 所示为在溢流损失液压蓄能器回收过程中，液压蓄能器进口压力和比例溢流阀进口压力的变化曲线。为研究液压蓄能器充油过程，系统流量设定为 50L/min，安全阀开启压力为 30MPa，液压蓄能器的预充气压力为 5MPa，比例溢流阀主阀芯开启压力为 21.5MPa。

从图 6-20 可知，在液压蓄能器充油过程中，液压蓄能器进口压力 p_a 逐渐增加，溢流阀进口压力 p_1 呈现逐渐降低趋势，但压力最大降幅为 3.3%，进口压力 p_1 基本保持不

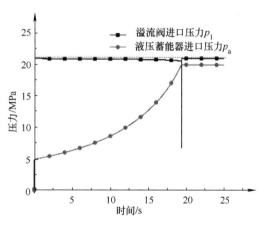

图 6-20　液压蓄能器回收曲线图

变，比例溢流阀可正常工作，能量回收过程对系统基本无影响。在 20s 时回收过程结束，电磁换向阀换向，进入传统溢流模式，系统又回到原始状态，且液压蓄能器进入保压阶段。

主阀芯出口流量 q_2 表达式如下：

$$q_2 = A(x)v \tag{6-47}$$

式中，v 为主阀芯出口流速。

图 6-21 所示为比例溢流阀出口流量、出口油液流速和主阀芯位移在溢流损失回收过程中的仿真曲线。随着液压蓄能器进口压力 p_a 的增加，流量波动越来越小，说明系统越来越稳定。由图 6-21 可知，在回收过程中主阀芯位移随时间逐渐变大，

则主阀口通流面积 $A(x)$ 也变大，主阀口油液流动速度逐渐降低，而流量基本保持不变。由式（6-46）可知，系统采用定量泵供油，随着液压蓄能器进口压力 p_a 增加，主阀口通流面积也会增大，从而流速降低，所以主阀芯出口流量基本保持不变。当液压蓄能器充油结束后，在系统进入传统溢流模式的瞬间，由于压力突变，主阀芯位移、油液流速和流量波动会很大，但系统经短暂振荡后会再次进入稳定状态。

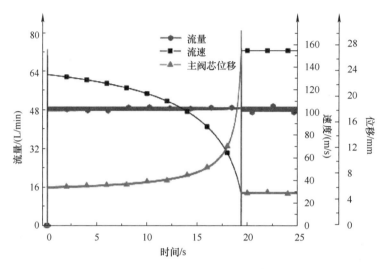

图 6-21　流量、流速和主阀芯位移仿真曲线

图 6-22 所示为不同预充气压力下液压蓄能器充油曲线，液压蓄能器的预充气压力分别为 5MPa、10MPa、15MPa，液压蓄能器容积均为 25L，在 0s 时液压蓄能器开始回收溢流损失。通过回收曲线可以发现充油过程曲线下方为已回收到的溢流损失能量，且充气压力越高，液压蓄能器进口压力达到最大工作压力 20MPa 的速度越快，但回收时间短，回收油液少。仿真环境较理想，保压阶段无泄漏，故液压蓄能器压力保持不变。

（2）溢流损失能量再生仿真研究

如图 6-23 所示，在溢流损失能量回收模型的基础上添加再生释放回路，并建立相应的控制算法模型，分析溢流损失再生过程中电动机转矩和转速变化，以及泵出口压力和流量的变化情况。

如图 6-24 所示，根据液压蓄能器的工作状态，可以把溢流损失能量回收与再生过程分成四个阶段：液压蓄能器充油（即溢流损失能量回收）、液压蓄能器保压、液压蓄能器释放和传统溢流模式。对所回收的溢流损失进行短暂保压后，设定好比例节流阀信号，比例节流阀调节至合适开度进行液压蓄能器释放，液压蓄能器内的压力油通过比例节流阀后到达液压泵进口。在液压蓄能器保压模式下，因系统比较理想无泄漏，液压蓄能器压力保持不变。在液压蓄能器释放模式下，比例溢流

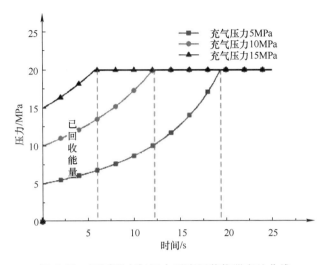

图 6-22　不同预充气压力下液压蓄能器充油曲线

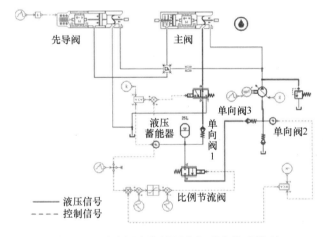

图 6-23　溢流损失能量回收与再生仿真模型

阀正常工作，其出口接油箱；在液压蓄能器释放回路中，油液通过比例节流阀和单向阀会产生压降，导致液压泵进口压力会小于液压蓄能器进口压力。在传统溢流模式下，比例溢流阀出口仍接油箱，不对溢流损失进行回收，比例溢流阀进口压力恢复至初始值。

如图 6-25 所示，在液压蓄能器充油阶段，液压泵打开单向阀 2 进行吸油，由图 6-25 曲线可知，通过单向阀 2 的流量曲线与泵出口流量曲线重合；因小部分先导流量没有进入液压蓄能器，故液压蓄能器流量小于液压泵出口流量；在液压蓄能器释放阶段，液压蓄能器给液压泵进口供油，从局部放大图 6-26 可知，释放阶段泵出口流量大于液压蓄能器充油阶段，因释放阶段提高了泵进口压力，减少了液压

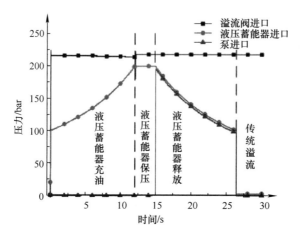

图 6-24　溢流损失能量回收与再生过程压力变化

泵泄漏，故在一定程度上提高了泵的容积效率。随着液压蓄能器内油液的释放，油液压力降低，故液压泵出口流量也逐渐变小，直至释放完毕，流量才恢复至初始值。

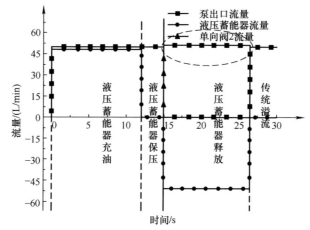

图 6-25　溢流损失能量回收与再生过程流量变化

驱动电动机输出功率 N_1 和液压泵输出功率 N_2 的计算公式如下：

$$N_1 = \frac{Tn}{9550} \tag{6-48}$$

$$N_2 = \frac{(p_1 - p_0)Q_1}{60} \tag{6-49}$$

式中，p_0 为液压泵进口压力；T 为电动机输出转矩；n 为电动机输出转速。

图 6-27 所示为溢流损失回收过程驱动电动机转矩、转速变化曲线。液压泵输出功率由流量和压力决定，液压泵所需功率由电动机提供，所以泵功率的变化必然会导致电机输出功率的变化。系统采用定量泵供油，电动机转速恒定在 625r/min，

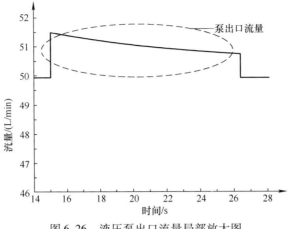

图 6-26 液压泵出口流量局部放大图

可保证系统流量 Q_1 不变。从图 6-27 中看出，在液压蓄能器充油阶段，电动机转矩有轻微下降，这是因为在此过程中比例溢流阀进口压力 p_1 会随液压蓄能器压力升高而降低，使泵输出功率降低，导致驱动电动机功率下降。在液压蓄能器释放阶段，电动机转速不变，但电动机转矩下降，由式（6-48）可知，电动机输出功率也会下降；根据式（6-48）可知，在液压蓄能器释放过程中液压泵进口压力 p_0 变高，溢流阀进口压力 p_1（即系统压力）和系统流量基本保持不变，则泵输出功率下降，从而导致电动机输出功率下降。在溢流损失释放过程中，因液压蓄能器内油液压力逐渐降低，泵进口压力也逐渐降低，使电动机输出转矩逐渐增大，当油液释放完后，电动机转矩会恢复到初始值。总之，在液压蓄能器油液释放到泵进口过程中，系统所需电动机输出功率降低，体现出了溢流损失能量回收与再生系统的节能性。

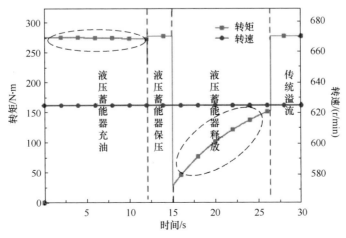

图 6-27 驱动电动机转矩、转速变化曲线

6.5.4 溢流损失液压式能量回收系统试验

1. 试验平台

如图6-28所示，搭建了比例溢流阀出口背压和溢流损失液压蓄能器回收试验平台。平台主要由液压泵站、变频电动机单元、比例溢流阀测试单元、液压蓄能器单元、氮气瓶和充氮小车等元件组成。系统元件参数设置如下：泵排量为160mL/r，系统最大供油流量为250L/min，系统最大工作压力为31.5MPa，比例溢流阀的溢流压力设为21.5MPa，背压阀的最高工作压力为31.5MPa，泵出口安全阀压力设为30MPa，液压蓄能器容积为25L，液压蓄能器安全球阀的溢流压力为20MPa。为了能够对试验过程中的系统状态进行监测，在比例溢流阀的弹簧腔、进口、出口，以及液压蓄能器的进口都安装了压力表、压力传感器和流量计并把信号反馈到控制器中；比例溢流阀先导外泄口接一个累积流量计，用于测量先导流量，先导油单独外泄回油箱。图6-29所示为流量计、压力传感器和数据采集模块实物图。

a) 比例溢流阀测试单元

b) 测试阀块

c) 变频电动机单元

d) 液压泵站

e) 液压蓄能器单元

图6-28 溢流损失液压蓄能器回收试验平台

在背压试验台上，为研究能量回收单元对比例溢流阀工作性能的影响，可分别测试比例溢流阀在相同流量不同背压下和相同背压不同流量下进口压力的静态变化特性，测试比例溢流阀在不同背压下系统流量的变化特性。在溢流损失能量回收试验台上，通过回收溢流损失，研究回收过程对比例溢流阀进口压力的影响，并探究在不同液压蓄能器预充气压力下液压蓄能器的能量回收效率与回收能量的关系。

a)流量计

b)压力传感器

c)数据采集模块

图 6-29　流量计、压力传感器和数据采集模块实物图

针对测试系统数据采集点多、控制变量多等特点，计算机测试系统采用上位机与下位机相结合的结构；PC 主要完成压力、温度和流量等系统参数的标定、比例信号输出、数据实时采集和数据滤波等工作；下位机用于控制变频驱动电动机转速和电磁换向阀电磁铁等。图 6-30 所示为计算机辅助测试系统的结构组成。

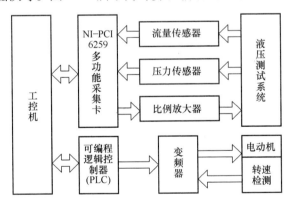

图 6-30　计算机辅助测试系统的结构组成

计算机辅助测试系统包括硬件和软件两部分。硬件由变频器、PLC、工控机、HMI、NI – PCI6259 多功能采集卡等部分组成；软件部分包括 PLC 编程软件和 Lab-VIEW 等。通过采集卡 NI – PCI6259 进行压力、流量和温度等信号采集，其包含 32 路模拟量输入、4 路模拟量输出和 32 路数字量输入/输出通道，为系统测试提供了丰富的测试通道。选用 LabVIEW 编程界面友好，操作简单，利用图形化语言简单直观。在 LabVIEW 中不仅可以采集和保存试验数据，而且能够在试验过程中实时显示试验数据，以便及时发现试验问题并调整参数；试验数据以文件形式保存便于后期进一步处理。压力传感器和流量传感器均采用 4 ~ 20mA 信号输出，以减少变

频干扰等的影响。

2. 比例溢流阀背压测试性能分析

（1）进口压力变化研究

在比例溢流阀背压试验中，分别测试在背压0MPa、5MPa、10MPa和15MPa时比例溢流阀进口压力的变化情况；当背压为0MPa时，设比例溢流阀溢流压力为21.5MPa。如图6-31所示，在0~1s液压泵起动后，换向阀得电，比例溢流阀电磁铁无输入信号，调节背压阀手柄至背压加载压力，此时系统压力由背压决定。因管道压力损失和溢流阀本身具有一定的开启压力，故在背压0MPa时，实际压力大于0MPa。1s后，给比例溢流阀电磁铁通电，每次电磁铁输入信号均相同，由图6-31知，不同背压下进口压力基本维持在21.5MPa左右。

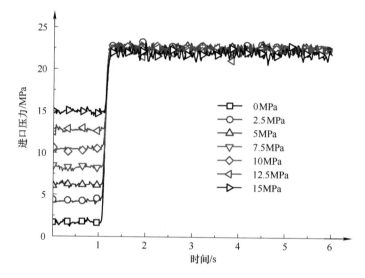

图6-31　不同背压下进口压力变化曲线（$q = 160L/min$）

试验结果表明，所使用的比例溢流阀的主阀部分具有较好的阻尼特性，所以没有产生压力超调现象。该试验结果与AMESim仿真结果一致，也验证了仿真模型的正确性。从图6-31中还可以看出，随着背压增大进口压力降低，其原因是主阀芯所受稳态液动力随背压增加而降低，从而导致了进口压力也相应地降低；又由于系统流量波动的影响，故造成进口压力振荡。

为研究在不同溢流压力等级下比例溢流阀进口压力随背压的变化情况，保持系统流量为160L/min不变，把比例溢流阀的溢流压力等级又分别设定为15MPa和10MPa，并分别进行背压试验，如图6-32a、b所示。试验结果表明：进口压力稳定在目标值范围内，随着背压升高进口压力也会逐渐降低，但会不影响比例溢流阀正常工作；在目标溢流压力为15MPa和10MPa下的背压曲线，与图6-31相比较进口压力波动变大，且目标压力越小，进口压力随背压下降越明显。

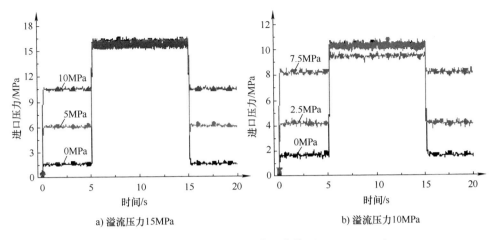

a) 溢流压力15MPa b) 溢流压力10MPa

图 6-32 不同溢流压力下的背压曲线 ($q = 160\text{L}/\text{min}$)

为研究流量对溢流阀性能的影响，保持目标溢流压力 21.5MPa 不变，分别在流量为 120L/min 和 80L/min 的情况下进行背压对比试验，如图 6-33 所示。试验结果表明，在两种流量下进口压力稳定在目标压力允许范围内，与流量为 200L/min 时一样，且随背压增大进口压力降低，但压力波动较小，系统稳定性好。

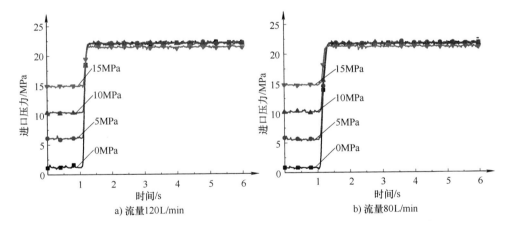

a) 流量120L/min b) 流量80L/min

图 6-33 不同流量下进口压力变化曲线

通过以上背压研究可知，在不同的溢流压力等级、不同的流量下进口压力随背压增大呈现相同的规律，即随背压增大，进口压力下降。

为对试验结果进行分析，当试验流量为 160L/min、溢流压力 21.5MPa 时，把不同背压下的进口压力数值绘制在图 6-34a 图中，把进口压力与 0MPa 背压下的比值曲线绘制在图 6-34b 中；为便于与 AMESim 仿真结果对比，把仿真进口压力数值曲线也分别绘制在图 6-34a、b 中。通过对比可知，背压试验结果与仿真结果趋势一致，即随着背压增大，进口压力值都呈现出降低趋势，而且结果非常接近，验证了仿真模型的准确性。

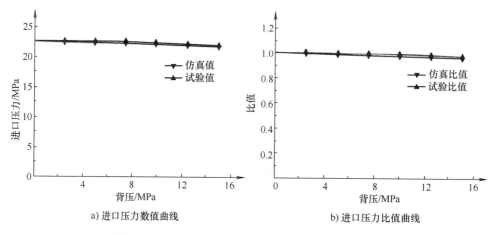

a) 进口压力数值曲线   b) 进口压力比值曲线

图 6-34   不同背压下仿真与试验进口压力比较曲线

当背压为 15MPa 时，达到最大压降 0.63MPa，压力降幅为 2.9%（小于仿真 4.1%），与溢流阀本身的调压偏差（一般为 10%～30%）相比要小很多，不影响溢流阀正常工作，系统压力基本稳定，再次验证了溢流损失回收方案的可行性。

（2）主阀芯稳态液动力分析

通过建立的数学模型和背压仿真分析可知，在比例溢流阀出口背压下进口压力下降与主阀芯所受的稳态液动力变化有一定关系，结合 CFD 仿真出的主阀芯位移 x，可以计算出溢流阀的实际主阀芯稳态液动力。（主阀芯最大位移量为 4.6mm，复位弹簧预压缩量为 12mm）。

主阀芯稳态液动力 F_s 计算公式如下：

$$F_s = p_1 A_1 - p_x A_1 - k(x_0 + x) \tag{6-50}$$

如图 6-35 所示，在系统流量为 50L/min 时，随着背压增加，弹簧力也逐渐增加，但上升缓慢，与稳态液动力的变化相比，可忽略不计。从图中看出：①当背压小于 10MPa 时，主阀芯的实际稳态液动力下降缓慢；当背压超过 10MPa 后稳态液动力急剧下降；②仿真和实际计算中的液动力都是随背压增大呈现下降的趋势，且二者数值也很接近；③当背压小于 10MPa 时，实际稳态液动力值大于仿真值；当

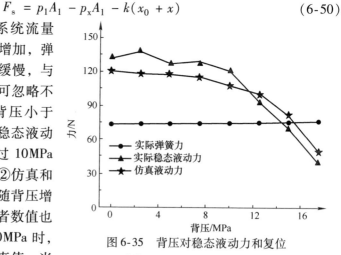

图 6-35   背压对稳态液动力和复位弹簧力的影响（$q = 50\text{L/min}$）

背压大于 10MPa 时，实际稳态液动力值小于仿真值；仿真值和实际稳态液动力值之间的最大差值为 19N，差值小于最大液动力的 15%。所以，实际计算值和仿真值都准确可信。

试验研究发现通过增加比例溢流阀出口背压，在一定程度上可以降低主阀芯稳态液动力，且背压越高稳态液动力的降低速度越快。在液压元件的设计过程中，稳态液动力是作用在阀芯上的附加力，会影响液压控制阀的压力控制特性；且近些年来，降低液压元件的稳态液动力也是一个研究热点。所以采用增大背压的方式来降低稳态液动力是一个简单可行方法。

（3）调压偏差分析

溢流阀的稳态特性主要通过压差流量特性来反映，即调压偏差。理想的溢流阀，当主阀芯进口压力低于设定压力时，主阀芯关闭；只有进口压力高于开启压力时，溢流阀才工作；而且理想情况下溢流压力与流量大小无关，应始终保持恒定。但实际并非如此，溢流阀的溢流压力会随着流量的增大而增加；不管是直动式溢流阀还是先导式溢流阀，都会有 15% ~ 30% 的静态调压偏差，一般先导式溢流阀的静态调压偏差小于直动式溢流阀的静态调压偏差。

为了研究背压对所采用的先导式比例溢流阀调压偏差特性的影响，分别在背压为 0MPa、5MPa、10MPa、15MPa、18MPa 下进行静态特性测试。如图 6-36 所示，比例溢流阀的调定压力为 21.5MPa，电动机转速分别设为 600r/min、900r/min 和 1200r/min 以改变系统输出流量，0 ~ 20s 溢流阀出口始终有背压且保持不变，5 ~ 15s 比例溢流阀的电磁铁通电，对系统进行加载。从图 6-36a、b 可以看出，电动机转速越大，系统输出的流量越大，进口压力越高；这是溢流阀正常的流量特性，说明溢流阀出口接背压后没有改变溢流阀的正常流量特性。

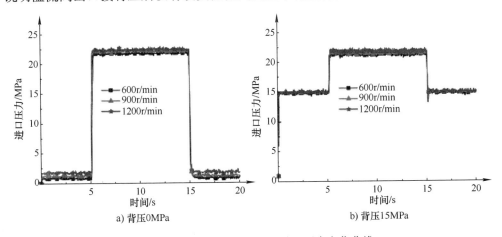

图 6-36　不同电动机转速下进口压力变化曲线

为了能够清晰地显示不同背压下的调压偏差特性曲线，把背压为 0MPa、

15MPa、18MPa 下的进口压力描绘在图 6-37 中。从图 6-37 可知在不同的背压下，比例溢流阀的进口压力（即溢流压力）都随系统流量的增大而增大。

通过计算发现背压为 0MPa 时的调压偏差为 15%，这相当于普通溢流阀的调压偏差；当背压为 15MPa 时，比例溢流阀的调压偏差为 7%；当背压为 18MPa 时，调压偏差仅为 2.5%。说明背压越大，溢流阀的调压偏差越小，与调压偏差理论的分析结果一致，主要是由于随着背压增大，主阀芯所受的稳态液动力降低所致。试验结果表明，增大出口背压可以降低溢流阀的调压偏差，提高压力控制精度。

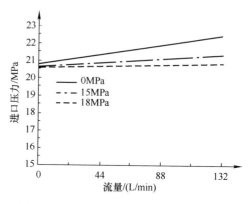

图 6-37　不同背压下的调压偏差特性曲线

（4）流量变化分析

图 6-38 所示为不同电动机转速下的背压曲线。在 0～20s 比例溢流阀出口一直存在背压且保持不变，在 5～15s 对比例溢流阀电磁铁通电，比例溢流阀工作压力设为 21.5MPa。由图 6-38a、b 曲线可知，5～15s 比例电磁铁有输入信号，溢流阀出口流量会有一些降低，这是因为压力加载到 21.5MPa 后，系统泄漏增加所致；由图 6-38a、b 中可看出，电动机转速越高，系统流量越大，在比例电磁铁通、断电瞬间，由于主阀芯瞬间关闭或打开，会使流量产生较大波动，经过短暂的动态调整后，系统流量仍保持稳定；从图 6-38a、b 中可知背压 0MPa 与 15MPa 时的流量曲线基本一致，但背压 15MPa 时系统流量恢复至稳态的时间增加。

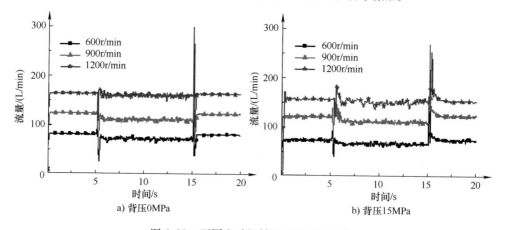

a) 背压0MPa　　　　　　　　　　　　　b) 背压15MPa

图 6-38　不同电动机转速下的背压曲线

如图 6-39 所示，当转速为 1200r/min 时，在不同背压下的流量曲线相互重合，说明背压对通过溢流阀的流量无影响；在第 5s 时比例电磁铁得电，主阀芯使阀口关小，流量波动较小，第 15s 时电磁铁断电，主阀芯突然全开，油液冲击严重，流量波动较大，短暂振荡后恢复稳态；也表明液压蓄能器回收溢流损失时系统流量可保持稳定，不随液压蓄能器内油液压力变化而变化，为后续溢流损失能量回收研究奠定了基础。

3. 溢流损失回收研究

根据所搭建的溢流损失液压蓄能器回收试验平台，探索液压蓄能器在回收溢流损失过程中比例溢流阀的工作特性，并研究液压蓄能器能量回收效率和预充气压力之间的关系。试验条件：液压蓄能器容积为 25L，比例溢流阀溢流压力为 21.5MPa，泵出口安全阀开启压力为 30MPa，液压蓄能器安全球阀开启压力为 20MPa。

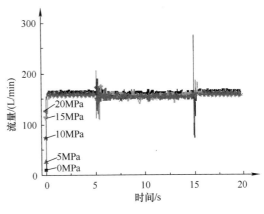

图 6-39 在不同背压下的流量曲线
（转速 = 1200r/min）

（1）回收过程分析

图 6-40 所示为溢流损失液压蓄能器回收过程中溢流阀进口压力和液压蓄能器进口压力的变化曲线。在 0 ~ 5s 比例溢流阀电磁铁无输入信号，主阀口全开，系统处于空载状态；在 5 ~ 7.4s，比例溢流阀通电加载，系统处于传统溢流模式；在 7.4 ~ 54s 系统进入溢流损失能量回收阶段，从比例溢流阀阀口产生的溢流损失进入到液压蓄能器中，给液压蓄能器充油，直至液压蓄能器进口压力达到最大工作压力；液压蓄能器充满油后，控制器发出信号使电磁换向阀工作在下位，液压蓄能器进入保压阶段。

从图 6-40 可知，在 5 ~ 7.4s 进口压力为一条水平线，当进入能量回收阶段后，随着液压蓄能器进口压力的升高，溢流阀进口压力呈现降低趋势；且在液压蓄能器进口压力达到 10MPa 前，进口压力降低缓慢，基本保持不变，液压蓄能器进口压力达到 10MPa 后，溢流阀进口压力降低速度变快，这与图 6-35 中的液动力变化趋势一致，也验证了稳态液动力计算的准确性；在液压蓄能器保压阶段，比例溢流阀油液将直接回到油箱，进口压力升高恢复到传统溢流模式状态；在保压过程中，由于系统管路和阀块连接处密封问题等，使系统存在泄漏，液压蓄能器内压力无法保持而缓慢下降。

从图 6-40 中的局部放大图可知，在液压蓄能器达到最大工作压力值前，比例溢流阀进口压力会出现轻微振荡，而液压蓄能器进口压力平稳上升，无波动现象；当达到液压蓄能器最大工作压力，换向阀换向瞬间，比例溢流阀出口突然接油箱，出口压力降低，由于主阀芯位移瞬间变大，致使主阀芯前腔体积突然变大，产生油液冲击，各个压力经过短暂调整后又恢复至稳态。在液压蓄能器回收过程中，比例

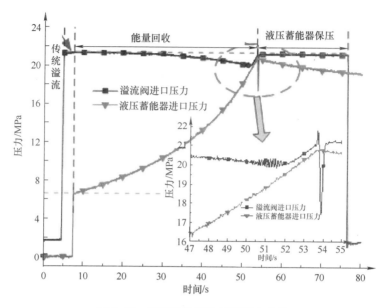

图 6-40　溢流损失回收过程压力变化

溢流阀进口压力呈现下降趋势，这与背压试验结果一致。

　　如图 6-41 所示，在溢流损失回收过程中，比例溢流阀出口流量曲线稳定在一定范围内，这与图 6-39（不同背压下流量曲线）结果一致。在 7.4s 比例溢流阀电磁铁得电瞬间流量有较小波动；在溢流损失回收过程中，液压蓄能器充油流量保持稳定，说明液压蓄能器充油流量与液压蓄能器内的压力无关；在 54s 液压蓄能器压力达到最大工作压力，换向阀换向产生流量冲击，且流量波动较大，但随后又很快恢复稳定。

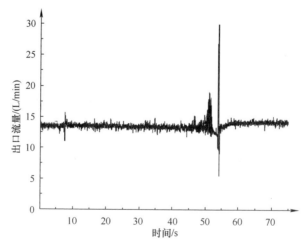

图 6-41　比例溢流阀出口流量变化曲线

（2）能量回收效率研究

为了研究在不同预充气压力下液压蓄能器的回收效率，设置了一系列充气压力，在回收溢流损失时，液压蓄能器的最大工作压力为 20MPa，液压蓄能器容积为 25L。如图 6-42 所示，在 5s 时换向阀上位工作，溢流损失进入到液压蓄能器中，虽然预充气压力不同，但液压蓄能器的最高工作压力都是 20MPa；因每次试验液压蓄能器容积都相同，故预充气压力越大，达到最高工作压力的时间就越短；随着液压蓄能器内油液增加，气囊不断被压缩，液压蓄能器内油液压力升高，液压蓄能器进口压力升高，且进口压力曲线斜率也越来越大。

从图 6-42 可知，液压蓄能器进口压力曲线下方为已回收到的溢流损失能量，故则预充气压力越大，压差损失越小，液压蓄能器回收的能量就越多，即能量回收效率越高。

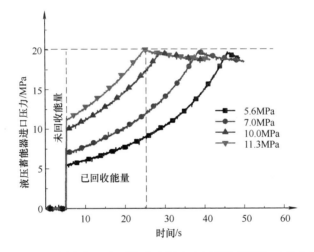

图 6-42　不同充气压力下的溢流损失液压蓄能器回收过程曲线

从传统比例溢流阀阀口产生的溢流压差损失能量计算公式如下：

$$E_r = \int p_1 q_2 \mathrm{d}t \tag{6-51}$$

式中，E_r 是比例溢流阀出口产生的溢流损失能量。

液压蓄能器内回收到的能量计算公式如下：

$$E_a = \frac{p_{a0} V_{a0}}{n-1} \left[\left(\frac{p_{a2}}{p_{a0}} \right)^{\frac{n-1}{n}} - \left(\frac{p_{a1}}{p_{a0}} \right)^{\frac{n-1}{n}} \right] \tag{6-52}$$

式中，E_a 是液压蓄能器回收的溢流损失能量，由于液压蓄能器回收溢流损失过程时间较短，可认为是绝热过程，与外界无热量交换，因此取气体指数为 1.4。

液压蓄能器的能量回收效率计算式如下：

$$\eta_r = \frac{E_a}{E_r} \tag{6-53}$$

式中，η_r 是溢流损失能量回收效率。

通过式（6-51）~式（6-53）可计算得出在预充气压力为 5.6MPa、7.0MPa、10.0MPa、11.3MPa 下的溢流损失液压蓄能器的回收效率见表 6-3。由表 6-3 可知，在预充气压力为 5.6MPa 时，主阀口产生的溢流损失能量最多，且液压蓄能器回收的能量也最多，但液压蓄能器能量回收效率却最低仅为 61.2%；随着液压蓄能器预充气压力升高，主阀口所产生的溢流损失能量和液压蓄能器回收能量都减小，但能量回收效率却提高了，在 11.3MPa 时的回收效率达 83.6%；试验结果表明：预充气压力越高，能量回收效率越高。从图 6-42 可知，在试验过程中，液压蓄能器容积固定，充气压力越高，液压蓄能器回收溢流损失的时间越短，回收的能量也就越少。再者，充气压力越高，溢流阀进口压力与液压蓄能器之间压差就越小，相应地降低了压差损失，提高了能量回收效率。

表 6-3　在不同液压蓄能器预充气压力下的能量回收效率

预充气压力/MPa	5.6	7.0	10.0	11.3
主阀口溢流损失能量/kJ	206.3	166.0	127.1	94.8
液压蓄能器回收能量/kJ	126.3	114.8	95.2	79.2
能量回收效率（%）	61.2	69.2	74.9	83.6

液压蓄能器回收溢流损失比较理想的状况是尽可能提高液压蓄能器预充气压力，这样就能提高能量回收效率。但预充气压力越大，固定体积的液压蓄能器回收油液就越少，就需要足够大体积的液压蓄能器来储存溢流损失油液，考虑实际空间、成本等限制，不可能使用体积过大的液压蓄能器。所以，在实际使用过程中必须根据需要合理选择充气压力。当能量回收效率是主要考虑因素时，就适当提高预充气压力；当为了回收尽可能多的溢流损失能量时，就适当降低预充气压力。

6.6　溢流损失电气式能量回收控制策略

液压马达-发电机组成的电气式能量回收装置，对溢流阀的出口压力、能量回收等有着重要的影响。以溢流损失能量回收为目标，通过基于压力补偿的阀口压差闭环控制和最小压差控制，对能量回收系统的效率进行分析和研究。

6.6.1　基于压力补偿的阀口压差闭环控制策略

通过在溢流阀出口连接液压马达和发电机，比例溢流阀的出口压力增加。则溢流阀的主阀芯进出口压力差将减小，即减小了溢流阀的阀口压力损失。对溢流阀的阀口压差进行闭环控制，实现控制溢流阀进出口压差始终保持某一目标压差值，以达到减小溢流阀阀口压差的目的，实现能量回收。

（1）闭环控制算法

基于压力补偿的阀口压差闭环控制，主要是控制比例溢流阀进口压力与出口压差始终维持在目标值，其控制原理图如图 6-43 所示。给定目标压差为控制器的输入量，通过控制器调节后输出液压马达－发电机的目标转矩，当液压马达－发电机转动后，采集到的比例溢流阀的进口压力值与出口压力值的差值作为闭环控制的反馈量，使比例溢流阀的实际阀口压差逐渐逼近目标值。

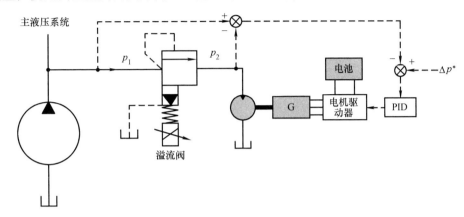

图 6-43　基于压力补偿的阀口压差闭环控制原理图

本能量回收控制系统要求溢流阀出口压力能快速响应并保持稳定，因此，系统采用 PID 控制器进行闭环控制。PID 控制器的控制原理如图 6-44 所示，根据给定值 $u_i(t)$ 与实际值 $u_0(t)$ 之间的误差 $e(t) = u_i(t) - u_0(t)$，与比例（Proportion）、积分（Integral）及微分（Derivative）线性组合构成控制量 $n(t)$，对被控制对象进行控制。

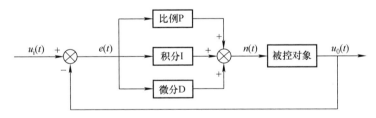

图 6-44　PID 控制器的控制原理图

PID 控制公式可表示为

$$n(t) = K_P\Big[e(t) + \frac{1}{T_I}\int e(t)\,dt + T_D\frac{de(t)}{dt}\Big] \tag{6-54}$$

式中，K_P 是比例系数；T_I 是积分系数；T_D 为微分系数。

在 PID 闭环控制过程中，比例环节具体表现为将控制偏差 $e(t)$ 呈比例变化以达到调节系统输出的目的；积分环节表现为以系统的控制偏差 $e(t)$ 和输出量的积分形式来调节系统输出，减小输出误差，通常将比例环节和积分环节组合使用构成 PI 控制器，可广泛应用于简单的开关电源控制系统。微分环节表现为以系统的控

制偏差 $e(t)$ 和输出量的微分形式来调节系统输出，避免控制系统输出偏差的瞬间增大，改善系统动态性能。

因为控制算法的数字化实现需要将 PID 控制器中的参数离散化，所以对式（6-54）做离散转换，可得 PID 控制器中微分项和积分项的对应关系。

$$t = kT \quad (k = 0,1,2\cdots) \tag{6-55}$$

$$\int_0^t e(t)\mathrm{d}t = T\sum_{j=0}^{k} e(jT) \approx T\sum_{j=0}^{k} e(j) \tag{6-56}$$

$$\frac{\mathrm{d}e(t)}{\mathrm{d}t} = \frac{e(kT) - e[(k-1)T]}{T} \approx \frac{e(k) - e(k-1)}{T} \tag{6-57}$$

式中，T 是采用周期；$k=0$，1，2…是采样序号。

联立上式可得增量式 PID 控制算法的离散表达式为

$$n(k) = K_{\mathrm{P}}\left\{ e(k) + \frac{T}{T_{\mathrm{I}}}\sum_{j=0}^{k} e(j) + \frac{T_{\mathrm{D}}}{T}[e(k) - e(k-1)] \right\} \tag{6-58}$$

式中，$n(k)$ 是第 k 次采样的输出值；$e(k)$ 是第 k 次采样输入误差。

在能量回收系统中，PID 控制器的输入量为比例溢流阀主阀芯进、出口的目标压差，即：

$$u_i(t) = \Delta p \tag{6-59}$$

实际控制输出值为比例溢流阀的主阀芯进、出口压差，由实际的进口压力与出口压力相减所得：

$$u_0(t) = p_1 - p_2 \tag{6-60}$$

由式（6-58）可得：

$$n(k-1) = K_{\mathrm{P}}\left\{ e(k-1) + \frac{T}{T_{\mathrm{I}}}\sum_{j=0}^{k-1} e(j) + \frac{T_{\mathrm{D}}}{T}[e(k-1) - e(k-2)] \right\} \tag{6-61}$$

发电机的目标转矩增量：

$$\Delta n(k) = n(k) - n(k-1) \tag{6-62}$$

将式（6-58）和式（6-61）带入式（6-62）得：

$$\Delta n(k) = K_{\mathrm{P}}\left\{ [e(k) - e(k-1)] + \frac{T}{T_{\mathrm{I}}}e(k) + \frac{T_{\mathrm{D}}}{T}[e(k) - 2e(k-1) + e(k-2)] \right\} \tag{6-63}$$

图 6-45 所示为所述的 PID 闭环控制算法流程图。

（2）控制流程

在液压系统中，溢流阀根据不同功能可分为安全阀和溢流调压阀。作为安全阀使用时，仅当系统压力高于安全阀的设定值时，安全阀才打开。作为溢流压力调节阀时，溢流阀处于溢流状态，但当处于轻载和高速运行条件时，溢流阀不会溢流。因此，溢流阀是否溢流具有随机性，取决于实际工况。在工作过程中，应根据实际溢流情况控制溢流能量回收系统。

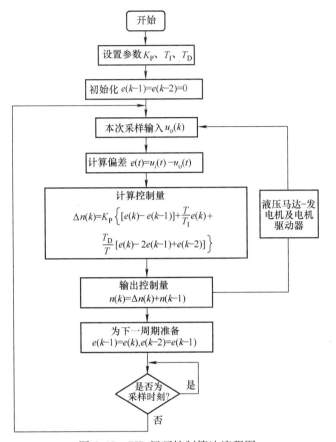

图 6-45　PID 闭环控制算法流程图

　　为了保证溢流损失能量回收系统的效率，须根据溢流阀的溢流压力与流量来进行控制。当溢流流量较小时，能量回收的能量大部分都消耗在各个转换环节，此时回收效率极低，甚至处于耗能状态，且液压马达与发电机处于低转速区域，其控制精度较低，会影响溢流阀正常工作。此时液压马达与发电机组工作在低效率区，系统的回收功率无法得到保证。因此，需要设置能量回收的最低流量值。溢流阀能量回收系统的控制流程如图 6-46 所示。其中，p_I 是溢流阀的进口压力，p_T 是溢流阀的预设开启压力，当系统压力达到溢流阀的预设值

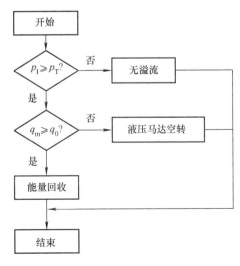

图 6-46　溢流阀能量回收
系统的控制流程图

后，溢流阀才工作产生溢流。q_m 是液压马达的流量，q_0 是溢流阀能量回收流量的阈值，仅当溢流流量达到能量回收的阈值后，能量回收单元才开始工作并对溢流流量进行能量回收。系统通过压力传感器检测溢流阀的进出口压力，并通过发电机的转速反馈间接检测通过液压马达的流量。

通过液压马达的流量：

$$q_m = \frac{n_m D_m}{\eta_m} \tag{6-64}$$

式中，D_m 是液压马达的排量（L/min）。n_m 是液压马达的速度（r/min）；η_m 是液压马达的容积效率，该液压马达的容积效率为89%~96%。因此，为便于控制和保证系统的再回收效率，在估算溢流流量时，容积效率取最小值，即容积效率按89%计算。由能量回收单元的发电电流与转速的关系可知，系统的回收最低转速为300r/min。因此，溢流阀的能量回收溢流流量阈值可由式（6-64）计算得出为9.5L/min。

基于压力补偿的阀口压差控制策略流程图如图6-47所示，通过实时检测溢流阀的进口压力和溢流流量，当压力达到了溢流阀预开启压力，且溢流流量达到了能量回收的阈值时，进行能量回收。在能量回收过程中，以溢流阀阀口目标压差为PID控制器的输入量，控制器输出液压马达-发电机的目标转速，最终将实测的溢流阀进口压力与液压马达入口压力的压差作为PID控制器的反馈量，从而实现了对溢流阀阀口压差的闭环控制。

6.6.2 系统压差控制仿真分析

根据能量回收原理图与控制策略，通过 AMESim 软件建立系统压力闭环控制的溢流损失电气式能量回收仿真模型，如图 6-48 所示。在比例溢流阀出口连接二位三通换向阀，通过信号控制完成系统能量回收模式与传统工作模式的切换。

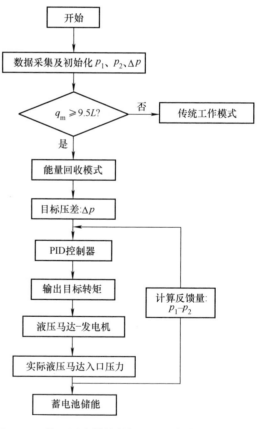

图 6-47　基于压力补偿的阀口压差控制策略流程图

（1）压差控制可行性

图6-49 所示为系统在压差控制下的仿真曲线，比例溢流阀阀口目标压差为在

2MPa、4MPa、6MPa 内变化，当溢流阀进口压力变化时，溢流阀出口压力也跟随进口压力变化，阀口压差值始终维持在目标值。这说明压差控制方法是可行的。

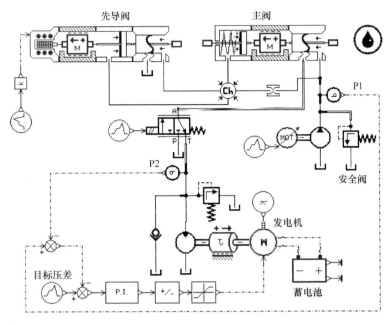

图 6-48　基于压力闭环控制的溢流损失电气式能量系统 AMESim 仿真模型

（2）控制特性

为研究系统的控制特性，对系统的压力响应进行仿真。图 6-50a 所示为溢流阀出口压力在阶跃变化时的响应情况。溢流阀口目标压差设置为 1.5MPa，溢流阀进口压力在 5s 时从 5MPa 阶跃突变为 15MPa。由仿真结果可知，出口压力能够快速地跟随进口压力变化，具有良好的阶跃响应特性。图 6-50b 所示为溢流阀进口压力斜坡变化时出口压力的跟随情况，在 5~10s 时，进口压力由 5MPa 逐渐上升至 15MPa，在 15~20s 时从 15MPa 下降至 5MPa。通过仿真结果可知，当压力增

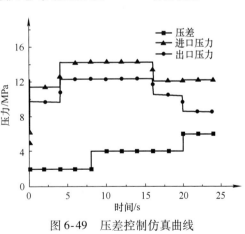

图 6-49　压差控制仿真曲线

加时出口压力能跟随进口压力变化，阀口压差始终维持在目标压差 1.5MPa；当压力减小时，阀口压差会略小于目标压差 1.5MPa，这是由于溢流阀进出口压力的响应时间具有一定的滞后性。

为了分析系统流量对压力控制的影响，对系统的流量变化对压力的影响进行仿

真分析。图6-51所示为流量变化时的系统响应曲线,当通过比例溢流阀的流量变化时,溢流阀进口压力和出口压力均有微小波动,但很快就恢复稳定。这说明系统控制特性良好,基本不受流量变化的影响,系统具有很强的抗干扰性,验证了压差控制的准确性。

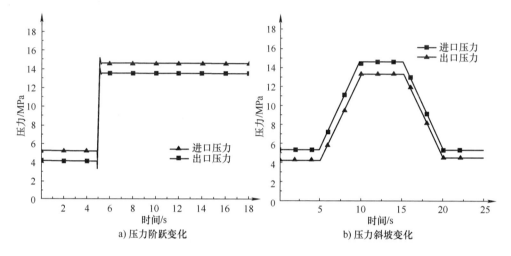

a) 压力阶跃变化   b) 压力斜坡变化

图6-50   系统压力阶跃和斜坡响应特性曲线

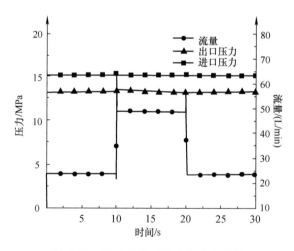

图6-51   流量变化时的系统响应曲线

6.6.3 溢流损失电气式能量回收系统试验

1. 试验平台搭建

为验证基于压力补偿的阀口压差闭环控制的可行性,根据溢流损失电气式能量回收原理图搭建了如图6-52所示的试验平台。平台主要由电动机–泵、液压马达、发电机、电机控制器、动力电池、比例溢流阀和数据采集控制单元等组成。各关键元件的相关参数见表6-4。系统的控制器采用 NI DAQ9191 采集卡与模拟量－CAN 数据转化模块组成，可实现 CAN 数据和模拟量数据的发送和接收。为了能够对试验过程中的系统状态进行监测与控制，在溢流阀进、出口安装压力传感器、压力表和流量计，并将各传感器信号反馈到控制器中。

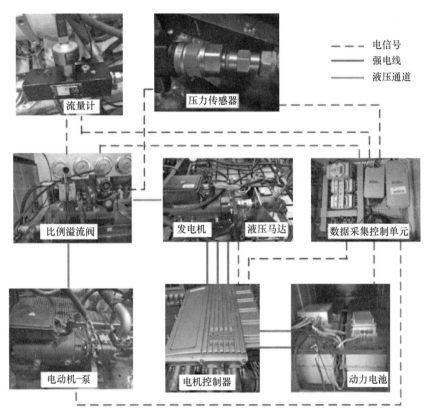

图 6-52　溢流损失能量回收系统试验平台实物图

表 6-4　关键元件参数

设备名称	参数
液压马达	排量：28L/min、最大转速：2000r/min
发电机	额定功率：19.8kW、额定转速1800r/min
比例溢流阀	最大流量：300L/min、最大压力：31.5MPa
电机控制器	工作压力范围：420～750V、最大持续输出功率63kW
数据采集控制单元	NI DAQ9191 采集卡
动力电池	标准电量：93.2kW·h、标准容量：170.4Ah

针对测试系统数据采集点多，控制变量多等特点，设计了如图 6-53 所示的计

算机辅助测试系统。主要完成压力和流量等系统参数的标定、比例信号的输出、液压马达－发电机控制信号的输出、变频电动机转速的控制、电磁换向阀的控制、数据实时采集和数据滤波等工作。

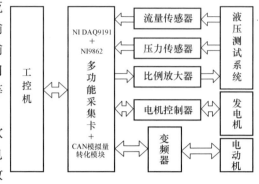

图 6-53　计算机辅助测试系统

计算机辅助测试系统包括硬件和软件两部分。硬件由变频器、工控机、电机控制器、NI DAQ9191、NI9862 等数据采集卡和 CAN 模拟量转化模块CAN3402 等部分组成；软件为 LabVIEW编程软件。通过转化模块 CAN3402 与采集卡 NI9862 进行压力和流量信号采集，其包含 32 路模拟量输入、4 路模拟量输出和 CAN 总线数据采集，为系统测试提供了丰富的测试通道。选用 LabVIEW 编程界面友好，操作简单，利用图形化语言简单直观。在 LabVIEW 中不仅可以采集和保存试验数据，而且能够在试验过程中实时显示试验数据，便于观察分析，并及时发现试验问题调整参数；试验数据以文件形式保存便于后期进一步处理。为减小信号干扰，压力传感器和流量传感器均采用4～20mA 的电流信号输出。

2. 基于压力补偿的阀口压差闭环控制研究

（1）可行性分析

为保证溢流阀口压差相对固定，以减小压差损失，根据所提出的控制策略搭建了如图 6-54 所示的测试系统原理图。

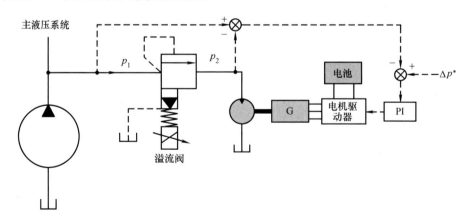

图 6-54　溢流损失能量再生系统的控制框架

将溢流阀的溢流流量设为 20L/min，压差分别设为 2MPa、4MPa、6MPa，进口压力在 10～15MPa 内变化，压差控制下的压力、转矩和转速的变化曲线如图 6-55

所示。由图 6-55a 中可以看出，随着设定压差的增大，溢流阀的出口压力会跟随进口压力变化，使阀口压差保持在设定值，验证了控制策略的可行性。如图 6-55b 所示，在溢流阀的进口压力变化时，能量回收单元的发电机转速基本保持不变，可通过调节发电机的转矩大小来适应压力的变化。

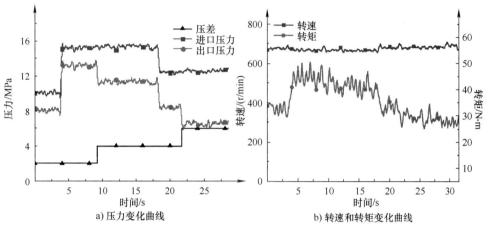

a) 压力变化曲线　　　　b) 转速和转矩变化曲线

图 6-55　压差控制下的压力、转矩和转速变化曲线

（2）操控性分析

为进一步分析能量回收单元对溢流阀操控性能的影响，进行了阶跃响应和斜坡响应试验，并对通过溢流阀的溢流流量发生变化时溢流阀的进口压力的变化进行了测试和分析。

图 6-56 所示为压力阶跃变化响应曲线，在 5s 时溢流阀的设定压力从 5MPa 阶跃到 15MPa，溢流阀的进口压力和出口压力均能较快地响应，响应时间约为 0.8s，达到稳定的时间约为 1.2s。图 6-57 所示为溢流阀压力随斜坡变化的跟随曲线，由图可知，进出口压力均能较好地实现斜坡跟随，且在跟随过程中基本能保证所设的最小压差 1MPa。图 6-58 所示为流量变化时的压力变化曲线，由图可知，在通过溢流阀的溢流流量发生变

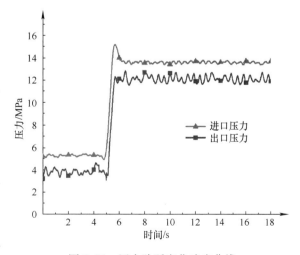

图 6-56　压力阶跃变化响应曲线

化时，溢流阀的进出口压力基本保持不变，仅在流量切换瞬间有一定的波动。

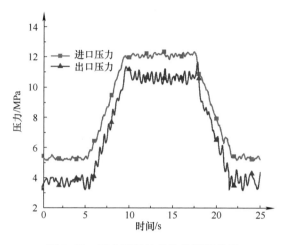

图 6-57　压力随斜坡变化的跟随曲线

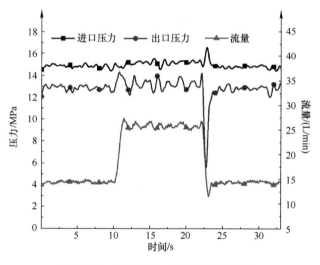

图 6-58　流量变化时的压力变化曲线

（3）节能性分析

在不同的设定压差下，溢流阀的进出口压差不同，所造成的压力损失不同，进而影响节能性。为分析不同压差下的节能性，将目标压差设定为 2MPa、4MPa、6MPa、8MPa，溢流阀的溢流压力设为 16MPa，溢流流量设为 20L/min，测试曲线如图 6-59 ～ 图 6-61 所示。

图 6-59 所示为不同压差下的压力流量曲线，在压差变化时，溢流阀的设定压力和溢流流量基本保持不变，出口压力随设定压差的增大而减小，在同一设定压差下，出口压力也基本恒定。图 6-60 所示为不同压差下的电流曲线，压差越小，可回收的电流越大，说明系统所回收的能量越多，证明了电气式能量回收的可行性。

图 6-61 所示为不同压差下的功率损失曲线，压差越小，系统的功率损失越小，进一步说明了通过电气式能量回收，可有效降低系统的能量损失，提高能量利用率。因此，在保证溢流阀正常工作的前提下，应尽可能使阀口压差越小越好。

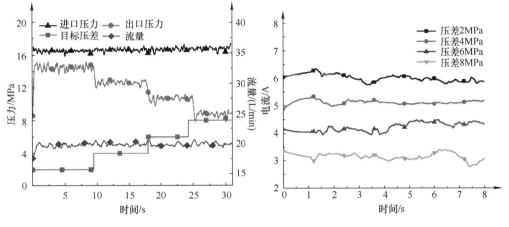

图 6-59　不同压差下的压力流量曲线　　　　图 6-60　不同压差下的电流曲线

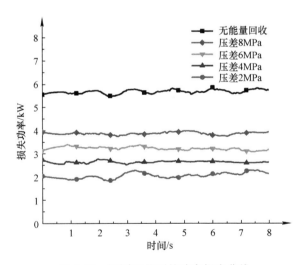

图 6-61　不同压差下的功率损失曲线

6.7　案例：节流调速系统的溢流损失能量回收

将具有电气式能量回收单元的溢流阀应用于节流调速系统，分析能量回收单元对调速特性的影响及系统的回收效率。调速系统能量回收原理图如图 6-62 所示。其中，11 是具有电气式能量回收的比例溢流阀，与节流阀 22 和液压缸 9 组成节流调速回路，对液压缸 9 的运动速度进行控制。

（1）调速特性分析

首先，对系统在有无能量回收单元时的调速特性进行分析。图 6-63 所示为有无能量回收单元的液压缸位移、溢流阀进口压力和通过溢流阀的流量曲线。由图 6-63a 的位移曲线可以看出，无论有无能量回收，液压缸位移基本相同，当仅有能量回收时液压缸达到最大位移的时间稍有滞后；由图 6-63b 的进口压力曲线可以看出，有能量回收时的进口压力稍低，与前面的分析结果一致；由图 6-63c 的流量曲线可以看出，有无能量回收时通过溢流阀的流量基本是一致的，与位移曲线的运动情况相符，当有能量回收时，由于位移运动稍有滞后，因此通过溢流阀的流量也稍有滞后。

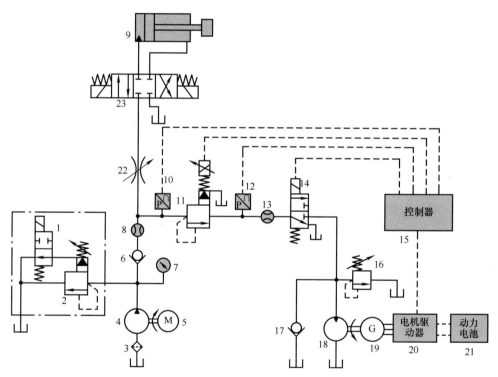

图 6-62 调速系统能量回收原理图

1—二位二通电磁换向阀　2—安全溢流阀　3—过滤器　4—液压泵　5—驱动电动机　6、17—单向阀
7—压力表　8、13—流量传感器　9—液压缸　10、12—压力传感器　11—比例溢流阀
14—二位三通电磁换向阀　15—控制器　16—溢流阀　18—液压马达　19—发电机
20—电机驱动器　21—动力电池　22—节流阀　23—三位四通电磁换向阀

图 6-63 说明，有无能量回收，对液压缸的运动特性基本无影响，液压缸依据节流阀的开口度而获得相应的运动速度。说明了具有电气式能量回收系统的溢流阀在节流调速系统中具有与普通溢流阀媲美的调速特性，可以实现对执行器（液压

缸或液压马达）运动速度的精细控制。

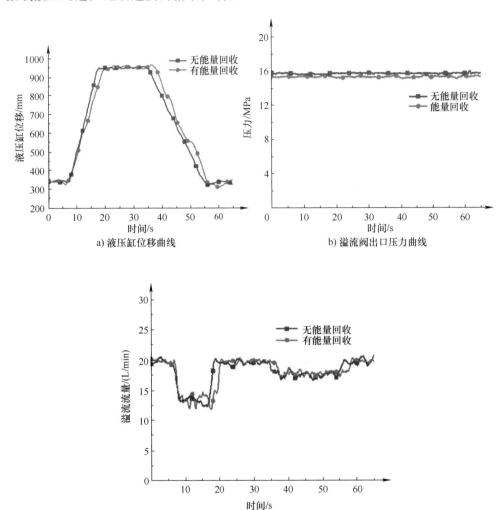

图 6-63　有无能量回收时的位移、压力和流量对比曲线

（2）节能性分析

图 6-64 所示为有无能量回收的回收功率对比曲线。由图 6-64a、b 可以看出，当有能量回收时，液压泵输出的功率和通过溢流阀损失的功率均略有降低，但通过电气式能量回收对一部分能量进行了回收并储存在动力电池中。因此，有能量回收后所实际消耗的功率大幅降低，如图 6-64c 所示。有能量回收后系统所消耗的功率约占无能量回收时系统消耗功率的 34%，如图 6-64d 所示，即在系统的输出功率与溢流损失基本保持不变时，增加能量回收后，系统损失的功率降低了 67%，节能效果明显。这对既需要对运动速度进行精细控制，又需要大功率输出的场合提供

了行之有效的解决方案。

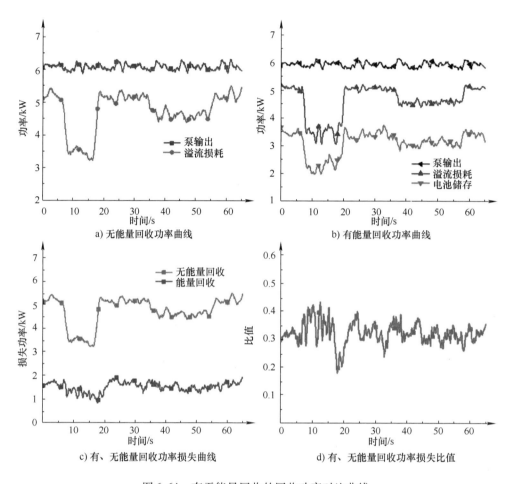

a) 无能量回收功率曲线

b) 有能量回收功率曲线

c) 有、无能量回收功率损失曲线

d) 有、无能量回收功率损失比值

图 6-64　有无能量回收的回收功率对比曲线

第7章 节流损失能量回收系统

7.1 节流损失简述

液压传动系统中的能量损失分为两类，一类是容积损失，一般表现为溢流损失；另一类是压力损失，其中存在于液压系统整体的由于油液管道等容器的摩擦力及液阻等造成的为沿程损失，而存在于局部的由流量通径骤变造成的则为节流损失。当油液由原本的较大通径管道骤然进入小通径管道时，由于前后的体积流量不变、油液密度不变则油液流速增大，由伯努利方程可知小通径管道中的油液压力较大通径中油液压力降低，而该部分表现为压力损失的能量损失即节流损失。

伯努利方程：

$$p + \frac{1}{2}\rho v^2 + \rho g h = 常数 \tag{7-1}$$

式中，p 是流体中某点的压力大小；ρ 是流体密度大小；v 是流体流速大小；g 是重力加速度；h 是该点所在高度。

在阀控液压系统中，一般情况下油液的管道通径较液压阀的流量通径大，因此当油液流经液压阀时便会产生节流损失。由于阀控液压系统的流量调节是通过节流口对液压回路中某节点的流量进行分配而完成的，如进口节流调速通过节流阀对流向执行器及流经溢流阀等回油箱的流量进行分配以达到流量调节作用，因此对于阀控液压系统而言节流损失是不可避免的，且是液压传动系统中能量损失的主要部分。

节流阀工作特性主要包括了流量特性、压力特性和动态响应特性。

流量特性：在产生节流损失的局部管路中，由于不存在第三管道进行分流，故在节流损失产生的过程中不存在体积流量的损失，因此流量不变。

压力特性：节流损失的压力变化大小与通过节流口流量的大小及节流口面积的大小有关，具体见式（7-2）。由式（7-2）可以看出，压力变化值与流量大小的二次方成正比，与节流口面积大小的二次方成反比。

$$\Delta p = 2 \times \left(\frac{q}{CA}\right)^2 \tag{7-2}$$

式中，Δp 是压力变化；C 是流量系数；A 是节流口面积；q 是流量大小。

由式（7-2）可以得出准确控制流量大小的方式为控制节流口前后压差的大小

及节流口面积的大小，而目前主流的节流调速方式为通过定差减压阀固定节流口前后的压差大小，再通过调节节流阀节流口面积大小完成。

动态响应特性：由于压力建立的前提是流量充满油液管道，因此在油液注满管道以前压力补偿器不能正常工作，调速回路所有流量都会流经节流阀，因此使用定差减压阀作为压力补偿器的节流调速系统在系统启动期间存在流量超调问题。

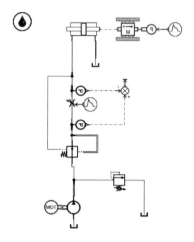

节流损失的大小为经过节流口的流量大小与节流口前后压差的乘积见式（7-3）。

$$W = \Delta pq \qquad (7\text{-}3)$$

式中，W 是节流损失功率大小。

使用调速阀进行进口节流调速系统的模型如图 7-1 所示。对系统模型进行分析，观察节流阀前后的流量大小以验证流量特性，由图 7-2 可知节流口前后的流量一致，与流量特性相符。

图 7-1　使用调速阀进行进口
节流调速系统的模型

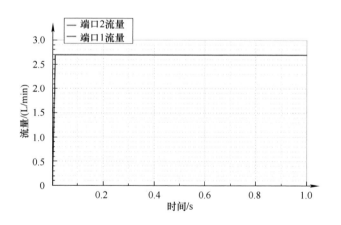

图 7-2　流经节流阀前后的流量变化

对系统模型进行分析，观察节流阀流量的大小与节流口面积的大小及节流口前后压差的大小以验证压力特性，由图 7-3 可知三者关系符合公式。

对系统模型进行分析，观察节流阀流量大小，由图 7-4 知在系统启动时存在流量超调问题。

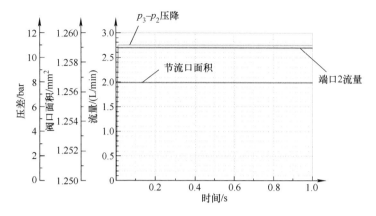

图 7-3　节流阀前后压差、流量及节流口面积曲线

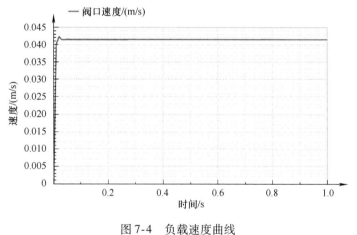

图 7-4　负载速度曲线

7.2　节流损失液压式能量回收系统

7.2.1　液压式能量回收方案

　　由于液压系统能够推动的负载较大，因此一般用于大惯性的执行器。当大惯性的执行器制动时，系统需要将大量的机械能转化为内能进行消耗，因此目前液压传动领域一个重要的研究方向是利用液压泵/马达的四象限特性对执行器的机械能进行回收。

　　目前能量回收主要分为两个方向：①液压式能量回收；②电气式能量回收。以液压式能量回收为例进行说明。液压式能量回收指的是执行器的机械能以液压油压力能的方式存储于液压蓄能器中。

以挖掘机动臂下放过程中的能量回收为例说明液压式能量回收的机理，如图 7-5 所示。当动臂处于下放工况时系统需要将巨额的势能转化为液压能，即此时液压缸 4 需要提供向上的推力。在液压回路中接入液压蓄能器 5，由动臂下放的重力驱动液压缸 4 无杆腔的油液进入液压蓄能器 5，油箱中的油流入液压缸 4 的有杆腔进行补油。液压蓄能器 5 与油箱分别作用于液压缸 4 进出油口，在压差作用下液压缸向负载输出反向推力，使之与负载重力相平衡从而使负载以稳定的速度下放。此时换向阀 1 处于中位，而开关阀 2 处于连通状态，油液向液压蓄能器 5 流入，最终以液压能的形式储存在液压蓄能器 5 中。

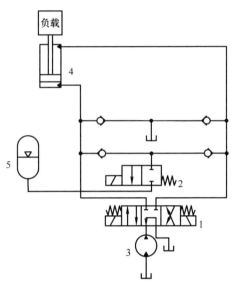

图 7-5　液压式能量回收的液压原理图
1—换向阀　2—开关阀　3—主泵
4—液压缸　5—液压蓄能器

7.2.2　工作特性

以液压蓄能器初始条件为空载进行流量、压力特性分析。在液压蓄能器空载时，液压蓄能器内压力较低，此时面对较高的负载时，液压蓄能器提供给液压缸的压力过小导致负载快速下放。随着负载下放，液压缸中的油液流向液压蓄能器，液压蓄能器的压力提高，液压缸的推力随之上升，负载的下放速度逐渐下放，直至液压蓄能器向液压缸提供的压力与负载力相平衡，此时液压缸保持平衡状态。

液压蓄能器压力 p 与液压蓄能器内气囊体积 V 即液压蓄能器压力与其流量关于时间的积分函数间关系如下（液压蓄能器的充压过程短，可视为绝热过程）：

$$pV^{1.4} = 常数 \tag{7-4}$$

式中，V 为气囊体积。

7.2.3　仿真分析

以图 7-6 为例对液压式能量回收的过程进行仿真分析，在 5s 时换向阀接入上工位，将液压蓄能器接入回路，液压泵断开连接，负载开始下放。图 7-7 ~ 图 7-9 所示为仿真过程中液压蓄能器的特性曲线。

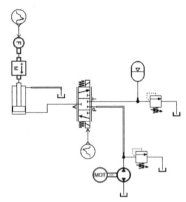

图 7-6　以液压蓄能器进行能量回收的液压原理图

由图 7-7 可知，流入液压蓄能器的流量在减少，与特性分析中由于蓄能器压力升高导致负载下放速度降低，流量减少相符合。

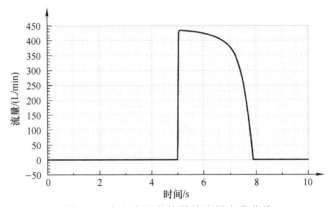

图 7-7　流入液压蓄能器的流量变化曲线

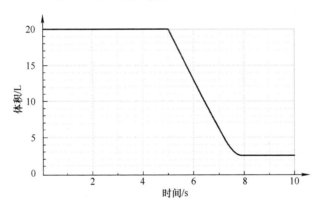

图 7-8　液压蓄能器内气体体积变化曲线

与图 7-7 相似，图 7-8 说明液压蓄能器内的气体体积变化逐渐减缓，当液压蓄能器内的气体压力与负载相匹配时，气体体积不再发生变化，如图 7-9 所示。

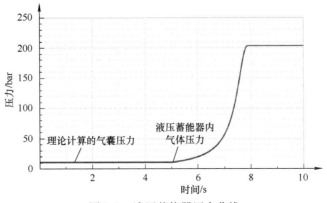

图 7-9　液压蓄能器压力曲线

由式（7-4）变形可知，气体压力是关于气囊体积倒数的1.4次函数，压力变化曲线基本与理论压力变化曲线相重合，与特性分析中流量与压力的关系一致。

7.3 节流损失电气式能量回收系统

7.3.1 电气式回收方案原理

图7-10所示为双联新型流量控制系统液压原理图，是由两组流量控制机构组成的单泵多执行器液压系统。新型流量控制阀主要由比例方向阀、液压泵/马达及电动/发电机组成，电机控制器将压力传感器信号计算转化为电动/发电机转矩信号输入电动/发电机。

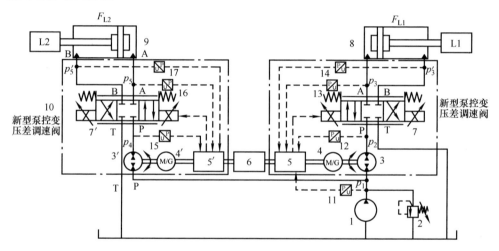

图 7-10　双联新型流量控制系统液压原理图

1—主泵　2—溢流阀　3—液压泵/马达　4—电动/发电机　5—电机控制器　6—动力电池　7—比例方向阀
8、9—单伸出杆双作用执行器　10—新型泵控变压差调速阀（新型流量控制系统）　11—第一压力传感器
12—第二压力传感器　13—第三压力传感器　14—第四压力传感器　15—第五压力传感器
16—第六压力传感器　17—第七压力传感器

在流体介质性质不变的情况下，节流口前后的压差及节流口面积的大小对通过节流口的流量起决定作用。因此对阀控液压系统，要准确控制流量，需要同时控制节流口面积大小及其前后压力差。在传统阀控流量控制系统中，由定差减压阀与可调节流阀组成的调速阀用来实现流量调节功能，其中定差减压阀控制节流阀前后的压差保持稳定，通过调节可调节流阀节流口面积来完成流量控制。在新型流量控制系统中采用液压泵/马达－电动/发电机代替定差减压阀以稳定比例方向阀的前后压差，通过调节比例方向阀的开度来完成流量控制。

如图7-10所示，第一压力传感器采集溢流阀阈值，溢流阀阈值同时为液压泵/

马达进口压力 p_1，第二压力传感器采集液压泵/马达出口压力 p_2，同时为比例方向阀进油口压力；第三压力传感器采集比例方向阀出油口 A 压力 p_3，同时为执行器无杆腔进油口压力；第四压力传感器采集比例方向阀出油口 B 压力 p_3'，同时为执行器有杆腔出油口压力。以执行器伸出工况为例，当新型流量控制系统工作时，执行器有杆腔与油箱连接，压力 p_3' 为 0。无杆腔压力由负载大小决定，即在匀速运行且负载大小一定时 p_3 值稳定。因此利用液压泵/马达 – 电动/发电机调节比例方向阀进油口压力值 p_2，使 p_2 与 p_3 的差 Δp 保持一个能够满足流量控制的值。此时控制比例方向阀开度即可完成对流量的控制。

设定溢流阀压力值为各联负载工作时的平均值，左联负载 F_{L2} 较大，其无杆腔进油口压力值 $p_5 > p_1 - \Delta p$；右联负载 F_{L1} 较小，其无杆腔进油口压力值 $p_3 < p_1 - \Delta p$。负载为 F_{L2} 的执行器回路中新型泵控变压差调速阀的压力补偿器以电动机 – 液压泵的工况运行，电动机输出转矩 T_m，则液压泵出口压力增大 $\Delta p_4 = \dfrac{2\pi T_m}{V_m}$ （$\Delta p_4 = p_4 - p_1$）。通过第五压力传感器及第六压力传感器得到比例方向阀进油口 P 与出油口 A 的实际压差 Δp_5（$\Delta p_5 = p_4 - p_5$）。当 $\Delta p_5 < \Delta p$ 时，电机控制器增大电动机输出转矩 T_m，增大 p_4，同时增大 Δp_5，使 Δp_5 始终保持在 Δp 附近；当 $\Delta p_5 > \Delta p$ 时，电机控制器减小电动机输出转矩 T_m，减少 p_4，同时减小 Δp_5，使 Δp_5 始终保持在 Δp 附近。负载为 F_{L1} 的执行器回路中压力补偿器以发电机 – 液压马达的工况运行，发电机输出电磁阻力矩 T_G，对应液压马达出口压力减少 $\Delta p_1 = \dfrac{2\pi T_G}{V_m}$（$\Delta p_1 = p_1 - p_2$），从而实现了比例方向阀的阀前压力补偿。通过第二压力传感器及第三压力传感器得到比例方向阀进油口 P 与出油口 A 的实际压差 Δp_2（$\Delta p_2 = p_2 - p_3$），比较当前压差 Δp_2 与目标压差 Δp 得到电动/发电机控制信号。当 $\Delta p_2 > \Delta p$ 时，电机控制器调节发电机的转矩增大，从而增大液压马达前后压差 Δp_1，减小 Δp_2，使 Δp_2 维持在目标压差 Δp 附近；当 $\Delta p_2 < \Delta p$ 时，电机控制器调节发电机的转矩减小，从而减小液压马达前后压差 Δp_1，增大 Δp_2，使 Δp_2 维持在目标压差 Δp 附近。而电磁阻力矩所做的功将转化为电能储存在动力电池中。通过上述电动/发电机转矩控制方法可以实现节流口两端变压差的主动控制，加大了节流损失的回收力度。执行器的流量控制方式仍然为节流控制，但压差补偿中节流口压差由节流控制变成了容积控制，回收了多余的节流阀口压差。由于电动机 – 泵的工况有效降低了溢流阈值使各个执行器的节流口前压力可以独立调节，能够有效减少溢流损失及由于多联执行器并联带来的额外节流损失。

7.3.2 新型流量阀的控制特性仿真

图 7-11 所示为使用 AMESim 搭建的新型流量控制系统仿真模型。仿真模型中主泵排量设置为 100mL/r，主泵驱动电动机采取转速模式，转速设置为 2000r/min，

溢流阀阈值设置为15MPa，压力补偿器中电动机采用转矩模式，比例方向阀最大开度为19mm，执行器为单杠双作用液压缸，参照某型7t挖掘机缸径80mm，杆径为50mm，预设定比例方向阀前后压差为5MPa。参照理想状态下负载变化，延长各个工况时长，仿真模型负载设置参数见表7-1。比例方向阀开度信号即为速度信号，见表7-2。

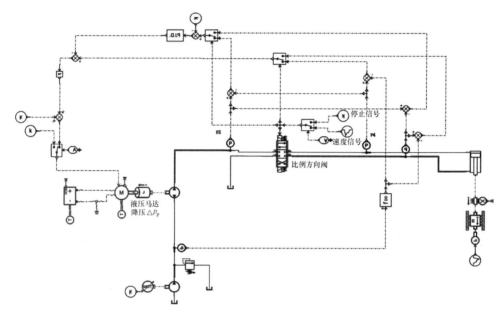

图 7-11　新型流量控制系统仿真模型

表 7-1　仿真模型负载设置参数　　　　　　　　　　（单位：N）

工况	0～10s	10～20s	20～30s	30～40s
工况 1	0～60000	60000	60000～0	0
工况 2	0～120000	120000	120000～0	0
工况 3	0～190000	190000	190000～0	0

表 7-2　比例方向阀开度设置

时间	0～10s	10～20s	20～30s	30～40s
比例方向阀开度	0.3	0.3～0	0	0～0.5

工况1为轻载工况，负载设置为60kN，在0～10s内由0N线性增大至60kN，在10～20s时间段保持负载大小不变，在20～30s内由60kN线性下降至0N，30～40s时间段为空载。电动机的理想输入与输出转矩如图7-12所示。

工况2为中载工况，负载设置为120kN，在0～10s内由0N线性增大至120kN，在10～20s时间段保持负载大小不变，在20～30s内由120kN线性下降至

0N, 30~40s 时间段为空载。电动机的理想输入与输出转矩如图 7-13 所示。

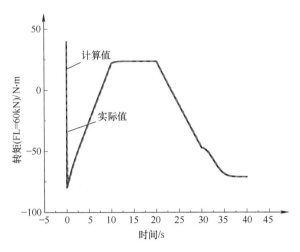

图 7-12 60kN 工况电动机输入、输出转矩曲线

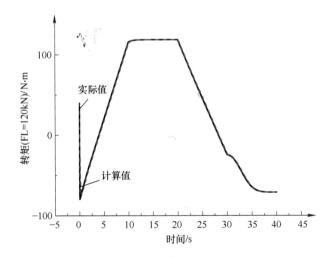

图 7-13 120kN 工况电动机输入、输出转矩曲线

工况 3 为重载工况，负载设置为 190kN，在 0~10s 内由 0N 线性增大至 190kN，在 10~20s 时间段保持负载大小不变，在 20~30s 内由 190kN 线性下降至 0N，30~40s 时间段为空载。电动机的理想输入与输出转矩如图 7-14 所示。

三种工况下通过执行器进油口的流量曲线如图 7-15 所示，比例方向阀进油口 P 与出油口 A 压力差曲线如图 7-16 所示。

由图 7-15 可以看出，各种工况在同一阀口开度信号的控制下，流量始终按照阀口开度大小变化，流量大小与负载大小变化无关。在系统运行约 0.5s 后，流量保持稳定。

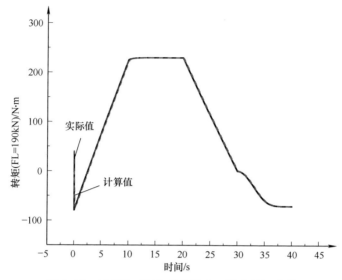

图 7-14　190kN 工况电动机输入、输出转矩曲线

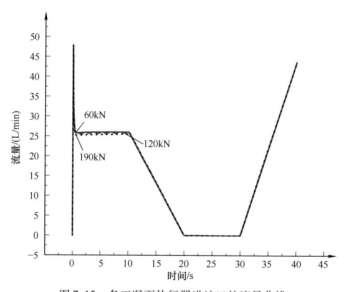

图 7-15　各工况下执行器进油口的流量曲线

由图 7-16 可以看出，比例方向阀前后压差存在一定的变化，当负载在增大的过程中，压差略微下降，且负载变化越快压差越小；在负载减小的过程中，压差略微上扬，且负载变化越快压差越大。但是比例方向阀前后压差在系统运行约 0.5s 后基本保持稳定。

比较各种工况下电机输入与输出转矩信号大小，电动机的输入控制转矩在起动瞬间存在较大超调可知，系统流量及比例方向阀前后压差在系统启动瞬间存在超调的原因为该转矩计算方法下系统的固有特性。

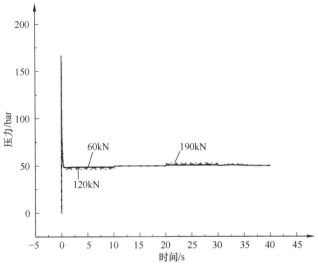

图 7-16 各工况下比例方向阀前后压力差曲线

7.4 案例：新型节流损失回收压差调速试验

为进一步验证新型节流损失回收压差调速控制策略的可行性及效果，搭建某 3t 电动叉车试验平台进行应用研究。先对势能回收单元的效率展开了试验测试分析。随后对传统节流调速、变转速泵控调速、新型节流损失回收定压差调速展示试验对比分析。最后对变压差泵阀复合调速展开试验研究，确定了系统的回收效率与最小压差的切换点。

7.4.1 试验平台搭建

1. 节流损失回收单元的效率测试分析

（1）液压泵/马达效率测试

为了对所提系统效率展开精确分析，需要先对系统关键元件展开效率测试。图 7-17 所示为液压泵/马达效率测试原理图。系统采用对称式内啮合齿轮泵作为液压泵/马达，其内部结构对称，理论上作泵工况与液压马达工况的容积效率和

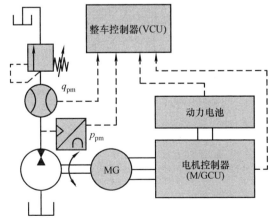

图 7-17 液压泵/马达效率测试原理图

机械效率存在些许不同，但效率随转速及压力的变化趋势却是大致相同的。因此为

了减少不必要的工作量，这里仅对泵工况展开效率测试。测试过程中采用溢流阀模拟负载，采用压力传感器、流量传感器检测泵出口压力及泵出口流量，采用磷酸铁锂动力电池作为能量源，采用整车控制器采集压力、流量、动力电池母线电压、母线电流，并控制电动机转速恒定。

则液压泵/马达的功率 P_{hyd} 可照式（7-5）计算：

$$P_{hyd} = p_{pm}q_{pm} \tag{7-5}$$

式中，p_{pm} 是泵出口压力；q_{pm} 是泵出口流量。

动力电池母线功率 P_{bat} 照式（7-6）计算：

$$P_{bat} = U_{bat}I_{bat} \tag{7-6}$$

式中，U_{bat} 是母线电压；I_{bat} 是母线电流。

液压泵/马达效率 η 则可按照式（7-7）计算：

$$\eta = \frac{\int_0^t P_{hyd}\,dt}{\int_0^t P_{bat}\,dt} \times 100\% \tag{7-7}$$

如图 7-18 所示为液压泵/马达效率测试曲线，可以看出，当负载压力较小（1.4MPa）时，液压泵/马达的总效率随着转速的提高呈现下降趋势；当负载较大（4.5MPa）时，液压泵/马达的总效率则随转速的提升呈先增大后趋于稳定，再减小的趋势。

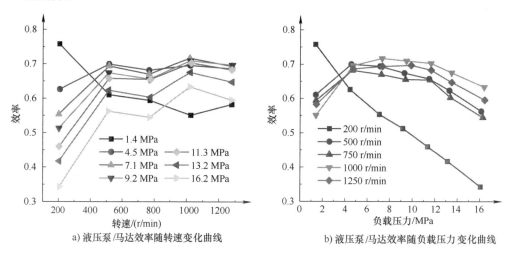

a) 液压泵/马达效率随转速变化曲线   b) 液压泵/马达效率随负载压力变化曲线

图 7-18　液压泵/马达效率测试曲线

这是由于在负载压力较小时，液压泵/马达的总体泄漏量较少，因此转速的提升尽管能够提高液压泵/马达的容积效率，但影响程度不及机械效率变化来的大。而随着转速的提升，流量将增大，随之油液的黏性摩擦也将增大，从而降低了液压泵/马达的机械效率，因此此时液压泵/马达总效率随着转速的提升而减小。随着负载压力的增大，液压泵/马达的泄漏量增大，容积效率变化带来的影响逐渐大于机械效率。随着液压泵/马达转速的提升，其容积效率逐渐增大。且在低转速时，内齿圈、主齿轮及月牙隔板之间的油膜尚未形成，三者之间的摩擦阻力较大，因而导致整体效率偏低。随着转速的提升，油膜逐渐形成，其摩擦系数逐渐减小到稳定值，随着转速的继续提升，流量继续增大，油液的黏性摩擦逐渐占据主导，由此导致液压泵/马达的总效率呈现先增大，后稳定，再减小的趋势。

由图 7-18b 可知，当转速较慢（200r/min）时，液压泵/马达的总效率随着负载的增大而减小；当转速较快时（500r/min），液压泵/马达的效率随着负载的增大呈先增大后减小的抛物线趋势。

这是由于液压泵/马达的容积效率随着负载压力的增大而显著减小，而机械效率却随着负载压力的增大而略微增大，二者对液压泵/马达总效率的影响程度与液压泵/马达的转速有关。在低转速区间，机械效率占据主导，而在高转速区间，容积效率则占据主导。

（2）永磁同步电动机及控制器效率分析

电动机驱动器对系统的回收效率影响较小，因此为了便于测试分析，将此部分损耗并归于电动机损耗中。

永磁同步电动机无须外部励磁，转子磁场依靠永磁体产生，不同于异步电动机中转子定子间存在转差率，因此转速同步性较高。同等体积下输出功率更高、运行效率高、过载能力较强、可靠性高。图 7-19 所示为永磁同步电动机的效率 MAP 图，其

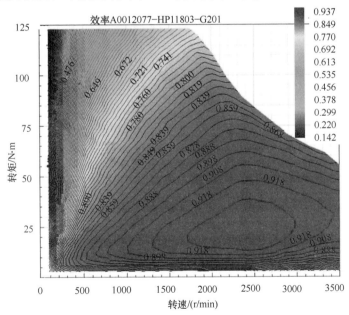

图 7-19　永磁同步电动机效率 MAP 图

效率随转矩和转速的变化而变化。最高效率可达93.7%，额定工作区间内电动机效率基本在90%以上。即便是低速重载（500r/min、70N·m）效率仍然可达70%。

当永磁同步电动机用作发电机时，外部负载带动转子转动，定子产生励磁磁场并最终产生电流，由于定子在励磁时有额外的能耗，因此，当外部负载过小时，发电机本身励磁耗能将大于发电机回收到的能量，此时发电机对外表现为耗能。

2. 试验平台硬件搭建

为了进一步研究电动/发电–液压泵/马达阀口压差控制的电动叉车举升驱动与回收一体化系统实际操控性与节能性，设计如图7-20所示的试验平台原理图。

根据如图7-20所示试验平台原理图，并基于已有的某型号3t电动叉车进行试验平台的搭建，其系统结构如图7-21所示。

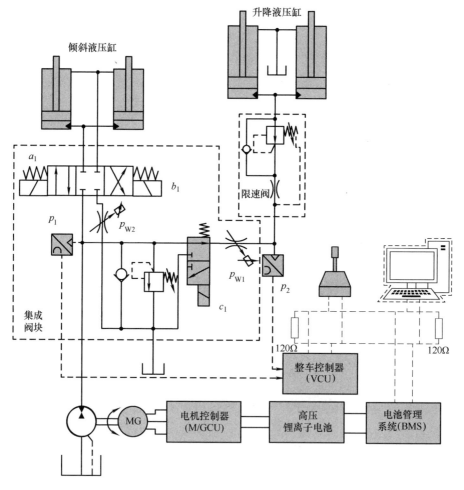

图7-20　试验平台原理图

在本试验平台中，磷酸铁锂电池包与电池管理系统（BMS）集成为一体，负

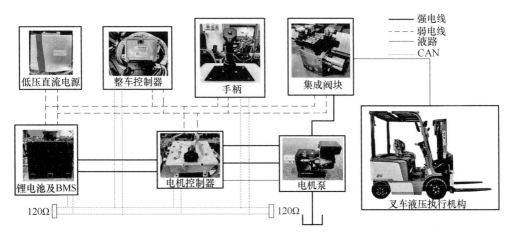

图 7-21　3t 试验平台系统结构图

责向系统提供高压电源及各种状态监测、故障诊断及保护等；低压直流电源负责向系统中的元件提供 24V 低压电源；电机控制器负责驱动电动机 – 泵向系统供油；整车通信系统依靠 CAN 总线通信协议，在整机控制器的控制下实现各个元件间的协同运行及系统参数的采集。

试验采用标准砝码进行加载，0.5t、1t、2t 标准砝码各一个，从而实现阶梯式的加载测试，如图 7-22 所示。

图 7-22　标准砝码实物图

7.4.2　不同调速方法的对比试验

由图 7-20 试验平台原理图可知，当平台电动机转速为定值时，手柄信号直接控制节流阀开度，便可实现模拟传统节流调速；当节流阀信号为给定的开关量时，手柄开度直接控制电动机转速便可实现变转速泵控调速；手柄开度关联着节流阀的开度，将采集的节流阀前后压力值做差进行负反馈，并与目标压力值进行比较，形成闭环系统控制电动机转矩，从而实现新型节流损失回收的压差调速，其 PI 控制器参数通过试凑法进行确定。

（1）阶跃信号响应对比

在 1t 负载下，分别运行传统阀控节流调速、变转速泵控调速及新型节流损失回收压差调速控制程序，控制传统阀控节流调速、变转速泵控调速电机为

1000r/min，调整新型节流损失回收压差调速中节流阀的目标压差使液压缸速度与另外二者接近，阶跃信号下三者液压缸速度响应如图7-23。

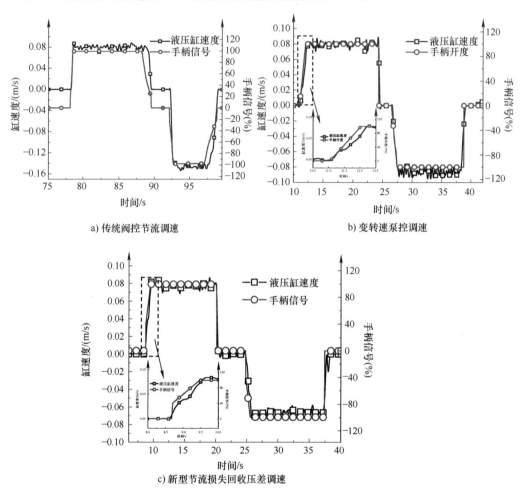

a) 传统阀控节流调速

b) 变转速泵控调速

c) 新型节流损失回收压差调速

图7-23　阶跃信号下液压缸速度曲线

在阶跃信号下，三者液压缸速度均能够较快响应。当举升时，三者的最终速度均在0.08m/s左右，稳态过程中，传统阀控节流调速液压缸速度波动较小，速度波动误差±0.005m/s，而变转速泵控调速误差为±0.007m/s，新型节流损失回收压差调速误差为±0.006m/s。当下降时，由于传统阀控节流调速阀口全开，且直接回油箱，因此其速度较大，约0.15m/s。另外从图7-23中可以看出，下降时由于变转速泵控调速节流阀阀口全开，此时其系统阻尼较小，因此速度波动要大一些。具体差异见表7-3。

由表7-3可知，从系统操控性能来看，传统阀控节流调速最优，新型节流损失回收压差调速次之，变转速泵控调速则要稍微差些。

表 7-3　不同调速方法下操控性对照表

工况	对比项	传统阀控节流调速	变转速泵控调速	新型节流损失回收压差调速
上升	速度/(m/s)	0.08	0.08	0.08
	速度波动误差/(m/s)	±0.005	±0.007	±0.006
	误差占比(%)	6.25	8.75	7.5
下降	速度/(m/s)	0.15	0.086	0.064
	速度波动误差/(m/s)	±0.005	±0.008	±0.004
	误差占比(%)	3.33	9.3	6.25

图 7-24 为三种调速方法下系统的能耗曲线。由于传统阀控节流调速存在安全溢流，故而最终能耗明显高于另外二者。三者在举升阶段效率分别为 39.54%、

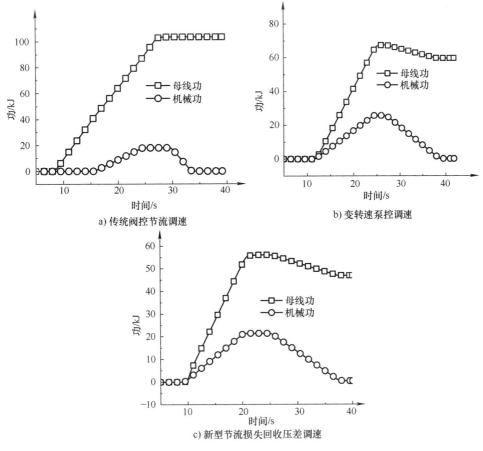

a) 传统阀控节流调速

b) 变转速泵控调速

c) 新型节流损失回收压差调速

图 7-24　系统能耗曲线

38.17%、39.48%，比较接近。而下降的能量回收阶段，变转速泵控回收效率为30.39%，新型节流损失回收压差调速回收效率43.72%。从节能性进行考虑，则新型节流损失回收压差调速最优，变转速泵控调速次之，传统阀控节流调速节能性最差。

（2）斜坡信号响应对比

如图7-25所示，在0.5t负载下，分别采用三种调速方式进行斜坡响应试验，液压缸速度均约0.08m/s。如图7-25a所示，传统阀控节流调速存在较大死区，且在6.7s时，液压缸速度已基本达到最大，此后即使手柄开度继续增大，也无法调节液压缸速度。这是因为节流阀前后压差没有得到补偿，溢流阀已经完全关闭，泵出口流量全部进入液压缸，因此节流阀通流面积进一步增大，只会减小节流阀前后压差，导致传统节流阀控调速区间较窄。如图7-25b所示，变转速泵控调速虽然节流阀压差也在变化，但是由于泵转速直接与液压缸速度关联，因此调速性能最佳，线性度最高。如图7-25c所示，在新型节流损失回收压差调速下，节流阀前后压差稳定在设定值，误差在0.1MPa，压力波动为三者中最大的。随着手柄开度的增大，

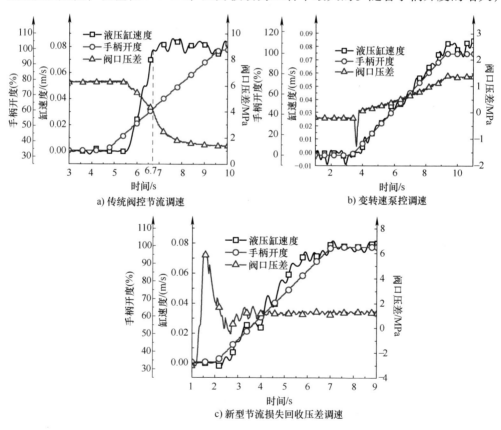

a) 传统阀控节流调速

b) 变转速泵控调速

c) 新型节流损失回收压差调速

图7-25 斜坡信号下液压缸速度曲线

其调速线性度有所下降，调速性能介于传统阀控节流调速与变转速泵控调速之间。

综上所述，传统阀控节流调速响应速度最快，但节流阀压差未能有效控制，因而控制精度较低，节流损失越大，节能性较差。变转速泵控调速线性度最佳，但响应速度与速度波动方面为三者中最差的。新型节流损失回收压差调速则介于上述二者之间，综合了传统阀控调速响应快与变转速泵控调速精度高的优点，综合表现最好。

7.4.3 基于操控与高效回收平衡的变压差泵阀复合调速控制策略试验

1. 系统操控性试验

（1）不同目标压差分析

调整目标压差大小分别为 0.1MPa、0.2MPa、0.3MPa、0.4MPa、0.6MPa、0.8MPa、1.0MPa、1.2MPa、1.4MPa、1.6MPa，在1t 负载下，给节流阀斜坡信号，阀口目标压差与实际压差曲线及液压缸速度曲线如图 7-26 所示。

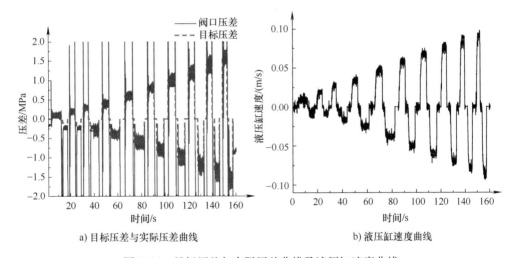

a) 目标压差与实际压差曲线　　　　b) 液压缸速度曲线

图 7-26　目标压差与实际压差曲线及液压缸速度曲线

从图 7-26 中可以看出：①随着目标压差的增大，液压缸速度逐渐增大；②随着目标压差的增大，举升时的实际阀口压差波动也越发剧烈；③当目标压差较小时，下降时实际压差无法稳定在目标压差范围内；④下降时压力波动剧烈程度与目标压差的增减关系并不明显。

以目标压差为 0.1MPa、0.8MPa、1.6MPa 部分液压缸速度曲线为例，如图 7-27 所示，当目标压差过小（0.1MPa）时，液压缸速度波动较大，达 ±0.01m/s，而 0.8MPa 与 1.6MPa 速度波动则为 ±0.005m/s。这是由于当目标压差设定值过小时，只要流量存在一点小波动，就会使节流阀前后压差存在波动从而无法稳定在目标压差设定值，由此导致电动机转速难以稳定，最终加剧系统的流量波动，形成负反馈，因此目标压差设定值不能过小，由图 7-27b 可知，最小目标压差不能低于 0.8MPa 时系统具有较好的操控性能。

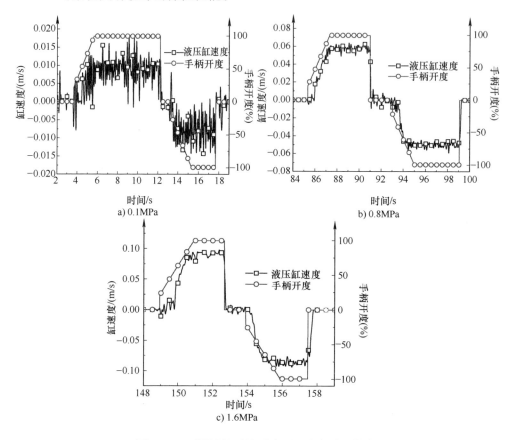

图 7-27　不同目标压差下液压缸速度对比曲线

（2）不同阀口开度分析

保持目标压差相同，均为 0.8MPa，分别阶跃给定节流阀 50%、100% 电信号。图 7-28 所示为不同节流阀开度下的液压缸速度曲线。给定阶跃信号后，二者速度响应上皆存在延迟，开度为 50% 的上升时间约为 1s，速度波动为 ±0.005m/s，而开度为 100% 的上升时间约为 0.6s，速度波动也为 ±0.005m/s。

图 7-29 所示为节流阀前后压差曲线，可以看出，当阀口开度较小时，压差波动较大，最高达 0.6MPa，而当阀口开度较大时则压差存在约 0.4MPa 的超调量。另外，当液压缸运动状态由上升向静止转变时，节流阀压差剧变，这是由于此时比例节流阀迅速关闭，使液压缸锁止，而电动机在停机信号下逐渐停止工作，因此在这个阶段，电动机尚未完全停机，从而导致泵出口压力迅速上升，直到电动机完全停机，不再对外输出转矩，因此泵出口压力将会逐渐降低直至为零。反应在节流阀压差曲线上则呈现出压差迅速增大，又迅速减小变为负值的现象。

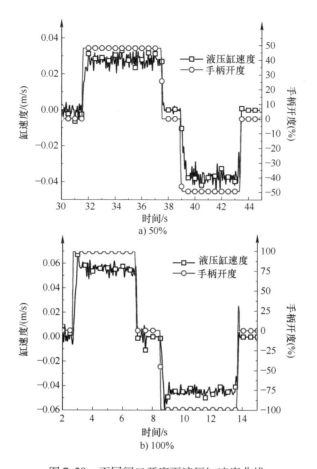

图 7-28　不同阀口开度下液压缸速度曲线

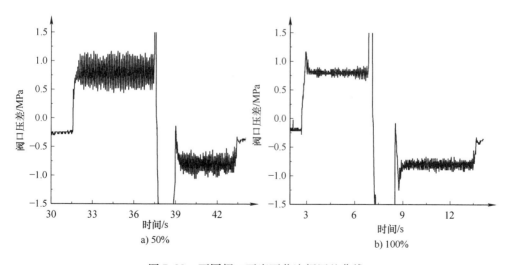

图 7-29　不同阀口开度下节流阀压差曲线

综上，为了获得更好的操控性能，减小系统速度波动，目标压差不能设置得过低，试验表明压差最小值应大于 0.6MPa；且当节流阀开度较小时，系统速度波动较为明显、剧烈，故增大节流阀开度有利于减小上述现象，增强系统稳定性。

2. 系统节能性试验

节能性试验主要分为两部分进行：①举升时系统的总效率；②下降时系统的能量回收效率。其中：动力电池母线功率 P_{bat} 计算可照式（7-6）进行，则动力电池所消耗（回收）能量 E_{bat} 为

$$E_{bat} = \int_0^t P_{bat} dt = \int_0^t U_{bat} I_{bat} dt \tag{7-8}$$

而负载所消耗（释放）势能 E_{weight} 为

$$E_{weight} = M_{weight} g \Delta h \tag{7-9}$$

式中，Δh 是负载实际位移高度，M_{weight} 是负载质量。

则举升时总效率 η_o 为

$$\eta_o = \frac{E_{weight}}{E_{bat}} \tag{7-10}$$

下降时回收总效率 η_i 为

$$\eta_i = \frac{E_{bat}}{E_{weight}} \tag{7-11}$$

试验过程中分别改变负载质量与目标压差，节流阀给定阶跃信号。由系统控制原理可知，此时只要目标压差相同则液压缸速度相同。

（1）举升阶段系统效率分析

表 7-4 所示为系统在举升阶段的总效率测试数据。

表 7-4 系统在举升阶段的总效率测试数据

负载质量/t	压差/MPa			
	0.6	0.8	1.0	1.2
0	25.22	22.45	19.91	17.91
0.5	41.23	35.58	36.02	33.45
1.0	46.89	45.56	43.79	41.86
1.5	49.06	49.29	48.23	46.02
2.0	47.01	49.96	47.01	44.63
2.5	43.36	44.63	45.36	44.24
3.0	37.71	43.47	43.41	42.95

可见当负载质量在 0～1.0t 区间内，阀口压差为 0.6MPa 时，系统举升效率较高，随着目标压差的增大，举升效率逐渐降低。这是由于：①当负载不变时，目标压差增大会导致泵压力增大，使泵泄漏量增大；②目标压差的增大又意味着转速加

快，增大泵的泄漏量；③目标压差增大导致系统节流损失增大；三者综合影响，从而导致系统效率降低。

当负载质量在 1.5~2.5t 区间内，泵转速随着目标压差增大而加快，而中等负载时（4~16MPa）时，该泵的效率随着转速的加快而变大；尽管与此同时，节流阀节流损失也在变大，但综合影响下，目标压差为 0.8MPa 时系统举升效率要高于目标压差为 0.6MPa 时的系统举升效率。同理，当负载质量为 2.5t 时，目标压差为 1.0MPa 时系统举升效率要高于目标压差为 0.8MPa 时的系统举升效率。

当负载质量大于 2.5t 时，泵容积效率占主导，使举升效率随着目标压差的增大而减小。

图 7-30 所示为系统举升阶段效率随泵压力及泵转速变化曲线。可以看出当泵压力低于 8MPa 时，目标压差越低，系统效率越高；当泵压力大于 8MPa 时，目标压差在 0.8MPa 时系统效率较高；当负载大于 1t 时，系统效率随转速变化趋于缓和，虽略有降低但整体效率较高。

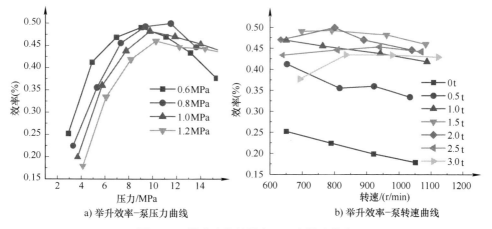

a) 举升效率-泵压力曲线　　　b) 举升效率-泵转速曲线

图 7-30　举升阶段总效率-压力转速曲线

（2）下降阶段系统能量回收效率分析

表 7-5 所示为下降阶段系统能量回收总效率。

表 7-5　下降阶段系统能量回收总效率　　　　　　（单位:%）

负载质量/t	压差/MPa			
	0.6	0.8	1.0	1.2
0	0.00	0.00	-19.63	-131.61
0.5	0.00	0.00	1.69	1.09
1.0	12.44	39.64	40.77	37.68
1.5	38.56	44.13	46.12	45.26
2.0	42.73	50.11	52.12	52.27
2.5	37.00	46.18	50.37	51.10
3.0	31.78	42.68	46.80	48.31

与举升阶段不同，在下降时，若负载质量较小（0～0.5t），此时增大阀口目标压差，不仅回收不了势能，相反地，还会出现反耗能的情况，因此，负载质量过小时，应切换模式，放弃势能回收，转而采取传统的节流调速下降。

当负载质量增大处于0.5～1.5t，目标压差为1.0MPa时，回收效率最高。在此区间内，减小目标压差将导致泵转速降低，使泵效率下降；而增大目标压差又会使液压马达入口腔压力降低，从而导致液压马达的机械效率降低。

而当负载质量大于1.5t时，较大的阀口目标压差能够减小液压马达的入口腔压力，这虽然降低了液压泵/马达的机械效率，却有利于提高液压马达的容积效率，且由于此时转速较高，因此容积效率对液压马达效率影响较大，故此时目标压差为1.2MPa时回收效率较高。

图7-31所示为系统在下降阶段回收效率随液压马达压力及液压马达转速变化曲线。

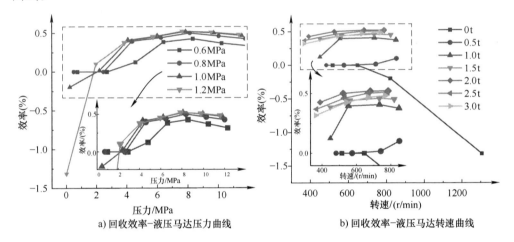

a) 回收效率-液压马达压力曲线　　　b) 回收效率-液压马达转速曲线

图7-31　下降阶段能量回收效率 – 液压马达压力、转速曲线

可以看出，当液压马达入口腔压力大于2MPa时，系统回收效率有明显提升。当液压马达入口腔压力大于8MPa时，回收效率开始有所降低，但整体保持较高效率。当负载质量小于1t时，能量回收效率较低，其中空载时，系统效率随液压马达转速的增大而快速减小。当负载质量大于1t时，系统能量回收效率随液压马达转速的增大呈现先增大后减小的趋势，但整体效率较高。

对比图7-18、图7-30和图7-31可以看出，不论是举升阶段的系统效率，抑或是下降阶段的能量回收效率，均与泵自身效率曲线高度吻合，可见限制本系统效率的最大因素便是所选用的液压泵/马达，而试验表明通过确定合理的节流阀目标压差能够在负载质量固定不变的情况下改变液压泵/马达的工作压力，以此来提高系统的整体效率。

基于现有数据，结合系统操控性、节能性需求，制定最小压差 $\Delta p_{\min}$ 切换表（见表 7-6）。

表 7-6　最小压差切换规则

阶段	负载区间/t	最小压差 $\Delta p_{\min}$/MPa
举升阶段	0 ~ 1.0	0.6
	1.0 ~ 3.0	0.8
下降阶段	0 ~ 0.5	0.6
	0.5 ~ 1.5	1.0
	1.5 ~ 3.0	1.2

举升阶段，当负载质量小于 1.0t 时最小压差 $\Delta p_{\min}$ 取 0.6MPa，否则最小压差 $\Delta p_{\min}$ 取 0.8MPa。下降阶段，当负载质量小于 0.5t 时，最小压差 $\Delta p_{\min}$ 取 0.6MPa；当负载质量处于 0.5 ~ 1.5t 之间时，最小压差 $\Delta p_{\min}$ 取 1.0MPa；当负载质量大于 1.5t 时，最小压差 $\Delta p_{\min}$ 则取 1.2MPa。

（3）基于变压差泵阀复合调速控制策略的试验研究

基于表 7-6 所制定最小压差切换规则，修改系统控制程序，分别给定 0.1m/s 目标速度阶跃信号，在负载为 1t 的条件下得到如图 7-32 所示的液压缸速度与位移曲线。

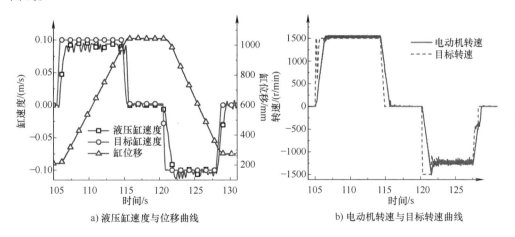

a) 液压缸速度与位移曲线　　　　　　b) 电动机转速与目标转速曲线

图 7-32　液压缸速度与位移曲线及电动机转速与目标转速曲线

如图 7-32a 所示，在举升阶段，液压缸速度逐渐增大，比较平稳，无超调现象，最终在 0.09m/s 左右波动，始终无法达到目标速度 0.1m/s，由图 7-32b 电动机转速曲线可知，此时电动机转速为 1500r/min。由于试验平台所采用液压泵/马达使用时间较长，故其容积效率在高转速期间偏低，从而导致液压缸实际速度与目标速度不匹配。而在下降阶段，液压缸速度在 -0.1m/s 左右波动，最大速度为 -0.11m/s。从图 7-32 中可以明显发现液压缸速度存在较大延迟，举升与下降均为1.20s，这是由于电机控制器内部上升时间控制较为保守的缘故，而电动机目标速度与实际速度之间也存在1s响应延迟，故系统实际阶跃响应应为20ms。

保持负载为1.0t，缓慢给定目标速度信号，则得到如图7-33、图7-34试验曲线。

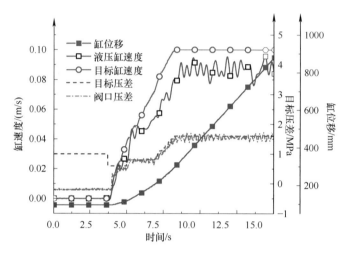

图7-33　变压差泵阀复合调速斜坡举升

由图7-33可知，3.7s时，系统收到手柄发出的目标速度信号，系统开始运行，由于负载尚未完全离开地面，此时系统压力尚未达到设定切换点，因此系统最小压差设定为0.6MPa。4.9s时，负载完全离地，最小压差跃迁至0.8MPa，随后保持不变。5.8s时，液压缸速度与目标速度不再重合，但趋势一致，这是液压泵/马达容积效率降低的缘故。7.0s时，节流阀已经完全打开，之后的速度增大则通过增大目标压差进行匹配。8.3s时，目标速度达到最大，节流阀阀口压差稳定在1.6MPa左右，误差为±0.15MPa，液压缸实际速度为0.09m/s，误差为±0.005m/s。

由图7-34可知，28.3s时，手柄发出下降信号，目标压差稳定在－1.0MPa，直到第35.6s，此时节流阀开度达到最大，需要通过增大压差来进一步匹配目标速度需求，因此后续压差逐渐增大直至第39.8s，最终节流阀压差稳定在2.19MPa，误差为±0.22MPa，液压缸速度为0.098m/s，误差为±0.008m/s，误差占比8.16%。

如图7-35所示为新型节流损失回收压差调速在一个实际工况中的能耗曲线，负载质量为1t，负载举升高度约为1.5m。系统举升时效率为42%，下降时能量回收效率为51%。

由叉车标准测试工况可知，1t负载，8h工作制下，举升系统能耗约为5.23kW·h，则在变压差泵阀复合调速下，举升实际能耗约为12.45kW·h，下降约可回收2.67kW·h，则动力电池实际耗能约9.78kW·h，新系统节能率为21.5%，同工况下一天至少可增加约 1.7h 续航时间。

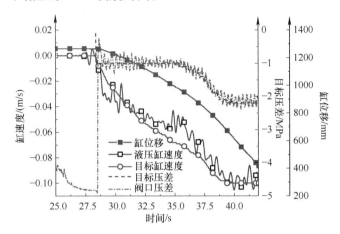

图 7-34 变压差泵阀复合调速斜坡下降

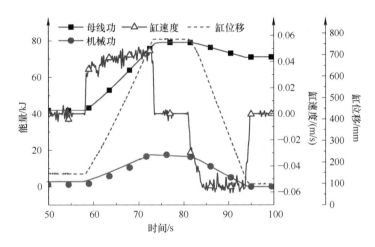

图 7-35 变压差泵阀复合调速系统能耗曲线

综上所述，新型节流损失回收压差调速能够实现调速功能，且性能良好。在变压差控制策略下，液压缸速度基本上能够跟随目标速度需求，系统稳定性良好，与定压差调速相比，速度波动误差稍有降低，但拓宽了调速范围，节能性也有所提高。

第8章 能量回收技术的关键技术与发展趋势

8.1 能量回收关键技术

8.1.1 高效且具有良好操作性的机械臂势能快速回收技术

目前，常规的机械臂势能回收方案主要包括电气式和液压式，机械式回收基本不适合工程机械。下面按电气式和液压式两种机械臂势能回收技术阐述。

1. 电气式能量回收方案

目前工程机械的机械臂势能电气式回收方案尚未有与平衡液压缸结合在一起的能量回收方案。在无平衡单元的电气式势能回收系统中，主要在驱动液压缸的无杆腔通过液压马达－发电机组成的电气式能量转换单元将机械臂势能转化成电能实现，而机械臂下放的速度通过容积调速或容积节流复合调速控制，相对传统的阀控系统相比，控制参数均发生了变化。目前的操控性已经得到了较好的解决，但不能完全和传统的节流调速相媲美。

此外，目前在回收效率方面仍存在一定的问题。首先，液压挖掘机的动臂可回收工况波动剧烈，能量回收系统中发电机的发电力矩和转速也随之在大范围内剧烈波动，因此如何在这么短的时间内提高电气式回收单元的能量回收效率是一个瓶颈。其次，在工程机械上的机械臂势能回收和再利用不是同一条途径，而工程机械自身又是液压驱动型，所有的机械臂势能都经过从势能－驱动液压缸－液压控制阀－液压马达－发电机－电储能单元－电动机－液压泵－液压控制阀－驱动液压缸等多次能量转化，系统中能量转换环节较多，影响了系统的能量回收和释放的整体效率。就目前的技术而言，机械臂势能电气式回收系统的能量回收效率大约只有50%，如果再考虑电气式释放效率，能量回收和释放的整体效率将会更低。因此如何提高能量回收和释放效率是电气式能量回收系统的关键技术之一。

2. 液压式能量回收系统

机械臂势能液压式回收系统分成无平衡液压缸和有平衡液压缸两种，下面分别阐述。

（1）无平衡液压缸的液压式能量回收

在无平衡液压缸的液压式能量回收中，液压蓄能器一般通过控制阀块直接与机械臂驱动液压缸的无杆腔连接，机械臂势能回收过程中液压蓄能器压力逐渐升高进而影响机械臂下放的速度。这种方案原理较为简单，但目前在节能性和操控性上均不理想。

1）难以解决液压蓄能器压力波动对执行器操控性的影响。在机械臂下放时，液压蓄能器压力逐渐升高，在相同的先导手柄信号下，机械臂的速度会逐渐变慢，影响了驾驶员的操作习惯；目前，大部分学者主要通过对液压蓄能器的静态参数进行优化设计来保证执行器实现某一位置下放到目标位置。该方案实际上并不适用于下放位置和下放速度均动态变化的液压挖掘机。对于液压挖掘机的驾驶员来说，下放速度要和操作手柄的行程成一比例关系，而不能随液压蓄能器的压力变化而变化。而下放的位置也随现场变化而变化，并没有相对固定的位置，因此液压蓄能器气囊的体积变化量不能确定，必然导致液压蓄能器额定体积也难以确定。

2）在机械臂势能回收过程中，液压蓄能器的压力并非恒定，导致控制阀的前后压差并不是调节流量所需要的最低压差，因此仍然有部分机械臂势能转换成节流损失，尤其是在机械臂开始下放时，液压蓄能器的压力较低，节流阀口的前后压差较大，影响了回收效率。

3）由于驱动和再生的压力等级不同，难以直接把液压蓄能器回收的势能直接释放出来驱动机械臂液压缸，不能实现驱动和再生一体化，降低了节能效果。

（2）有平衡液压缸的液压式能量回收

在有平衡液压缸的液压式能量回收系统中，目前的系统中驱动液压缸仍然和主控阀的两个工作油口相连，而平衡液压缸的有杆腔始终和油箱相连，无杆腔和液压蓄能器相连，平衡液压缸的两腔并没有交替和液压蓄能器或者油箱相连。机械臂势能回收流程为机械臂势能 – 平衡液压缸的无杆腔，通过控制驱动液压缸来保证机械臂速度。当机械臂下放时，液压蓄能器压力虽然会逐渐升高，但只会导致驱动液压缸的无杆腔压力逐渐降低，机械臂下放的速度仍然可以和驱动液压缸无杆腔相连的调速阀来保证；但该系统目前也存在以下不足：

1）与叉车、起重机等不同，液压挖掘机的工作模式较为复杂，液压挖掘机的机械臂液压缸需要双向输出力，即机械臂在实际下放时，机械臂无杆腔压力大于有杆腔压力，而在机械臂挖掘时，机械臂无杆腔压力小于有杆腔压力，此时如果平衡液压缸无杆腔仍然直接和液压蓄能器相连，反而会减少挖掘力。

2）平衡单元的平衡能力和机械臂重力的动态匹配问题。液压蓄能器压力在机械臂下放过程中压力为一个被动升高的过程，进而会影响平衡液压缸的平衡能力。平衡能力的大小会导致机械臂势能在驱动液压缸和平衡液压缸的分配比也发生变化，必然导致机械臂势能难以大部分转化成平衡液压缸无杆腔的液压能再通过液压蓄能器回收，仍然存在部分机械臂势能转换成驱动液压缸的无杆腔液压能消耗在主控阀的阀口上。

8.1.2 具有大惯性、变转动惯量和高频负载特性的转台制动动能回收技术

挖掘机回转系统的工况特点如下：

1）回转体惯量大且随转台姿态和铲斗物料量不同而存在较大波动。挖掘机用于斜坡作业和吊装重物时，强调回转速度的平稳性及与操作信号的一致性，并不是快速性和控制精度。挖掘机转台除了惯量大的特点外，还是一个变惯量系统，因为挖掘机作业装置姿势和铲斗内物料量的不同会使转台惯量发生变化。斜坡作业时，转台重力在斜坡的分量会对回转系统产生较大的干扰力矩。在斜坡作业和吊装重物时，这些因素会影响操作感，在相同的操作信号下，由于转动惯量不同会有不同的加减速感。在斜坡作业时，斜坡向上回转转速变慢，而在斜坡向下时又会使回转加速太快，有可能造成危险；还有吊装作业时，即使在平地上操作，当操作手柄被大幅度操作或快速操作时，驱动力矩会急剧上升而使转台较快加速，易造成较大的冲击而使所吊重物左右晃动，因而对这种工况的控制应该减弱或消除转动惯量和外部干扰对转台转速的影响。

2）回转控制要求随工况不同而变化。在装载作业时，要求启、制动响应快，加速段、匀速段和制动段过渡平稳；在吊装等精细作业时，要求回转速度慢，启、制动过程速度变化平缓；在侧壁掘削修整作业时，要求能通过操作手柄控制铲斗与侧边之间的回转力。

常规的转台回转制动能量回收方案主要是电气式和液压式回收方案。蓄电池不能瞬间储存大功率的可回收能量，采用超级电容可以满足瞬时功率的要求，因此电动机代替液压马达直接驱动转台必须结合超级电容才能满足转台在加速和制动过程中对瞬时功率的要求，但是该方案在侧壁掘削修正作业时，电动机的转速较低甚至近似为零，而输出转矩较大，电动机工作在近零转速大转矩工况，虽然电动机的输出功率近似为零，但仍然消耗了大量的能量，而采用液压马达 + 液压蓄能器的方案则能很好地解决转台的近零转速大转矩工况，且成本远低于超级电容；但采用液压蓄能器回收同样也存在不足：由于液压系统自身为一个强的非线性系统，难以通过液压蓄能器 – 液压泵/马达精确控制转台的速度，在转台制动和启动瞬间存在较大的冲击。

因此，结合电驱动方案和液压驱动方案的优势提出一种既可以保证转台的加速和制动过程的瞬时功率，又可保证转台转速的良好可控性，同时还能解决转台近零转速的能量损失问题且经济性较好是转台驱动的关键技术。

8.1.3 非对称执行器的流量补偿技术

执行器主要包括了液压马达和液压缸。由于安装空间和输出力限制，80%以上的电液控制系统采用非对称液压缸作为执行器，但非对称缸两个运动方向的流量不相等，成为直接泵控技术必须解决的首要问题。在具有负值负载的机械臂驱动和回收一体化系统，采用泵控非对称缸原理的系统构型也是一种重要的节能电液构型。其关键难点之一是非对称缸流量不对称问题。目前主要采用单泵 + 液控单向阀、双泵和三通泵等方案（见图 8-1），但系统结构复杂，可靠性低。

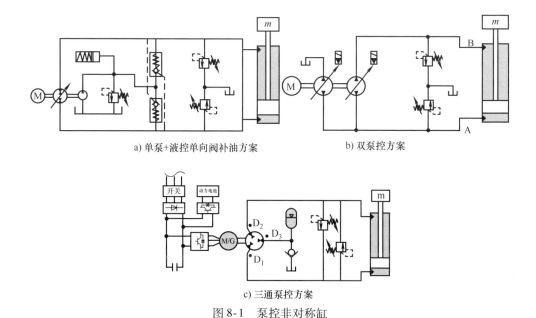

a) 单泵+液控单向阀补油方案　　　　b) 双泵控方案

c) 三通泵控方案

图 8-1　泵控非对称缸

中国矿业大学赵继云教授团队提出了一种由三腔室平衡缸和液压蓄能器为主要构成、并兼有模式切换及补油等功能的气液平衡势能回收单元，用于工程机械液压系统势能回收，如图 8-2 所示。在执行器下放负载的过程中，负载的势能通过蓄能腔转换为液压能储存在液压蓄能器中，并且液压蓄能器此时可提供一定的背压；而在提升负载的过程中，液压蓄能器储存的能量可以通过蓄能腔反向直接释放，从而辅助原系统共同驱动负载。由于蓄能腔的液压力能够平衡大部分负载，从而使原系统只需提供一个较小的驱动功率，就降低了系统的能耗。太原理工大学权龙教授也

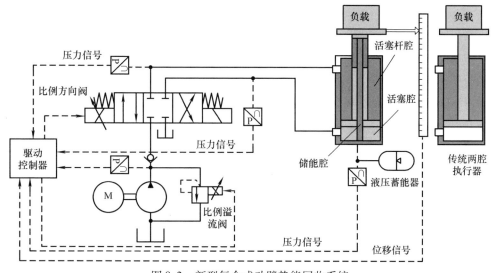

图 8-2　新型复合式动臂势能回收系统

做了类似的研究，提出一种三腔液压缸与液压蓄能器配合使用对机械臂势能进行回收与再利用的系统。该系统的可回收能量受制于液压蓄能器的容量，亦不适应于长时间和大量的势能回收。

8.1.4　势能回收系统效率优化的结构参数匹配

能量回收系统效率优化的结构参数匹配和优化是在满足工程机械正常工作的前提下，优化回收系统的结构，合理选择回收系统各元件的参数，使之与工况相适应，工作时能够达到最佳的工作状态，以提高回收系统效率。以四象限泵能量回收系统为例，系统中各关键元件如四象限泵、液压蓄能器等耦合成一体，存在一个与关键元件自身效率最佳的结构参数不同的全局最优结构参数，此外，由于各关键元件的结构参数之间相互耦合，且和系统整体效率呈非线性关系，难以对各关键元件的结构参数和系统整体效率的关系进行定量分析，因而能量回收系统的效率优化结构参数匹配是一个关键技术。

8.1.5　能量转化单元的控制方法

电气式能量回收系统中液压马达 – 发电机能量回收单元的控制实质为通过变频器调节永磁发电机的绕组电流从而实现对能量转换过程的控制。在电气层面上必须研究永磁发电机的电流环控制，为了降低反电动势的影响，设计带前馈补偿的比例 – 积分电流控制器；在机械层面需要研究液压马达 – 发电机单元的转速控制，针对液压马达入口压力变化剧烈的特点，引入了扰动补偿以提高系统的抗干扰能力。

液压式能量回收系统中需要采用的核心元件之一是电控四象限液压泵，其功能类似于电气系统的电动/发电机，但与电动/发电机不同的是液压蓄能器 – 液压泵/马达一般需要闭环控制才能精确控制输出转速或转矩。同时考虑液压系统具有非线性、强耦合性、参数时变等特点，为了突破四象限泵的排量电子控制技术以获得液压泵/马达良好的控制特性是液压式能量回收技术需解决的关键问题。

8.1.6　轮式工程机械再生制动与摩擦制动的合理分配控制

再生制动对轮式重载工程机械节能性至关重要，但也需要满足安全制动与回收制动能的双重任务。合理地分配再生制动力和摩擦制动力，并在确保安全的情况下，最大限度地回收制动能量并确保制动安全；同时考虑由于液压泵/马达具有最低稳定转速，低于此转速，泄漏、阻尼因素等对系统影响所占比重较大，系统转速的稳定性极差。同时这时路阻较大，因此能量回收率几乎为零；此外轮式重载工程机械负载占车重的1/3左右，因此负荷变化明显。如果在空载和满载时采用同一制动减速度界限来实施液压再生制动，会造成制动能量回收率的降低，因此，如何根据驾驶员的驾驶意图、行走速度、载荷工况等来动态调整液压制动力分配是课题的一个重要关键技术。

8.1.7　多执行器的不同可回收能量的耦合

工程机械多为多执行器系统且多执行器常复合动作，因此在同一时刻可能存在多种可回收能量，不同回收能量通过液压缸或液压马达转换成的液压能体现方式主要为不同的压力等级，比如液压回转制动压力远高于机械臂势能回收时进行臂驱动液压缸无杆腔的压力，因此多种可回收能量如何协同回收是工程机械能量回收系统的一个关键技术。如果针对不同可回收能量分别采用一套独立的回收单元，成本较高，系统也较为复杂；而倘若不同可回收能量共用一套能量回收单元，则不同压力等级的可回收能量耦合在一起又容易产生压差损耗及压力冲击，因此压力等级不同的可回收能量不能通过一套能量回收单元同时回收，因此需要针对不同类型的可回收压力等级进行全局优化分类，分析共用一套能量回收单元的合理性，以及共用一套能量回收单元后不同可回收能量应该如何协调管理。

8.1.8　整机和能量回收系统的耦合单元

工程机械为一个多能量综合管理系统，动力系统和多种可回收能量如何耦合和管理也是一个非常重要的关键技术，目前能量回收系统的研究更多地集中在如何高效回收能量的研究上，基本未考虑动力系统。

以电气式能量回收系统为例，在液压挖掘机整机上应用时主要通过动力电池/超级电容进行耦合。系统原理如图 8-3 所示，液压缸的回油腔与回收液压马达相连，该液压马达与发电机同轴相连。液压执行器回油腔的液压油驱动液压马达回转，将液压能转化为机械能输出，并带动发电机发电，三相交流电经发电机控制器整流为直流电并储存在储能元件电容中。当系统需要时，直流电通过电机控制器逆变成目标频率的三相交流电驱动动力电动机，与发动机共同驱动负载（液压泵）工作。系统中的电容既是液压马达回收能量的储能元件，同时也是动力驱动系统中电动机的直流电源。

图 8-3 所示的系统有两个电动/发电机，结构复杂，体积庞大，同时所有负载下放释放的势能回收再利用都经过从势能 – 液压能 – 机械能 – 电能 – 动力电池 – 驱动变量泵的机械能的多次能量转化，系统中能量流动非常复杂，影响了系统的能量回收效率。为了降低液压控制阀的节流损失，充分利用重物下落时的势能、惯性能，提高系统的能量回收效率，研究出了一种新型的耦合单元，这也是一个很有意义的课题。

针对新型耦合机构，编者提出了一种基于行星齿轮的混合动力液压挖掘机系统（见图 8-4），不仅利用了混合动力工程机械的电量储存装置，通过液压马达 – 电动/发电机把上述能量转化成电能进行回收利用，而且还利用了液压马达、行星齿轮机构直接对上述能量回收驱动变量泵，并通过行星齿轮机构有效地将混合动力系统的电动/发电机和能量回收系统中电动/发电机耦合在一起，使混合动力系统和能

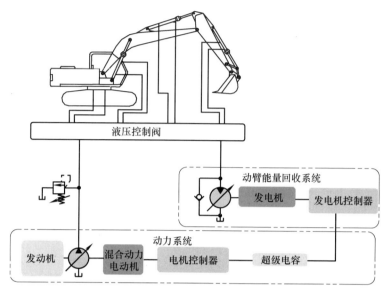

图 8-3 液压马达 – 发电机能量回收系统的应用研究原理图一

量回收系统共用一个电动/发电机，从而使系统结构紧凑。该系统一定程度上解决了图 8-3 所示系统的不足，但针对图 8-4 所示的系统，必须研究各关键元件之间的协调控制、功率流分配等关键技术。

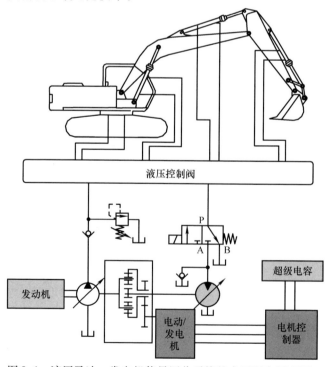

图 8-4 液压马达 – 发电机能量回收系统的应用研究原理图二

8.1.9　整机和能量回收系统的全局与局部协同优化管理技术

以液压混动动力装载机为例，在装备液压混合动力系统或能量回收系统后，系统增加了四象限液压泵、液压蓄能器等，能量传递变得复杂，如何管理能量的流动及合理分配各动力元件的功率将对柴油机的燃油经济性及整个动力系统的动力特性有着重要的影响。另外，相比于汽车，工程机械在执行机构与动力源之间有一个自行调节的液压控制系统，且液压系统形式（如负载敏感、正流量、负流量、恒功率、开式泵控、闭式泵控等）较多，其调节结果反映在动力源输出端的负载差异较大。因此必须提出全局与局部功率协同优化匹配技术，以协同优化动力源与负载之间、主动力源与辅助动力源/能量回收单元之间及辅助动力源内部的功率匹配问题。由于该技术既依赖于动力元件局部参数的准确标定，又需要综合考虑整个动力系统的综合优化，在实现上有一定难度。因此对动力源与负载的全局功率优化及各动力元件间局部优化的协同控制问题是项目的一个关键技术。

8.1.10　基于能量回收单元的电液控制及集成技术

以机械臂势能回收系统为例，当能量回收单元应用于整机时，原有的机械臂驱动单元（多路阀）一般为先导手柄输出压力控制，而先导压力取决于驾驶员，多路阀中控制机械臂的液控比例换向阀阀芯并不能根据控制需求处于全开或比例可控模式，此外，多路阀将机械臂、斗杆、铲斗和回转等多执行器的控制单元集成在一起，所有控制油路的 T 口也不是独立的。因此，一般在机械臂液压缸和多路阀输出工作油口之间设计一个电液控制阀块，其功能必须包括选择模式（多路阀控制和能量回收控制）、自锁回路等，典型的应用案例如图 8-5 所示。

8.1.11　评价体系

当前工程机械整机的评价指标主要为节能性和操控性。但目前均没有统一的评价体系。

节能性作为工程机械能量回收系统最为显著的特征，目前尚缺乏统一的试验方法与评价标准。尽管目前很多工程机械厂商在其节能产品的推广过程中都有节能指标的量化描述，但其测试方法、条件及工况都不尽相同，基本上都是研究主体自导自评的结果，其结果往往具有一定的倾向性，缺乏具有权威性的第三方标准测试与评价，不利于能量回收技术的交流与产业化推广。因此，如何以行业企业为主导制定统一的能耗与节能性试验方法与评价标准是亟须解决的问题。

此外，良好的操控性是评价能量回收系统能否在整机上应用的一个重要指标。当外负载变化或四象限泵模式切换时，卷扬将产生较大的加速度，不仅使重物工作不平稳，亦会在液压系统内部产生大的压力和流量冲击，影响液压元件的使用寿命，通过研究液压系统速度特性，确定重物运行高速，以及平稳的多象限复合切换

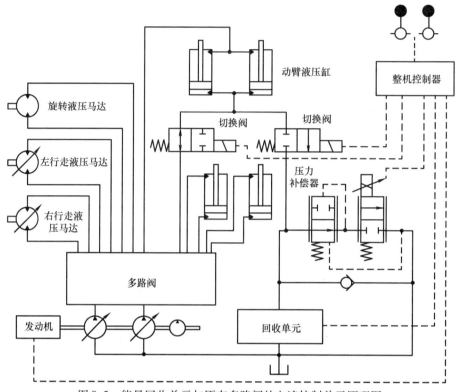

图 8-5 能量回收单元与原有多路阀的电液控制单元原理图

控制策略。因此如何在节能的同时，保证整机具有良好的操纵性能是需要解决的技术难点。随着工程机械市场的不断发展，用户对工程机械的操控性要求越来越高，同汽车一样追求操控性。目前衡量操控性主要通过驾驶员操作，不同的驾驶员可能对操控性的评价准则不一样。工程机械工作过程动作复杂，操控性分析包括对单独动作、复合动作及各个装置之间动作的协调性等项，虽然可以通过采集这些动作过程中的数据曲线进行分析，但是由于采集的数据量比较大，而且没有一个通用的针对工程机械各种工作过程操控性分析的标准试验方法，试验数据缺乏可比性，难以在研发阶段对其操控性有一个客观系统的评价，从而不能对设计起指导作用。

8.2 能量回收技术的发展趋势

8.2.1 新型驱动和回收一体化电作动器

　　针对工程机械电动化后具备了电储能单元的特点开展能量回收技术研究，因此，能量回收技术一般为电气式方案。现有电气式能量回收系统的核心元件为液压马达－发电机能量回收单元。各种机械臂在下放过程或转台在制动过程中，液压油驱动液压马达－发电机发电，将机械能经液压能转化为电能进行存储。电气式能量回收系统较液压式系统可控性高，但仅采用液压马达－发电机平衡负值负载，系统的阻尼系数较小，操控性较差。此外，电气式能量回收系统是在原集中式液压系统基础上额外增加了一个回路。现有方式存在驱动和回收途径难以一体化的问题，能量转换环节多，降低了整机能效，系统也较为复杂。综上，虽然能量回收是改善工程机械能耗的主要途径之一，但现有能量回收技术受限于原集中式液压系统构型，电气式回收存在驱动和能量回收途径不一致的不足，能量转化环节多，造成整体的能量利用率十分有限。分布式独立驱动控制将原有系统解耦，充分利用电动/发电机的多象限工作特点，使各执行器独立驱动和回收一体化成为可能，进而降低能量转化环节。

　　电作动器是电动工程机械采用分布式构型必不可少的关键零部件。按照执行器类型可分为直线型和旋转型。由于电动机直驱旋转负载技术已经相对成熟，故此处不再讨论旋转型作动器，重点讨论直线型一体化电作动器。电作动器具有集成度高、功重比大、可靠性高、安全维护性好等优点，可替代传统集中油源阀控液压作动系统。电作动器一般分为电静液作动器（EHA）和机电作动器（EMA）。电作动器起源于航空领域，逐步应用于工业领域、工程机械等其他领域。早在 20 世纪 80 年代，美国空军、海军和美国国家航空航天局（NASA）认可了多电/全电飞机的概念，其中电作动器作为多电/全电飞机必不可少的组成部分，也随着多电/全电飞机的研究而快速发展起来。美国空军、NASA、霍尼韦尔国际公司分别资助进行了一体化作动器的实验室研究，之后洛克希德·马丁空间系统公司在 C141 和 C130 运输机上对电作动器进行了飞行测试，包括多种功率级别和原理架构的 EHA 和 EMA。到了 20 世纪 90 年代，美国重点在 F－18 上测试了定排量变转速 EHA 和双电动机－减速器－滚珠丝杠式 EMA，取得了良好的效果。欧洲也开展了电作动器研发项目，将 EHA 装在 A321 副翼上进行了飞行测试。到了 21 世纪初，欧美最新服役的飞机都不同限度地正式应用了电作动技术。

　　（1）EHA

　　目前，EHA 已经在航空领域得到了较好的应用，并且相对常规液压作动系统有明显的优势，在今后还将继续快速发展。欧美国家对 EHA 研究早于国内。国内的南京航空航天大学设计完成了应用于直升机旋翼操纵作动系统的轻量级 EHA。哈尔滨工业大学研制了一种适用于飞机发动机尾部喷口转向机构的 EHA。燕山大学提出了一种四象限泵阀复合配流控制的 EHA，并研制了样机。此外，北京航空航天大学、浙江大学、哈尔滨理工大学等高校也均对航空领域的 EHA 做了深入研究。虽然 EHA 在航空领域发展迅速，但不能直接应用于工程机械领域，主要原因如下：

　　1）目标不同：飞机作动器需要空间约束、重量约束和热约束，同时要求寿命和可靠性，一般需要配置余度。设计思路、寿命、成本上存在很大差异。设计是个妥协的过程，比如航天电作动器之所以功重比更高，是因为不计成本，不需维护，是短时一次性的工作。

2）构型不同：航空领域大多数为对称缸，因此可用泵控闭式系统，构型简单可靠。国内有些在研/未公开的使用非对称泵控非对称缸研究，还未见到性能数据。而工程机械领域几乎全部采用非对称缸。因此工程机械领域 EHA 首先在构型上应解决非对称缸两腔流量不匹配问题。在构型上，目前主要采用单泵 + 液控单向阀方案和双泵方案，但其系统结构复杂，控制可靠性有限。典型代表有太原理工大学权龙教授课题组提出的三通非对称泵控非对称缸方案，中国矿业大学、浙江大学和太原理工大学推出的泵控三腔缸方案。

3）功率等级：航空主舵面操纵功率等级一般在 10 ~ 20kW，其他诸如起落架、舱门等驱动功率会更低。而工程机械领域的功率等级较大，除了微型工程机械外，主流工程机械的功率基本在 50 ~ 250kW 之间。

4）动态响应要求不同：航空领域的频响一般要求 5 ~ 7Hz，甚至更低。而工程机械领域对频响要求较高。现有的 EHA 的速度控制主要采用泵控液压缸方式，频响难以媲美阀控系统。

5）能源供给不同：民机大部分采用 115V 400Hz 电源，787 和 A380 的大部分机型、F35 等采用 DC270V 电源。而电动工程机械领域的电源电压除了部分小功率领域的机型采用 DC300 ~ 400V，其他基本采用 DC400 ~ 750V，此外可用电能也可以从电网、动力电池、柴油发电机等单元获取，可用电能特性较为复杂。

（2）EMA

EMA 针对直线执行器采用旋转电动机 + 旋转运动转化为直线运动的机械传动单元直接驱动负载，具有电驱的高能效、高精度和高动态特性等优势，已经在航空、汽车行业、军事、自动化生产线等领域得到了一定的应用。目前，国内外针对电动缸的研究主要聚焦在机械传动机构、电机控制和系统应用等方面。国外针对电动缸的研究较早，国内电动缸的起步较晚，有关电动缸的大部分专利和核心技术都掌握在国外知名企业手中。EMA 虽然采用电动机直驱具有高效和高控制特性，但该系统传动比固定、过载能力差（尤其在堵转工况）、耐冲击能力有限、输出力小、功重比低，难以直接应用于大负载、大惯性、需要频繁加减速的工程机械中。

因此，缺乏高效、强过载、高动态特性的直线电作动器是制约分布式系统在电动工程机械领域应用的关键。EMA 可以实现相对液驱而言更为高效的传动效率，但在近零转速尤其堵转工况时过载能力不足，且功率密度难以媲美液压执行器。EHA 虽然在航空领域得到了一定的应用，但由于航空领域和工程机械领域在功率等级、液压缸构型、动态特性、供电电源等方面存在不同，目前没有可应用于工程机械领域的直线电作动器。

8.2.2 四象限高功率密度电动/发电机 – 液压泵/马达

电动 – 液压泵和液压马达 – 发电机是工程机械驱动和能量回收系统最为重要的

工作模式。目前的电动机泵和液压马达－发电机单元一般为两套独立的装置，且均由分立的液压泵/马达和电动/发电机同轴机械连接，该结构安装复杂且体积庞大，转动惯量较大，不适用于频响要求较高和安装空间有限的工程机械。为了满足实际应用的要求，需进一步研究两者的结构集成，开发电动工程机械专用的多象限高功率密度四象限电动/发电机－液压泵/马达单元（见图 8-6），有效减小安装体积，提高动态响应性能。一般可以从以下几个方面考虑：

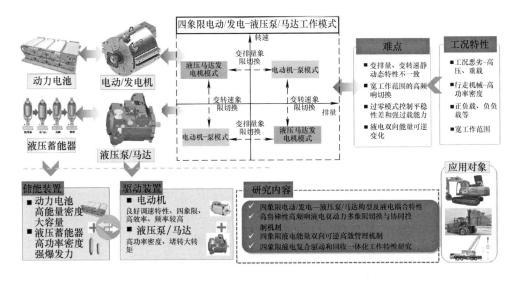

图 8-6　四象限电动/发电机－液压泵/马达单元

（1）充分发挥液压功率密度比电磁场高的特点

以异步电动机为例，与相同功率的异步电动机和液压泵相比，两者的重量比大约为 14:1，而体积比 26:1，转动惯量比 72:1（转动惯量 = 质量 × 半径^2）。虽然近年来永磁同步电动机技术获得了快速发展，尤其是在功率密度方面已经越来越高，但仍然和液压单元存在一定的差距。

（2）高速化

对于电动机而言，高速电动机通常是指转速超过 10000r/min 的电动机。它们具有以下优点：①由于转速高，所以电动机功率密度高，而体积远小于功率普通的电动机，可以有效节约材料；②由于高速电动机转动惯量小，所以动态响应快。对于液压泵，工程机械常用液压泵的最高转速一般在 3000r/min 以上。液压泵高速化后，在相同的流量下，可以选择排量相对较小的液压泵。但液压泵高速化需要攻克三大摩擦副（柱塞副、滑靴副和配流副）、低速吸排油、噪声、轴承等核心关键技术。

（3）利用液压油对电动机进行冷却

电动机在机电能量转换过程中所产生的损耗最终转化为电动机各部件的温升，

行走工程机械用电动机体积较小、电动机散热环境恶劣，其运行时会产生较高的单位体积损耗，带来严重的温升问题，从而影响电动机的寿命和运行可靠性。改善冷却系统，提高散热能力，降低电动机的温升，提高电动机的功率密度是必须要解决的主要问题。目前最常见的冷却方式有风冷、水冷、蒸发冷却等，对于大功率、小体积或高速电动机通常采用水冷方式。水冷的实质是将电动机的热量通过冷却结构中的水带到外部的散热器，然后散热器通过风冷将热量散到周围环境中，这样解决了电动机本身的散热面积不足、散热周围环境不好等问题。水冷系统能够使电动机维持在较低的温升状态，提高电动机运行可靠性；水冷系统可以使电动机选择更高的电磁负荷，提高材料利用率；此外水冷电动机损耗小、噪声低且振动小，但总的来看水冷技术比较复杂。一个好的水冷系统必须保证电动机能够有效降温，且要保证散热的均匀性。另外，水冷系统必须要有较小的压头损失，从而可以降低水冷系统驱动水系的能耗。

传统的风冷电动机的冷却效果一般，电流密度也一般为 $1.5 \sim 5 \mathrm{A/mm^2}$，因此采用风冷的电动机体积和重量都较大，噪声也较大。而采用水冷/油冷后，水冷电动机外壳是经过防锈处理后的双层钢板焊接而成，在外壳夹层内通循环的冷却水，把电动机运行时产生的热量几乎全部带走，达到使电动机对外界几乎不散发热量的效果。电动机的电流密度可以达到 $5 \sim 15 \mathrm{A/mm^2}$，甚至更高。电动机的体积和重量都可以更小，噪声也较小。当然，液压马达和发电机一体化后，可以利用液压油对发电机进行冷却，但必须考虑液压油的黏度较高和液压油容易受污染等特点。

8.2.3 驱动与再生一体化的新型电液控制技术

传统工程机械普遍采用柴油发动机作为动力源，受限于发动机不能正反转及频响较慢等特性，工程机械液压传动系统几乎都采用了泵 - 阀 - 多执行器的集中式构型，导致负载耦合，且存在发动机工作效率低、多执行器复合动作耦合损耗大等一系列问题，工作装置能量也难以回收利用，致使整机能耗高。当前的液压节能技术，比如负流量控制、正流量控制、负载敏感控制、负载口独立控制和电液流量匹配控制等均属于阀控型节能系统，其利用泵阀复合流量匹配控制实现节能，但多执行器耦合损耗不可避免且难以用原有的液压系统直接回收负值负载能量。

工程机械电动化后，由于相对发动机，电动机具有多象限工作的特点，结合四象限的液压泵，为执行器的驱动与传动一体化的电液系统构型奠定了基础（见图8-7）。工程机械的工况较恶劣，液压系统自身压力流量波动较为剧烈，此外四象限电动/发电机 - 液压

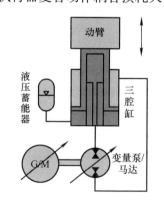

图 8-7 驱动与再生一体化系统原理

泵/马达通过变排量或变转速实现象限的切换，在过零排量或过零转速时会导致柱塞腔高低压切换时的压力突变，不仅使流量脉动峰值增加，且会对电动机产生一个较大冲击，进而又引起电动机转速的波动。因此，在高压重载工况下四象限电动/发电机－液压泵/马达的象限高频切换导致的压力冲击、流量脉动、电动机高频冲击等问题是需要解决的核心问题。

8.2.4　机电液复合式回收技术

工程机械的能量回收途径包含流量直接再生、机械式、液压式和电气式等，采用了上述两种或以上能量回收方式的即为复合式能量回收。工程机械由于可移动行走的特点，较少采用机械式回收。电气式回收一般采用液压马达－发电机将回收能量转换为电能，存入电储能单元。但对于自身为液压驱动的工程机械来说，可回收能量需经过多次转换，导致回收效率不高。液压式回收以液压蓄能器为储能元件。但液压蓄能器具有非线性被动充压特性，需采用辅助节流、液压变压器或液气平衡驱动等方式来保证操控性，节能效果有限。此外，液压蓄能器能量密度低，也不能储存大量的可回收能量。因此，单一回收方式无法满足工程机械回收工况需求，机电液复合式回收技术是工程机械尤其是电动工程机械能量回收的重要回收方式。

太原理工大学权龙教授，将电机械执行器引入工程机械中，采用通过与电动缸相连的超级电容和与主液压缸相连的液压蓄能器共同回收系统的势能，系统工作原理如图 8-8 所示，将其用于回收挖掘机动臂的势能，通过仿真和试验分析可知，在相同工况下，可降低系统能耗 72.7%。复合式回收系统的主要目的就是提高单一系统的能量回收效率和单一元件的能量密度与功率密度，以满足大功率、大载荷、过大冲击振荡幅度的工作工况。

8.2.5　新型液压蓄能器

（1）主动式液压蓄能器

传统液压蓄能器只能被动地进行能量储存，即只有当外界压力高于内部压力时才能进行能量存储，而只有当内部压力高于外部压力时才能进行能量再生，且能量的释放过程完全不受控制。因此，能够实现主动能量存储的液压蓄能器会取得更加优异的使用效果。20 世纪 80 年代起，国内外学者和研究机构开始在传统液压蓄能器上增加一些自反馈机械结构或能由外部控制器控制实现主动动作的控制机构，使其成为主动型液压蓄能器。日本科学家 Yokota 等研制了一种新型有源液压蓄能器，由多级式的压电装置驱动，从而实现了液压蓄能器的主动控制。

（2）新型储能介质－智能材料的应用

智能材料是一种能感知外部刺激，能够判断并适当处理且本身可执行的新型功能材料。智能材料是继天然材料、合成高分子材料、人工设计材料之后的第四代材料，是现代高技术新材料发展的重要方向之一，将支撑未来高技术的发展，使传统

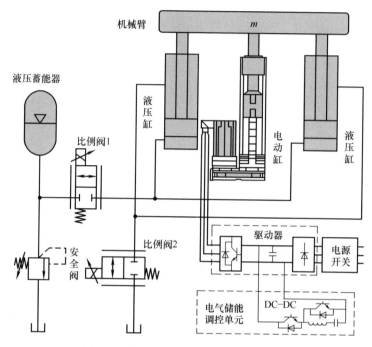

图 8-8　典型复合式回收系统原理图

意义下的功能材料和结构材料之间的界线逐渐消失，实现结构功能化、功能多样化。常用的有效驱动材料有形状记忆材料、压电材料、电流变体和磁致伸缩材料等。电/磁流变液是一种软磁性颗粒、母液及一些防止磁性颗粒沉降的添加剂的混合液。软磁性颗粒在外加电/磁场作用下由牛顿流体变成宾厄姆（Bingham）塑性体，即由不规则悬浮状态成为链状或者链束状，使流体阻尼系数能够从很小变化到很大，降低了液体的流动性，其调整过程可以在毫秒级时间内完成，而且其变化过程顺逆可调。利用电/磁流变液的这种性质，通过控制器电功率，来改变其储能特性，目前在结构土木工程、车辆工程及航天飞行器等领域取得了成功的应用。图8-9所示为一种典型的电/磁流变液用于减振器的结构示意图，磁流变液腔另一端有高压气腔，将磁流变减振与高压气体储能减振结合使用，取得了更好的使用效果。

（3）液压蓄能器入口阻尼特性

一般来说，传统液压蓄能器的进油口参数是固定的，其油口为单一油孔或环形均布油孔，从而使其储能和释能过程不可调整。故而，改变液压蓄能器的入口阻尼就可以对其释能过程进行控制。如在液压蓄能器进油口安装比例阀，利用比例阀口开度不同形成的阻尼效应，研究不同比例阀口开度时液压蓄能器对系统中压力脉动的影响，但任何的节流控制都是以消耗能量为代价的。

（4）智能化液压蓄能器

随着液压系统向高压、高速、高精度方向发展，新型液压元件的研制和使用成

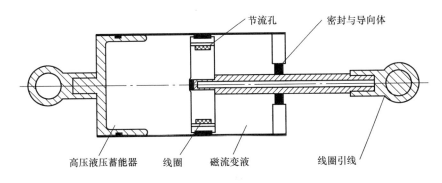

图 8-9　一种典型的电/磁流变液用于减振器的结构示意图

为必由之路，液压蓄能器也不例外。单纯在现有基础上对液压蓄能器的结构进行改进将不能满足要求。由于液压系统本身的非线性及复杂多变的工况，液压蓄能器的各种功能无法严格地分割开来，这就要求在系统工作过程中，能够实时地调整液压蓄能器的各项参数，发挥其不同的功用来满足系统的需要。所以需要研制出一种能够实时监控系统参数变化、实时处理、实时发出指令调整液压蓄能器各项参数的液压蓄能器，以满足这些复杂系统的要求。

8.2.6　基于电液平衡的能量回收技术

考虑到平衡液压缸在解决液压蓄能器压力变化对机械臂速度影响的优点，通过使液压缸产生的液压力与负载产生的重力相等来对负载进行平衡，并通过原有的驱动单元以保证操控性，但等效于原驱动液压缸的驱动负载近似为零，实现机械臂速度控制特性和节能特性的最佳综合效果是当前机械臂势能回收再利用的主要技术难点。

以液压挖掘机为例，以电液平衡单元为基础，基于液压挖掘机多执行器、多工作模式和多工况的特点，提出了如图 8-10 所示的基于电液平衡的工程机械多执行器驱动系统结构方案。该系统主要特点如下：

（1）直线运动执行器驱动负载的电液平衡

以机械臂为例，采用平衡液压缸、液压蓄能器及电动/发电机 – 液压泵/马达组成的电液平衡单元。当机械臂下降时，机械臂势能转换成液压能分布在驱动液压缸和平衡液压缸的无杆腔，其中分布在平衡液压缸无杆腔的液压能是可回收的能量；当机械臂上升时，回收能量可以释放到平衡液压缸无杆腔，与驱动液压缸共同提升机械臂，进而减小机械臂驱动液压缸的无杆腔压力。当处于挖掘工况时，回收能量释放到平衡液压缸的无杆腔来增强挖掘力。考虑平衡液压缸的平衡能力决定了机械臂势能在平衡液压缸和驱动液压缸的分配比，为了使机械臂势能尽可能地分布在平衡液压缸，采用电动/发电机 – 液压泵/马达对液压蓄能器压力进行主动控制。

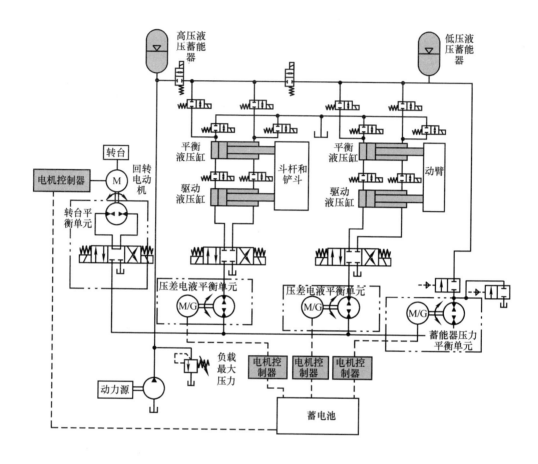

图 8-10　基于电液平衡的工程机械多执行器驱动系统结构方案

（2）旋转运动执行器驱动负载的电液平衡

新型系统采用一台液压泵/马达平衡和电动机主动控制的方案驱动转台，在转台上设置驱动和平衡回路，转台转速控制主要通过电动机，发挥了电动机良好的调速特性；瞬时功率主要通过液压泵/马达－液压蓄能器平衡单元实现。在转台起动或加速时需要较大的转矩，电动机和液压泵/马达同时驱动转台回转，加速完成后，仅由电动机提供所需动力，实现转台的分级驱动。减速制动过程，液压泵/马达处于液压泵工况，将回转制动的动能转换为液压能存储到高压液压蓄能器中，同时电动机参与控制，维持相应的转速减速特性。在侧壁掘削时，转台工作在近零转速模式，转台的驱动转矩主要通过液压蓄能器－液压泵/马达提供，克服了单独电动机驱动时在近零转速工况时的能量损失问题。

8.2.7　能量回收在液压元件中的应用

如图 8-11 所示，液压系统的能量损失主要包括节流损失和溢流损失等。其中节流损失主要是液压泵出口压力流量与负载压力流量不匹配产生的，目前已通过各种液压节能系统得到了较好的解决。但目前调速阀的定差减压阀的压差似乎难以解决，通过电动/发电机 – 液压泵/马达代替定差减压阀来稳定节流阀口的前后压差即可降低节流损失。此外，电动/发电机 – 液压泵/马达用来代替现有的液压变压器，采用变量液压泵/马达和电动/发电机代替传统的液压变压器或比例换向阀作为二次调节系统中恒压源和负载压力和流量的匹配，通过调节变量液压泵/马达的排量匹配液压蓄能器和负载压力，通过调节电动/发电机的转速来控制执行器的速度，此外通过电动/发电机和变量液压泵/马达的多象限工作实现驱动负载压力高于液压蓄能器压力的场合，解决了传统二次调节系统难以适应进行直线驱动的执行器和难以驱动负载压力高于液压蓄能器压力的不足，如图 8-12 所示。

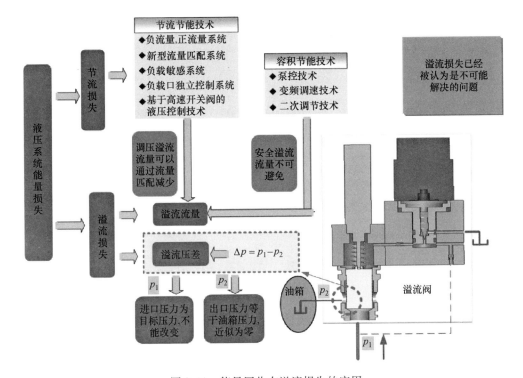

图 8-11　能量回收在溢流损失的应用

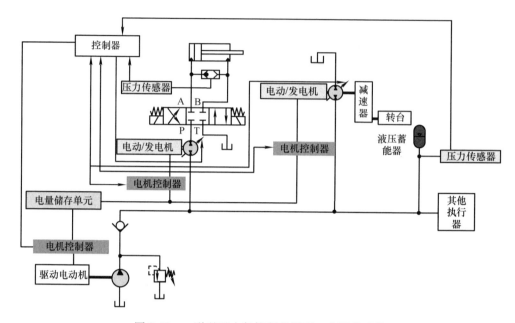

图 8-12 一种基于电气控制的新型二次调节系统

参 考 文 献

[1] 尹钰鑫. 面向数字 EHA 四象限的泵阀复合配流控制策略研究 [D]. 秦皇岛：燕山大学，2021.

[2] ZHANG S Z, MINAV T, PIETOLA M, et al. 四象限工况单双泵控差动缸控制性与效率对比 [J]. 农业机械学报，2018，49（12）：409 - 419.

[3] 钟麒，杨华勇，张斌. 面向负载口独立控制的可编程阀关键技术研究 [J]. 机械工程学报，2021，57（22）：200.

[4] SHEN W, HUANG H, DANG Y, et al. Review of The Energy Saving Hydraulic System Based on Common Pressure Rail [J]. IEEE Access, 2017（5）：665 - 669.

[5] LIN T, LIN Y, REN H, et al. A Double Variable Control Load Sensing System for Electric Hydraulic Excavator [J]. Energy, 2021, 223（27）：119999.

[6] LIN T L, CHEN Q, REN H, et al. Review of boom potential energy regeneration technology for hydraulic construction machinery [J]. Renewable and Sustainable Energy Reviews, 2017（79）：358 - 371.

[7] GE L, DONG Z, QUAN L, et al. Potential energy regeneration method and its engineering applications in large - scale excavators [J]. Energy Conversion and Management, 2019（195）：1309 - 1318.

[8] 胡帆，康辉梅，戴鹏，等. 旋挖钻机主卷扬势能回收系统仿真与研究 [J]. 机床与液压，2024，52（1）：196 - 201.

[9] 郭志敏. 基于蓄能器和蓄电池的电动叉车势能回收研究 [J]. 机械工程与自动化，2023（04）：27 - 29, 32.

[10] 杨蕾，罗瑜，罗艳蕾，等. 电动挖掘机动臂能量回收系统分析 [J]. 机床与液压，2023，51（04）：141 - 146.

[11] 王帆，黄伟男，权龙. 阀口独立控制液压挖掘机回转制动能量回收系统特性 [J]. 重庆理工大学学报（自然科学），2022，36（06）：126 - 132.

[12] 林添良，叶月影，付胜杰，等. 基于电气式能量回收的液压挖掘机转台节能驱动系统 [J]. 中国公路学报，2014，27（08）：120 - 126.

[13] 苏铃. 溢流损耗电气式能量回收系统研究 [D]. 厦门：华侨大学，2021.

[14] 陈强. 溢流损耗液压式能量回收系统研究 [D]. 厦门：华侨大学，2018.

[15] 王岗宇. 汽车起重机行走制动能量回收及控制策略研究 [D]. 厦门：华侨大学，2023.

[16] 伍诗艺. 基于四象限泵的卷扬势能机械液压复合式回收系统研究 [D]. 厦门：华侨大学，2023.

[17] 张永安. 纯电驱动挖掘机变压差负载敏感系统的工作特性研究 [D]. 厦门：华侨大学，2023.

[18] 吴瑕. 基于制动意图识别的电动装载机行走再生制动和机械制动协同控制研究 [D]. 厦门：华侨大学，2023.